中国荚蒾属植物资源

VIBURNUM
PLANT RESOURCES
IN CHINA

主编 刘宏涛 吕文君

长江出版传媒 湖北科学技术出版社

编委会

主编

刘宏涛（中国科学院武汉植物园、中国科学院大学）

吕文君（中国科学院武汉植物园）

编委（排名不分先后）

袁　玲（中国科学院武汉植物园）

夏伯顺（中国科学院武汉植物园）

宋利平（中国科学院武汉植物园）

朱剑峰（中国科学院武汉植物园）

胡　菁（中国科学院武汉植物园）

傅　强（华中农业大学）

王　迎（泰安市泰山林业科学研究院）

王晓英（泰安市泰山林业科学研究院）

唐　明（江西农业大学）

黄　升（恩施冬升植物开发有限责任公司）

审稿

杨亲二（中国科学院华南植物园）

包满珠（华中农业大学）

荚蒾若不识，琼花君可知？谈到荚蒾，很多人可能比较陌生，但提到琼花，想必大家都很熟悉。没错，洁白素雅的琼花就是一种常见的荚蒾属植物。传说隋炀帝特爱此花，为到扬州赏琼花而下令开凿大运河；宋代诗人刘敞和韩琦也分别留下"东风万木竞纷华，天下无双独此花""维扬一枝花，四海无同类"的咏琼花名句。

荚蒾属（*Viburnum*）是一个世界广布的大属，隶属于荚蒾科（Viburnaceae），全世界约有 200 种，主要分布于温带和亚热带地区，亚洲和美洲种类居多，其次为欧洲，部分种类延伸至北非和大洋洲东部，其中超过一半的种类主要分布于亚洲。

我国是该属植物最大的物种多样性中心，共分布有该属植物 75 个种、15 个变种、5 个亚种和 3 个变型，其中 45 个种、4 个亚种、10 个变种和 2 个变型为我国特有，且常绿、芳香和具有大型不孕花的种类最为丰富。如此丰富的荚蒾属植物资源，从 16 世纪开始就引起了西方园艺学家的强烈兴趣。我国的荚蒾属植物一直是西方园艺学家收集的重点，许多优秀的国内原生种被相继引种，用于选育园艺新品种或资源收藏。而我国无论是在荚蒾属植物资源的调查及引种驯化，还是在开发利用方面均远远落后于西方国家。

种质资源是一个国家的基础性、战略性资源，是植物科技创新和生物产业革命的基础材料，因此，对我国荚蒾属植物资源进行全面的研究、保护和开发利用意义重大。本书依据笔者多年从事荚蒾属植物资源研究的丰富积累，结合现有研究成果，以我国原生分布的荚蒾属植物为重点，从分类、地理分布、资源特征、引种驯化、新品种培育、栽培管理和资源应用价值等各个方面对荚蒾属植物进行了系统的介绍。

全书共分九章。第一章对荚蒾属植物的分类简史进行了系统研究和梳理，明确了本书所使用的分类系统。第二章从生活型、枝、芽、叶、花、果等方面对荚蒾属植物的形态特征进行了总结和归类。第三章依据 800 多份实地考察数据以及现存 6 万多份标本的整理核对，对国内外荚蒾属植物的地理分布进行系统全面的介绍。第四章以组为单位，对我国原生分布的荚蒾属植物进行了详细描述，补充了基于活植物收集调查的物种分类学信息和分布信息。每种荚蒾配备了包含原生生境、植株形态、芽、叶、花、果、秋色叶等丰富的彩色图片，并编写了分组检索表和组内检索表。第五章对我国荚蒾属植物的引种以及国外对我国原生种的引种保存情况进行了详细的介绍。第六章较为全面地介绍了荚蒾属植物已有的园艺品种、主要育种单位及个人，以及目前使用的主要育种技术。第七章对荚蒾属植物的繁殖方法、栽培管理和常见病虫害进行了详细的介绍。第八章对我国荚蒾属植物的研究现状做了概述。第九章阐述了荚蒾属植物的应用价值。

此书得以出版，首先感谢中国科学院华南植物园的杨亲二研究员、华中农业大学包满珠教授花费大量时间对此书进行细致审阅，并提出详尽的修改意见。本书的照片约75%由吕文君拍摄，约10%由李仁坤和黄升拍摄，此外，徐晔春、林秦文、傅强、丁洪波、朱鑫鑫、袁玲、徐文斌、夏伯顺、张守君、陈小灵、李方文、应佳莉、施晓梦、周海城、吴棣飞、吴其超、林广旋、李攀、孔繁明、陈又生、袁彩霞、彭子嘉、陈红岩、王晓英、王迎、邢梅、陈征海、黄嘉诚、唐明、郑海磊和李洪玲，以及西南种质资源库和PE西藏考察队也提供了部分照片，在此谨表衷心的感谢。感谢武汉植物园吴金清研究员、夏伯顺老师、张守君老师、徐文斌老师、李晓东老师、何俊老师、袁军老师，恩施冬升植物开发有限责任公司的赵子恩、黄升、李仁坤，以及华中农业大学的傅强老师，在野外标本采集方面的辛勤付出。感谢北京植物园陈燕老师、中国科学院植物研究所北京植物园林秦文老师、成都植物园李方文老师、杭州植物园施晓梦老师、上海植物园黄增艳老师、上海辰山植物园王正伟老师、南京中山植物园刘兴剑老师、昆明植物园孔繁才老师、西安植物园刘安成老师、丽江高山植物园陈小灵老师、西双版纳热带植物园丁洪波老师在笔者进行各大植物园引种调查时所给予的帮助。感谢武汉植物园张胜菊老师在病虫害鉴定过程中给予的耐心指点。感谢郑聪颖老师、钱斌老师、严岚老师和董惠霞老师为本书绘制科学唯美的手绘图（裸芽组、蝶花组、圆锥组和齿叶组手绘图由李聪颖绘制，合轴组、大叶组和球核组手绘图由钱斌绘制，裂叶组、封面和前环衬手绘图由严岚绘制，后环衬手绘图由董惠霞绘制）。感谢英国园艺学家Michael A. Dirr在荚蒾品种名称确认，以及中国原生种在国外的引种情况调查方面给予的帮助。感谢课题组同事袁玲、宋利平和陈媛媛在圃地栽培管理及本书校核方面的无私付出。感谢中国科学院文献情报中心的张吉对笔者在文献查阅、使用过程中所遇问题的指点。感谢湖北省书法家协会主席徐本一为本书扉页题字。湖北科学技术出版社张丽婷编辑为本书的编排设计、审校付出了辛勤劳动，并给予我们热情、耐心和无尽的帮助，在此一并感谢。本书的出版得到了不少同行和朋友的帮助，这里恕不一一列举，对做出贡献的所有人员一并致谢。

尽管我们在本书的编撰上已经做出了很大的努力，但是错误和不足之处在所难免，欢迎广大读者能不吝指正，以便修订。

目录
QIAN YAN

THE FIRST CHAPTER

第 一 章

荚蒾属植物分类

1753 年，瑞典著名自然科学家林奈（Carl Linnaeus）建立了荚蒾属 *Viburnum Linnaeus*，当时仅有 8 个种和 1 个变种。历经 260 多年的分类研究，该属经历了 10 多次分类修订，其分类系统日趋完善，现该属约有 200 种（包含种下分类单位）。这里就荚蒾属分类系统研究发展的几个重要时期和分类观点做简要回顾，并明确本书所使用的分类系统。

1.1 荚蒾属植物简介

灌木或小乔木，落叶或常绿，偶半常绿，常被簇状毛，茎干有皮孔。冬芽裸露或有鳞片。单叶，对生，稀3枚轮生，全缘或有锯齿，有时呈掌状，3~5裂，有柄；托叶通常微小，或不存在。花小，两性，辐射对称；花序为由聚伞合成顶生或侧生的伞形式、圆锥式或伞房式，很少紧缩成簇状，有时具白色大型的不孕边花或全部由大型不孕花组成；苞片和小苞片通常微小而早落；萼齿5枚，宿存；花冠白色，较少淡红色、淡粉色或淡绿色，辐状、钟状、漏斗状或高脚碟状，裂片5枚，通常开展，很少直立，蕾时覆瓦状排列；雄蕊5枚，着生于花冠筒内，与花冠裂片互生，花药内向，宽椭圆形或近圆形；子房3室，仅1室发育，含胚珠1颗。花柱粗短，柱头头状或浅3裂。果实为核果，卵圆形或圆形，冠以宿存的萼齿和花柱，成熟时呈红色、紫色、黑色，稀为黄色；核扁平，较少圆形，骨质，有背、腹沟或无沟，内含1颗种子；胚直，胚乳坚实，硬肉质或嚼烂状。

1.2 荚蒾属的建立

荚蒾属是由瑞典著名自然科学家林奈于1753年建立的，当时仅有8个种和1个变种，分别为分布于北美洲的齿叶荚蒾（*Viburnum dentatum* Linnaeus）、枫叶荚蒾（*V. acerifolium* Linnaeus）、梨叶荚蒾（*V. lentago* Linnaeus）、美国红荚蒾（*V. nudum* Linnaeus）和李叶荚蒾（*V. prunifolium* Linnaeus），以及分布于欧洲的绵毛荚蒾（*V. lantana* Linnaeus）、地中海荚蒾（*V. tinus* Linnaeus）、欧洲荚蒾（*V. opulus* Linnaeus）和欧洲木绣球（*V. opulus* var. *roseum* Linnaeus），这些种类仍然保留在现代荚蒾属植物分类系统中。1929年，绵毛荚蒾被指定为该属模式种（Hitchcock and Green, 1929）。

1.3 荚蒾属系统发育位置

关于荚蒾属的归属长期存在分歧，不同分类学家依据不同，得出的结论也不相同，主要有以下观点。

1. 荚蒾属归于传统忍冬科

荚蒾属最早被归于传统忍冬科，又名广义忍冬科（包含接骨木属 *Sambucus* Linnaeus 和荚蒾属的忍冬科）。Engler（1936）系统将荚蒾属归于茜草目忍冬科，Hutchinson（1973）系统将荚蒾属归于五加目忍冬科，而 Cronquist（1988）系统将荚蒾属归于川续断目忍冬科。这3个植物分类系统在中国影响很大，特别是Engler（1936）系统，中文版《中国植物志》的被子植物部分采用的就是该系统，目前国内大部分林业系统和园林系统的从业人员采用的也是将荚蒾属归于传统忍冬科的做法。

关于荚蒾属是否归于忍冬科一直争议不断。20世纪以后，基于形态性状和分子数据的系统发育研究表明荚蒾属与接骨木属关系较近，而不同于传统忍冬科内其他属，认为应该将这两个属从传统忍冬科中分出，但是分出后这两个属如何处理也一直存在争议。

2. 荚蒾属与接骨木属共同组建新科

19世纪初，有少数学者认为应该将荚蒾属和接骨木属从传统忍冬科中分离出来共同组建一个新的科。Batsch（1802）提出将接骨木属从忍冬科中独立出来成立接骨木科（Sambucaceae Batsch ex Borkh），同时应把荚蒾属包括在内。Dumortier（1829）提出了荚蒾科（Viburnaceae Dumortier），用于包含这两个属。这两种观点在当时并未形成影响，其观点也未被采纳。

3. 荚蒾属独立成科

Rafinesque-Schmaltz（1920）认为应该将荚蒾属从忍冬科独立出来单独成科，并命名为荚蒾科 Viburnaceae Rafinesque。Dahlgren（1980）系统和 Takhtajan（1997）系统也是将荚蒾科作为一个仅包含荚蒾属的单型科进行处理，后者将其归于川续断超目（Dipsacaceae）下邻近川续断目的荚蒾目（Viburnales Dumortier）。Benko-Iseppon 和 Morawetz（2000）通过对川续断目的细胞学研究，也认为应该将荚蒾科从川续断目中分离出来，与接骨木科和狭义五福花科一起归于荚蒾目（在荚蒾属和接骨木属单独成科的观点成立的前提下）。

4. 荚蒾属归于广义五福花科

20世纪末之后，对荚蒾属系统位置的研究多以 DNA 序列性状或形态性状与 DNA 序列性状相结合为主，与传统分类系统相比有很大的不同。Backlund 和 Bremer（1997）基于 rbcL 基因序列对菊科川续断目的系统发育关系进行了研究，结果表明狭义的五福花科（Adoxaceae E. Meyer）[包含五福花属 *Adoxa* Linnaeus、四福花属（*Tetradoxa* C. Y. Wu）和华福花属（*Sinadoxa* C. Y. Wu, Z. L. Wu & R. F. Huang）] 与原来置于广义忍冬科中的接骨木属、荚蒾属具有紧密的亲缘关系，建议将后两者放在五福花科中，组成广义的五福花科。广义五福花科的单系性得到来自形态学和 DNA 序列性状的支持，这种分类观点也得到了广泛的认可（Ran et al., 2020；Mabberley, 2008；毛康珊等，2005；张文恒等，2003；Judd et al., 1994）。APG（Angiosperm Phylogeny Group）系统也将荚蒾属划分在五福花科（APG IV, 2016；APGIII, 2009）。

目前，国内各大植物园、标本馆及大部分植物学相关的从业人员均采用将荚蒾属从忍冬科分离出来，与接骨木属和狭义五福花科一起组建新科的观点，但是对由接骨木属、荚蒾属和狭义五福花科组成的科的命名一直存在争议。本科在 APG 系统中叫五福花科（Adoxaceae E.Meyer），也有分类学家提出该科应该使用荚蒾科（Viburnaceae Rafinesque）一名。Hoogland（2005）将 Viburnaceae 一名收录在 *Index Nominum Familiarum Plantarum Vascularium*。Reveal（2008）曾提议，如果将荚蒾属独立成科，则保留荚蒾科（Viburnaceae）这个科名，在该科与狭义五福花科的合并时，超保留 Adoxaceae 一名。2013年，维管束植物命名委员会（Nomenclature Committee for Vascular Plants，NCFP）批准了保留 Viburnaceae 一名的提议，并作为 APG 系统中 Adoxaceae 的正确名称，但是 APG 并不接受这项决定（Applequist, 2013）。2016年，植物命名委员会（General Committee for Botanical Nomenclature，GCBN）拒绝了 APG 提出的超保留 Adoxaceae 的建议（Wilson, 2016）。2017年在深圳召开的第19届国际植物学大会通过了保留 Viburnaceae 的提议，但否决了超保留 Adoxaceae 的提议。这些提议的通过意味着 Viburnaceae 应该作为荚蒾属、接骨木属和狭义五福花科一起组建的新科的正确名称进行使用，但是由于 APG 系统中 Adoxaceae 名称的长期使用已经形成广泛的影响，《中国植物志》英文修订版 *Flora of China*（FOC）采用的也是将荚蒾属归于五福花科（Adoxaceae）的观点，但是 Viburnaceae 的提出早于 Adoxaceae，按照优先权原则，本科学名应该用 Viburnaceae，中文名也随之改为荚蒾科，而将 Adoxaceae 作为异名。

1.4 荚蒾属传统分类学

传统分类学对荚蒾属属内关系的确定主要建立在形态特征的基础上。林奈对其命名以后至19世纪60年代，荚蒾属分类研究发展缓慢。19世纪60年代开始有一些新的观点出现，但并未形成有影响的分类系统，其间经过多次修订，至20世纪80年代正式确立荚蒾属传统分类系统，成为早期荚蒾属植物分组鉴定的依据。20世纪80年代之后，随着分子生物学的大发展，荚蒾属的分类研究多以分子研究为主，形态学的研究更多的是与分子研究相辅相成或是无法获得分子数据的领域。

1.4.1 属内组的划分

1. Oersted 的分类观点

林奈之后，Oersted（1861）通过对荚蒾属已知物种主要特征的详细描述，对该属进行了修订，认为应该将荚蒾属重新划分为番荚蒾属（Oreinotinus Oersted）、水红木属 [Solenotinus（Candolle）Spach]、珊瑚树属（Microtinus Oersted）、荚蒾属（Viburnum Linnaeus）和地中海荚蒾属（Tinus Miller）共5个独立的属，并对5个属的主要区分特征进行了详细的描述。Killp 和 Smith（1930）通过对番荚蒾属中分布于南美洲的物种进行研究，认为这些物种与荚蒾属有很多相似特征，建议将番荚蒾属作为荚蒾属内的一个亚属，而非单独划分出来成立一个属。随着不断有新的物种被发现命名，证实了 Oersted（1861）对荚蒾属的划分虽然有一些可取之处，但是严格来说并不准确，其分类观点也从未被广泛采纳，但是反映了荚蒾属内群体间存在较大差异，他对荚蒾属主要变异特征的详细描述成为后来荚蒾属内组划分的重要依据。

2. Rehder 的分类观点

自从 Oersted（1861）的观点提出之后，少有植物学家再将荚蒾属作为一个分类整体来研究，Rehder（1940）是个例外，他通过对荚蒾属植物（尤其是亚洲荚蒾属植物）的研究，将荚蒾属植物划分为9个组，分别为梨叶组（Sect. Lentago Candolle）、大叶组 [Sect. Megalotinus（Maximowicz）Rehder]、齿叶组（Sect. Odontotinus Rehder）、裂叶组 [Sect. Opulus（Miller）Candolle]、合轴组（Sect. Pseudotinus C. B. Clarke）、圆锥组（Sect. Solenotinus Candolle）、球核组 [Sect. Tinus（Miller）C. B. Clarke]、蝶花组 [Sect. Tomentosa（Maximowicz）Nakai] 和裸芽组（sect. Viburnum）。虽然部分组内仍然存在较大的变异，但是该处理极大推动了荚蒾属的分类学研究，其建立的9个组保留至今。

3. Kern 的分类观点

Hara（1983）对荚蒾属已知物种和已知组的分类特征进行了系统梳理，对荚蒾属组级分类单元进行了重新修订，并明确了属内组的划分依据及命名法则，将荚蒾属植物划分为10个组，这10个组保留了 Rehder 提出的9个组。由于以往的研究中从未涉及拉丁美洲的种类，为了囊括拉丁美洲的荚蒾属植物，新增加了番荚蒾组 [Sect. Oreinotinus（Oersted）H. Hara]。各组物种数量及地理分布详见表1-1。Hara 的研究工作对于荚蒾属分类系统的建立起到了极大的推动作用，并被广泛认可，他提出的属下组的划分成为现代分类系统的基本框架，且这10个组保留至今。

表1-1 传统分类学中荚蒾属组的划分（Hara, 1983）

组中文名	组拉丁名	物种数量	地理分布
梨叶组	Sect. Lentago Candolle	7	北美洲东部（高大荚蒾 V. elatum Bentham 除外，其分布于墨西哥）
大叶组	Sect. Megalotinus（Maximowicz）Rehder	18	东南亚，向西延伸至印度，向南延伸至印尼
齿叶组	Sect. Odontotinus Rehder	37	温带亚洲及北美洲东部（东方荚蒾 V. orientale Pallas 除外，其分布于俄罗斯高加索山脉）
裂叶组	Sect. Opulus（Miller）Candolle	5	环北极地区
番荚蒾组	Sect. Oreinotinus（Oersted）H. Hara	38	墨西哥、加勒比海地区、中美洲和南美洲
合轴组	Sect. Pseudotinus C. B. Clarke	4	亚洲（桤叶荚蒾 V. lantanoides Michaux 除外，其分布于北美洲东部）
圆锥组	Sect. Solenotinus Candolle	26	亚洲，向西延伸至印度，向南延伸至印尼
球核组	Sect. Tinus（Miller）C. B. Clarke	7	亚洲（地中海荚蒾除外，其分布于欧洲）
蝶花组	Sect. Tomentosa（Maximowicz）Nakai	2	中国、日本
裸芽组	Sect. Viburnum	14	亚洲（绵毛荚蒾除外，其分布于欧洲）

1.4.2 组内亚组的划分

1. Oersted 的分类观点

Oersted（1861）根据叶片形状及侧脉在叶缘的特征将分布于拉丁美洲的番荚蒾属（*Oreinotinus* Oersted）划分为椴叶组（Sect. *Tiliaefolii* Oersted）和猴欢喜叶组（Sect. *Sloaneaefolii* Oersted）两个组。Oersted（1861）对番荚蒾属内组的划分虽然有一些可取之处，但是随着墨西哥和中美洲地区不断有新的物种被发现命名，本区域该属同一物种甚至同一叶片都有可能同时出现侧脉直达齿端或近缘前互相网结的情况，因此 Oersted 的分类划分依据并不完全准确，其观点也未被接受。

2. Morton 的分类观点

Morton（1933）通过对墨西哥和中美洲荚蒾属植物的系统研究，根据花柱上是否被毛、毛被类型和分布、叶片大小和形状，以及地理分布特征，将该区域的荚蒾属植物细分为托叶组（Sect. *Stipulata* C.V. Morton）、无柄组（Sect. *Sessilia* C.V. Morton）、具苞组（Sect. *Bracteata* C.V. Morton）、哥斯达黎加组（Sect. *Costaricana* C.V. Morton）、墨西哥组（Sect. *Mexicana* C.V. Morton）、叶裂组（Sect. *Disjuncta* C.V. Morton）、长柄组（Sect. *Optata* C.V. Morton）、缘毛组（Sect. *Ciliata* C.V. Morton）、尾叶组（Sect. *Caudata* C.V. Morton）、锯齿组（Sect. *Serrata* C.V. Morton）共 10 个组。Morton 所提出的 10 个组未被接受，但是他对墨西哥和中美洲荚蒾属不同群体特征的详细描述为今后该区域荚蒾属组内亚组的划分提供了依据。

3. Kern 的分类观点

印尼植物园标本馆的 Kern（1951）对马来群岛的荚蒾属植物进行了全面的调查研究和分类修订，并根据花冠形状、雄蕊状态、毛被类型及叶缘特征将组内变异较大的大叶组细分为革叶亚组（Subsect. *Coriacea* Kern）、接骨亚组（Subsect. *Sambucina* Kern）、淡黄亚组（Subsect. *Lutescentia* Kern）和鳞斑亚组（Subsect. *Punctata* Kern）4 个亚组。

4. Hara 的分类观点

Hara（1983）建议在齿叶组、裸芽组和圆锥组内划分亚组，并明确了属内亚组的划分依据及命名法则。他将裸芽组划分为 3 个亚组，分别为红蕾亚组 [Subsect. *Solenllantana*（Nakai）H. Hara]、壶花亚组（Subsect. *Urceolatum* Nakai）和裸芽亚组（Subsect. *Viburnum*）；将齿叶组划分为全缘亚组（Subsect. *Odontotinus*）、具齿亚组 [Subsect. *Dentata*（Maximowicz）H. Hara] 以及掌叶亚组 [Subsect. *Lobata*（Oersted）H. Hara]；将圆锥组划分为香花亚组 [Subsect. *Loniceroides*（Oersted）H. Hara]、珊瑚树亚组 [Subsect. *Microtinus*（Oersted）H. Hara]、樱叶亚组 [Subsect. *Sieboldiana*（Nakai）H. Hara] 和圆锥亚组（Subsect. *Solenotinus*）4 个亚组。

5. Villarreal-Quintanilla 和 Estrada-Castillón 的分类观点

Villarreal-Quintanilla 和 Estrada-Castillón（2014）对墨西哥荚蒾属植物进行全面的调查研究和分类修订，并根据形态特征聚类分析，结果提出了 7 个新的亚组。在齿叶组中增加了拉方斯克亚组（Subsect. *Rafinesquiana* Villarreal & A.E.Estrada），与 Morton（1933）提出的托叶组对应。将梨叶组划分为高大亚组（Subsect. *Elata* Villarreal & A.E.Estrada）和李叶亚组（Subsect. *Prunifolia* Villarreal & A.E.Estrada）两个亚组，前者与 Morton（1933）提出的无柄组对应。将番荚蒾组划分为哈维娜亚组（Subsect. *Hartwegiana* Villarreal & A.E.Estrada）、尖叶亚组（Subsect. *Acutifolia* Villarreal & A.E.Estrada）、异色亚组（Subsect. *Discolora* Villarreal & A.E.Estrada）和小果亚组（Subsect. *Microcarpa* Villarreal & A.E.Estrada）共 4 个亚组，分别与 Morton（1933）提出的具苞组、墨西哥组、叶裂组和缘毛组对应。目前这 7 个亚组的划分合理性有待进一步证实。

1.5 荚蒾属分子系统学

1983年之前，荚蒾属内的系统发育关系并未受到足够的重视，虽然有部分学者试图依据花粉形态（Donoghue, 1982）、生长模型（Donoghue, 1982, 1981）、花解剖结构（Wilkinson, 1948）、茎解剖结构（DeVos, 1951）、属内杂交亲和性（Egolf, 1956）、染色体数目（Egolf, 1962）、血清学（Hillebrand and Fairbrothers, 1969）、以及环烯醚萜类化合物结构和含量（Norn, 1978）评估本属部分物种之间的亲缘关系，但是这些研究仅涉及单一特征或单类特征，且大部分研究取样不全面，选取的物种主要为温带地区的一般栽培种，因此不足以评估荚蒾属内的系统发育关系。1983年，Donoghue（1983）基于34个形态特征，试图建立荚蒾属系统发育关系的有效假说，研究支持大多数传统上公认的组的单系性，但未能明确解决这些分支之间的关系。1993年开始有少数学者采用分子生物学的方法探索荚蒾属植物的系统发育关系（Donoghue and Sytsma, 1993; Donoghue and Baldwin, 1993），虽然形成了一些成果，但是由于样本数量的缺乏、研究区域的局限以及其他一些客观条件的限制，荚蒾属内系统发育关系依然未得到解决。2004年以后，得益于测序技术的进步，分子系统学研究发展迅速，荚蒾属的分子生物学的研究为荚蒾属类群系统发育关系提供了更多的证据，成为探讨荚蒾属物种分化和种间关系的有力手段。至2020年，涉及荚蒾属的分子系统学研究涵盖该属全球分布所有区域，并包含属下所有组系代表类群（Ran et al., 2020; Clement et al., 2014; Clement and Donoghue, 2012; Winkworth and Donoghue, 2005, 2004; Donoghue et al., 2004）。目前 NCBI 总共记录了126种荚蒾属基因片段共126个，荚蒾属系统发育关系趋于明确。

1.5.1 Donoghue 和 Winkworth 等人的分类观点

Donoghue 和 Winkworth（2005年）以40种荚蒾为样本，利用2个叶绿体基因序列（trnK）和3个核基因序列（ITS）对荚蒾属系统发育关系进行了分析，核基因和叶绿体基因联合构建的系统发育树与二者单独构建的系统发育树高度相似，且与他们之前（Donoghue et al., 2004; Winkworth and Donoghue, 2004）对荚蒾属系统发育关系的研究一致，基于此，他们建议对荚蒾属进行重新划分，并对属内获得强烈支持的分支进行了非正式命名（图1-1），以便后人进行探讨和进一步研究，待对种级关系有了更深入的了解后，再进行正式命名。

1. 对属内支持率较高的12个分支（组）进行了非正式命名

a. 保留了传统分类学中的梨叶组、裂叶组、合轴组、圆锥组（显鳞荚蒾 *V. clemensiae* 除外）和球核组5个组及其拉丁学名，大叶组和蝶花组这里均仅选取了1个代表物种，在增加研究种类之前，依然保留这两个组及其拉丁学名；

b. 将裸芽组（壶花荚蒾 *V. urceolatum* 除外）学名变更为 Sect. *Lantana*，以便更好地区分裸芽组和荚蒾属的拉丁名；

c. 传统分类学中的齿叶组非单系而被拆分，物种分别归入 *Lobata* 分支、*Succodontotinus* 分支、*Mollodototinus* 分支和 *Oreinodontotinus* 分支。其中 *Lobata* 分支叶片三裂，与 Hara（1983）提出来的掌叶亚组相对应；*Succodontotinus* 分支保留了传统意义上的齿叶组中除 *Lobata* 分支外分布于亚洲的剩余物种，这些物种大部分果实多汁；*Mollodototinus* 分支和 *Oreinodontotinus* 分支包含了新世界齿叶组的物种即 Hara（1983）提出来的具齿亚组的物种，前者大部种类的叶片上有短柔毛，后者包含齿叶荚蒾，以及所有传统意义上分布于拉丁美洲的番荚蒾组的物种。

2. 对属内获得强烈支持的4个更具包容性的分支进行了非正式命名

a. *Erythrodontotinus* 分支：主要包括果实为红色的 *Lobata* 分支（枫叶荚蒾 *V. acerifolium* 除外）和 *Succodontotinus* 分支（黑果荚蒾 *V. melanocarpum* 除外）；

b. *Porphyrodontotinus* 分支：包括果实紫色 *Oreinodontotinus* 分支和 *Mollodototinus* 分支；

c. *Imbricotinus* 分支：包括冬芽具2对覆瓦状芽鳞的 *Erythrodontotinus* 分支、*Porphyrodontotinus* 分支、裂叶组和球核组；

d. *Valvatotinus* 分支：包括冬芽裸露的裸芽组和具有1对镊合状芽鳞的梨叶组。

3. 部分尚未明确的问题

合轴组的系统发育位置在不同系统发育树中存在冲突，且不同系统发育树均支持将壶花荚蒾 *V. urceolatum* 从传统裸芽组中分离出来，将显鳞荚蒾 *V. clemensiae* 从传统圆锥组中分离出来；由于合轴组、壶花荚蒾和显鳞荚蒾三个分支之间的关系及根的确切位置尚缺乏有力的证据支持，后期需要扩大取样种类和地理分布范围，以近一步明确三者的系统发育关系。

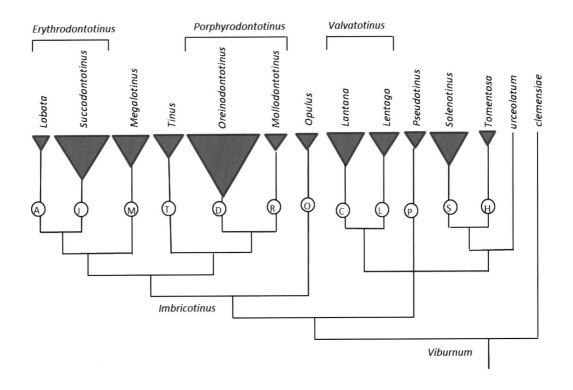

图1-1 对荚蒾属的关键分支进行了非正式命名的树状示意图（Donoghue and Winkworth，2005）

注：三角形代表物种群，且按照近似物种数量进行缩放，字母代表对应三角形形上面的的分支，如 A 代表 Lobata 分支。

1.5.2 Clement 和 Donoghue 等人的分类观点

由于 Winkworth 和 Donoghue（2005，2004）的研究对所构建的荚蒾属系统发育树中的部分主要分支的支持微弱或一般，为了更准确地解析荚蒾属内部的深层关系，Clement 和 Donoghue（2011）增加了东南亚地区的荚蒾属植物取样，将研究种类由之前的40种增加到90种，涵盖了荚蒾属分子系统学研究中所有已知分支的代表类群，特别是增加了大叶组的取样（由之前的1种增加到9种），代表了该分支的所有主要类群。此外，他们选取了更多的基因片段进行分子系统学研究，分别利用3个叶绿体编码区序列（matK、ndhF、rbcL）和6个叶绿体内含子和基因间隔区序列（trnH-psbA、trnK、trnS-trnG、petB-petD、rpl32-trnL、trnC-ycf6）对90种荚蒾的系统发育关系进行了研究，从而提供了更好的系统发育分辨率和置信度。

1. 取消了传统分类学中的大叶组

传统分类学中的大叶组是非单系，支持将其取消，并重新拆分为4个分支（组），这4个分支（组）与 Kern（1951）提出的大叶组的4个亚组相对应，并保留了原有名称，分别为 *Coriacea* 分支、*Lutescentia* 分支、

Punctata 分支和 *Sambucina* 分支。

2. 对部分已知分支的范围进行了重新界定

重新界定了 Donoghue 和 Winkworth 等人（2005）提出的 *Valvatotinus* 分支的范围，除原有范围外，将 *Punctata* 分支（组）也包含了进去；

3. 对部分已知分支的存在提供了有力支持

支持 Donoghue 和 Winkworth（2005）提出并进行非正式命名的分支：梨叶组 Sect. *Lentago*、合轴组 Sect. *Pseudotinus*、裂叶组 Sect. *Opulus*、裸芽组 Sect. *Lantana*、圆锥组 Sect. *Solenotinus*、球核组 Sect. *Tinus*、大苞组 Sect. *Mollodontotinus*、美洲齿叶组 Sect. *Oreinodontotinus* 和亚洲齿叶组 Sect. *Succodontotinus*，以及更具包容性的分支 *Porphyrodontotinus* 分支和 *Imbricotinus* 分支；显鳞荚蒾和壶花荚蒾依然位于荚蒾属系统树最基部，应分别成立单独的显鳞荚蒾分支和壶花组 Sect. *Urceolata*

4. 部分未解决的问题

系统树对单系群 Lobata 分支的支持微弱；*Imbricotinus* 分支的准确范围还有待进一步界定；*Tomentosa* 分支和 *Lutescentia* 分支关系密切，二者聚成一支，需要为这两个分支组成的更加包容的分支创建一个新的名称，具体名称需要增加这两个分支的研究物种数量才能近一步明确。

1.5.3 Clement 和 Arakaki 等人的分类观点

在2014年之前的10年里，荚蒾属系统发育的研究取得了极大的进展（Clement and Donoghue, 2012; Winkworth and Donoghue, 2005, 2004; Donoghue et al., 2004）。Clement（2014）为了更加准确地解析荚蒾属内部的深层关系，对22种能够代表所有主要已知分支的物种的质体基因组进行了测序，推断出了113种荚蒾的系统发育关系。研究结果使大部分早期建立或提出的分支的可信度大大提高，并在此基础上提出了一个新的荚蒾属系统发育分类（详见图1-2），为30个高支持率的的分支提供正式的系统发育定义，其中包括13个《国际藻类、真菌和植物命名规范》认可的正式名称，8个前人提出的非正式命名，以及9个新提出的分支名称。由于该系统发育分类对全球荚蒾属植物进行了相对全面的取样，他的分类处理在目前来看依然是合理的。

1. 将全球荚蒾属大致分为18个分支（组）

将全球荚蒾属大致分为梨叶组 Sect. *Lentago*、合轴组 Sect. *Pseudotinus*、圆锥组 Sect. *Solenotinus*、裂叶组 Sect. *Opulus*、球核组 Sect. *Tinus*、裸芽组 Sect. *Euviburnum*、番荚蒾组 Sect. *Oreinotinus*、鳞斑组 Sect. *Punctata*、接骨组 Sect. *Sambucina*、革叶组 Sect. *Coriacea*、淡黄组 Sect. *Lutescentia*、巨叶荚蒾 *V. amplificatum*、显鳞荚蒾 *V. clemenside*、壶花组 Sect. *Urceolata*、掌叶组 Sect. *Lobata*、亚洲齿叶组 Sect. *Succotinus*、大苞组 Sect. *Mollotinus*、美洲齿叶组 Sect. *Dentata*，共计18个分支（组）。

a. 依然保留了传统分类学中的梨叶组、裂叶组、合轴组、圆锥组（显鳞荚蒾除外）、球核组和番荚蒾组6个组，以及 Clement 和 Donoghue（2011）提出来的显鳞组、革叶组、接骨组和壶花组4个组及其拉丁学名，此外还保留了 Clement 和 Donoghue（2011）提出的淡黄组的拉丁学名，并作为淡黄荚蒾与传统分类学中蝶花组聚成的新的分支的名称；

b. 由于 *Lantana* 已经作为马缨丹属 *Lantana* Linnaeus 的学名广泛使用，将裸芽组的名称变更为 Sect. *Euviburnum*；

c. 为了更加简短，且易于发音，将 Donoghue 和 Winkworth 等人在2005年提出的 *Succodontotinus*、*Mollodontotinus* 和 *Porphyrodontotinus* 三个分支（组）的名称分别变更为 *Succotinus*、*Mollotinus* 和 *Porphyrotinus*；

d. 显鳞荚蒾分支和巨叶荚蒾分支均仅含1个物种，位于系统树最基部；此外，*Lobata* 分支的单系性目前还太不确定，暂无法确定命名。

2. 调整了部分已知高级进化支的范围和名称

a. 将 *Oreinodontotinus* 分支名称变更为 *Oreinodentinus*；

b. 保留了 Donoghue 和 Winkworth 等人（2005）提出的 Imbricotinus 分支的名称，但是对其范围进行了调整，调整后的 *Imbricotinus* 分支不包含 *Tinus* 分支（组），而将 Winkworth 和 Donoghue 之前提出的 *Imbricotinus* 分支重新命名为 *Nectarotinus*。目前已有研究中对 Donoghue 和 Winkworth（2005）提出的 *Erythrodontotinus* 分支的支持很少，因此这里未保留该分支。

3. 对系统发育树支持的9个新分支进行了命名

Nectarotinus 分支：该分支的物种花外被蜜腺；*Laminotinus* 分支：该分支的物种花外蜜腺嵌在叶片中；*Crenotinus* 分支：该分支的物种叶片边缘具圆锯齿或波状齿；*Paleovaltinus* 分支：*Valvatotinus* 分支的旧大陆成分；*Regulaviburnum* 分支：包括那些相较于非常与众不同的显鳞荚蒾来说，比较"标准"或者"正常"的荚蒾属植物；*Pluriviburnum* 分支：*Regulaviburnum* 分支中最大的一个分支，在形态上尤其多样化；*Amplicrenotinus* 分支：包含 *V. amplifiatum* 和 *Crenotinus* 两个分支，并以这两个分支的名称进行组合命名；*Corisuccotinus* 分支：包含 *Coriacea* 和 *Succotinus*，并以这两个分支的名称进行组合命名；*Perplexitinus* 分支：没有能够识别该分支的共性特征，但又是支持率较高的分支。

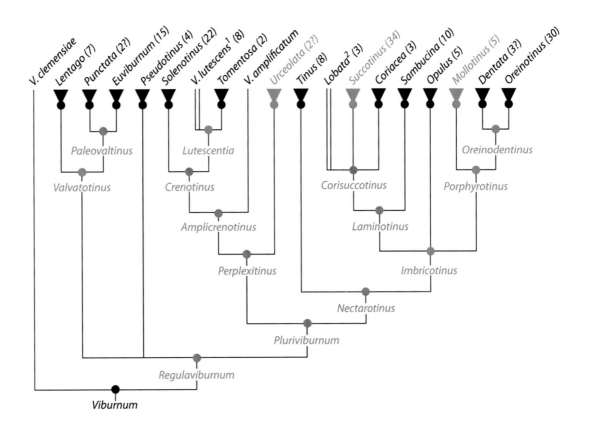

图1-2　荚蒾属系统发育分类树状示意图（Clement and Arakaki，2014）

注：黑色标记的名称和分支代表 ICN 以前公布的名称；绿色代表 Winkworth 和 Donoghue（2005）以及 Clement 和 Donoghue（2011）提出的名称和分支；橙色代表此次新提出的名称和分支；括号中为属于每个末端支的物种数量；带问号的物种计数表明，在进一步的分类学研究中，这些分支可能会被简化为单个的物种，因此，拟议的名称就没有必要了；物种右上角的1和2表示 *Lobata* 分支和 *V. lutescens* 的单系性及其亲缘关系目前还不太确定，无法确定命名，因此并未构成一个演化支。

1.6 中国荚蒾属植物分类

老一辈植物学家徐炳声在我国荚蒾属植物的分类研究方面做出了巨大贡献。1961—1962年间，他对中国科学院植物研究所馆藏的荚蒾属植物标本进行了全面的整理和鉴定，1966—1979年间，先后共发表荚蒾属植物新组1个，新组合名、新种和新的种下分类群约40个，是《中国植物志》第七十二卷忍冬科（此时荚蒾属还未从忍冬科中分离出去）的主要编写者，书中共描述了中国荚蒾属植物9组、74种、24变种、7亚种和2变型，且大部分中文名称由他首次拟定。

植物分类学家杨亲二是《中国植物志》英文版 Flora of China 的编委及中方项目主任，Flora of China（第十九卷）的荚蒾属部分就由其主编。1999年10月—2000年3月，其在美国密苏里植物园和哈佛大学进行荚蒾属的分类修订工作，2001年受国家留学基金委员会资助，再次去英国皇家植物园（邱园）标本馆学习和工作半年。在此期间，其以《中国植物志》（第七十二卷）为基础，结合标本鉴定及国内外该属最新分类研究成果，对荚蒾属做了部分修订，完成了 Flora of China（第十九卷）中五福花科荚蒾属的编写。该书共记录中国荚蒾属植物8组，73种、5亚种、14变种和2变型。相对于《中国植物志》（第七十二卷），Flora of China（第十九卷）在组级分类单位上，取消了侧花组，将其合并到大叶组；在物种水平上，增加了2种、3变种、1亚种和1变型，删除了3种、15变种、3亚种和1变型，具体变动如下。

（1）根据钱宏（1986）报道的备中荚蒾 [V. carlesii var. bitchiuense（Makino）Nakai] 在我国的新记录，新增了备中荚蒾；

（2）由于榛叶荚蒾（V. corylifolium J. D. Hooker & Thomson）与荚蒾（V. dilatatum Thunberg）分布区重合，且该种分布区内的标本与荚蒾其他分布区的标本的形态性状存在着复杂的过渡现象而难以区分，故《中国植物志》将其与荚蒾作为同一实体，而 Flora of China 则根据对已有标本的重新鉴定，仍将二者作为两个种处理；

（3）将亚高山荚蒾（V. subalpinum Handel-Mazzetti）的变种边沿荚蒾 [V. subalpinum var. limitaneum（W. W. Smith）P. S. Hsu] 调整为漾濞荚蒾（V. chingii P. S. Hsu）的变种多毛漾濞荚蒾 [V. chingii var. limitaneum（W. W. Smith）Q. E. Yang]；

（4）根据标本记录补充了台湾蝴蝶戏珠花（V. plicatum var. formosanum Y. C. Liu & C. H. Ou）和台湾珊瑚树 [V. odoratissimum var. arboricola（Hayata）Yamamoto]；

（5）将陕西荚蒾（V. schensianum Maximowicz）的亚种浙江荚蒾（V. schensianum subsp. chekiangense P. S. Hsu & P. L. Chiu）与其原亚种合并；

（6）将蓝黑果荚蒾（V. atrocyaneum C. B. Clarke）的亚种毛枝荚蒾 [V. atrocyaneum subsp. harryanum（Rehder）P. S. Hsu] 调整为变型；

（7）将滇缅荚蒾 [V. burmanicum（Rehder）C. Y. Wu ex P. S. Hsu] 及其变种墨脱荚蒾（V. burmanicum var. motoense Hsu）并入红荚蒾（V. erubescens Wallich）；

（8）将红荚蒾的变种细梗红荚蒾（V. erubescens var. gracilipes Rehder）、紫药红荚蒾 [V. erubescens var. prattii（Graebner）Rehder] 和小红荚蒾（V. erubescens var. parvum Hsu & S. C. Hsu）与其原变种合并；

（9）将漾濞荚蒾的变种细梗漾濞荚蒾（V. chingii var. tenuipes P. S. Hsu）和肉叶荚蒾 [V. chingii var. carnosulum（W. W. Smith）P. S. Hsu] 与其原变种合并；

（10）将漾濞荚蒾的变种凹脉肉叶荚蒾 [V. chingii var. impressinervium（Hsu）] 并入短筒荚蒾 [V. brevitubum（P. S. Hsu）P. S. Hsu]；

（11）将珊瑚树（V. odoratissimum Ker Gawler）的变种云南珊瑚树 [V. odoratissimum var. sessiliflorum（Geddes）Fukuoka] 并入日本珊瑚树 [V. odoratissimum var. awabuki（K. Koch）Zabel ex Rümpler]；

（12）将金腺荚蒾（V. chunii P. S. Hsu）的变种毛枝金腺荚蒾（V. chunii var. piliferum Hsu）与其原变种合并；

（13）将荚蒾的变种庐山荚蒾 [*V. dilatatum* var. *fulvotomentosum*（Hsu）Hsu] 与其原变种合并；

（14）将短柄荚蒾（*V. brevipes* Rehder）并入荚蒾；

（15）将茶荚蒾（*V. setigerum* Hance）的变种沟核茶荚蒾（*V. setigerum* var. *sulcatum* Hsu）与其原变种合并；

（16）将欧洲荚蒾（*V. opulus* Linnaeus）的变种鸡树条（*V. opulus* var. *calvescens* Rehder）调整为亚种；

（17）将鸡树条的变型毛叶鸡树条 [*V. opulus* var. *calvescens* f. *puberulum*（Komarov）Sugimoto] 与其原变型合并；

（18）将粉团（*V. plicatum* Thunberg）的变种蝴蝶戏珠花 [*V. plicatum* var. *tomentosum*（Miquel）Rehder] 降级为变型；

（19）将浙皖荚蒾（*V. wrightii* Miquel）列为存疑种；

（20）将川滇荚蒾（*V. flavescens* W. W. Smith）、阔叶荚蒾（*V. lobophyllum* Graebner）、腺叶荚蒾（*V. lobophyllum* var. *silvestrii* Pampanini）、新高山荚蒾（*V. morrisonense* Hayata）、湖北荚蒾（*V. hupehense* Rehder）、北方荚蒾（*V. hupehense* Rehder）、毛花荚蒾（*V. dasyanthum* Rehder）、卵叶荚蒾（*V. ovatifolium* Rehder）和卷毛荚蒾 [*V. betulifolium* var. *flocculosum*（Rehder）Hsu] 并入桦叶荚蒾（*V. betulifolium* Batalin）。

1.7 本书采用的分类系统

本书依据当前主流的分类观点，将荚蒾属归于川续断目荚蒾科，科名采用 Viburnaceae Rafinesque。原则接受 *Flora of China* 对属内组和物种的修订，但根据最新的研究成果和标本采集记录，较 *Flora of China* 进行了几处修改和补充。

（1）根据我国新分布记录的种，增加了日本荚蒾（*V. japonicum* Thunberg）；

（2）根据我国最近发表的新种（裘宝林等，2020），增加了凤阳山荚蒾（*V. fengyangshanense* Z. H. Chen, P. L. Chiu & L. X. Ye）；

（3）将浙皖荚蒾依然作为一个独立的种进行处理。

本书采用的分类系统如下。

中国荚蒾属分类系统（共75种、15变种、5亚种和3个变型）

组1. 裸芽组——Sect. *Viburnum*

    1. 醉鱼草状荚蒾 *V. buddleifolium* C. H. Wright

    2. 修枝荚蒾 *V. burejaeticum* Regel & Herder

    3. 备中荚蒾 *V. carlesii* var. *bitchiuense*（Makino）Nakai

    4. 金佛山荚蒾 *V. chinshanense* Graebner

    5. 密花荚蒾 *V. congestum* Rehder

    6. 黄栌叶荚蒾 *V. cotinifolium* D. Don

    7. 聚花荚蒾 *V. glomeratum* Maximowicz

    7a. 聚花荚蒾 *V. glomeratum* subsp. *glomeratum*

    7b. 壮大荚蒾 *V. glomeratum* subsp. *magnificum*（P. S. Hsu）P. S. Hsu

    7c. 圆叶荚蒾 *V. glomeratum* subsp. *rotundifolium*（P. S. Hsu）P. S. Hsu

    8. 绣球荚蒾 *V. macrocephalum* Fortune

    8a. 绣球荚蒾 *V. macrocephalum* f. *macrocephalum*

8b. 琼花 *V. macrocephalum* f. *keteleeri* (Carrière) Rehder

9. 蒙古荚蒾 *V. mongolicum* (Pallas) Rehder

10. 皱叶荚蒾 *V. rhytidophyllum* Hemsley

11. 陕西荚蒾 *V. schensianum* Maximowicz

12. 壶花荚蒾 *V. urceolatum* Siebold & Zuccarini

13. 烟管荚蒾 *V. utile* Hemsley

组2. 合轴组——Sect. *Pseudotinus* C. B. Clarke

14. 显脉荚蒾 *V. nervosum* D. Don

15. 合轴荚蒾 *V. sympodiale* Graebner

组3. 球核组——Sect. *Tinus* (Miller) C. B. Clarke

16. 蓝黑果荚蒾 *V. atrocyaneum* C. B. Clarke

16a. 蓝黑果荚蒾 *V. atrocyaneum* f. *atrocyaneum*

16b 毛枝荚蒾 *V. atrocyaneum* f. *harryanum* (Rehder) P.S. Hsu

17. 樟叶荚蒾 *V. cinnamomifolium* Rehder

18. 川西荚蒾 *V. davidii* Franchet

19. 球核荚蒾 *V. propinquum* Hemsley

19a. 球核荚蒾 *V. propinquum* var. *propinquum*

19b. 狭叶球核荚蒾 *V. propinquum* var. *mairei* W. W. Smith

20. 三脉叶荚蒾 *V. triplinerve* Handel-Mazzetti

组4. 蝶花组——Sect. *Tomentosa* (Maximowicz) Nakai

21. 蝶花荚蒾 *V. hanceanum* Maximowicz

22. 粉团 *V. plicatum* Thunberg

22a. 粉团 *V. plicatum* f. *plicatum*

22b. 蝴蝶戏珠花 *V. plicatum* f. *tomentosum* (Miquel) Rehder

22c. 台湾蝴蝶戏珠花 *V. plicatum* var. *formosanum* Y. C. Liu & C. H. Ou

组5. 大叶组——Sect. *Megalotinus* (Maximowicz) Rehder

23. 广叶荚蒾 *V. amplifolium* Rehder

24. 水红木 *V. cylindricum* Buchanan-Hamilton ex D. Don

25. 厚绒荚蒾 *V. inopinatum* Craib

26. 侧花荚蒾 *V. laterale* Rehder

27. 光果荚蒾 *V. leiocarpum* P. S. Hsu

27a. 光果荚蒾 *V. leiocarpum* var. *leiocarpum*

27b. 斑点光果荚蒾 *V. leiocarpum* var. *punctatum* P. S. Hsu

28. 淡黄荚蒾 *V. lutescens* Blume

29. 鳞斑荚蒾 *V. punctatum* Buchanan-Hamilton ex D. Don

29a. 鳞斑荚蒾 *V. punctatum* var. *punctatum*

29b. 大果鳞斑荚蒾 *V. punctatum* var. *lepidotulum* (Merrill & Chun) P. S. Hsu

30. 锥序荚蒾 *V. pyramidatum* Rehder

31. 三叶荚蒾 *V. ternatum* Rehder

组6. 裂叶组——Sect. *Opulus* (Miller) Candolle

32. 朝鲜荚蒾 *V. koreanum* Nakai

33. 欧洲荚蒾 *V. opulus* Linnaeus

33a. 欧洲荚蒾 *V. opulus* subsp. *opulus*

33b. 鸡树条 *V. opulus* subsp. *calvescens*（Rehder）Sugimoto

组7. 圆锥组—Sect. *Solenotinus* Candolle

34. 短序荚蒾 *V. brachybotryum* Hemsley

35. 短筒荚蒾 *V. brevitubum*（P. S. Hsu）P. S. Hsu

36. 漾濞荚蒾 *V. chingii* P. S. Hsu

36a. 漾濞荚蒾 *V. chingii* var. *chingii*

36b. 多毛漾濞荚蒾 *V. chingii* var. *limitaneum*（W. W. Smith）Q. E. Yang

37. 伞房荚蒾 *V. corymbiflorum* P. S. Hsu & S. C. Hsu

37a. 伞房荚蒾 *V. corymbiflorum* subsp. *corymbiflorum*

37b. 苹果叶荚蒾 *V. corymbiflorum* subsp. *malifolium* P. S. Hsu

38. 红荚蒾 *V. erubescens* Wallich

39. 香荚蒾 *V. farreri* Stearn

40. 大花荚蒾 *V. grandiflorum* Wallich ex Candolle

41. 巴东荚蒾 *V. henryi* Hemsley

42. 长梗荚蒾 *V. longipedunculatum*（P. S. Hsu）P. S. Hsu

43. 珊瑚树 *V. odoratissimum* Ker Gawler

43a. 珊瑚树 *V. odoratissimum* var. *odoratissimum*

43b. 台湾珊瑚树 *V. odoratissimum* var. *arboricola*（Hayata）Yamamoto

43c. 日本珊瑚树 *V. odoratissimum* var. *awabuki*（K. Koch）Zabel ex Rümpler

44. 少花荚蒾 *V. oliganthum* Batalin

45. 峨眉荚蒾 *V. omeiense* P. S. Hsu

46. 瑞丽荚蒾 *V. shweliense* W. W. Smith

47. 亚高山荚蒾 *V. subalpinum* Handel-Mazzetti

48. 台东荚蒾 *V. taitoense* Hayata

49. 腾越荚蒾 *V. tengyuehense* (W. W. Smith) P. S. Hsu

49a. 腾越荚蒾 *V. tengyuehense* var. *tengyuehense*

49b. 多脉腾越荚蒾 *V. tengyuehense* var. *polyneurum*（P. S. Hsu）P. S. Hsu

50. 横脉荚蒾 *V. trabeculosum* C. Y. Wu ex P. S. Hsu

51. 云南荚蒾 *V. yunnanense* Rehder

组8. 齿叶组—Sect. *Odontotinus* Rehder

52. 桦叶荚蒾 *V. betulifolium* Batalin

53. 金腺荚蒾 *V. chunii* P. S. Hsu

54. 榛叶荚蒾 *V. corylifolium* J. D. Hooker & Thomson

55. 粤赣荚蒾 *V. dalzielii* W. W. Smith

56. 荚蒾 *V. dilatatum* Thunberg

57. 宜昌荚蒾 *V. erosum* Thunberg

57a. 宜昌荚蒾 *V. erosum* var. *erosum*

57b. 裂叶宜昌荚蒾 *V. erosum* var. *taquetii*（H. Léveillé）Rehder

58. 臭荚蒾 *V. foetidum* Wallich

58a. 臭荚蒾 *V. foetidum* var. *foetidum*

58b. 直角荚蒾 *V. foetidum* var. *rectangulatum*（Graebner）Rehder

58c. 珍珠荚蒾 *V. foetidum* var. *ceanothoides*（C. H. Wright）Handel-Mazzetti

59. 南方荚蒾 *V. fordiae* Hance

60. 台中荚蒾 *V. formosanum* (Hance) Hayata

60a. 台中荚蒾 *V. formosanum* var. *formosanum*

60b. 毛枝台中荚蒾 *V. formosanum* var. *pubigerum* P. S. Hsu

60c. 光萼荚蒾 *V. formosanum* subsp. *leiogynum* P. S. Hsu

61. 海南荚蒾 *V. hainanense* Merrill & Chun

62. 衡山荚蒾 *V. hengshanicum* Tsiang ex P. S. Hsu

63. 全叶荚蒾 *V. integrifolium* Hayata

64. 甘肃荚蒾 *V. kansuense* Batalin

65. 披针形荚蒾 *V. lancifolium* P. S. Hsu

66. 长伞梗荚蒾 *V. longiradiatum* P. S. Hsu & S. W. Fan

67. 吕宋荚蒾 *V. luzonicum* Rolfe

68. 黑果荚蒾 *V. melanocarpum* P. S. Hsu

69. 西域荚蒾 *V. mullaha* Buchanan-Hamilton ex D. Don

69a. 西域荚蒾 *V. mullaha* var. *mullaha*

69b. 少毛西域荚蒾 *V. mullaha* var. *glabrescens*（C. B. Clarke）Kitamura

70. 小叶荚蒾 *V. parvifolium* Hayata

71. 常绿荚蒾 *V. sempervirens* K. Koch

71a. 常绿荚蒾 *V. sempervirens* var. *sempervirens*

71b. 具毛常绿荚蒾 *V. sempervirens* var. *trichophorum* Handel-Mazzetti

72. 茶荚蒾 *V. setigerum* Hance

73. 瑶山荚蒾 *V. squamulosum* P. S. Hsu

74. 浙皖荚蒾 *V. wrightii* Miquel

75. 日本荚蒾 *V. japonicum* Thunberg

76. 凤阳山荚蒾 *V. fengyangshanense* Z. H. Chen, P. L. Chiu & L. X. Ye

参考文献

[1] 毛康珊，姚醒蕾，黄朝晖. 狭义五福花科的分子系统学和物质分化 [J]. 云南植物研究，2005，27（6）：620-628.

[2] 王康. 桦叶荚蒾复合体的分类学修订 [D]. 北京：中国科学院大学，2009.

[3] 钱宏. 备中荚蒾在我国的新发现 [J]. 安徽农学院学报，1986（2）：93-96.

[4] 裘宝林，叶立新，陈锋，等. 浙江荚蒾属植物资料增补 [J]. 杭州师范大学学报（自然科学版），2020，19（3）：261-266.

[5] 徐炳声，胡嘉琪，王汉津. 忍冬科 [M]// 徐炳声. 中国植物志：第72卷. 北京：科学出版社，1988：12-104.

[6]Angiosperm Phylogeny Group. An update of the Angiosperm Phylogeny Group classification for the

orders and families of flowering plants: APG II [J]. Botanical Journal of the Linnean Society, 2003,141
（4）: 399-436.

[7]Angiosperm Phylogeny Group. An update of the angiosperm phylogeny group classification for the
orders and families of flowering plants: APG III [J]. Botanical Journal of the Linnean Society, 2009,
161: 105.

[8]Angiosperm Phylogeny Group. An update of the Angiosperm Phylogeny Group classification for the
orders and families of flowering plants: APG IV [J]. Botanical Journal of the Linnean Society, 2016,
181（1）: 1-20.

[9]APPLEQUIST W L. Report of the Nomenclature Committee for Vascular Plants: 65 [J]. Taxon, 2013,
62（6）: 1315 - 1326.

[10]BACKLUND A, BREMER B. Phylogeny of the *Asteridae* s.str. based on *rbc*L sequences with
particular reference to the *Dipsacales* [J]. Plant Systematics and Evolution, 1997, 207: 225 - 254.

[11]BALDWIN B G, SANDERSON M J, PORTER J M, et al. The ITS region of nuclear ribosomal DNA:
a valuable source of evidence on angiosperm phylogeny [J]. Annals of the Missouri Botanical Garden,
1995, 82（2）: 247 - 277.

[12]BARISH S, ARAKAKI B, EDWARDS E J, et al. Characterization of 16 microsatellite markers for
the *Oreinotinus* clade of *Viburnum*（Adoxaceae）[J]. Applications in Plant Sciences, 2016, 4（12）:
121 - 128.

[13]BATSCH A J G K. Tabula affinitatum regni vegetabilis [M]. Weimar: Landes- Industrie-Comptior,
1802.

[14]BENKO-ISEPPON A M, MORAWETZ W. Cold-induced chromosome regions and karyosystematics
in *Sambucus* and *Viburnum* [J]. Botanica Acta, 1993, 106（2）: 183 - 191.

[15]BENKO-ISEPPON A M, MORAWETZ W. *Viburnales*: cytological features and a new circumscription
[J]. Taxon, 2000, 49（1）: 5 - 16.

[16]CLEMENT W L, DONOGHUE M J. Dissolution of *Viburnum* section *Megalotinus*（Adoxaceae）of
Southeast Asia and its implications for morphological evolution and biogeography [J]. International
Journal of Plant Sciences, 2011, 172（4）: 559 - 573.

[17]CLEMENT W L, DONOGHUE M J. Barcoding success as a function of phylogenetic relatedness in
Viburnum, a clade of woody angiosperms [J]. BMC Evolutionary Biology, 2012, 12: 1 - 13.

[18]CLEMENT W L, ARAKAKI M, SWEENEY P W, et al. A chloroplast tree for *Viburnum*（Adoxaceae）
and its implications for phylogenetic classification and character evolution [J]. American Journal of
Botany, 2014, 101（6）: 1029 - 1049.

[19]CRONQUIST A. Evolution and Classification of Flowering Plants [M]. New york: The New York
Botanical Garden, 1988: 514.

[20]DAHLGREN R. A revised system of classification of the Angiosperms [J]. Botanical Journal of the
Linnean Society, 1980, 80: 91-124.

[21]DEVOS F. The stem anatomy of some species of the Caprifoliaceae with reference to phylogeny and
identification of the species [D]. Ithaca: Cornell University, 1951.

[22]DONOGHUE M. Growth patterns in woody plants with examples from the genus Viburnum [J].
Arnoldia, 1981, 41: 2-23.

[23]DONOGHUE M. Systematic studies in the genus *Viburnum* [D]. Cambridge: Harvard University,1982.

[24]DONOGHUE M J. A preliminary analysis of phylogenetic relationships in Viburnum (Caprifoliaceae)[J]. Systematic Botany, 1983, 8: 45 - 58.

[25]DONOGHUE M J, BALDWIN B G. Phylogenetic analysis of *Viburnum* based on ribosomal DNA sequences from the internal transcribed spacer regions [J]. American Journal of Botany (Suplement) , 1993, 80: 146.

[26]DONOGHUE M J, SYTSMA K. Phylogenetic analysis of *Viburnum* based on chloroplast DNA restriction-site data [J]. American Journal of Botany (Suplement) , 1993, 80: 146.

[27]DONOGHUE M J, BALDWIN B G, LI J, et al. *Viburnum* phylogeny based on chloroplast trnk intron and nuclear ribosomal ITS DNA sequences [J]. Systematic Botany, 2004, 29: 188 - 198.

[28]DUMORTIER B C. Analyse des families des plantes: avec l'indication des principaux genres qui s 'y rattachent [J]. Ain é ed. Tournay: Impr. de J. Casterman, 1829.

[29]EGOLF D R. A cytological study of the genus *Viburnum* [J]. Journal of Arnold Arboretum. 1962, 43: 132-172.

[30]EGOLF D R. Cytological and interspecific hybridization studies in the genus *Viburnum* [D]. Ithaca: Cornell University,1956.

[31]ENGLER A, Diels L. Syllabus der Pflanzenfamilien [M]. 11th ed. Berlin: Gebrüder Borntraeger, 1936.

[32]ERIKSSON T, DONOGHUE M J. Phylogenetic relationships of *Sambucus* and *Adoxa* (Adoxaceae) based on nuclear ribosomal ITS sequences and preliminary morphological data [J]. Systematic Botany, 1997, 22: 555 - 573.

[33]HARA H. A revision of the Caprifoliaceae of Japan with reference to allied plants in other districts and the Adoxaceae [M]. Tokyo: Academia Scientific Books Inc, 1983.

[34]HITCHCOCK A S, GREEN M L. Standard-species of Linnean genera of Phanerogamae (1753-54) [C]// International Botanical Congress, Cambridge (England) , 1930, Nomenclature: Proposals by British Botanists. London: His Majesty's Stationery Office, 1929: 142.

[35]HILLEBRAND G R, FAIRBROTHERS D E. A serological investigation of intrageneric relationships in *Viburnum* (Caprifoliaceae)[J]. Bulletin of the torrey botanical club, 1969, 96 (5) : 556 - 567.

[36]HOOGLAND R D, REVEAL J L. Index nominum familiarum plantarum vascularium. The Botanical Review, 2005: 256.

[37]HSU P S. Some New Plants of Chinese *Viburnum* [J]. Acta Phytotaxonomica Sinica, 1966, 11 (1) : 67 - 83.

[38]HSU P S. Notes on Genus *Viburnum* of China [J]. Acta Phytotaxonomica Sinica, 1975, 13 (1) : 111 - 128.

[39]HSU P S. New species and varieties of the genus *Viburnum* from China [J]. Acta Phytotaxonomica Sinica, 1979, 17 (2) : 78 - 81.

[40]HUTCHINSON J. The families of Flowering Plants [M]. 3th ed. Oxford: The Clarendon Press, 1973: 968.

[41]JONES T H. A revision of the genus *Viburnum* section *Lentago* (Caprifoliaceae)[D]. Raleigh: North Carolina State University, 1983.

[42]JUDD W S, Sanders R W, Donoghue M J. Angiosperm family pairs: preliminary phylogenetic analyses [J]. Harvard Papers in Botany, 1994, 5:1-51.

[43]KILLIP E P. The South American species of *Viburnum* [J]. Bulletin of the Torrey Botanical Club,

1930, 57（4）:245-258.

[44]KERN J H. The genus *Viburnum*（Caprifoliaceae）in Malaysia [J]. Reinwardtia, 1951, 1（2）: 107 - 170.

[45]LINNAEUS C V. Species Plantarum [M]. Stockholm: Laurentius Salvius, 1753: 267 - 268.

[46]MABBERLEY D J. Mabberley's plant-book: a portable dictionary of plants, their classification and uses [M]. 3th ed. Cambridge: Cambridge University Press, 2008.

[47]MORTON C V. The Mexican and Central American species of *Viburnum* [J]. Contributions from the United States National Herbarium, 1933, 26（7）: 339 - 336.

[48]NORN V. En phytokemisk undersøgelse af *Viburnum* [D]. Copenhagen: Inst. Organisk Kemi, Danmarks Tekniske Højskole, 1978.

[49]OERSTED A S. Til belysning af slaegten *Viburnum* [J]. Videnskabelige Meddelelser fra Dansk Naturhistorisk Forening I Kjobenhavn, 1861, 13: 267 - 305.

[50]RAN H, LIU Y Y, WU C, *et al*. Phylogenetic and Comparative Analyses of Complete Chloroplast Genomes of Chinese *Viburnum* and *Sambucus*（Adxaceae）[J]. Plants, 2020, 9: 1143.

[51]RAFINESQUE-SHMALTZ C S. Viburnaceae [J]. Annales Générales des Sciences Physiques, 1820, 6: 87.

[52]REVEAL J L.（1800-1802）Proposals to conserve the name Viburnaceae（Magnoliophyta）, the name Adoxaceae against Viburnaceae, a "superconservation" proposal, and, as an alternative, the name Sambucaceae [J]. Taxon, 2008, 57（1）: 303.

[53]REHDER A. The *Viburnums* of eastern Asia [M]// SARGENT C S. Trees and Shrubs: Volume II. Boston: Houghton Mifflin, 1908, 105 - 116.

[54]REHDER A. Manual of cultivated trees and shrubs [M]. New York: Macmilian, 1940.

[55]TAKHTAJAN A. The diversity and classification of flowering plants [M]. New York: Columbia University Press, 1997: 396 - 397.

[56]VILLARREAL-QUINTANILLA J Á, ESTRADA-CASTILLÓN A E. Taxonomic revision of the genus *Viburnum*（Adoxaceae）in Mexico [J]. Botanical Sciences, 2014, 92（4）:493-517.

[57]WILSON K L. Report of the General Committee: 15 [J]. Taxon, 2016, 65（5）: 1150-1151.

[58]WINKWORTH R C, DONOGHUE M J. *Viburnum* phylogeny: evidence from the duplicated nuclear gene GBSSI [J]. American Journal of Botany, 2004, 33（1）: 109 - 126.

[59]WINKWORTH R C, DONOGHUE M J. *Viburnum* phylogeny based on combined molecular data: Implications for taxonomy and biogeography [J]. Molecular Phylogenetics and Evolution, 2005, 92（4）: 653 - 666.

[60]WILKINSON A M. Floral anatomy and morphology of some species of the genus *Viburnum* of the Caprifoliaceae [M]. American Journal of Botany, 1948, 35（8）: 455-465.

[61]YANG Q E, Hong D Y, MALÉCOT V, et al. Adoxaceae [M]//Wu Z Y, Raven P H, Hong D Y, et al. Flora of China: Volume 19. Beijng: Science Press & St. Louis: Missouri Botanical Garden Press, 2011: 570 - 611.

[62]ZHANG W H, CHEN Z D, LI J H, et al. Phylogeny of the dipsacales s.l. based on chloroplast trnL-F and ndhF sequences [J]. Molecular Phylogenetic & Evolution, 2003, 26（2）: 176 - 189.

THE

SECOND

CHAPTER

第 二 章

荚蒾属植物的形态特征

荚蒾属植物分布范围广,生境多变,其生长习性、植物形态和生物学性状具有丰富的多样性,是该属植物分类鉴定的重要依据。

2.1 生活型

木本植物的生活型，是其长期适应生长环境而反映在外貌、结构和习性上的类型，是植物生态学的一种分类单位。不同种植物，在相同环境下，可能形成同一生活型；同一种植物，在不同环境下，可能形成不同的生活型。

2.1.1 依据形态划分

根据形态不同，可将荚蒾属植物生活型分为乔木和灌木2种类型（表2-1）。

1. 乔木

这类荚蒾往往树身高大，由根部发出独立主干，树干和树冠区分明显，通常高达6米至数十米，荚蒾属中仅横脉荚蒾属于这种类型。

2. 灌木

这类荚蒾通常没有明显主干，植株呈矮小丛生状态。属于这种类型的荚蒾有61种（包含种下分类单位，后同），约占荚蒾属植物总数的62.24%，园林中应用普遍的鸡树条、欧洲荚蒾、粉团、琼花、绣球荚蒾均属于这种类型。

琼花（大灌木）

　　荚蒾属植物中还有一部分形态多变，根据生长环境及栽培管理措施的不同，既可为灌木，又可为小乔木，属于这种类型的荚蒾有36种，占荚蒾属总数的36.73%。园林中比较常见的珊瑚树和日本珊瑚树就属于这种类型。

日本珊瑚树（灌木状）

日本珊瑚树（乔木状）

短序荚蒾（灌木状）

短序荚蒾（乔木状）

2.1.2 依据冬季落叶情况划分

　　根据冬季是否落叶，可将荚蒾属植物生活型分为常绿、半常绿和落叶3种类型（表2-1）。

　　1. 常绿

　　常绿荚蒾的叶片一年四季都能够保持绿色，这类荚蒾的叶片寿命是两三年或更长，并且每年都有新叶长出，在新叶长出的同时也有部分旧叶脱落，由于是陆续更新，所以终年都能保持常绿。中国常绿荚蒾有37种，占荚蒾属植物总数的37.76%，其中裸芽组3种、圆锥组11种、大叶组9种、齿叶组7种、球核组7种。圆锥组的巴东荚蒾比较特殊，大部分时候为常绿灌木，但是栽培地及种源不同，也会呈现半常绿状态。

日本珊瑚树冬季状态

短序荚蒾冬季状态

三叶荚蒾冬季状态

2. 半常绿

半常绿是比较少见的一个类型，这类植物在温度适合时呈现常绿状态，在温度寒冷时又呈现落叶状态。荚蒾属中属于这种类型的有裸芽组的醉鱼草状荚蒾和金佛山荚蒾2种。

醉鱼草状荚蒾在武汉地区冬季状态

3.落叶

这类荚蒾每年秋冬季节或干旱季节叶片全部脱落，落叶是短日照引起植物内部生长素减少、脱落酸增加、产生离层的结果，是植物减少蒸腾、度过寒冷或干旱季节的一种适应表现。属于这种类型的荚蒾多达59种，占荚蒾属植物总数的60.20%。合轴组、蝶花组和裂叶组的全部种均属于这种类型，此外包含裸芽组的11种，圆锥组的12种、大叶组的2种以及齿叶组的24种。落叶类的琼花、绣球荚蒾和蝶花荚蒾在武汉地区冬季很少落叶，叶片常保留至次年3—4月才脱落。

蝴蝶戏珠花冬季状态

荚蒾冬季状态

琼花冬季状态（武汉）

琼花次年早春状态（武汉）

表2-1　荚蒾属植物生活型

分组	种名	生活型	
		形态	冬季落叶习性
裸芽组	醉鱼草状荚蒾	灌木	半常绿
	修枝荚蒾	灌木	落叶
	备中荚蒾	灌木	落叶
	金佛山荚蒾	灌木	半常绿
	密花荚蒾	灌木	常绿
	黄栌叶荚蒾	灌木	落叶
	a 聚花荚蒾（原亚种）	灌木或小乔木	落叶
	b 壮大荚蒾（亚种）	灌木或小乔木	落叶
	c 圆叶荚蒾（亚种）	灌木或小乔木	落叶
	a 绣球荚蒾（原变型）	灌木	落叶
	b 琼花（变型）	灌木	落叶
	蒙古荚蒾	灌木	落叶
	皱叶荚蒾	灌木或小乔木	常绿
	陕西荚蒾	灌木	落叶
	壶花荚蒾	灌木	落叶
	烟管荚蒾	灌木	常绿

续表

分组	种名	生活型	
		形态	冬季落叶习性
合轴组	显脉荚蒾	灌木或小乔木	落叶
	合轴荚蒾	灌木或小乔木	落叶
球核组	a 蓝黑果荚蒾（原变型）	灌木	常绿
	b 毛枝荚蒾（变型）	灌木	常绿
	樟叶荚蒾	灌木或小乔木	常绿
	川西荚蒾	灌木	常绿
	a 球核荚蒾（原变种）	灌木	常绿
	b 狭叶球核荚蒾（变种）	灌木	常绿
	三脉叶荚蒾	灌木	常绿
圆锥组	短序荚蒾	灌木或小乔木	常绿
	短筒荚蒾	灌木	落叶
	a 漾濞荚蒾（原变种）	灌木或小乔木	常绿
	b 多毛漾濞荚蒾（变种）	灌木或小乔木	常绿
	a 伞房荚蒾（原亚种）	灌木或小乔木	常绿
	b 苹果叶荚蒾（亚种）	灌木或小乔木	常绿
	红荚蒾	灌木或小乔木	落叶
	香荚蒾	灌木	落叶
	大花荚蒾	灌木或小乔木	落叶
	巴东荚蒾	灌木或小乔木	常绿或半常绿
	长梗荚蒾	灌木	落叶
	a 珊瑚树（原变种）	灌木或小乔木	常绿
	b 台湾珊瑚树（变种）	灌木或小乔木	常绿
	c 日本珊瑚树（变种）	灌木或小乔木	常绿
	少花荚蒾	灌木或小乔木	常绿
	峨眉荚蒾	灌木	落叶
	瑞丽荚蒾	灌木或小乔木	落叶
	亚高山荚蒾	灌木	落叶
	台东荚蒾	灌木	常绿
	a 腾越荚蒾（原变种）	灌木	落叶
	b 多脉腾越荚蒾（变种）	灌木	落叶
	横脉荚蒾	乔木	落叶
	云南荚蒾	灌木	落叶
蝶花组	蝶花荚蒾	灌木	落叶
	a 粉团（原变种）	灌木	落叶
	b 蝴蝶戏珠花（变型）	灌木	落叶
	c 台湾蝴蝶戏珠花（变种）	灌木	落叶
大叶组	广叶荚蒾	灌木	落叶
	侧花荚蒾	灌木	落叶
	水红木	灌木或小乔木	常绿
	厚绒荚蒾	灌木或小乔木	常绿
	a 光果荚蒾（原变种）	灌木或小乔木	常绿
	b 斑点光果荚蒾（变种）	灌木或小乔木	常绿

分组	种名	生活型	
		形态	冬季落叶习性
大叶组	淡黄荚蒾	灌木	常绿
	a 鳞斑荚蒾（原变种）	灌木或小乔木	常绿
	b 大果鳞斑荚蒾（变种）	灌木或小乔木	常绿
	锥序荚蒾	灌木或小乔木	常绿
	三叶荚蒾	灌木或小乔木	常绿
	桦叶荚蒾	灌木或小乔木	落叶
	金腺荚蒾	灌木	常绿
	榛叶荚蒾	灌木	落叶
	粤赣荚蒾	灌木	落叶
齿叶组	荚蒾	灌木	落叶
	a 宜昌荚蒾（原变种）	灌木	落叶
	b 裂叶宜昌荚蒾（变种）	灌木	落叶
	a 臭荚蒾（原变种）	灌木	落叶
	b 直角荚蒾（变种）	灌木	落叶
	c 珍珠荚蒾（变种）	灌木	落叶
	南方荚蒾	灌木或小乔木	落叶
	a 台中荚蒾（原亚种）	灌木或小乔木	落叶
	b 毛枝台中荚蒾（变种）	灌木或小乔木	落叶
	c 光萼荚蒾（亚种）	灌木或小乔木	落叶
	海南荚蒾	灌木	常绿
	衡山荚蒾	灌木	落叶
	全叶荚蒾	灌木	落叶
	甘肃荚蒾	灌木	落叶
	披针形荚蒾	灌木	常绿
	长伞梗荚蒾	灌木或小乔木	落叶
	吕宋荚蒾	灌木	落叶
	黑果荚蒾	灌木	落叶
	a 西域荚蒾（原变种）	灌木或小乔木	落叶
	b 少毛西域荚蒾（变种）	灌木或小乔木	落叶
	小叶荚蒾	灌木	落叶
	a 常绿荚蒾（原变种）	灌木	常绿
	b 具毛常绿荚蒾（变种）	灌木	常绿
	茶荚蒾	灌木	落叶
	瑶山荚蒾	灌木	常绿
	浙皖荚蒾	灌木	落叶
	日本荚蒾	灌木	常绿
	凤阳山荚蒾	灌木	落叶
	朝鲜荚蒾	灌木	落叶
裂叶组	a 欧洲荚蒾（原亚种）	灌木	落叶
	b 鸡树条（亚种）	灌木	落叶

2.2 当年生枝

　　当年生枝形状是荚蒾属植物分类的重要依据之一，荚蒾属植物当年生枝的形状包含圆柱形和四角形两种类型。

　　1. 圆柱形

　　大部分荚蒾属植物的当年生枝均呈圆柱形或扁圆柱形。

　　2. 四角形

　　金腺荚蒾、海南荚蒾、全叶荚蒾、常绿荚蒾、具毛常绿荚蒾和瑶山荚蒾的当年生枝呈四角形，二年生枝略呈四角形，这也是区别其与其他荚蒾的一项重要特征。

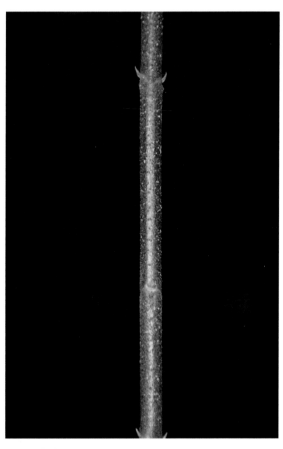

圆柱形当年生枝

四角形当年生枝

2.3 冬芽

　　冬芽特征是鉴定荚蒾属植物的一个重要依据，荚蒾属植物的冬芽裸露或有鳞片。

　　1. 裸露

　　裸芽组的全部种及大叶组的鳞斑荚蒾和大果鳞斑荚蒾均属于这种类型。

皱叶荚蒾冬芽　　　　　　　　　烟管荚蒾冬芽

2. 有鳞片

荚蒾属植物冬芽有1~2对鳞片，很少有3对或多对，根据鳞片的多少，又可将荚蒾属植物分为三类。

冬芽有1对鳞片的，包括球核组和蝶花组的全部种，裂叶组的朝鲜荚蒾，以及大叶组的水红木、厚绒荚蒾、光果荚蒾、斑点光果荚蒾、淡黄荚蒾、锥序荚蒾和三叶荚蒾。

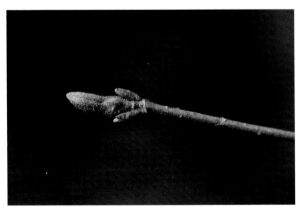 

蝴蝶戏珠花冬芽　　　　　　　　　三叶荚蒾冬芽

冬芽有2对鳞片的，包括齿叶组的全部种，裂叶组的欧洲荚蒾和鸡树条，大叶组的广叶荚蒾和侧花荚蒾，以及圆锥组的短序荚蒾、短筒荚蒾、漾濞荚蒾、多毛漾濞荚蒾、伞房荚蒾、苹果叶荚蒾、红荚蒾、长梗荚蒾、少花荚蒾、峨眉荚蒾、瑞丽荚蒾、亚高山荚蒾、台东荚蒾、腾越荚蒾、多脉腾越荚蒾、横脉荚蒾和云南荚蒾。

荚蒾冬芽

茶荚蒾冬芽

　　还有一部分荚蒾冬芽的鳞片数量并不固定。香荚蒾和大花荚蒾冬芽有2～3对鳞片，珊瑚树、台湾珊瑚树和日本珊瑚树冬芽有2～4对鳞片。

日本珊瑚树冬芽

2.4 叶

叶部形态是区分荚蒾属不同组以及组内不同种的一项重要依据，包括叶序、叶质、叶形、叶缘、叶脉、托叶特征等。

2.4.1 叶序

根据荚蒾属植物叶片在茎上的排列方式不同，将该属植物的叶序分为对生和三叶轮生两大类。

1. 对生

指叶片在茎或枝条的同一位置两两相对而生，大部分荚蒾属植物叶序属于这种类型。

2. 三叶轮生

属于这种类型的仅三叶荚蒾一种，在属内实属罕见。毛枝荚蒾的植株上，有时也会出现三叶轮生的叶序。

对生叶序

三叶轮生叶序

2.4.2 叶质

1. 纸质

叶片的质地柔韧而较薄，似纸张。包括裂叶组、蝶花组和合轴组的全部种，以及裸芽组中密花荚蒾、皱叶荚蒾和烟管荚蒾除外的全部种；圆锥组的短筒荚蒾、伞房荚蒾、苹果叶荚蒾、红荚蒾、香荚蒾、大花荚蒾、长梗荚蒾、珊瑚树，瑞丽荚蒾、高山荚蒾、腾越荚蒾、多脉腾越荚蒾、横脉荚蒾和云南荚蒾；大叶组的广叶荚蒾、侧花荚蒾和三叶荚蒾；齿叶组的榛叶荚蒾、粤赣荚蒾、荚蒾、宜昌荚蒾、裂叶宜昌荚蒾、臭荚蒾、直角荚蒾、珍珠荚蒾、南方荚蒾、衡山荚蒾、甘肃荚蒾、披针形荚蒾、长伞梗荚蒾、黑果荚蒾、西域荚蒾、少毛西域荚蒾、茶荚蒾、凤阳山荚蒾和浙皖荚蒾。圆锥组的台湾珊瑚树、台东荚蒾、光果荚蒾、斑点光果荚蒾和锥序荚蒾，以及齿叶组的桦叶荚蒾、金腺荚蒾、台中荚蒾、毛枝台中荚蒾、光萼荚蒾、全叶荚蒾、小叶荚蒾和瑶山荚蒾的叶片厚纸质，有时薄革质。

荚蒾叶片质地

宜昌荚蒾叶片质地

2. 革质

叶片的质地坚韧而较厚，表皮细胞明显角质化，略似皮革。包括球核组的全部种；裸芽组的密花荚蒾、皱叶荚蒾和烟管荚蒾；圆锥组的短序荚蒾、漾濞荚蒾、多毛漾濞荚蒾、巴东荚蒾、日本珊瑚树和少花荚蒾；大叶组的水红木、厚绒荚蒾、淡黄荚蒾、鳞斑荚蒾和大果鳞斑荚蒾；齿叶组的常绿荚蒾、具毛常绿荚蒾、海南荚蒾和日本荚蒾。

皱叶荚蒾叶片质地

烟管荚蒾叶片质地

2.4.3 叶形

荚蒾属植物叶形多变，有卵形、倒卵形、圆形、矩圆形、椭圆形、菱形、披针形、倒披针形、浅心形等多种形状。叶的大小和形态受生境和气候影响，一株植株上会出现不同的叶形，如桦叶荚蒾由于枝的老幼不同，同一植株上会出现宽卵形、菱状卵形、宽倒卵形、椭圆形和矩圆形叶片；茶荚蒾由于枝的老幼不同，同一植株上会出现卵形、卵状矩圆形、卵状披针形和掌状叶。同一种类在不同海拔高度，甚至同一植株由于光照的区别叶形也有变化。因此，荚蒾属植物的叶片形状和大小并不能单独作为分类标准，但可以作为分类的参考性状。

荚蒾属植物的几种常见叶形

茶荚蒾的几种不同叶形

桦叶荚蒾的几种不同叶形

2.4.4 叶缘

叶缘是识别分类植物属种时可以参照的主要特征之一，与叶形特征相比，叶缘描述了尺度更细微的特征，对于弥补叶形识别特征的不足，以及从多尺度识别植物属种都有重要意义。

1. 全缘

叶片周边平滑或近于平滑。裸芽组的密花荚蒾，球核组的三脉荚蒾，大叶组的光果荚蒾和斑点光果荚蒾叶片均为全缘；裸芽组的金佛山荚蒾、皱叶荚蒾和烟管荚蒾，全缘或稀具少数不明显齿；球核组的樟叶荚蒾和川西荚蒾，圆锥组的珊瑚树、台湾珊瑚树和日本珊瑚树，大叶组的水红木、厚绒荚蒾、鳞斑荚蒾、大果鳞斑荚蒾和三叶荚蒾，齿叶组的臭荚蒾、海南荚蒾、常绿荚蒾和金腺荚蒾叶缘特征并不明显，全缘或中部以上具少数齿。

金佛山荚蒾叶缘   鳞斑荚蒾叶缘   常绿荚蒾叶缘

2. 浅波状

叶缘稍显凹凸而呈浅波纹状。齿叶组的全叶荚蒾叶缘呈不规则浅波状。

3. 钝齿状

叶片边缘具齿，齿尖圆钝状。裸芽组的蒙古荚蒾，圆锥组的大花荚蒾，裂叶组的欧洲荚蒾，齿叶组的桦叶荚蒾和长伞梗荚蒾叶缘齿钝，其中桦叶荚蒾齿在叶缘1/3～1/2以上，蒙古荚蒾齿端具小突尖。

蒙古荚蒾叶缘

桦叶荚蒾叶缘

4. 牙齿状

叶片边缘具齿，齿尖锐，齿尖两侧近相等，齿直而尖向外。裸牙组的聚花荚蒾、壮大荚蒾和圆叶荚蒾，齿叶组的裂叶宜昌荚蒾和直角荚蒾叶缘具大牙齿状边缘；齿叶组的臭荚蒾、珍珠荚蒾、衡山荚蒾和甘肃荚蒾，裂叶组的朝鲜荚蒾和鸡树条叶缘具不规则牙齿状边缘。

珍珠荚蒾叶缘

壮大荚蒾叶缘

聚花荚蒾叶缘

朝鲜荚蒾叶缘

5.锯齿状

叶片边缘具齿，齿尖锐，齿尖两侧不等，通常向一侧倾斜。球核组的球核荚蒾，蝶花组的全部种，大叶组的广叶荚蒾、侧花荚蒾和锥序荚蒾，齿叶组的榛叶荚蒾、荚蒾、吕宋荚蒾叶片边缘锯齿状；圆锥组（珊瑚树、日本珊瑚树、台湾珊瑚树除外），大叶组的淡黄荚蒾，齿叶组的具毛常绿荚蒾、台中荚蒾、毛枝台中荚蒾、光萼荚蒾、披针形荚蒾、西域荚蒾、少毛西域荚蒾、小叶荚蒾、日本荚蒾、凤阳山荚蒾和茶荚蒾叶片边缘基部或中部以上呈锯齿状，合轴组的全部种叶缘具不规则锯齿。

蝴蝶戏珠花叶缘　　具毛常绿荚蒾叶缘

茶荚蒾叶缘　　淡黄荚蒾叶缘　　披针形荚蒾叶缘

6.细锯齿状

叶片周边呈锯齿状，齿尖细锐不明显。裸芽组的醉鱼草状荚蒾和修枝荚蒾叶边缘呈细锯齿状；黄栌叶荚蒾叶缘具稀疏细锯齿或全缘；壶花荚蒾和圆锥组的红荚蒾叶缘基部1/3以上具细锯齿。

修枝荚蒾叶缘　　壶花荚蒾叶缘　　红荚蒾叶缘

7.小尖齿

叶片边缘具小齿状突，齿不明显。裸芽组的备中荚蒾、绣球荚蒾、陕西荚蒾，球核组的狭叶球核荚蒾和蓝黑果荚蒾，齿叶组的宜昌荚蒾和黑果荚蒾叶缘有小尖齿；粤赣荚蒾叶缘疏生小尖齿，基部全缘或微波状；南方荚蒾自叶缘基部1/3有小尖齿。

宜昌荚蒾叶缘

备中荚蒾叶缘

陕西荚蒾叶缘

南方荚蒾叶缘

2.4.5 叶脉

叶脉是叶片上可见的脉纹，由贯穿在叶肉内的维管束或维管束及其外围的机械组织组成，是叶片的输导组织与支持结构。它一方面为叶片提供水分和无机盐，输出光合产物，另一方面又支撑着叶片，使其能伸展于空间，保证叶片的生理功能顺利进行。叶脉在叶片中呈规律性分布，通过叶柄与茎内的维管组织相连。

2.4.5.1 脉序

荚蒾属植物均为网状脉序，具有明显的主脉，主脉分出侧脉，侧脉一再分支，形成细脉，最小的细脉互相连接形成网状。按侧脉分出的方式不同，又可分为羽状脉序、掌状脉序、基部三出脉和离基三出脉4种类型。

1. 羽状脉序

主脉明显、侧脉羽状排列，则称羽状脉序。大部分荚蒾属植物均为羽状脉序，包括裸芽组、合轴组、圆锥组和大叶组的全部种，齿叶组（甘肃荚蒾除外）的大部分种，以及球核组的蓝黑果荚蒾和毛枝荚蒾。

2. 掌状脉序

由主脉的基部同时产生多条与主脉近似粗细的侧脉，其间再由细脉形成网状，称为掌状脉序。荚蒾属裂叶组的全部种与齿叶组的甘肃荚蒾的叶脉均属于掌状脉序，其中甘肃荚蒾和朝鲜荚蒾为掌状三至五出脉，欧洲荚蒾和鸡树条为掌状三出脉。

3. 基部三出脉

从主脉基部两侧只产生一对侧脉，这一对侧脉明显比其他侧脉发达，这种称三出脉。荚蒾属植物中仅球核组的川西荚蒾的叶脉为基部三出脉。

4. 离基三出脉

三出脉中的一对侧脉不是从叶片基部生出，而是离开基部一段距离才生出的，则称为离基三出脉。球核组的樟叶荚蒾、球核荚蒾、狭叶球核荚蒾和三脉叶荚蒾的叶脉均为此种类型。

羽状脉序

掌状脉序

基部三出脉

离基三山脉

2.4.5.2 侧脉在叶缘特征

除圆锥组的短筒荚蒾，以及齿叶组的披针形荚蒾、常绿荚蒾、具毛常绿荚蒾和瑶山荚蒾侧脉在叶缘的特征并不固定外，大部分荚蒾属植物的侧脉直达齿端或在近缘时互相网结，侧脉在叶缘的特征可作为鉴定的一项重要特征。

1. 直达齿端

蝶花组和裂叶组的全部种，裸芽组的醉鱼草状荚蒾、黄栌叶荚蒾、聚花荚蒾、壮大荚蒾、圆叶荚蒾和皱叶荚蒾，圆锥组的伞房荚蒾、苹果叶荚蒾、红荚蒾、香荚蒾、大花荚蒾、巴东荚蒾和瑞丽荚蒾，大叶组的广叶荚蒾、侧花荚蒾和水红木，齿叶组的桦叶荚蒾、日本荚蒾、榛叶荚蒾、粤赣荚蒾、荚蒾、宜昌荚蒾、裂叶宜昌荚蒾、臭荚蒾、直角荚蒾、珍珠荚蒾、南方荚蒾、台中荚蒾、毛枝台中荚蒾、光萼荚蒾、甘肃荚蒾、长伞梗荚蒾、吕宋荚蒾、黑果荚蒾、西域荚蒾、少毛西域荚蒾、小叶荚蒾、茶荚蒾和浙皖荚蒾的侧脉均直达齿端。

2. 近缘互相网结

合轴组和球核组的全部种，裸芽组的修枝荚蒾、备中荚蒾、金佛山荚蒾、密花荚蒾、绣球荚蒾、琼花、蒙古荚蒾、壶花荚蒾和烟管荚蒾，圆锥组的短序荚蒾、漾濞荚蒾、多毛漾濞荚蒾、珊瑚树、台湾珊瑚树、日本珊瑚树、少花荚蒾、峨眉荚蒾、亚高山荚蒾、台东荚蒾、腾越荚蒾、多脉腾越荚蒾、横脉荚蒾和云南荚蒾，大叶组的厚绒荚蒾、光果荚蒾、斑点光果荚蒾、淡黄荚蒾、鳞斑荚蒾、大果鳞斑荚蒾、锥序荚蒾和三叶荚蒾，齿叶组的金腺荚蒾、海南荚蒾、衡山荚蒾和全叶荚蒾的侧脉均在近缘互相网结。

侧脉直达齿端

侧脉近缘前互相网结

2.4.6 托叶

托叶是叶片的重要组成部分，常成对存在于叶柄基部的附属物，通常先于叶片长出，于早期起保护幼叶的作用。托叶的有无及托叶的位置与形状，常随植物种属而有所不同。荚蒾属植物的托叶通常或微小、着生于叶柄基部两侧，或不存在。对于托叶特征明显的种类，托叶可作为鉴定时需要予以适当注意的形态特征之一，如大叶组的三叶荚蒾叶柄基部有2枚宿存的披针形托叶，裂叶组的全部种及齿叶组的宜昌荚蒾和裂叶宜昌荚蒾叶柄基部有2枚宿存的钻形小托叶；齿叶组的凤阳山荚蒾有2枚宿存的狭条形托叶，托叶基部1/3处与叶柄合生。

宜昌荚蒾宿存托叶

欧洲荚蒾宿存托叶

三叶荚蒾宿存托叶

桦叶荚蒾宿存托叶

2.5 花

2.5.1 花序

2.5.1.1 花序类型

花序类型指花在花轴上的发育和排列方式。花序类型常被作为荚蒾属植物分组鉴定的一项重要依据。荚蒾属植物花序有由聚伞合成顶生或侧生的伞形式、圆锥式或伞房式，很少紧缩成簇状。

1. 聚伞花序

聚伞花序顶端平或凸出，最内或最中央的花最先开放，然后渐及于两侧开放，为有限花序的一种。聚伞花序是裸芽组、合轴组、球核组、蝶花组、齿叶组和裂叶组的重要特征之一，大叶组除锥序荚蒾外也全部为聚伞花序。荚蒾属植物的聚伞花序由于分枝比较密集，又呈复伞形式。

2. 圆锥花序

圆锥花序又名复总状花序，为无限花序的一种，主花轴分枝，每个分枝均为总状花序。圆锥花序是区分圆锥组和其他组的典型特征，组内伞房荚蒾的圆锥花序因主轴缩短而形成圆顶的伞房状，大花荚蒾的圆锥花序紧缩成近簇状，珊瑚树和横脉荚蒾的圆锥花序宽尖塔形，云南荚蒾的圆锥花序近复伞房式，这也是区别于组内其他种的重要特征之一。大叶组的锥序荚蒾花序为由数层伞形花序组成的尖塔形圆锥花序，是该组内唯一不为聚伞花序的种。

聚伞花序

圆锥花序

2.5.1.2 花序上的花朵类型

根据花序上的花朵是否可孕，将其分为不孕花和可孕花两种类型。具有大型不孕花的荚蒾由于花型独特，形似绣球，备受国内外园艺学家的青睐，具有较高的观赏应用价值。根据花序上有无大型不孕花以及大型不孕花数量的多少可将荚蒾属植物分为3种类型。

1. 全部为大型不孕花

蝶花组的粉团和裸芽组的绣球荚蒾，其花序全部由大型不孕花组成，不具备结实能力。

2. 不孕花和可孕花混生

蝶花组的蝶花荚蒾、蝴蝶戏珠花和台湾蝴蝶戏珠花，裸芽组的琼花，以及合轴组的合轴荚蒾，花序周围具大型不孕边花，仅中心可孕花能够正常结实。蝴蝶戏珠花具6～8朵不孕边花，台湾蝴蝶戏珠花具3～5朵不孕边花，琼花具8～18朵不孕边花，合轴荚蒾常具8朵不孕边花。

3. 全部为可孕花

大部分荚蒾属植物的花序全部由可孕花组成，花小，单朵花没有观赏价值。

全部为不孕花　　　　　　　　　　　　　　　　　　　　　不孕花与可孕花混生

不孕花与可孕花混生　　　　　　　　　　　　　　　　　　全部为可孕花

2.5.1.3 花序形状

这里的花序形状是整个花序上的花朵盛开后，其外部的面或轮廓线组合而呈现的外表。荚蒾属的花序根据形状不同可分为平顶形、半球形、球形和圆锥形4种。齿叶组的全部种、蝶花组的蝶花荚蒾和蝴蝶戏珠花、裸芽组的琼花和壶花荚蒾、大叶组大部分种类（锥序荚蒾和淡黄荚蒾除外）、球核组的全部种、圆锥组的伞房荚蒾和苹果叶荚蒾的花序多为平顶形；裸芽组的大部分种类（琼花和壶花荚蒾除外）的花序为半球形；圆锥组的大部分种（伞房荚蒾和苹果叶荚蒾除外）、大叶组的锥序荚蒾和淡黄荚蒾的花序为圆锥形；裸芽组的绣球荚蒾、蝶花组的粉团，以及裸芽组的醉鱼草状荚蒾的部分种源的花序为球形。

平顶形花序

半球形花序

球形花序

圆锥形花序

2.5.2 不孕花
2.5.2.1 花瓣相对位置

不孕花花瓣的相对位置常作为区分具有不孕花的栽培品种的参考特征之一，根据不孕花花瓣的相对位置不同，可将其分为花瓣相离、花瓣相切和花瓣相交3种。

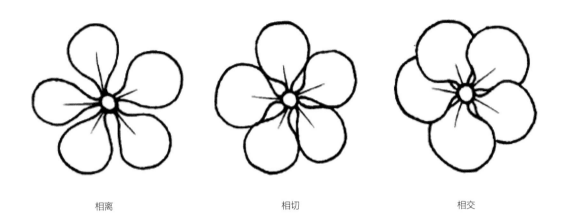

相离　　　　　　　　　　　相切　　　　　　　　　　　相交

2.5.2.2 花冠裂片排列方式

不孕花花冠裂片排列方式常作为具有不孕花的种类及其栽培品种的辅助鉴定特征之一。根据不孕花花冠裂片的排列方式，又可将其细分为不对称花、两侧对称花和辐射对称花3种类型。不对称花通过花的中心不能作出对称面的花，蝴蝶戏珠花和蝶花荚蒾的大部分不孕花为此类型；两侧对称花通过花的中心只可作一个对称面的花，粉团、合轴荚蒾、蝴蝶戏珠花和蝶花荚蒾的部分不孕花为此类型；辐射对称花通过花的中心可作两个以上对称面的花，琼花、欧洲荚蒾、鸡树条、绣球荚蒾的大部分不孕花为此类型。

不对称花　　　　　　　　　两侧对称花　　　　　　　　　辐射对称花

2.5.3 可孕花
2.5.3.1 花冠形状

花冠形状也是鉴定荚蒾属植物的重要特征之一，荚蒾属植物的花型可分为辐状、钟状、漏斗状和高脚碟状4种类型。

1. 辐状

属于这种花型的荚蒾有77种，占荚蒾属植物总数的78.57%。包括合轴组、球核组、大叶组、齿叶组、裂叶组和蝶花组的全部种，裸芽组的修枝荚蒾、金佛山荚蒾、聚花荚蒾、壮大荚蒾、圆叶荚蒾、绣球荚蒾、琼花、皱叶荚蒾、陕西荚蒾和烟管荚蒾，以及圆锥组的短序荚蒾、伞房荚蒾、苹果叶荚蒾、巴东荚蒾、长梗荚蒾、珊瑚树、腾越荚蒾、多脉腾越荚蒾和云南荚蒾。

2. 钟状

属于这种花型的荚蒾共11种，包括裸芽组的醉鱼草状荚蒾、黄栌叶荚蒾、蒙古荚蒾和壶花荚蒾，圆锥组的短筒荚蒾、多毛漾濞荚蒾、台湾珊瑚树、日本珊瑚树、瑞丽荚蒾和长梗荚蒾，以及大叶组的水红木。

3. 漏斗状

裸芽组的密花荚蒾、漾濞荚蒾、少花荚蒾，以及圆锥组的亚高山荚蒾、台东荚蒾和横脉荚蒾，花冠均为漏斗形。

4. 高脚碟状

裸芽组的备中荚蒾，以及圆锥组的大花荚蒾、香荚蒾和峨眉荚蒾花冠均为高脚碟状。

2.5.3.2 雄蕊

1. 花药颜色

1）黄色

裸芽组、蝶花组、球核组（川西荚蒾除外）的全部种，合轴组的合轴荚蒾，大叶组的广叶荚蒾、侧花荚蒾、淡黄荚蒾、鳞斑荚蒾、大果鳞斑荚蒾和锥序荚蒾，以及圆锥组的香荚蒾、大花荚蒾、珊瑚树、台湾珊瑚树、日本珊瑚树和瑞丽荚蒾花药均为黄色。

烟管荚蒾花药颜色

琼花花药颜色

2）黄白色

齿叶组除甘肃荚蒾外的全部种，圆锥组的短序荚蒾、伞房荚蒾、苹果叶荚蒾、红荚蒾、巴东荚蒾、长梗荚蒾、峨眉荚蒾、腾越荚蒾、多脉腾越荚蒾、横脉荚蒾和云南荚蒾，以及大叶组的厚绒荚蒾、光果荚蒾、斑点光果荚蒾和三叶荚蒾花药均为黄白色。

茶荚蒾花药颜色

日本荚蒾花药颜色

3）红褐色

齿叶组的甘肃荚蒾花药为红褐色。

4）红黑色

球核组的川西荚蒾花药为红黑色。

5）紫褐色

圆锥组的短筒荚蒾花药为紫褐色。

6）紫黑色

圆锥组的漾濞荚蒾和多毛漾濞荚蒾花药为紫黑色。

7）紫红色

圆锥组的少花荚蒾、台东荚蒾和亚高山荚蒾花药为紫红色，齿叶组的珍珠荚蒾和直角荚蒾花药偶为紫红色。

台东荚蒾花药颜色

直角荚蒾花药颜色

8）紫色

合轴组的显脉荚蒾、大叶组的水红木、裂叶组的鸡树条的花药呈紫色。

水红木花药颜色　　　　　　　　　　　　　鸡树条花药颜色

2. 花药形状

1）球形或近球形

裸芽组的黄栌叶荚蒾、聚花荚蒾、壮大荚蒾、圆叶荚蒾、绣球荚蒾、陕西荚蒾和烟管荚蒾，球核组的樟叶荚蒾、川西荚蒾、球核荚蒾、狭叶球核荚蒾和三脉叶荚蒾，圆锥组的香荚蒾和云南荚蒾，以及齿叶组的宜昌荚蒾、裂叶宜昌荚蒾、臭荚蒾、直角荚蒾、珍珠荚蒾、南方荚蒾、甘肃荚蒾、茶荚蒾和瑶山荚蒾，其花药均呈球形或近球形。

2）卵形或宽卵形

合轴组的全部种及球核组的蓝黑果荚蒾花药呈卵形或宽卵形。

3）椭圆形或矩圆形

大部分荚蒾属植物的花药呈椭圆形、矩圆形、椭圆状圆形或椭圆状卵形，包括圆锥组（香荚蒾、云南荚蒾除外）、蝶花组、大叶组和裂叶组的全部种，以及齿叶组的桦叶荚蒾、金腺荚蒾、榛叶荚蒾、粤赣荚蒾、荚蒾、台中荚蒾、毛枝台中荚蒾、光萼荚蒾、海南荚蒾、衡山荚蒾、全叶荚蒾、披针形荚蒾、凤阳山荚蒾、日本荚蒾、长伞梗荚蒾、吕宋荚蒾、黑果荚蒾、西域荚蒾、少毛西域荚蒾、小叶荚蒾、常绿荚蒾和具毛常绿荚蒾。

2.5.3.3 雌蕊

荚蒾属植物的子房半下位，3室，每室具1枚可育胚珠，其他两室胚珠均不可育，花柱粗短，柱头头状或浅2～3裂。柱头形状可作为辅助鉴定荚蒾属植物的一项特征，该属除圆锥组的横脉荚蒾和齿叶组的浙皖荚蒾因未见花或仅见花蕾，柱头形状不详，其他种类的柱头形状如下。

1. 柱头头状

球核组的全部种，裸芽组除聚花荚蒾、壮大荚蒾和圆叶荚蒾外的全部种，圆锥组除香荚蒾、大花荚蒾、长梗荚蒾、峨眉荚蒾、腾越荚蒾和多脉腾越荚蒾外的全部种，以及齿叶组除荚蒾荚蒾、甘肃荚蒾、披针形荚蒾、吕宋荚蒾、小叶荚蒾和瑶山荚蒾外的种类，雌蕊柱头头状。

皱叶荚蒾柱头形状　　　　　　　　　　　　　　　　烟管荚蒾柱头形状

2. 柱头2裂

圆锥组的大花荚蒾和腾越荚蒾、齿叶组的甘肃荚蒾、裂叶组的全部种，雌蕊柱头2裂或2浅裂。

3. 柱头3裂

裸芽组的聚花荚蒾、壮大荚蒾和圆叶荚蒾，圆锥组的短序荚蒾、香荚蒾、长梗荚蒾、峨眉荚蒾和多脉腾越荚蒾，蝶花组的全部种，齿叶组的荚蒾、披针形荚蒾、吕宋荚蒾、小叶荚蒾和瑶山荚蒾，雌蕊柱头3裂或不明显3裂。

短序荚蒾柱头形状

2.5.4 花色

荚蒾属植物花色较为单一，大部分为白色，也有少数呈淡粉色或绿白色。

1. 白色

白色是荚蒾属植物最常见的花色，该属共有71种荚蒾开白色花，占荚蒾属植物总数的72.45%。

金佛山荚蒾花色

绣球荚蒾花色

2. 粉色

开花为粉色的荚蒾属植物较为少见，这类荚蒾大多具有较高的观花价值，根据花朵呈现粉色的时期和部位的不同，又可分4类。裸芽组的烟管荚蒾和醉鱼草状荚蒾，圆锥组的漾濞荚蒾、多毛漾濞荚蒾和香荚蒾花蕾淡粉色，开花时为白色；裸芽组的黄栌叶荚蒾、壶花荚蒾和圆锥组的红荚蒾、大花荚蒾花冠内面白色，外面紫红色或粉红色；合轴组的显脉荚蒾和合轴荚蒾、圆锥组的短筒荚蒾和少花荚蒾、大叶组的水红木以及齿叶组的长伞梗荚蒾花白色而带微红；裸芽组的备中荚蒾、圆锥组的台东荚蒾、齿叶组的甘肃荚蒾花色始终为粉红色或淡粉色。蝶花组的蝴蝶戏珠花、裸芽组的皱叶荚蒾和合轴组的合轴荚蒾也常存在粉花变异或粉花品种。

烟管荚蒾花蕾颜色

醉鱼草状荚蒾花蕾颜色

红荚蒾花色

壶花荚蒾花色

备中荚蒾花色

台东荚蒾花色

合轴荚蒾粉花变异

皱叶荚蒾粉花变异

粉团粉花品种

粉团粉花品种

蝴蝶戏珠花粉花品种

3. 绿白色或黄白色

由于荚蒾属植物花朵较小，绿白色或黄白色的花朵很难突出，一般不具备观赏价值。裸芽组的蒙古荚蒾、球核组的球核荚蒾、狭叶球核荚蒾和三脉叶荚蒾的花均属于这类颜色。

狭叶球核荚蒾花色

蒙古荚蒾花色

2.5.5 花香

我国荚蒾属植物中花朵具有芳香气味的共18种，占该属总数的18.37%。包括裸芽组的备中荚蒾和密花荚蒾，合轴组的显脉荚蒾和合轴荚蒾，大叶组的淡黄荚蒾和三叶荚蒾，齿叶组的日本荚蒾、凤阳山荚蒾、浙皖荚蒾和桦叶荚蒾，以及圆锥组的台东荚蒾、红荚蒾、香荚蒾、大花荚蒾、巴东荚蒾、珊瑚树、台湾珊瑚树和日本珊瑚树。

2.5.6 花期

通过多年的物候观察，多数荚蒾属植物是先长叶后开花，也有一部分是先开花后长叶或花叶同现，这主要取决于花芽和叶芽对生长温度的要求。

1. 先花后叶

裸芽组的大花荚蒾和香荚蒾均为先花后叶，且花序繁密，花色艳丽，是荚蒾属中少有的种类。这部分荚蒾花芽分化一般在前一年夏季进行，形成花芽后进入休眠，至来年春季温度适宜时开放。由于这些荚蒾花芽生长需要的气温比叶芽生长需要的气温低，因此在早春花芽长大开花后，叶芽还未萌发，待气温进一步升高后，叶芽才开始萌发。

2. 花叶同现

裸芽组的陕西荚蒾，合轴组的全部种，圆锥组的漾濞荚蒾、多毛漾濞荚蒾、红荚蒾、峨眉荚蒾、瑞丽荚蒾、亚高山荚蒾和横脉荚蒾花叶同现，这部分荚蒾花芽生长和叶芽生长所需要的温度相差不多。

3. 先叶后花

球核组、齿叶组、裂叶组、大叶组和蝶花组的全部种，裸芽组和圆锥组的大部分种类均先长叶后开花，叶芽生长所需要的温度比较低，初春的温度已经满足它生长的需要，因此叶片多在早春萌发。

表2-2 荚蒾属植物花部观赏特征

分组	种名	花色	花香	花期
裸芽组	醉鱼草状荚蒾	花蕾粉红色，盛开后白色	无	4—5月
	修枝荚蒾	白色	无	5—6月
	备中荚蒾	粉红色	芳香	3—5月
	金佛山荚蒾	白色	无	4—5月
	密花荚蒾	白色	芳香	1—9月
	黄栌叶荚蒾	花蕾淡粉色，盛开后白色	无	4—6月
	a 聚花荚蒾（原亚种）	白色	无	4—6月
	b 壮大荚蒾（亚种）	白色	无	4月
	c 圆叶荚蒾（亚种）	浅红色	无	4—6月
	a 绣球荚蒾（原变型）	初为绿色，后转为白色	无	4—5月
	b 琼花（变型）	白色	无	4—5月
	蒙古荚蒾	淡黄白色	无	5—7月
	皱叶荚蒾	花蕾淡粉色，盛开时白色，有时外表面略带粉色	无	4—5月
	陕西荚蒾	白色	无	5—7月
	壶花荚蒾	外面紫红色，内面白色	无	6—7月
	烟管荚蒾	花蕾淡红色，盛开后白色	无	3—4月
合轴组	显脉荚蒾	白色或微红	芳香	4—6月
	合轴荚蒾	不孕花白色，可孕花白色或微红色	芳香	4—5月
	a 蓝黑果荚蒾（原变型）	白色	无	4—6月
	b 毛枝荚蒾（变型）	白色	无	4—6月
球核组	樟叶荚蒾	黄绿色	无	5月
	川西荚蒾	花蕾粉红色，盛开后白色	无	6月
	a 球核荚蒾（原变种）	绿白色	无	3—5月
	b 狭叶球核荚蒾（变种）	绿白色	无	3—5月
	三脉叶荚蒾	绿白色	无	4—5月

分组	种名	花色	花香	花期
圆锥组	短序荚蒾	白色或黄绿色	无	11—2月
	短筒荚蒾	白色或略带红色	无	5—6月
	a 漾濞荚蒾（原变种）	花蕾淡粉色，开放时白色	无	4—5月
	b 多毛漾濞荚蒾（变种）	花蕾淡粉色，开放时白色	无	4—5月
	a 伞房荚蒾（原亚种）	白色	无	4—5月
	b 苹果叶荚蒾（亚种）	白色	无	4—5月
	红荚蒾	内面白色，外面略带粉色	芳香	4—5月
	香荚蒾	花蕾粉红色，盛开后白色	芳香	4—5月
	大花荚蒾	外面粉红色，内面白色	芳香	5月
	巴东荚蒾	白色	芳香	6—7月
	长梗荚蒾	白色	无	4—5月
	a 珊瑚树（原变种）	白色，后黄白色	芳香	3—5月
	b 台湾珊瑚树（变种）	初开时白色，后变为黄白色	芳香	3—5月
	c 日本珊瑚树（变种）	初开时白色，后变为黄白色	芳香	3—5月
	少花荚蒾	白色或略带红色	无	6—9月
	峨眉荚蒾	白色	无	11月一次年5月
	瑞丽荚蒾	白色	无	7月
	亚高山荚蒾	花蕾粉红色，盛开后白色	无	5—7月
	台东荚蒾	白色	芳香	1—3月
	a 腾越荚蒾（原变种）	白色	无	4—6月
	b 多脉腾越荚蒾（变种）	白色	无	4—6月
	横脉荚蒾	白色	无	5月
	云南荚蒾	白色	无	6月
蝶花组	蝶花荚蒾	两性花黄白色，不孕花白色	无	3—5月
	a 粉团（原变种）	白色	无	3—5月
	b 蝴蝶戏珠花（变型）	两性花黄白色，不孕花白色	无	3—5月
	c 台湾蝴蝶戏珠花（变种）	两性花黄白色，不孕花白色	无	3—5月
大叶组	广叶荚蒾	白色	无	5-6月
	侧花荚蒾	白色	无	6月
	水红木	白色或略带红色	无	6—7月
	厚绒荚蒾	白色	无	4—5月
	a 光果荚蒾（原变种）	白色	无	5—7月
	b 斑点光果荚蒾（变种）	白色	无	5—7月
	淡黄荚蒾	白色	芳香	2—4月
	a 鳞斑荚蒾（原变种）	白色	无	3—4月
	b 大果鳞斑荚蒾（变种）	白色	无	3—4月
	锥序荚蒾	白色	无	11—12月
	三叶荚蒾	白色	芳香	6—7月
齿叶组	桦叶荚蒾	花蕾略带粉色或黄白色，盛开后白色	芳香	6—7月
	金腺荚蒾	白色	无	5月
	榛叶荚蒾	白色	无	3—4月
	粤赣荚蒾	白色	无	5月
	荚蒾	白色	无	5—7月
	a 宜昌荚蒾（原变种）	白色	无	4—5月
	b 裂叶宜昌荚蒾（变种）	白色	无	4—5月
	a 臭荚蒾（原变种）	白色	无	5—8月
	b 直角荚蒾（变种）	白色	无	5—8月

分组	种名	花色	花香	花期
齿叶组	c 珍珠荚蒾（变种）	白色	无	5—8月
	南方荚蒾	白色	无	4—5月
	a 台中荚蒾（原亚种）	白色	无	4—5月
	b 毛枝台中荚蒾（变种）	白色	无	4—5月
	c 光萼荚蒾（亚种）	白色	无	4—5月
	海南荚蒾	白色	无	4—7月
	衡山荚蒾	白色	无	8—12月
	全叶荚蒾	白色	无	6月
	甘肃荚蒾	淡红色	无	6—7月
	披针形荚蒾	白色	无	4—5月
	长伞梗荚蒾	白色或淡红色	无	5—6月
	吕宋荚蒾	白色	无	4—6月
	黑果荚蒾	白色	无	4—5月
	a 西域荚蒾（原变种）	白色	无	6月
	b 少毛西域荚蒾（变种）	白色	无	6月
	小叶荚蒾	白色	无	6—7月
	a 常绿荚蒾（原变种）	白色	无	4—5月
	b 具毛常绿荚蒾（变种）	白色	无	4—5月
	茶荚蒾	白色	无	4—5月
	瑶山荚蒾	不详	不详	不详
	浙皖荚蒾	白色	芳香	5—6月
	日本荚蒾	白色	芳香	4—5月
	凤阳山荚蒾	白色	芳香	5月
裂叶组	朝鲜荚蒾	白色	无	6—7月
	a 欧洲荚蒾（原亚种）	白色	无	5—6月
	b 鸡树条（亚种）	白色	无	9—10月

2.6 果实

荚蒾属植物果实为核果，呈卵圆形或圆形，冠以宿存的萼齿和花柱，外果皮和内果皮为肉质。其中果皮颜色是鉴定荚蒾属植物的一项重要特征，根据果皮持续时间最长的颜色及成熟时的颜色，将果实颜色分为4种类型。

1. 果实红色

荚蒾属植物中有54种果实成熟时呈红色或紫红色，占荚蒾属植物总数的55.10%。包括齿叶组30种、大叶组6种、裂叶组3种、圆锥组14种，以及蝶花组1种。

短序荚蒾果实颜色

具毛常绿荚蒾果实颜色

南方荚蒾果实颜色

宜昌荚蒾果实颜色

台东荚蒾果实颜色

鸡树条果实颜色

2. 果实先蓝色，后蓝（紫）黑色

球核组的荚蒾果实大部分时间呈现蓝色，成熟时变为蓝（紫）黑色。

球核荚蒾未成熟果实颜色　　　　　　　　　　球核荚蒾成熟果实颜色

3. 果实先红色，后蓝（紫）黑色

水红木果实为红色，完全成熟时变为蓝黑色；宜昌荚蒾的黑果类群果实亦为红色，成熟时变为紫黑色或黑色；合轴组的显脉荚蒾和合轴荚蒾，以及圆锥组的红荚蒾和巴东荚蒾，果实均为红色，成熟时变为紫黑色。

宜昌荚蒾黑果类群未成熟果实颜色　　　　　　宜昌荚蒾黑果类群成熟果实颜色

4. 果实先红色，后黑色

荚蒾属有26种果实大部分时间为红色，完全成熟变软时为黑色，包括圆锥组4种、蝶花组2种、大叶组3种、齿叶组1种，以及裸芽组的全部种，占荚蒾属植物的26.53%。

皱叶荚蒾未成熟果实颜色

皱叶荚蒾成熟果实颜色

表2-3 荚蒾属植物果实观赏特征

分组	种名	果色	果期
裸芽组	醉鱼草状荚蒾	红－黑	7月
	修枝荚蒾	红－黑	8—9月
	备中荚蒾	红－黑	6—9月
	金佛山荚蒾	红－黑	7月
	密花荚蒾	红－黑	8—10月
	黄栌叶荚蒾	红－黑	7—8月
	a 聚花荚蒾（原亚种）	红－黑	7—9月
	b 壮大荚蒾（亚种）	红－黑	9—10月
	c 圆叶荚蒾（亚种）	红－黑	7—9月
	a 绣球荚蒾（原变型）	红－黑	/
	b 琼花（变型）	红－黑	9—10月
	蒙古荚蒾	红－黑	7—9月
	皱叶荚蒾	红－黑	9—10月
	陕西荚蒾	红－黑	8—9月
	壶花荚蒾	红－黑	9—10月
	烟管荚蒾	红－黑	3—4月
合轴组	显脉荚蒾	红－紫黑	9—10月
	合轴荚蒾	红－紫黑	8—9月
球核组	a 蓝黑果荚蒾（原变型）	蓝色－紫黑色	9—10月
	b 毛枝荚蒾（变型）	蓝色－紫黑色	9—10月
	樟叶荚蒾	宝蓝色－蓝黑色	6—7月
	川西荚蒾	宝蓝色－蓝黑色	9—10月
	a 球核荚蒾（原变种）	宝蓝色－蓝黑色	5—10月
	b 狭叶球核荚蒾（变种）	宝蓝色－蓝黑色	5—10月
	三脉叶荚蒾	宝蓝色－紫黑色	6—10月
圆锥组	短序荚蒾	红	5—8月
	短筒荚蒾	红	7月

分组	种名	果色	果期
圆锥组	a 漾濞荚蒾（原变种）	红	7—10月
	b 多毛漾濞荚蒾（变种）	红	7—10月
	a 伞房荚蒾（原亚种）	红	6—7月
	b 苹果叶荚蒾（亚种）	红	6—7月
	红荚蒾	紫红 - 紫黑	8月
	香荚蒾	紫红	6—7月
	大花荚蒾	紫红	6—7月
	巴东荚蒾	红 - 紫黑	8—9月
	长梗荚蒾	红	7—8月
	a 珊瑚树（原变种）	红 - 黑	6—9月
	b 台湾珊瑚树（变种）	红 - 黑	6—9月
	c 日本珊瑚树（变种）	红 - 黑	6—9月
	少花荚蒾	红 - 黑	6—8月
	峨眉荚蒾	不详	不详
	瑞丽荚蒾	不详	不详
	亚高山荚蒾	红	7月
	台东荚蒾	红	5月
	a 腾越荚蒾（原变种）	红	7—11月
	b 多脉腾越荚蒾（变种）	红	7—11月
	横脉荚蒾	红 - 紫红	9月
	云南荚蒾	不详	不详
蝶花组	蝶花荚蒾	红	8—9月
	a 粉团（原变种）	/	/
	b 蝴蝶戏珠花（变型）	红 - 黑	8—9月
	c 台湾蝴蝶戏珠花（变种）	红 - 黑	8—9月
大叶组	广叶荚蒾	红	9—10月
	侧花荚蒾	不详	9月
	水红木	红 - 蓝黑	8—10月
	厚绒荚蒾	红	6—10月
	a 光果荚蒾（原变种）	红	8—10月
	b 斑点光果荚蒾（变种）	红	8—10月
	淡黄荚蒾	红 - 黑	8—10月
	a 鳞斑荚蒾（原变种）	红 - 黑	5—10月
	b 大果鳞斑荚蒾（变种）	红 - 黑	3—4月
	锥序荚蒾	红	3—10月
	三叶荚蒾	红	9月
齿叶组	桦叶荚蒾	红或橙黄	9—11月
	金腺荚蒾	红	11—12月
	榛叶荚蒾	红	5—9月
	粤赣荚蒾	红	8—11月
	荚蒾	红	9—11月
	a 宜昌荚蒾（原变种）	红或黑	9—10月
	b 裂叶宜昌荚蒾（变种）	红	9—10月
	a 臭荚蒾（原变种）	红	8—10月
	b 直角荚蒾（变种）	红	8—10月
	c 珍珠荚蒾（变种）	红	8—10月
	南方荚蒾	红	10—11月

续表

分组	种名	果色	果期
齿叶组	a 台中荚蒾（原亚种）	红	8—10月
	b 毛枝台中荚蒾（变种）	红	8—10月
	c 光萼荚蒾（亚种）	红	8—10月
	海南荚蒾	红	8—12月
	衡山荚蒾	红	9—10月
	全叶荚蒾	红	8—9月
	甘肃荚蒾	红	9—10月
	披针形荚蒾	红	7—10月
	长伞梗荚蒾	红	7—9月
	吕宋荚蒾	红	4—6月
	黑果荚蒾	红－黑	9—10月
	a 西域荚蒾（原变种）	红	9—10月
	b 少毛西域荚蒾（变种）	红	9—10月
	小叶荚蒾	红	11月
	a 常绿荚蒾（原变种）	红	7—12月
	b 具毛常绿荚蒾（变种）	红	4—5月
	茶荚蒾	红或橙黄	7—12月
	瑶山荚蒾	不详	8月
	浙皖荚蒾	红	5—6月
	日本荚蒾	红	9—10月
	凤阳山荚蒾	红	10月
	朝鲜荚蒾	黄红或深红	8—9月
裂叶组	a 欧洲荚蒾（原亚种）	红	9—10月
	b 鸡树条（亚种）	红	9—10月

2.7 种子

荚蒾属植物的果核多呈压扁状，内果皮木质，坚韧，黄色至灰褐色，较少圆形，内含1粒种子。果核与种皮不易分离，种皮膜质，种胚被坚实的硬肉质或嚼烂状具有韧性的胚乳包围，其种胚位于胚乳尖端内，一般未发育完全。果核形状，果核表面有无背沟、腹沟，以及背沟、腹沟的数量是鉴定荚蒾属植物的一项重要依据。

2.7.1 果核形状

1. 果核扁平

齿叶组、大叶组、裂叶组、蝶花组、裸芽组和合轴组的全部种果核均扁平。

2. 果核圆形

圆锥组果核浑圆或稍扁，球核组果核圆形或椭圆形。

2.7.2 表面特征

1. 沟不明显或无沟

裂叶组的欧洲荚蒾和鸡树条果核表面无沟；球核组的球核荚蒾和狭叶球核荚蒾果核表面有1条极细的浅腹沟或无沟；齿叶组的金腺荚蒾、茶荚蒾、凤阳山荚蒾和具毛常绿荚蒾的果核表面背沟、腹沟均不明显。

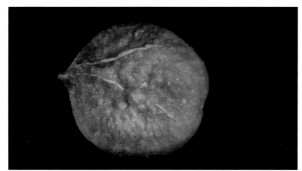

茶荚蒾果核背面

茶荚蒾果核腹面

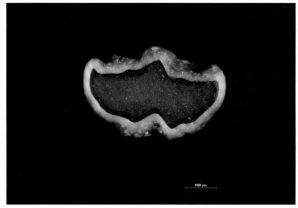

茶荚蒾果核横切面

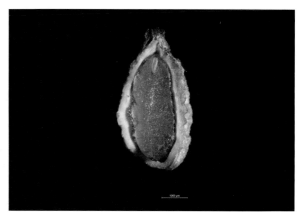

茶荚蒾果核纵切面

球核荚蒾果核背面

球核荚蒾果核腹面

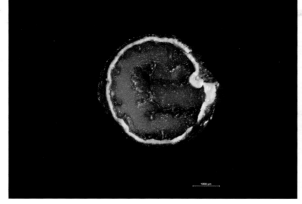

球核荚蒾果核横切面

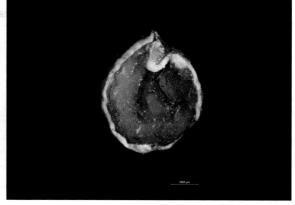

球核荚蒾果核纵切面

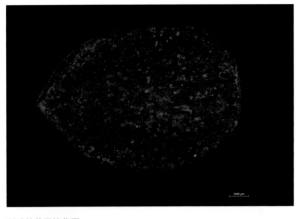

梨叶荚蒾果核背面

梨叶荚蒾果核腹面

梨叶荚蒾果核横切面

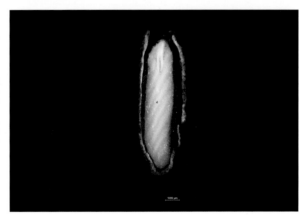

梨叶荚蒾果核纵切面

2. 腹面凹陷，背面凸起，形状如勺

齿叶组的瑶山荚蒾、黑果荚蒾、海南荚蒾和全叶荚蒾果核背面凸起，腹面深凹，其形如勺。

3. 具1条腹沟

球核组的黑果荚蒾、樟叶荚蒾、川西荚蒾和三脉叶荚蒾果核表面具1条极狭细的线形浅腹沟；齿叶组的小叶荚蒾果核基部微凹，有1条浅腹沟；圆锥组的短序荚蒾、短筒荚蒾、漾濞荚蒾、多毛漾濞荚蒾、伞房荚蒾、苹果叶荚蒾、香荚蒾、大花荚蒾、巴东荚蒾、长梗荚蒾、珊瑚树、台湾珊瑚树、日本珊瑚树、少花荚蒾、峨眉荚蒾、瑞丽荚蒾、高山荚蒾、腾跃荚蒾、多脉腾越荚蒾、横脉荚蒾和云南荚蒾果核表面具1条上宽下窄的深腹沟；圆锥组的台东荚蒾果核表面具1条封闭管形深腹沟；圆锥组的红荚蒾及蝶花组的全部种果核表面有1条上宽下窄的腹沟，且背面有1条隆起的脊。

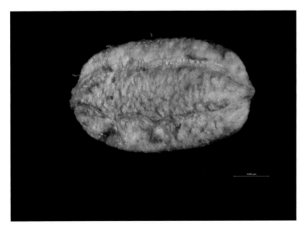

蝶花荚蒾果核背面

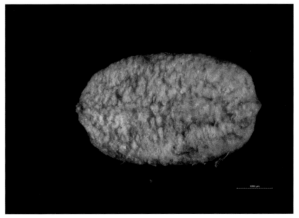

蝶花荚蒾果核腹面

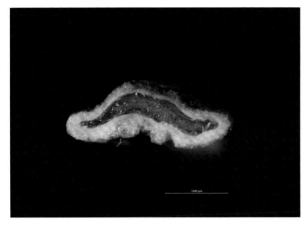

蝶花荚蒾果核横切面

蝶花荚蒾果核纵切面

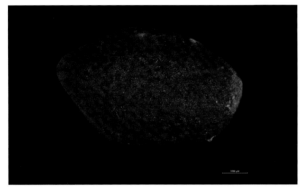

短序荚蒾果核背面

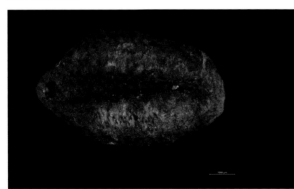
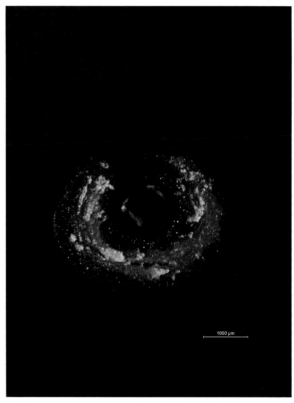

短序荚蒾果核腹面

短序荚蒾果核横切面

4. 具2条腹沟

齿叶组的披针形荚蒾果核腹面凹陷，有2条浅沟，背面凸起而无沟。

5. 具1条背沟和1条腹沟

合轴组的显脉荚蒾和合轴荚蒾果核表面具1条浅背沟和1条深腹沟。

6. 具1条背沟和2条腹沟

大叶组的广叶荚蒾和侧花荚蒾、齿叶组的南方荚蒾果核表面具1条浅背沟和2条浅腹沟。

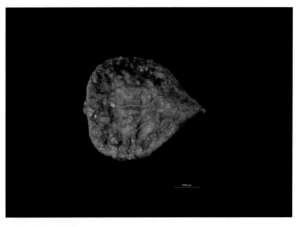

南方荚蒾果核背面

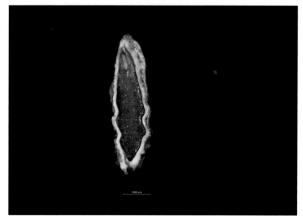

南方荚蒾果核腹面

南方荚蒾果核横切面

南方荚蒾果核纵切面

7. 具2条背沟和1条腹沟

大叶组的三叶荚蒾、淡黄荚蒾和锥序荚蒾，裂叶组的朝鲜荚蒾果核表面有1条腹沟和2条背沟；齿叶组的西域荚蒾和少毛西域荚蒾果核腹面平坦，有1条浅沟，背面略凸起，有2条浅沟。

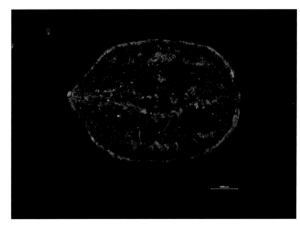

三叶荚蒾果核背面

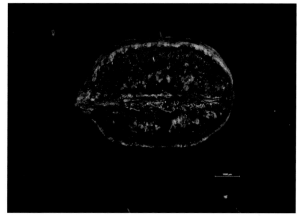

三叶荚蒾果核腹面

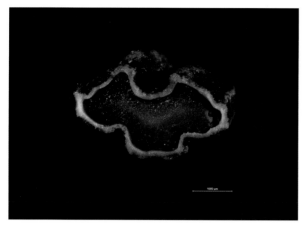

三叶荚蒾果核横切面

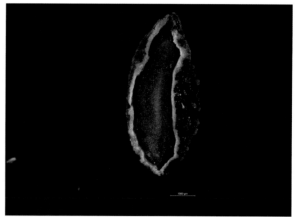

三叶荚蒾果核纵切面

8. 具2条背沟和3条腹沟

裸芽组的全部种，大叶组的厚绒荚蒾、光果荚蒾、斑点光果荚蒾、鳞斑荚蒾、大果鳞斑荚蒾，齿叶组的桦叶荚蒾、榛叶荚蒾、粤赣荚蒾、荚蒾、宜昌荚蒾、裂叶宜昌荚蒾、臭荚蒾、直角荚蒾、珍珠荚蒾、台中荚蒾、毛枝台中荚蒾、光萼荚蒾、衡山荚蒾、甘肃荚蒾、长伞梗荚蒾和吕宋荚蒾的果核表面具2条浅背沟和3条浅腹沟。

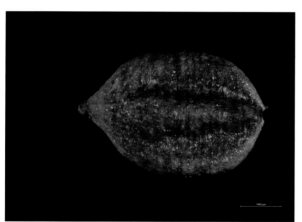

桦叶荚蒾果核背面

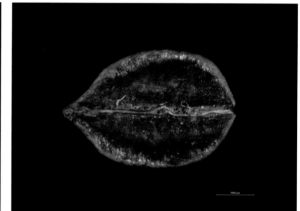

桦叶荚蒾果核腹面

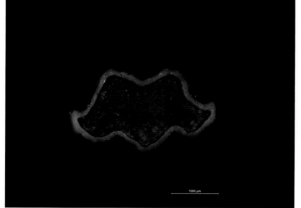

桦叶荚蒾果核横切面

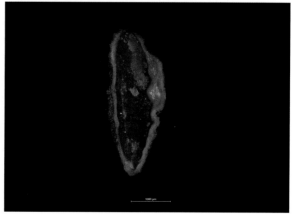

桦叶荚蒾果核纵切面

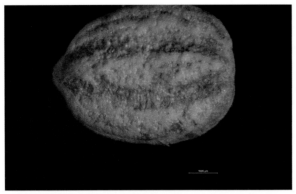

烟管荚蒾果核背面

烟管荚蒾果核腹面

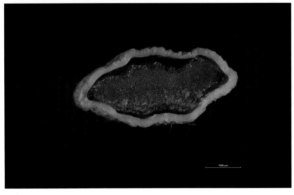

烟管荚蒾果核横切面

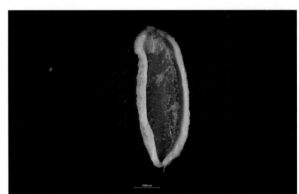

烟管荚蒾果核纵切面

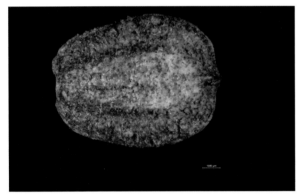

琼花果核背面

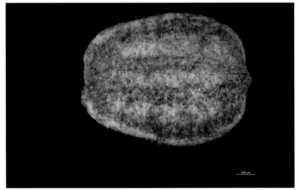

琼花果核腹面

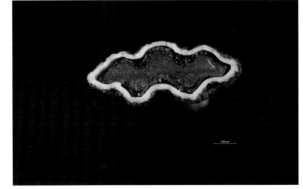

琼花果核横切面

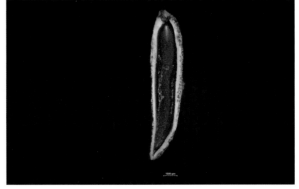

琼花果核纵切面

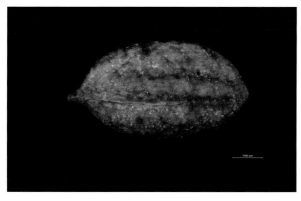

直角荚蒾果核背面

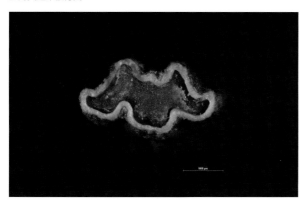

直角荚蒾果核横切面

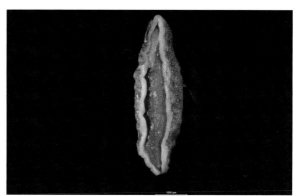

直角荚蒾果核腹面

直角荚蒾果核纵切面

THE

THIRD

CHAPTER

第 三 章

荚 蒾 属 植 物 的 地 理 分 布

关于我国荚蒾属植物的地理分布状况，前人做过初步研究，但主要局限在某个地区，缺乏系统性。我国野生荚蒾地理分布现状如何，是否得到合理的保护，哪些地区野生资源最为丰富，哪些种类数量受到威胁，哪些种类已经没有分布，弄清楚这些问题，对于我国荚蒾属种质资源的研究、保护与开发利用均具有重要意义。

荚蒾属起源于始新世，并在中新世以后开始多样化。温带东亚地区及拉丁美洲的云雾林是现代荚蒾属物种多样性的分布中心，该属最大的物种多样性在中国，但是其系统发育中心至今仍未有定论，目前主要有以下3种假说：①荚蒾属起源于热带森林，而如今在这些森林中存在的少数物种是过去深热带地区的"垂死余烬"（Spriggs et al., 2015）；②荚蒾属起源于寒温带森林，后来才传播到热带环境（Lens et al., 2016）；③荚蒾属植物起源于暖温带常绿阔叶森林，随后适应了更冷和更热的气候（Landis et al., 2020）。从目前已有的证据来看，荚蒾属起源于温暖或寒冷气候假说更受支持。

3.1 世界分布

为了全面直观地呈现世界荚蒾属植物的整体分布，笔者对美洲、亚洲、欧洲、非洲和大洋洲的荚蒾属植物进行了初步统计，为了统计方便，这里将美洲分为三片大陆及一个群岛，即北美洲、南美洲、中美洲和西印度群岛，同时根据地理方位的不同，将亚洲划分为六大地理区域，分别为东亚、东南亚、南亚、西亚、中亚和北亚，欧洲、非洲和大洋洲由于荚蒾属植物种类并不算丰富，统计时不再细分。本章所涉及植物名录均参照2019年之前更新或发布的当地植物志、标本馆数据、相关文献或有关数据库进行统计，统计后的植物学名依据 The Plant List 网站（http://www.theplantlist.org/）进行查询和处理，以网站最新修订的结果为准，对于部分存在争议的学名，综合当地植物志、标本数据及相关文献共同判断。物种数量的统计在未进行特殊说明的情况下，均包含种下等级（变种、亚洲及变型）。

荚蒾属植物主要分布于温带和亚热带地区，以亚洲和美洲种类居多，其次为欧洲，部分种类延伸至北非和大洋洲东部。美洲以北美洲种类最为丰富，其次为南美洲西北部和中美洲，西印度群岛的古巴和牙买加也有部分荚蒾属植物分布。亚洲是世界上荚蒾属植物分布最多的洲，近一半的种类在此有分布，其中东亚物种最为丰富，其次为东南亚和南亚，西亚的伊朗、阿富汗、土耳其及外高加索地区，北亚的俄罗斯西伯利亚和远东地区，以及中亚的哈萨克斯坦也有部分荚蒾属植物分布。欧洲荚蒾属植物主要分布在俄罗斯、欧洲地中海国家，少数为欧洲广布种。大洋洲荚蒾属植物仅分布于巴布亚新几内亚。中国是目前世界上荚蒾属植物资源最为丰富的国家。

3.1.1 美洲荚蒾属植物

3.1.1.1 北美洲荚蒾属植物

墨西哥以北的美洲地区，范围包括墨西哥及其以北的美国和加拿大。据不完全统计，北美洲约分布有荚蒾属植物48种（包含种下分类单位，11变种），隶属于5个组。其中墨西哥分布有荚蒾属植物18种（包含种下等级，4变种），主要分布于墨西哥的中部和南部地区，有些到达东北部地区，位于墨西哥南部的瓦哈卡州和恰帕斯州是分布种类最多的两个州（Villarreal-Quintanilla et al., 2014; Morton, 1933）；美国分布有荚蒾属植物32种（包含种下分类单位，8变种），主要分布于美国南部和东部城市，部分种类分布到西部和北部城市；加拿大分布有荚蒾属植物12种（包含种下分类单位，2变种），主要分布于加拿大南部。

表3-1　北美洲荚蒾属植物种类

序号	组	种	分布
1		*Viburnum acerifolium* Linnaeus	美国、加拿大
2	Sect. *Odontotinus* Rehder	*V. densiflorum* Chapman	美国
3		*V. molle* Michaux	美国

续表

序号	组	种	分布
4	Sect. *Odontotinus* Rehder	*V. rafinesqueanum* var. *rafinesqueanum*	美国、加拿大
5		*V. rafinesqueanum* var. *affine*（Bush ex C.K. Schneid.）House	美国、加拿大、墨西哥
6		*V. bracteatum* Rehder	美国
7		*V. ozarkense* Ashe	美国
8		*V. ellipticum* Hooker	美国
9		*V. dentatum* var. *dentatum*	美国、加拿大
10		*V. dentatum* var. *venosum*（Britton）Gleason	美国
11		*V. dentatum* var. *deamii*（Rehder）Fernald	美国
12		*V. dentatum* var. *indianense*（Rehder）Gleason	美国
13		*V. semitomentosum*（Michaux）Rehder	美国
14		*V. scabrellum*（Torrey & A. Gray）Chapman	美国
15		*V. recognitum* Fernald	美国、加拿大
16		*V. alabamense*（McAtee）Sorrie	美国
17		*V. pubescens* var. *pubescens*	美国
18		*V. pubescens* var. *canbyi*（Rehder）S.F. Blake	美国
19		*V. pubescens* var. *longifolium*（Dippel）S.F. Blake	美国
20	Sect. *Opulus*（Miller）Candolle	*V. edule*（Michaux）Rafinesque	美国、加拿大
21		*V. trilobum* Marshall	美国、加拿大
22	Sect. *Lentago* Candolle	*V. lentago* Linnaeus	美国、加拿大
23		*V. nudum* var. *nudum*	美国、加拿大
24		*V. nudum* var. *cassinoides*（Linaeus）Torrey & A. Gray	美国、加拿大
25		*V. obovatum* Walter	美国
26		*V. nashii* Small	美国
27		*V. prunifolium* var. *prunifolium*	美国
28		*V. prunifolium* var. *bushii*（Ashe）E.J. Palmer & Steyermark	美国
29		*V. rufidulum* Rafinesque	美国、墨西哥
30		*V. nitidum* Aiton	美国
31		*V. elatum* Bentham	墨西哥
32	Sect. *Pseudotinus* C. B. Clarke	*V. lantanoides* Michaux	美国、加拿大
33		*V. alnifolium* Marshall	美国、加拿大
34	Sect. *Oreinotinus*（Oersted）Donoghue	*V. acutifolium* var. *acutifolium*	墨西哥
35		*V. acutifolium* var. *blandum*（C.V.Morton）Villarreal & A.E.Estrada	墨西哥
36		*V. acutifolium* var. *microphyllum*（Oersted）Villarreal & A.E.Estrada	墨西哥
37		*V. acutifolium* var. *lautum*（C.V.Morton）Villarreal & A.E.Estrada	墨西哥
38		*V. sulcatum*（Oersted）Hemsley	墨西哥
39		*V. jucundum* C.V. Morton	墨西哥
40		*V. discolor* Bentham	墨西哥
41		*V. disjunctum* C.V. Morton	墨西哥
42		*V. ciliatum* Greenman	墨西哥

续表

序号	组	种	分布
43		*V. caudatum* Greenman	墨西哥
44		*V. membranaceum*（Oersted）Hemsley	墨西哥
45	Sect. *Oreinotinus*（Oersted）Donoghue	*V. loeseneri* Graebner	墨西哥
46		*V. microcarpum* Schlechtendal & Chamisso	墨西哥
47		*V. stenocalyx*（Oersted）Hemsley	墨西哥
48		*V. tiliifolium*（Oersted）Hemsley	墨西哥

注：表格中组的统计依据传统分类学中荚蒾属组的划分，后同。

3.1.1.2 中美洲荚蒾属植物

这里所说的中美洲是指墨西哥以南，巴拿马运河以北的美洲大陆中部地区，包括危地马拉、伯利兹、萨尔瓦多、洪都拉斯、尼加拉瓜、哥斯达黎加和巴拿马等国家。该区域约有荚蒾属植物18种（包含种下分类单位，1变种），分布于危地马拉、洪都拉斯、巴拿马、哥斯达黎加和尼加拉瓜（Davidse, 2009; D'Arcy, 1993; Morton, 1993）。

表3-2 中美洲荚蒾属植物种类

序号	组	种	分布
1		*V. costaricanum* Hemsley	哥斯达黎加、巴拿马
2		*V. discolor* Bentham	危地马拉
3		*V. disjunctum* C.V. Morton	危地马拉、洪都拉斯
4		*V. euryphyllum* Standley & Steyermark	危地马拉
5		*V. hartwegii* Bentham	危地马拉
6		*V. hondurense* Standley	洪都拉斯、尼加拉瓜
7		*V. jucundum* var. *detractum*（Standley & Steyermark）D.N. Gibson	危地马拉
8		*V. mortonianum* Standley & Steyermark	危地马拉、洪都拉斯
9	Sect. *Oreinotinus*（Oersted）Donoghue	*V. stellatotomentosum*（Oersted）Hemsley	哥斯达黎加、巴拿马
10		*V. tacanense*（C.V. Morton）Villarreal & A.E. Estrada	危地马拉
11		*V. venustum* C.V.Morton	哥斯达黎加、巴拿马
12		*V. conspectum* C.V.Morton	巴拿马
13		*V. deltoideum* M.E.Jones	巴拿马
14		*V. stellatotomentosum*（Oersted）Hemsley	巴拿马
15		*V. wendlandii*（Oersted）Hemsley	哥斯达黎加
16		*V. subpubescens* Lundell	洪都拉斯
17		*V. molinae* Lundell	洪都拉斯
18		*V. lautum* C.V.Morton	危地马拉、萨尔瓦多

3.1.1.3 南美洲荚蒾属植物

巴拿马运河以南的地区，范围包括哥伦比亚、委内瑞拉、秘鲁、玻利维亚、委内瑞拉、智利、阿根廷和乌拉圭。该区域约分布有荚蒾属植物29种（包含种下分类单位，2变种和2变型），主要分布于哥伦比亚、厄瓜多尔、秘鲁、玻利维亚和委内瑞拉西部的安第斯山脉，巴西的亚马逊热带雨林地区以及圭亚那也均分布有1种（Jørgensen, 2014, 1999; López, 2003; Brako, 1993; Killip, 1930）。

表3-3 南美洲荚蒾属植物种类

序号	组	种	分布
1		*V. undulatum*（Oersted）Killip & A.C.Smith	委内瑞拉、哥伦比亚
2		*V. lasiophyllum* Bentham	哥伦比亚、厄瓜多尔、玻利维亚
3		*V. reticulatum*（Ruiz & Pavón ex Oersted）Killip	秘鲁、厄瓜多尔
4		*V. jamesonii*（Oersted）Killip & A.C.Smith	哥伦比亚、厄瓜多尔
5		*V. goudotii* Killip & A.C.Smith	哥伦比亚、厄瓜多尔
6		*V. anabaptista* Graebner	哥伦比亚、厄瓜多尔
7		*V. pichinchense* Bentham	哥伦比亚、厄瓜多尔、玻利维亚
8		*V. glabratum* Kunth	哥伦比亚、委内瑞拉
9		*V. tridentatum* Killip & A.C.Smith	秘鲁
10		*V. hallii*（Oersted）Killip & A.C.Smith	哥伦比亚、厄瓜多尔、玻利维亚
11		*V. triphyllum* f. *triphyllum*	哥伦比亚、厄瓜多尔、秘鲁、玻利维亚
12		*V. triphyllum* f. *macrophyllum*（Oersted）Killip & A.C.Smith	哥伦比亚、厄瓜多尔
13		*V. incarum* Graebner	秘鲁、厄瓜多尔
14	Sect. *Oreinotinus*（Oersted）Donoghue	*V. urbanii* Graebner	哥伦比亚、厄瓜多尔
15		*V. mathewsii*（Oersted）Killip & A.C.Smith	秘鲁、厄瓜多尔
16		*V. spruceanum* Rusby	玻利维亚
17		*V. tinoides* var. *tinoides*	哥伦比亚、巴西的亚马逊雨林
18		*V. tinoides* var. *venezuelense*（Killip & A.C.Smith）Steyermark	委内瑞拉、哥伦比亚
19		*V. tinoides* var. *roraimense*（Killip & A.C.Smith）Steyermark	圭亚那、巴西北部，委内瑞拉
20		*V. toronis* Killip & A.C.Smith	哥伦比亚、厄瓜多尔
21		*V. ayavacense* Kunth	厄瓜多尔、秘鲁、玻利维亚
22		*V. divaricatum* Bentham	厄瓜多尔
23		*V. jelskii* Zahlbruckner	秘鲁、厄瓜多尔
24		*V. seemanii* f. *seemanii*	玻利维亚
25		*V. seemanii* f. *bolivianum*（Gandoger）Killip & A.C.Smith	秘鲁、玻利维亚
26		*V. meiothyrsum* Diels	秘鲁
27		*V. wurdackii* T.R. Dudley	秘鲁
28		*V. witteanum* Graebner	秘鲁、玻利维亚
29	Sect. *Pseudotinus* C. B. Clarke	*V. alnifolium* Marshall	厄瓜多尔

3.1.1.4 西印度群岛荚蒾属植物

　　加勒比海、墨西哥湾和大西洋之间，分为大安的列斯群岛、小安的列斯群岛和巴哈马群岛三大组群岛。大安的列斯群岛上有古巴、海地、多米尼加、牙买加4个独立国家；小安的列斯群岛上独立的国家有特立尼达和多巴哥、巴巴多斯、格林纳达、圣卢西亚、圣文森特和格林纳丁斯、安提瓜和巴布达、圣基茨和尼维斯、多米尼克；巴哈马群岛上独立国家有巴哈马。据不完全统计，该区域约分布有荚蒾属植物7种（包含种下分类单位，2变种），主要分布于牙买加和古巴，且全部为西印度群岛特有荚蒾（Acevedo-Rodríguez and Strong, 2012）。

表3-4　西印度群岛荚蒾属植物种类

序号	组	种	分布
1		*V. alpinum* Macfadyen	牙买加
2		*V. corymbosum* Urban	古巴
3		*V. cubense* Urban	古巴
4	Sect. *Oreinotinus* (Oersted) Donoghue	*V. villosum* var. *villosum*	古巴、牙买加
5		*V. villosum* var. *glabrescens* Grisebach	牙买加
6		*V. villosum* var. *subdentatum* Grisebach	牙买加
7		*V. arboreum* Britton	牙买加

3.1.2 亚洲荚蒾属植物

3.1.2.1 东南亚荚蒾属植物

　　亚洲东南部地区，包括马来群岛和中南半岛两大部分，共有11个国家，分别为缅甸、泰国、柬埔寨、老挝、越南、菲律宾、马来西亚、新加坡、文莱、印度尼西亚和东帝汶。据不完全统计，该区域约分布有荚蒾属植物42种（包含种下等级，7变种、1亚种）。

　　1. 马来群岛荚蒾属植物

　　马来群岛包括印度尼西亚、东马来西亚、东帝汶、文莱和菲律宾。据不完全统计，马来群岛约分布有21种（包含种下等级，5变种）荚蒾属植物（Lumbres et al., 2014; Turner, 1995; Kern, 1951）。

表3-5　马来群岛荚蒾属植物种类

序号	组	种	分布
1		*V. cylindricum* Buchanan-Hamilton ex D. Don	印度尼西亚
2		*V. beccarii* Gamble	印度尼西亚
3	Sect. *Megalotinus* (Maximowicz) Rehder	*V. glaberrimum* Merrill	菲律宾
4		*V. platyphyllum* Merrill	菲律宾
5		*V. cornutidens* Merrill	菲律宾
6		*V. punctatum* Buchanan-Hamilton ex D. Don	印度尼西亚

序号	组	种	分布
7		*V. sambucinum* var. *sambucinum*	印度尼西亚、东马来西亚
8	Sect. *Megalotinus* (Maximowicz) Rehder	*V. sambucinum* var. *tomentosum* Hallier	印度尼西亚
9		*V. hispidulum* J. Kern	加里曼丹岛
10		*V. vernicosum* Gibbs	加里曼丹岛
11		*V. lutescens* Blume	印度尼西亚、东马来西亚
12		*V. junghuhnii* Miquel	印度尼西亚
13		*V. amplificatum* J. Kern	加里曼丹岛
14	Sect. *Solenotinus* Candolle	*V. odoratissimum* var. *odoratissimum*	印度尼西亚、菲律宾
15		*V. odoratissimum* var. *awabuki* (K. Koch) Zabel ex Rümpler	菲律宾
16		*V. clemensiae* J. Kern	加里曼丹岛
17	Sect. *Tinus* (Miller) C. B. Clarke	*V. propinquum* Hemsley	菲律宾
18		*V. luzonicum* var. *luzonicum*	菲律宾
19	Sect. *Odontotinus* Rehder	*V. luzonicum* var. *apoense* Elmer	菲律宾
20		*V. luzonicum* var. *floribundum* (Merrill) Kern	菲律宾
21		*V. luzonicum* var. *sinuatum* (Merrill) Kern	印度尼西亚、菲律宾

2. 中南半岛荚蒾属植物

中南半岛包括越南、老挝、柬埔寨、泰国、缅甸和西马来西亚（即马来西亚半岛）。据不完全统计，目前中南半岛记录有荚蒾属植物27种（包含种下分类单位，1亚种和3变种）（Rundel and Middleton, 2017; Santisuk et al., 2015; Leti et al., 2013; Kress et al., 2003; Fukuoka, 1976; Kern, 1951）。

表3-6　中南半岛荚蒾属植物种类

序号	组	种	分布
1		*V. chingii* var. *limitaneum* (W.W. Sm.) Q. E. Yang	缅甸
2		*V. odoratissimum* Ker Gawler	缅甸、泰国、越南
3	Sect. *Solenotinus* Candolle	*V. shweliense* W.W. Smith	缅甸
4		*V. subalpinum* Handel-Mazzetti	缅甸
5		*V. erubescens* Wallich	缅甸

续表

序号	组	种	分布
6		*V. cylindricum* Buchanan-Hamilton ex D. Don	缅甸、越南、泰国
7		*V. inopinatum* Craib	缅甸、老挝、泰国、越南
8		*V. lutescens* Blume	缅甸、越南、马来西亚半岛
9		*V. punctatum* Buchanan-Hamilton ex D. Don	柬埔寨、泰国、越南、缅甸
10	Sect. *Megalotinus*（Maximowicz）Rehder	*V. pyramidatum* Rehder	越南
11		*V. sambucinum* var. *sambucinum*	柬埔寨、泰国、越南
12		*V. sambucinum* var. *tomentosum* Hallier	泰国、马来西亚半岛
13		*V. sambucinum* var. *subglabrum* Kern	马来西亚半岛
14		*V. garrettii* Craib	泰国
15		*V. griffithianum* C.B.Clarke	缅甸
16		*V. colebrookeanum* Wallich ex Candolle	缅甸
17		*V. foetidum* Wallich	缅甸、泰国、老挝
18		*V. hainanense* Merrill & Chun	越南
19	Sect. *Odontotinus* Rehder	*V. fansipanense* J.M.H.Shaw, Wynn-Jones & V.D.Nguyen	越南
20		*V. hoanglienense* J.M.H.Shaw, Wynn-Jones & V.D.Nguyen	越南
21		*V. annamensis* Fukuoka	越南
22	Sect. *Viburnum*	*V. glomeratum* subsp. *glomeratum*	缅甸
23		*V. glomeratum* subsp. *rotundifolium*（P.S.Hsu）P.S. Hsu	缅甸
24	Sect. *Pseudotinus* C. B. Clarke	*V. nervosum* D. Don	越南、缅甸
25	Sect. *Tinus*（Miller）C. B. Clarke	*V. atrocyaneum* C. B. Clarke	缅甸、泰国
26		*V. tricostatum* C.E.C. Fischer	缅甸
27	不详	*V. wardii* W.W.Smith	缅甸

3.1.2.2 东亚荚蒾属植物

亚洲的东部地区，包括中国、日本、韩国、朝鲜和蒙古5个国家。据不完全统计，该区域约分布有荚蒾属植物106种（包含种下分类单位，16变种、5亚种、3变型），其中中国分布有该属植物98种（包含种下分类单位，15变种、5亚种和3变型）；日本记录分布有20种（包含种下分类单位，4变种、1亚种和1变型）（Iwatsuki et al., 2006；Konta et al., 2005；Hara et al., 1983；Ohwi et al., 1965；Rehder et al., 1908）；朝鲜半岛（包括韩国和朝鲜）约分布有荚蒾属植物13种（包含种下分类单位，3变种、1亚种）（Choi et al., 2018；Chang et al., 2000）；蒙古记录分布有荚蒾属植物3种（包含种下分类单位，1亚种）。

表3-7 东亚荚蒾属植物种类

序号	组	种	分布
1	Sect. *Viburnum*	*V. buddleifolium* C. H. Wright	中国
2		*V. burejaeticum* Regel & Herder	中国、蒙古，朝鲜半岛
3		*V. carlesii* var. *carlesii*	中国、日本，朝鲜半岛
4		*V. carlesii* var. *bitchiuense*（Makino）Nakai	中国、日本，朝鲜半岛
5		*V. chinshanense* Graebner	中国
6		*V. congestum* Rehder	中国
7		*V. cotinifolium* D. Don	中国
8		*V. glomeratum* subsp. *glomeratum*	中国
9		*V. glomeratum* subsp. *magnificum*（P. S. Hsu）P. S. Hsu	中国
10		*V. glomeratum* subsp. *rotundifolium*（P. S. Hsu）P. S. Hsu	中国
11		*V. macrocephalum* f. *macrocephalum*	中国
12		*V. macrocephalum* f. *keteleeri*（Carrière）Rehder	中国
13		*V. mongolicum*（Pallas）Rehder	中国、蒙古
14		*V. rhytidophyllum* Hemsley	中国
15		*V. schensianum* Maximowicz	中国
16		*V. urceolatum* Siebold & Zuccarini	中国、日本
17		*V. utile* Hemsley	中国
18	Sect. *Pseudotinus* C. B. Clarke	*V. nervosum* D. Don	中国
19		*V. sympodiale* Graebner	中国
20		*V. furcatum* Blume ex Maximowicz	朝鲜半岛，日本
21	Sect. *Tinus*（Miller）C. B. Clarke	*V. atrocyaneum* f. *atrocyaneum*	中国
22		*V. atrocyaneum* f. *harryanum*（Rehder）P.S. Hsu	中国
23		*V. cinnamomifolium* Rehder	中国
24		*V. davidii* Franchet	中国
25		*V. propinquum* var. *propinquum*	中国
26		*V. propinquum* var. *mairei* W. W. Smith	中国
27		*V. triplinerve* Handel-Mazzetti	中国
28	Sect. *Solenotinus* Candolle	*V. brachybotryum* Hemsley	中国
29		*V. brevitubum*（P. S. Hsu）P. S. Hsu	中国
30		*V. chingii* var. *chingii*	中国
31		*V. chingii* var. *limitaneum*（W. W. Smith）Q. E. Yang	中国
32		*V. corymbiflorum* subsp. *corymbiflorum*	中国
33		*V. corymbiflorum* subsp. *malifolium* P. S. Hsu	中国
34		*V. erubescens* Wallich	中国
35		*V. farreri* Stearn	中国
36		*V. grandiflorum* Wallich ex Candolle	中国
37		*V. henryi* Hemsley	中国
38		*V. longipedunculatum*（P. S. Hsu）P. S. Hsu	中国

续表

序号	组	种	分布
39	Sect. *Solenotinus* Candolle	*V. odoratissimum* var. *odoratissimum*	中国、日本，朝鲜半岛
40		*V. odoratissimum* var. *arboricola*（Hayata）Yamamoto	中国
41		*V. odoratissimum* var. *awabuki*（K. Koch）Zabel ex Rümpler	中国、日本，朝鲜半岛
42		*V. oliganthum* Batalin	中国
43		*V. omeiense* P. S. Hsu	中国
44		*V. shweliense* W. W. Smith	中国
45		*V. subalpinum* Handel-Mazzetti	中国
46		*V. taitoense* Hayata	中国
47		*V. tengyuehense* var. *tengyuehense*	中国
48		*V. tengyuehense* var. *polyneurum*（P. S. Hsu）P. S. Hsu	中国
49		*V. trabeculosum* C. Y. Wu ex P. S. Hsu	中国
50		*V. yunnanense* Rehder	中国
51		*V. suspensum* Lindley	日本
52		*V. sieboldii* Miquel	日本
53	Sect. *Tomentosa*（Maximowicz）Nakai	*V. hanceanum* Maximowicz	中国
54		*V. plicatum* f. *plicatum*	中国、日本
55		*V. plicatum* f. *tomentosum*（Miquel）Rehder	中国
56		*V. plicatum* var. *formosanum* Y. C. Liu & C. H. Ou	中国、日本
57	Sect. *Megalotinus*（Maximowicz）Rehder	*V. amplifolium* Rehder	中国
58		*V. cylindricum* Buchanan-Hamilton ex D. Don	中国
59		*V. inopinatum* Craib	中国
60		*V. laterale* Rehder	中国
61		*V. leiocarpum* var. *leiocarpum*	中国
62		*V. leiocarpum* var. *punctatum* P. S. Hsu	中国
63		*V. lutescens* Blume	中国
64		*V. punctatum* var. *punctatum*	中国
65		*V. punctatum* var. *lepidotulum*（Merrill & Chun）P. S. Hsu	中国
66		*V. pyramidatum* Rehder	中国
67		*V. ternatum* Rehder	中国
68	Sect. *Odontotinus* Rehder	*V. betulifolium* Batalin	中国
69		*V. chunii* P. S. Hsu	中国
70		*V. corylifolium* J. D. Hooker & Thomson	中国
71		*V. dalzielii* W. W. Smith	中国
72		*V. dilatatum* Thunberg	中国、日本，朝鲜半岛
73		*V. dilatatum* var. *litorale* Konta & Katsuy	日本
74		*V. japonicum* Thunberg	中国、日本，朝鲜半岛
75		*V. erosum* var. *erosum*	中国、日本，朝鲜半岛
76		*V. erosum* var. *taquetii*（H. Léveillé）Rehder	中国、日本，朝鲜半岛
77		*V. foetidum* var. *foetidum*	中国
78		*V. foetidum* var. *rectangulatum*（Graebner）Rehder	中国
79		*V. foetidum* var. *ceanothoides*（C. H. Wright）Handel-Mazzetti	中国

续表

序号	组	种	分布
80		*V. fordiae* Hance	中国
81		*V. formosanum* var. *formosanum*	中国
82		*V. formosanum* var. *pubigerum* P. S. Hsu	中国
83		*V. formosanum* subsp. *leiogynum* P. S. Hsu	中国
84		*V. hainanense* Merrill & Chun	中国
85		*V. hengshanicum* Tsiang ex P. S. Hsu	中国
86		*V. integrifolium* Hayata	中国
87		*V. kansuense* Batalin	中国
88		*V. lancifolium* P. S. Hsu	中国
89		*V. longiradiatum* P. S. Hsu & S. W. Fan	中国
90		*V. luzonicum* Rolfe	中国
91		*V. melanocarpum* P. S. Hsu	中国
92	Sect. *Odontotinus* Rehder	*V. mullaha* var. *mullaha*	中国
93		*V. mullaha* var. *glabrescens* (C. B. Clarke) Kitamura	中国
94		*V. parvifolium* Hayata	中国
95		*V. sempervirens* var. *sempervirens*	中国
96		*V. sempervirens* var. *trichophorum* Handel-Mazzetti	中国
97		*V. setigerum* Hance	中国
98		*V. squamulosum* P. S. Hsu	中国
99		*V. wrightii* Miquel	中国、日本，朝鲜半岛
100		*V. fengyangshanense* Z. H. Chen, P. L. Chiu & L. X. Ye	中国
101		*V. brachyandrum* Nakai	日本
102		*V. phlebotrichum* Siebold & Zuccarini	日本
103		*V. tashiroi* Nakai	日本
104		*V. koreanum* Nakai	中国、日本，朝鲜半岛
105	Sect. *Opulus* (Miller) Candolle	*V. opulus* subsp. *opulus*	中国
106		*V. opulus* subsp. *calvescens* (Rehder) Sugimoto	中国、日本、蒙古，朝鲜半岛

3.1.2.3 南亚荚蒾属植物

南亚包括7个国家，分别是2个内陆国家，尼泊尔和不丹；3个沿海国家，孟加拉国、印度和巴基斯坦；2个岛屿国家，斯里兰卡和马尔代夫。据不完全统计，约16种（包含种下分类单位，2变种）荚蒾属植物在该区域有分布（Acharya and Mukherjee, 2014；Pasha and Uddin, 2013；Grierson and Long, 2001；Akhter, 1986；Hooker, 1980；Kitamura, 1964）。

表3-8　南亚荚蒾属植物种类

序号	组	种	分布
1	Sect. *Viburnum*	*V. cotinifolium* var. *cotinifolium*	印度、尼泊尔、不丹
2		*V. cotinifolium* var. *wallichii* T.R.Dudley	尼泊尔
3	Sect. *Solenotinus* Candolle	*V. erubescens* Wallich	不丹、印度、尼泊尔、斯里兰卡、孟加拉国
4		*V. odoratissimum* Ker Gawler	印度
5		*V. grandiflorum* Wallich ex Candolle	不丹、印度、尼泊尔、巴基斯坦
6	Sect. *Megalotinus*（Maximowicz）Rehder	*V. lutescens* Blume	印度
7		*V. cylindricum* Buchanan-Hamilton ex D. Don	印度、尼泊尔、巴基斯坦、不丹、斯里兰卡、孟加拉国
8		*V. punctatum* Buchanan-Hamilton ex D. Don	不丹、印度、尼泊尔
9		*V. griffithianum* C.B.Clarke	印度、孟加拉国
10		*V. colebrookeanum* Wallich ex Candolle	印度、孟加拉国、尼泊尔、不丹
11	Sect. *Odontotinus* Rehder	*V. mullaha* var. *mullaha*	印度、尼泊尔
12		*V. mullaha* var. *glabrescens*（C.B. Clarke）Kitamura	不丹、印度、尼泊尔
13		*V. corylifolium* J. D. Hooker & Thomson	印度
14		*V. foetidum* Wallich	印度、孟加拉国、不丹
15	Sect. *Pseudotinus* C. B. Clarke	*V. nervosum* D. Don	不丹、印度、尼泊尔
16	Sect. *Tinus*（Miller）C. B. Clarke	*V. atrocyaneum* C. B. Clarke	不丹、印度

3.1.2.4 西亚荚蒾属植物

亚洲西南部地区，位于亚、非、欧三洲交界地带，包括沙特阿拉伯、也门、阿曼、阿联酋、卡塔尔、巴林、科威特、以色列、巴勒斯坦、黎巴嫩、约旦、叙利亚、塞浦路斯、土耳其、阿塞拜疆、格鲁吉亚、亚美尼亚、伊拉克、伊朗和阿富汗，共20个国家。据不完全统计，该区域分布有荚蒾属植物5种（Davis, 1972，1988；Wendelbo, 1965）。

表3-9　西亚荚蒾属植物种类

序号	组	种	分布
1	Sect. *Viburnum*	*V. cotinifolium* D. Don	阿富汗
2		*V. lantana* Linnaeus	伊朗、土耳其
3	Sect. *Opulus*（Miller）Candolle	*V. opulus* Linnaeus	土耳其，外高加索地区（格鲁吉亚、亚美尼亚和阿塞拜疆）
4	Sect. *Tinus*（Miller）C. B. Clarke	*V. tinus* Linnaeus	塞浦路斯、黎巴嫩、叙利亚、巴勒斯坦、土耳其
5	Sect. *Odontotinus* Rehder	*V. orientale* Pallas	土耳其，外高加索地区（格鲁吉亚、亚美尼亚和阿塞拜疆）

3.1.2.5　北亚荚蒾属植物

北亚指俄罗斯的亚洲部分，包括俄罗斯的西伯利亚和远东两大部分。该区域分布有荚蒾属植物4种（包含种下分类单位，1亚种）（Litvinskaya and Murtazaliev, 2013; Polozhij and Peschkova, 2007; Polozhij and Peschkova, 2007; Kharkevich, 1987）。

表3-10　北亚荚蒾属植物种类

序号	组	种	分布
1	Sect. *Viburnum*	*V. mongolicum*（Pallas）Rehder	俄罗斯西伯利亚东部
2		*V. burejaeticum* Regel & Herder	俄罗斯远东地区
3	Sect. *Opulus*（Miller）Candolle	*V. opulus* subsp. *opulus*	俄罗斯西伯利亚
4		*V. opulus* subsp. *calvescens*（Rehder）Sugimoto	俄罗斯西伯利亚东南部

3.1.2.6　中亚荚蒾属植物

亚洲的内部地区，包括哈萨克斯坦、吉尔吉斯斯坦、塔吉克斯坦、乌兹别克斯坦和土库曼斯坦5个国家。由于资料缺乏，目前能够查询到该区域分布的有记录的荚蒾属植物约仅1种，*V. opulus* Linnaeus，分布于哈萨克斯坦（Abdulin, 1999）。

3.1.3 欧洲荚蒾属植物

欧洲荚蒾属植物分布范围广泛，但是种类并不多，目前能够查询到的有记录的有5种（Moura et al.，2015）。

表3–11 欧洲荚蒾属植物种类

序号	组	种	分布
1	Sect. *Viburnum*	*V. lantana* Linaeus	欧洲广布
2		*V. maculatum* Pantocsek	波黑、阿尔巴尼亚
3	Sect. *Tinus*（Miller）C. B. Clarke	*V. tinus* Linnaeus	欧洲南部的地中海地区
4		*V. treleasei* Gandoger	亚速尔群岛（葡萄牙）
5	Sect. *Opulus*（Miller）Candolle	*V. opulus* Linnaeus	欧洲广布

3.1.4 非洲荚蒾属植物

非洲荚蒾属植物较少，约分布有4种（包含种下分类单位，1亚种），且全部分布于北非地区（South African National Biodiversity Institute, 2008）。

表3–12 非洲荚蒾属植物种类

序号	组	种	分布
1	Sect. *Viburnum*	*V. lantana* Linaeus	非洲西北部
2	Sect. *Tinus*（Miller）C. B. Clarke	*V. tinus* subsp. *tinus*	北非
3		*V. tinus* subsp. *rigidum*（Ventenat）P.Silva	加纳利群岛
4	Sect. *Opulus*（Miller）Candolle	*V. opulus* Linnaeus	北非（阿尔及利亚）

3.1.5 大洋洲荚蒾属植物

大洋洲在地理上划分为澳大利亚、新西兰、新几内亚、美拉尼西亚、密克罗尼西亚和波利尼西亚六区。目前，已有资料记录该地区仅巴布亚新几内亚分布有1种荚蒾属植物，*V. albopedunculatum* Gilli（Naturhistorisches Museum Wien, 1980）。

3.2 中国分布

依据中国数字标本馆收录的62688份荚蒾属植物标本信息，以及野外调查采集的800多个种源分布数据，结合 *Flora of China* 和《中国植物志》对荚蒾属植物的修订，以及《湖北植物志》《四川植物志》《云南植物志》等地方志书对荚蒾属植物的记载，笔者对我国荚蒾属植物的地理分布进行了详细分析。

3.2.1 水平分布

水平分布是指植物不同经度、纬度上的横向自然分布。陆生植物的水平分布主要由不同经纬度地区温度、湿度等气候因子差异而引起，此外，地形及土壤因子亦起一定的作用。物种所处的省份能够大体上反映该地区的温度、光照、水分及湿度等气候因素，在一定程度上可以反映植物的水平分布。

1. 种水平分布范围

中国荚蒾属植物的分布较为广泛，除澳门和天津外，全国均有分布。根据荚蒾属植物分布范围（表3-15）将其分为3种类型，分别为广布种、局域种和窄域种。

广布种广泛分布于全国各地，大多对环境表现出广泛的适应性，容易引种成功。这部分荚蒾一般在5~21个省（省、直辖市、自治区、特别行政区，下同）有分布，包含43种（包含种下等级，下同）。水平分布最广的物种是桦叶荚蒾，在全国34个省份中的21个省份均有分布，分布范围覆盖59%；其次为鸡树条和荚蒾，在全国19个省份有分布，分布范围覆盖55.88%；宜昌荚蒾在18个省份有分布；茶荚蒾在15个省份有分布；球核荚蒾、合轴荚蒾、蒙古荚蒾、蝴蝶戏珠花、珊瑚树和直角荚蒾在14个省份有分布；水红木在13个省份有分布；聚花荚蒾和陕西荚蒾在12个省份有分布；伞房荚蒾、红荚蒾、巴东荚蒾、金腺荚蒾和具毛常绿荚蒾在10个省份有分布；壶花荚蒾、少花荚蒾、琼花和南方荚蒾在9个省份有分布；烟管荚蒾、显脉荚蒾和短序荚蒾在8个省有分布；金佛山荚蒾、皱叶荚蒾、狭叶球核荚蒾、三叶荚蒾、榛叶荚蒾和吕宋荚蒾在7个省份有分布；醉鱼草状荚蒾、修枝荚蒾、短筒荚蒾、蝶花荚蒾、衡山荚蒾和常绿荚蒾在6个省份有分布；淡黄荚蒾、毛枝荚蒾、光萼荚蒾、甘肃荚蒾和黑果荚蒾在5个省份有分布。

局域种是通过某种程度的个体迁移而连接在一起的区域中分布的种，一般是局部范围内的广布种，多分布于气候环境相似的连续区域。属于这种分布类型的荚蒾有17种，一般仅在3~4个省有分布，包括备中荚蒾、密花荚蒾、壮大荚蒾、圆叶荚蒾、樟叶荚蒾、香荚蒾、日本珊瑚树、台东荚蒾、腾越荚蒾、鳞斑荚蒾、大果鳞斑荚蒾、珍珠荚蒾、毛枝台中荚蒾、海南荚蒾、披针形荚蒾、浙皖荚蒾和朝鲜荚蒾。这部分荚蒾一般可在气候相似的区域进行交互引种。

窄域种是对某一生态因子的生态适应幅度较小，仅局限于某种特殊环境的植物种，一般引种栽培困难。属于这种类型的荚蒾有38种，包含黄栌叶荚蒾、绣球荚蒾、川西荚蒾、三脉叶荚蒾、蓝黑果荚蒾、漾濞荚蒾、多毛漾濞荚蒾、苹果叶荚蒾、大花荚蒾、长梗荚蒾、台湾珊瑚树、峨眉荚蒾、瑞丽荚蒾、亚高山荚蒾、多脉腾越荚蒾、荚蒾、横脉荚蒾、云南荚蒾、粉团、台湾蝴蝶戏珠花、广叶荚蒾、厚绒荚蒾、侧花荚蒾、光果荚蒾、斑点光果荚蒾、锥序荚蒾、粤赣荚蒾、日本荚蒾、裂叶宜昌荚蒾、台中荚蒾、全叶荚蒾、臭荚蒾、长伞梗荚蒾、西域荚蒾、少毛西域荚蒾、瑶山荚蒾、凤阳山荚蒾和欧洲荚蒾。这部分荚蒾仅在1~2个省有分布，大多对环境条件要求较高，必须在特定的环境下栽培才能够正常生长。

2. 不同省份的荚蒾属植物丰富度

荚蒾属植物在中国的分布地域虽然广阔，但分布极不均匀。该属种类较多的省依次为云南（50/6，种数/组数，下同）、四川（45/8）、广西（40/7）、贵州（37/7）、湖北（32/8）、江西（31/8）、湖南（30/7）和浙江（29/6）8个省，而香港（2/2）、上海（3/2）、北京（2/2）、吉林（3/2）、新疆（3/2）、内蒙古（3/2）、青海（3/2）、黑龙江（3/2）、辽宁（4/2）、宁夏（4/3）、山东（7/3）、山西（5/3）、河北（7/4）、海南（6/3）等15个省荚蒾属植物种类较少，均不超过10种。在中国有两个有荚蒾属植物分布的岛屿，分别为台湾岛和海南岛，台湾岛（19/6）分布的种类远较海南岛（6/4）丰富。荚蒾属分布较多的省均以山地为主，从对植物生长发育影响最大的气候条件看，该属种类在中国分布最多、生物多样性最丰富的区域既不是降雨量最高的分布区，也不是热量最高或最低分布区，山体和海拔高度是促使荚蒾属分化的最重要因素。

表3-13　中国荚蒾属植物的水平分布

组	物种	京	津	沪	渝	浙	皖	闽	赣	鲁	豫	蒙	鄂	新	湘	宁	粤	藏	琼	桂	川	冀	黔	晋	滇	辽	陕	吉	陇	黑	青	苏	台	港	澳	合计
裸芽组	醉鱼草状荚蒾					√							√								√		√				√		√							6
	修枝荚蒾						√					√												√		√				√						6
	备中荚蒾						√				√		√																							3
	金佛山荚蒾				√		√						√							√	√				√		√		√							7
	密花荚蒾												√								√		√		√											4
	黄栌叶荚蒾																				√															1
	a 聚花荚蒾（原亚种）	√			√	√	√				√		√		√	√					√		√		√		√		√							12
	b 壮大荚蒾（亚种）						√		√												√															3
	c 圆叶荚蒾（亚种）												√								√				√				√							3
	a 绣球荚蒾（原变型）			√		√																														2
	b 琼花（变型）			√	√	√	√				√		√						√		√												√			9
	蒙古荚蒾	√			√	√				√	√	√	√		√	√					√		√	√		√	√		√		√					14
	皱叶荚蒾												√		√			√			√						√		√		√					7
	陕西荚蒾				√		√				√		√		√			√	√	√	√		√				√		√			√				12
合轴组	壶花荚蒾									√	√				√	√				√	√		√	√	√		√						√			9
	烟管荚蒾							√		√			√		√						√				√											8
	显脉荚蒾				√		√				√		√		√					√	√		√		√		√		√							8
	合轴荚蒾										√						√			√	√				√				√							14
	a 蓝黑果荚蒾（原变型）																				√		√		√											2
	b 毛枝荚蒾（变型）							√												√	√		√		√		√									5
球核组	樟叶荚蒾																				√		√		√											3
	川西荚蒾																				√															1
	a 球核荚蒾（原变种）				√	√		√					√		√					√	√		√		√		√		√				√			14
	b 狭叶球核荚蒾（变种）			√	√															√	√		√		√											7
	三脉叶荚蒾																			√			√													2

种（变种/亚种/变型）	数量
短序荚蒾	8
短筒荚蒾	6
a 漾濞荚蒾（原变种）	2
b 多毛漾濞荚蒾（变种）	1
a 全房荚蒾（原亚种）	10
b 苹果叶荚蒾（亚种）	1
红荚蒾	10
香荚蒾	3
大花荚蒾	1
巴东荚蒾	10
长梗荚蒾	2
a 珊瑚树（原变种）	14
b 台湾珊瑚树（变种）	1
c 日本珊瑚树（变种）	3
少花荚蒾	9
峨眉荚蒾	1
瑞丽荚蒾	1
亚高山荚蒾	1
台东荚蒾	3
a 腾越荚蒾（原变种）	3
b 多脉腾越荚蒾（变种）	2
横脉荚蒾	1
云南荚蒾	1
蝶花荚蒾	6
a 粉团（原变种）	2
b 台湾蝴蝶戏珠花（变种）	1
c 蝴蝶戏珠花（变型）	14

组：圆锥组、蝶花组

续表

组	物种	京	津	沪	渝	浙	皖	闽	赣	鲁	豫	蒙	鄂	新	湘	宁	粤	藏	琼	桂	川	冀	黔	晋	滇	辽	陕	吉	陇	黑	青	苏	台	港	澳	合计
大叶组	广叶荚蒾																								✓											1
	水红木				✓			✓	✓				✓		✓		✓			✓	✓		✓		✓		✓		✓							13
	厚绒荚蒾																			✓					✓											2
	侧花荚蒾							✓																												1
	a 光果荚蒾（原变种）																		✓						✓											2
	b 斑点光果荚蒾（变种）																								✓											1
	淡黄荚蒾																✓			✓	✓		✓		✓											5
	a 鳞斑荚蒾（原变种）																		✓	✓					✓											3
	b 大果鳞斑荚蒾（变种）																✓		✓	✓																3
	锥序荚蒾																✓						✓													2
	三叶荚蒾				✓								✓		✓					✓			✓		✓											7
	桦叶荚蒾				✓	✓	✓	✓	✓		✓		✓			✓	✓			✓	✓	✓		✓	✓		✓		✓			✓	✓			20
	金腺荚蒾				✓	✓	✓	✓	✓				✓							✓	✓		✓		✓											10
	榛叶荚蒾					✓		✓	✓				✓				✓								✓				✓							7
	粤赣荚蒾								✓								✓																			2
	荚蒾	✓			✓	✓		✓	✓	✓	✓		✓				✓				✓				✓		✓		✓			✓	✓			19
齿叶组	日本荚蒾					✓				✓																						✓	✓			2
	a 宜昌荚蒾（原变种）				✓	✓	✓	✓	✓		✓		✓				✓	✓			✓		✓		✓		✓		✓			✓	✓			18
	b 裂叶宜昌荚蒾（变种）									✓								✓																		1
叶组	a 臭荚蒾（原变种）								✓																											1
	b 直角荚蒾（变种）				✓	✓	✓	✓	✓				✓				✓			✓	✓		✓		✓		✓		✓							14
	c 珍珠荚蒾（变种）																✓				✓				✓											4
	南方荚蒾							✓	✓						✓		✓			✓	✓		✓		✓								✓			9
	a 台中荚蒾（原亚种）																																✓			1
	b 毛枝台中荚蒾（变种）							✓					✓							✓																3
	c 光萼荚蒾（亚种）					✓		✓												✓	✓															5

类群	合计
海南荚蒾	3
衡山荚蒾	6
全叶荚蒾	1
甘肃荚蒾	5
披针形荚蒾	3
长伞梗荚蒾	2
吕宋荚蒾	7
黑果荚蒾	5
齿叶组 a 西域荚蒾（原变种）	2
b 少毛西域荚蒾（变种）	1
小叶荚蒾	1
a 常绿荚蒾（原变种）	6
b 具毛常绿荚蒾（变种）	10
茶荚蒾	15
瑶山荚蒾	1
浙皖荚蒾	2
凤阳山荚蒾	1
裂叶组 朝鲜荚蒾	3
a 欧洲荚蒾（原亚种）	1
b 鸡树条（亚种）	19
合计	

合计（各地区）: 0 2 19 8 3 20 3 21 4 50 5 37 45 6 18 21 4 30 3 32 3 14 7 30 20 19 29 22 3 0 2

3.2.2 垂直分布

垂直分布是指物种多样性沿海拔梯度变化的趋势。弄清楚荚蒾属植物的垂直分布数据，对合理引种、培育和开发该属植物资源具有重大意义。

1. 种垂直分布范围

大多数荚蒾属植物对环境的适应范围较为广泛，也有一些种类由于分布范围的局限，对环境表现出一定的选择性。桦叶荚蒾和水红木的海拔分布范围较为广泛，在海拔低于500m 的平原和丘陵以及海拔500m 以上的山地中的低山、中山和高山均有分布（表3-16），这也进一步说明这几种荚蒾具有较为广泛的适应性，可以在不同生境中生长和繁衍。黄栌叶荚蒾、圆叶荚蒾、大花荚蒾、瑞丽荚蒾、云南荚蒾、多脉腾越荚蒾、榛叶荚蒾、甘肃荚蒾、西域荚蒾、少毛西域荚蒾和小叶荚蒾仅在海拔2000m 以上地区有分布，这些种类水平分布范围也极为狭窄，对气候环境的适应性较为局限，引种存在限制。在荚蒾属植物的引种栽培过程中，可根据物种分布的海拔对引种工作做出初步预测，同海拔区间的地区之间引种相对容易，跨海拔区间引种一般成功率较低。

2. 不同海拔区间的荚蒾属植物丰富度

中国荚蒾属植物垂直分布的海拔范围非常广泛，从近海平面至海拔4500m 区间均有分布，但不同海拔高度的种类丰富度差异较大（图3-1）。海拔500m 以下的平原和丘陵分布有荚蒾属植物42种，占荚蒾属植物种数的42.86%。海拔500m 以上的山地是荚蒾属植物相对较为丰富的海拔区间，所有的荚蒾属植物在该海拔区间均有分布，且随着海拔高度的增加，荚蒾属植物分布种类呈现减少的趋势，这可能是由于随着山地海拔高度的增加，温度、降水等自然环境条件愈加恶劣，抑制了植物多样性的形成。根据山地海拔高度的不同，山地又可分为低山（500～1000m）、中山（1000～3500m）、高山（3500～5000m）和极高山（≥5000m）四大类。海拔500～1000m 的低山分布有63种荚蒾，占荚蒾属植物种数的64.29%；海拔1000～3500m 的中山分布有88种，占荚蒾属植物种数的89.80%，其中海拔1000～1500m 分布有67种，海拔1500～2000m 分布有59种，海拔2000～2500m 分布有49种，海拔2500～3000m 分布有35种，海拔3000-3500m 分布有27种。到了海拔3500～5000m 的高山，荚蒾属植物种类急剧下降，该海拔区间仅分布有荚蒾属植物7种，其中海拔3500～4000m 分布有7种，海拔4000～4500m 仅分布有3种，至海拔4500m 以上已经没有荚蒾属植物的标本采集记录。由此可见，中低山地区是适宜荚蒾属植物生长的海拔范围，其中海拔500～2500m 范围内荚蒾属分布最多，变异也最大，除大花荚蒾、瑞丽荚蒾、小叶荚蒾和日本荚蒾外，其余94种荚蒾在这一海拔区间均有分布，是较适宜荚蒾属植物生长的海拔范围，也是荚蒾属植物的垂直分布中心。

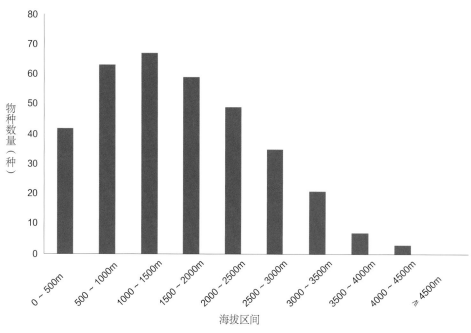

图3-1 中国不同海拔区间荚蒾属植物丰富度

表3-14 中国荚蒾属植物的垂直分布

组	物种	0~500m	500~1000m	1000~1500m	1500~2000m	2000~2500m	2500~3000m	3000~3500m	3500~4000m	4000~4500m	≥4500m	合计
裸芽组	醉鱼草状荚蒾	✓	✓	✓	✓							4
	修枝荚蒾	✓	✓	✓								3
	备中荚蒾		✓	✓								2
	金佛山荚蒾	✓	✓	✓	✓							4
	密花荚蒾		✓	✓	✓	✓	✓					5
	黄栌叶荚蒾			✓	✓			✓	✓			4
	a 聚花荚蒾（原亚种）		✓	✓	✓	✓	✓	✓				7
	b 壮大荚蒾（亚种）			✓	✓							3
	c 圆叶荚蒾（亚种）			✓	✓		✓					3
	a 绣球荚蒾（原变型）	✓	✓									2
	b 琼花（变型）	✓	✓									2
合轴组	蒙古荚蒾		✓	✓	✓	✓	✓	✓				6
	皱叶荚蒾	✓	✓	✓	✓	✓						5
	陕西荚蒾	✓	✓	✓	✓	✓		✓				7
	壶花荚蒾		✓	✓	✓	✓	✓					5
	烟管荚蒾	✓		✓	✓	✓						4
	显脉荚蒾			✓	✓		✓		✓	✓		6
	合轴荚蒾		✓	✓	✓	✓	✓					6
	a 蓝黑果荚蒾（原变型）		✓	✓	✓	✓	✓		✓			6
	b 毛枝荚蒾（变型）		✓	✓	✓		✓					4
球核组	樟叶荚蒾		✓	✓	✓	✓						4
	川西荚蒾		✓	✓	✓	✓	✓					5
	a 球核荚蒾（原变种）	✓	✓	✓	✓	✓						5
	b 球叶球核荚蒾（变种）	✓	✓									2
	三脉叶荚蒾	✓	✓									2

续表

组	物种	0~500m	500~1000m	1000~1500m	1500~2000m	2000~2500m	2500~3000m	3000~3500m	3500~4000m	4000~4500m	≥4500m	合计
	短序荚蒾	√	√	√	√							4
	短筒荚蒾		√	√	√	√						4
	a 漾濞荚蒾（原变种）			√	√	√	√					4
	b 多毛漾濞荚蒾（变种）			√	√	√						3
	a 伞房荚蒾（原亚种）		√	√	√	√	√	√				6
	b 苹果叶荚蒾（亚种）				√	√						2
	红荚蒾		√	√	√	√	√	√				6
	香荚蒾			√	√	√						3
	大花荚蒾						√	√	√	√		4
	巴东荚蒾		√	√	√	√	√					5
	长梗荚蒾		√	√								2
圆锥组	a 珊瑚树原变种	√	√	√								3
	b 台湾珊瑚树（变种）		√	√								2
	c 日本珊瑚树（变种）	√	√	√								3
	少花荚蒾			√	√	√	√					4
	峨眉荚蒾			√								1
	瑞丽荚蒾				√							1
	亚高山荚蒾				√	√	√	√				4
	台东荚蒾			√	√	√	√					4
	a 腾越荚蒾（原变种）		√	√	√	√						4
	b 多脉腾越荚蒾（变种）				√							1
	横脉荚蒾				√	√						2
	云南荚蒾			√	√							2
	蝶花荚蒾	√	√									2
蝶花组	a 粉团（原变种）	√	√	√	√							4
	b 台湾蝴蝶戏珠花（变种）			√	√	√						3
	c 蝴蝶戏珠花（变型）	√	√	√	√	√						5

| | 2 | 9 | 4 | 1 | 2 | 3 | 5 | 3 | 3 | 3 | 3 | 8 | 4 | 1 | 3 | 6 | 1 | 5 | 1 | 5 | 5 | 5 | 3 | 3 | 4 | 3 | 5 | 3 |

（大叶组 / 齿叶组）

- 广叶荚蒾
- 水红木
- 厚绒荚蒾
- 侧花荚蒾
- 大叶组
  - a 光果荚蒾（原变种）
  - b 斑点光果荚蒾（变种）
  - 淡黄荚蒾
  - a 鳞斑荚蒾（原变种）
  - b 大果鳞斑荚蒾（变种）
  - 锥序荚蒾
  - 三叶荚蒾
  - 桦叶荚蒾
  - 金腺荚蒾
  - 榛叶荚蒾
  - 粤赣荚蒾
  - 荚蒾
  - 日本荚蒾
- 齿叶组
  - a 宜昌荚蒾（原变种）
  - b 裂叶宜昌荚蒾（变种）
  - a 臭荚蒾（原变种）
  - b 直角荚蒾（变种）
  - c 珍珠荚蒾（变种）
  - 南方荚蒾
  - a 合中荚蒾（原亚种）
  - b 毛枝合中荚蒾（变种）
  - c 光萼荚蒾（亚种）
  - 海南荚蒾

续表

组	物种	0~500m	500~1000m	1000~1500m	1500~2000m	2000~2500m	2500~3000m	3000~3500m	3500~4000m	4000~4500m	≥4500m	合计
齿叶组	衡山荚蒾		∨	∨								2
	金叶荚蒾				∨							1
	甘肃荚蒾					∨	∨	∨	∨			4
	坡针形荚蒾	∨	∨									2
	长全梗荚蒾		∨	∨	∨	∨	∨					5
	吕宋荚蒾	∨	∨	∨								3
	黑果荚蒾		∨	∨								2
	a 西域荚蒾（原变种）					∨	∨	∨				3
	b 少毛西域荚蒾（变种）					∨	∨					2
	小叶荚蒾						∨	∨				2
	a 常绿荚蒾（原变种）	∨	∨	∨	∨							4
	b 具毛常绿荚蒾（变种）	∨	∨	∨								3
	茶荚蒾	∨	∨	∨	∨							4
裂叶组	瑶山荚蒾		∨									1
	浙皖荚蒾	∨	∨		∨							3
	凤阳山荚蒾			∨	∨							2
	朝鲜荚蒾			∨	∨							3
	a 欧洲荚蒾（原亚种）		∨	∨								2
	b 鸡树条（亚种）		∨	∨	∨	∨						4
	合计	42	63	67	59	49	35	21	7	3	0	

3.3 区系特征

3.3.1 区系分区

　　按照吴征镒等（2010）植物区系分区系统，中国植物区系分为4个区，7个亚区，24个地区，49个亚地区。经统计（表3-15），我国荚蒾属植物在4个区的7个亚区、21个地区和45个亚地区均有分布，分布最为集中的地域是东亚植物区的中国—日本森林植物亚区和中国—喜马拉雅植物亚区，前者有荚蒾属植物8组72种，后者有荚蒾属植物7组52种，分别占我国荚蒾属植物物种总数的73.47%和53.06%。其次是古热带植物区的马来西亚亚区，有7组35种，占荚蒾属物种总数的35.71%。中国—日本森林植物亚区的华东地区、华中地区、岭南山地和滇、黔、贵地区，以及中国—喜马拉雅植物亚区的云南高原地区和横断山脉地区是荚蒾属植物较为丰富的6个地区，共有荚蒾属植物85种，占该属物种总数的86.73%，由此可见，中国荚蒾属植物的遗传变异中心在中南部，这是一个亚热带属性的属。

表3-15　中国荚蒾属植物区系分区

分区			组数	种数（特有种数）		种占有比例 /%（特有种占有比例）	
Ⅰ泛北极分布区	ⅠA 欧亚森林区	ⅠA1大兴安岭地区	1	1（0）	2（1）	1.02（0）	2.04（1.02）
		ⅠA3天山地区	1	1（1）		1.02（1.02）	
	ⅠB 欧亚草原亚区	ⅠB4蒙古草原地区	2	3（0）	3（0）	3.06（0）	3.06（0）
Ⅱ古地中海植物区	ⅡC 中亚荒漠亚区	ⅡC5准噶尔地区	1	1（0）	2（1）	1.02（0）	2.04（1.02）
		ⅡC6喀什噶尔地区	1	1（1）		1.02（1.02）	
Ⅲ东亚植物区	ⅢD 中国—日本森林植物亚区	ⅢD7东北地区	2	3（0）	72（47）	3.06（0）	73.47（47.96）
		ⅢD8华北地区	6	15（8）		15.31（8.16）	
		ⅢD9华东地区	7	39（26）		39.80（26.53）	
		ⅢD10华中地区	8	41（29）		41.84（29.59）	
		ⅢD11岭南山地	7	23（18）		23.47（18.37）	
		ⅢD12滇、黔、贵地区	6	34（23）		34.69（23.47）	
	ⅢE 中国—喜马拉雅植物亚区	ⅢE13云南高原地区	6	32（24）	52（30）	32.65（24.49）	53.06（30.61）
		ⅢE14横断山脉地区	7	36（17）		36.73（17.35）	
		ⅢE15东喜马拉雅地区	5	12（3）		12.24（3.06）	
	ⅢF 青藏高原亚区	ⅢF16唐古特地区	1	1（0）	11（2）	1.02（0）	11.22（2.04）
		ⅢF17西藏、帕米尔、昆仑地区	5	10（2）		10.20（2.04）	
Ⅳ古热带植物区	ⅣG 马来西亚亚区	ⅣG19台湾地区	5	17（10）	35（19）	17.35（10.20）	35.71（19.39）
		ⅣG20台湾南部地区	2	4（2）		4.08（2.04）	
		ⅣG21南海地区	3	6（2）		6.12（2.04）	
		ⅣG22北部湾地区	7	15（6）		15.31（6.12）	
		ⅣG23滇、缅、泰地区	4	11（6）		11.22（6.12）	

3.3.2 区系成分

根据中国荚蒾属植物在国内外的现代地理分布资料，参照吴征镒关于种子植物属的地理成分划分标准，可将我国荚蒾属植物初步分为热带亚洲分布、北温带分布、温带亚洲分布、东亚分布和中国特有分布5种地理成分（表3-16），其中以中国特有、热带亚洲以及东亚3种地理成分为主，三者共计93种，占我国该属物种总数的94.90%。中国特有分布是最重要的地理成分，共61种，占总数的62.24%，说明我国是该属重要的起源分化中心。热带亚洲分布是我国荚蒾属植物的第二大地理成分，共21种，占总种数的21.14%，包含4种类型，以瓜哇（或苏门答腊）、喜马拉雅至华南、西南间断或星散分布为主。东亚分布分为2种类型，以中国一日本分布为主。

表3-16 中国荚蒾属植物区系成分

分布型	种数	占有比例 /%
7 热带亚洲（印度、马来西亚）分布	21	21.14
7-1 瓜哇（或苏门答腊）、喜马拉雅至华南、西南间断或星散	11	11.22
7-2 热带印度至华南（特别滇南）	3	3.06
7-3 缅甸、泰国至华西南	5	5.10
7-4 越南（或中南半岛）至华南（或西南）	2	2.04
8 北温带分布	1	1.02
8-5 欧亚和南美温带间断分布	1	1.02
11 温带亚洲分布	4	4.08
14 东亚分布	11	11.22
14-1 中国 - 喜马拉雅	1	1.02
14-2 中国 - 日本变型	10	10.20
15 中国特有分布	61	62.24

3.3.3 中国特有荚蒾及其分布

1. 中国特有荚蒾

关于中国特有种（属），有不同的统计方法，吴征镒（1991）关于中国特有的概念是以中国整体的自然植物区为中心而分布界限稍越出国境的种类都列入中国特有的范畴，但是对于越出国境的远近没有统一的标准，不好掌握。本书仍用特有种的本来定义，即其分布区限于中国境内或者分布在中国境内的种类，但种下有分布在境外者定为中国特有种，按照此标准，中国特有荚蒾有61种（包含种下单位，4个亚种，10个变种，2个变型）（表3-19），占全国荚蒾属植物总数的62.24%，其中常绿荚蒾24种，半常绿荚蒾2种，落叶荚蒾35种。除裂叶组无中国特有种外，其余7个组内种的特有比例均达到50%以上，特别是球核组，除蓝黑果荚蒾分布到印度北部、不丹、缅甸和泰国东北部，球核荚蒾分布到菲律宾外，组内其他种均为中国特有。

表3-17　中国特有荚蒾分布情况

分组	种名	性状	分布	生境	海拔 /m
裸芽组	醉鱼草状荚蒾	半常绿灌木，高达5 m	浙、鄂、川、黔、陕、陇	生于山坡丛林	0~2000
	金佛山荚蒾	半常绿灌木，高达5 m	渝、鄂、桂、川、黔、滇、陕	生于山坡疏林或灌木丛中	0~2000
	密花荚蒾	常绿灌木，高达5 m	川、黔、滇、陇	生于山谷或山坡林中、林缘或灌木丛中	500~3000
	壮大荚蒾（亚种）	落叶灌木或小乔木	浙、皖、赣	生于山坡林下或灌木丛中	0~1500
	圆叶荚蒾（亚种）	落叶灌木或小乔木	川、陇、滇	生于山谷林中、灌木丛、灌木丛中或草坡的阴湿处	2000~3500
	绣球荚蒾（原变型）	落叶或半常绿灌木，高达4 m	沪、浙	生于山坡林下或灌木丛中	0~1000
	琼花（变型）	落叶或半常绿灌木，高达4 m	沪、皖、豫、鄂、赣、鲁、浙	生于山坡林下或灌木丛中	0~1000
	皱叶荚蒾	常绿灌木或小乔木，高达4 m	渝、鄂、豫、川、黔、陕、陇	生于山坡林下或灌木丛中	0~2500
	陕西荚蒾	落叶灌木，高可达3 m	浙、皖、豫、鄂、川、冀、晋、陕、陇	生于山谷混交林和松林下山坡或灌木丛中	0~3500
	烟管荚蒾	常绿灌木，高达2 m	青、鲁、苏	生于山坡林缘或灌木丛中	0~2000
合轴组	合轴荚蒾	落叶灌木或小乔木，高可达10 m	渝、皖、赣、闽、鄂、湘、川、黔、陇、滇、粤、台、陕	生于林下或灌木丛中	500~3500
	樟叶荚蒾	常绿灌木或小乔木，高可达6 m	桂、川、滇	生于山坡或灌木丛中	500~2500
	川西荚蒾	常绿灌木，最高可达10 m	川	生于山林中	1000~3500
球核组	毛枝荚蒾（变型）	常绿灌木，高达3 m	藏、桂、川、黔、滇	生于山坡灌木丛中	1000~3000
	狭叶球核荚蒾（变种）	常绿灌木	沪、渝、鄂、桂、川、黔、滇	生于山谷林中或灌木丛中	0~1000
	三脉叶荚蒾	常绿灌木，高达2 m	桂、黔	生于山林中	0~1000
圆锥组	短序荚蒾	常绿灌木或小乔木，高可达8 m	渝、鄂、湘、赣、桂、黔、冀、滇	生于山谷混交林或山坡灌木丛中	0~2000
	短筒荚蒾	落叶灌木，高达4 m	渝、鄂、湘、川、黔	生于山谷林中或灌木丛中	1000~3000
	漾濞荚蒾	常绿灌木或小乔木，高达5 m	川、滇	生于山谷林中或灌木丛中	1500~3000
	伞房荚蒾（原亚种）	常绿灌木或小乔木，高达5 m	浙、闽、赣、鄂、湘、粤、桂、川、黔、滇	生于山谷林中或灌木丛中	500~3500
	苹果荚蒾（亚种）	常绿灌木或小乔木	滇	生于山谷林中	1500~2500

续表

分组	种名	性状	分布	生境	海拔/m
圆锥组	香荚蒾	落叶灌木，高达5 m	新、陇、青	生于山谷林中	1500~3000
	巴东荚蒾	灌木或小乔木，常绿或半常绿，高达7 m	渝、闽、赣、鄂、湘、桂、川、黔、浙、陕	生于山谷密林中或湿润草坡上	500~3000
	长梗荚蒾	落叶灌木	滇、桂	生于山谷密林中	1000~2000
	台湾珊瑚树（变种）	常绿灌木或乔木	台	生于林下	1500~2500
	少花荚蒾	常绿灌木或小乔木，高达6 m	渝、鄂、湘、藏、桂、川、黔、滇、陇	生于林下或灌木丛中	500~1500
	峨眉荚蒾	落叶灌木，高75cm左右	川	生于山林中	1000~1500
	台东荚蒾	常绿灌木，高达2 m	湘、桂、台	生于多石灌木丛中或山谷溪涧旁	500~2500
	腾越荚蒾（原变种）	落叶灌木，高达7 m	藏、滇、黔	生于山林中	1000~3000
	多脉腾越荚蒾（变种）	落叶灌木	滇、黔	生于山谷	2000~2500
	横脉荚蒾	落叶乔木，高达8 m	滇	生于山林或灌木丛中	1500~2500
	云南荚蒾（变种）	落叶灌木，高达3 m	滇	生于山坡灌木丛中	2000~3000
蝶花组	蝶花荚蒾（变种）	落叶灌木，高达2 m	闽、赣、湘、粤、桂、黔	生于灌木丛中	0~1000
	台湾蝴蝶戏珠花（变种）	落叶灌木	台	生于混交林内	1500~3000
	广叶荚蒾（原变种）	落叶乔木，高达4 m	滇	生于杂木林或灌木丛中	1000~2000
	侧花荚蒾	落叶灌木	闽	生于山林中	500~1000
大叶组	光果荚蒾	常绿灌木或小乔木，高达10-15 m	滇、琼	生于山林中	1000~2000
	斑点光果荚蒾（变种）	常绿灌木	滇	生于山谷密林中	1000~2500
	大果荚蒾（变种）	常绿灌木或小乔木，高可达9 m	粤、琼、桂	生于密林中	0~1500
	三叶荚蒾	落叶灌木或小乔木，高可达6 m	渝、鄂、桂、川、黔、滇、湘	生于山林中	0~1500
	桦叶荚蒾	落叶灌木或小乔木，高可达5-7 m	渝、浙、皖、赣、闽、豫、鄂、桂、川、冀、黔、陕、陇、苏、台、宁、藏、粤、滇、湘、晋	生于山谷林中或山坡灌木丛中	0~4000
齿叶组	金腺荚蒾	常绿灌木，高达2 m	渝、浙、闽、皖、赣、湘、黔、川、滇、藏、桂、粤	生于山谷密林中或疏荫林下蔽荫处及灌木丛中	0~2000
	粤赣荚蒾（变种）	常绿灌木，高达3 m	赣、粤	生于山坡灌木丛中或山谷林中	0~1500
	直角荚蒾（变种）	落叶灌木	渝、赣、鄂、湘、桂、黔、川、滇、皖、陕、陇、台、粤	生于山坡林中或灌木丛中	500~3000

组	种名	习性	分布	生境	海拔(m)
	珍珠荚蒾（变种）	落叶灌木	桂、川、黔、滇	生于山坡密林或灌木丛中	500~3000
	南方荚蒾	落叶灌木或小乔木，高可达5 m	浙、闽、赣、湘、粤、桂、黔、滇、皖	生于疏林、山坡灌木丛中	0~1500
	台中荚蒾（原亚种）	落叶灌木或小乔木，高达4 m	台	生于山林中	0~2000
	毛枝台中荚蒾（变种）	落叶灌木或小乔木	赣、粤、湘	生于疏林或密林中或灌木丛中	0~1500
	光萼荚蒾（亚种）	落叶灌木或小乔木	浙、闽、鄂、桂、川	生于山林中	0~2500
	衡山荚蒾	落叶灌木，高达2.5 m	浙、皖、赣、湘、桂、黔	生于山谷林中或山坡灌木丛中	500~1500
	全叶荚蒾	落叶灌木，高达4 m	台	生于山林中	1500~2000
	甘肃荚蒾	落叶灌木，高达3 m	藏、川、滇、陕、陇	生于冷杉林或杂木林中	2000~4000
	披针形荚蒾	常绿灌木，高约2 m	浙、闽、赣	生于山坡疏林中、林缘及灌木丛中，有时亦见于竹林内	0~1000
	长伞梗荚蒾	落叶灌木或小乔木，高达4 m	川、滇	生于山坡林下或灌木丛中	500~3000
	黑果荚蒾	落叶灌木，高达3.5 m	浙、皖、赣、苏、豫	生于山地林中或灌木丛中	500~1500
	小叶荚蒾	落叶灌木，高达2 m	台	生于山林中	2500~3500
	常绿荚蒾（原变种）	常绿灌木；高可达4 m	赣、粤、琼、桂、港	生于山谷密林下或疏林中或灌木丛中	0~2000
	具毛常绿荚蒾（变种）	常绿灌木；高达4 m	浙、闽、皖、赣、粤、湘、黔、滇、皖、川、桂、渝	生于山坡林中或灌木丛中	0~1500
齿叶组	茶荚蒾	落叶灌木，高达4 m	浙、闽、赣、豫、鄂、湘、粤、桂、台、川、黔、陕、苏	生于山坡丛林或灌木丛中	0~2000
	瑶山荚蒾	常绿灌木	黔	生于山密林中	500~1000
	凤阳山荚蒾	落叶灌木，高1~3 m	浙	生于山谷林缘或山坡林下	1000~2000

2. 各地区中国特有荚蒾的丰富度

中国特有荚蒾分布范围广泛，除内蒙古、新疆、吉林和澳门外，全国均有分布。由于气候环境差异，不同地区中国特有荚蒾的丰富度差异较大，以云南最为丰富，包含特有种29种（包含种下分类单位），占中国荚蒾属植物总数的29.59%，其次依次为四川、贵州、广西、江西、湖南、湖北、浙江和重庆，分别有28种、28种、23种、20种、18种、18种、16种和14种。越往北，特有种的分布数量越少，黑龙江、吉林、辽宁、内蒙古、天津均无中国特有荚蒾分布。中国特有荚蒾分布较多的地区基本与中国种子植物和特有属的3个分布中心相符（川东－鄂西特有现象中心，川西－滇西北特有现象中心和滇东南－桂西特有现象中心）（应俊生，2011）。

3.3.4 荚蒾属受威胁物种

植物是自然生态系统中的生产者，是人类和其他生物赖以生存的物质基础。但长期以来，由于自然和人为的原因，致使许多具有重要科学或经济价值的植物遭受严重破坏，数量急剧减少，以至濒危甚至绝灭。《中国生物多样性红色名录：高等植物卷》对82种荚蒾属植物（包含种下等级）的濒危状况进行了评估，其中受到威胁的荚蒾有8种，5种被列入近危，还有2种缺乏数据（表3-18）。威胁荚蒾属植物的因素有多种，包含生境退化或丧失、直接采挖或砍伐、环境污染、自然灾害和气候变化、物种内在因素以及种间影响，其中以生境退化或丧失带来的影响最为显著。

受威胁等级包括易危、濒危、极危3个等级，绝灭的风险由低到高。荚蒾属植物种被列入易危的有4种，列入濒危的有2种，列入极危的有2种，这些种类随时都有可能灭绝，特别是极危物种，野外种群极小，灭绝的风险最高，应作为重点保护和监测对象。

值得注意的是，近危物种也正遭受着不同因素的威胁，只是受威胁的程度还未达到受威胁物种3个等级的标准，同时又不满足无危等级的标准，因此被列为近危等级。这些物种如果继续遭受外界的负面影响，在不久的将来极有可能成为受威胁物种。因此近危物种也是值得关注和保护的对象。

苹果叶荚蒾和瑶山荚蒾由于野外居群和分布等信息不确定，因此被列入数据缺乏等级。数据缺乏等级物种的保护现状也非常严峻，其原因在于缺乏研究和野外实地调查，生存现状根本不清楚，甚至目前在原产地是否存在也无从查考，其受威胁程度与极危、濒危、易危等级相比有过之而无不及，只是没有数据来说明其受威胁程度，因此更应受到关注，在开展物种调查的过程中可重点关注数据缺乏等级的物种，以填补数据空白。

表3-18　荚蒾属受威胁物种信息

中文名	等级	特有性	评估说明	至危因子
珍珠荚蒾（变种）	EN-濒危	中国特有	推测过去居群下降大于30%；野外少见，生境破坏严重，有些被开发为花椒林	生境退化或丧失；直接采挖或砍伐
甘肃荚蒾	VU-易危	中国特有	推测过去种群下降接近30%；近年因修路和水坝、人口数量剧增和农业生产规模化导致生境受到严重破坏，野外居群数量稀少并持续减少	生境退化或丧失
峨眉荚蒾	CR-极危	中国特有	种群极小，成熟个体小于50株；仅有模式标本，2005年专家去调查未见，认为可能是突然变异的物种	生境退化或丧失；直接采挖或砍伐

续表

中文名	等级	特有性	评估说明	至危因子
瑞丽荚蒾	CR- 极危	/	分布狭窄，生境受到农业规模化发展的破坏，山头植物生境被隧道、桥梁、道路等基础建设破坏	生境退化或丧失
亚高山荚蒾	VU- 易危	/	推测过去居群下降大于30%	生境退化或丧失
横脉荚蒾	VU- 易危	中国特有	推测过去居群下降大于30%	生境退化或丧失
三脉叶荚蒾	VU- 易危	中国特有	推测过去居群下降大于30%	生境退化或丧失
云南荚蒾	EN- 濒危	中国特有	分布狭窄，生境受到农业规模化发展的破坏，山头植物生境被隧道、桥梁、道路等基础建设破坏	生境退化或丧失
朝鲜荚蒾	NT- 近危		/	/
长伞梗荚蒾	NT- 近危	中国特有	/	/
黑果荚蒾	NT- 近危	中国特有	/	/
多脉腾越荚蒾（变种）	NT- 近危	中国特有	/	/
浙皖荚蒾	NT- 近危		/	/
苹果叶荚蒾（亚种）	DD- 数据缺乏	中国特有	/	/
瑶山荚蒾	DD- 数据缺乏	中国特有	/	/

参考文献

[1] 环境保护部，中国科学院 . 中国生物多样性红色名录：高等植物卷 [M]. 内部资料，2013：110-111.

[2] 吴征镒 . 论中国植物区系的分区问题 [J]. 云南植物研究，1979，1（1）：1-20.

[3] 吴征镒，孙航，周浙昆，等 . 中国种子植物区系地理 [M]. 北京：科学出版社，2010.

[4] 应俊生，陈梦玲 . 中国植物地理 [M]. 上海：上海科学技术出版社，2011.

[5] 吴征镒 . 中国种子植物属的分布区类型 [J]. 云南植物研究，1991，增刊 IV：1-139.

[6] 徐炳声，廖柏茂 . 中国荚蒾属分布式样的数值分析 [J]. 植物分类学报，1988，26（5）：329-342.

[7]ABDULINA S A. Spisok Sosudistykn Rastenii Kazakhstana [M]. Almaty：Academy of Sciences of the Republic of Kazakhstan. 1999:1-187.

[8]ACEVEDO-RODRÍGUEZ P, STRONG M T. Catalogue of seed plants of the West Indies [M]. Washington, D.C: Smithsonian Institution, 2012.

[9]ACHARYA J, MUKHERJEE A. An account of *Viburnum* L. in the Eastern Himalayan region [J]. Acta Botanica Hungarica, 2014, 56（3-4）：253-262.

[10]AKHTER R. Flora of Pakistan [M]. Karachi：University of Karachi, 1986:174.

[11]BRAKO L, ZARUCCHI J L. Catalogue of the Flowering Plants and Gymnosperms of Peru[M]. St.

Louis: Missouri Botanical Garden Press, 1993.

[12]CHANG C S, CHOI B H, CHOI H k, et al. Korean Plant Names Index [DB/OL].（2000-06-03）[2019-06-02]. http://nature.go.kr/ekpni/SubIndex.do.

[13]CHOI Y G, YOUM J M, OH S H, et al. Phylogenetic analysis of Viburnum（Adoxaceae）in Korea using DNA sequences [J]. Korean Journal of Plant Taxonomy, 2018, 48（3）:206-217.

[14]D'ARCY W G. Flora of Panama: checklist and index [M].St. Louis: Missouri Botanical Garden Press, 1993.

[15]DAVIS P H. Flora of Turkey and the East Aegean Islands: Volume 4 [M]. Edinburgh: Edinburgh University Press, 1972: 543.

[16]DAVIS P H, MILL R R, TAN K. Flora of Turkey and the East Aegean Islands, Volume 4（Supplement）[M]. Edinburgh: Edinburgh University Press, 1988: 154.

[17]DAVIDSE G M, SOUSA M S, KNAPP S, et al. Flora Mesoamericana, Volume4（Part 1）[M]. St. Louis:Missouri Botanical Garden Press, 2009.

[18]European Environment Agency. Flora Europaea Website [DB/OL].（2001-01-01）[2019-06-01]. https://eunis.eea.europa.eu/references/1780/species.

[19]FUKUOKA N. Notes on the Caprifoliaceaeof Indochina and Thailand [J]. Acta Phytotaxonomica et Geobotanica.1976, 27（5-6）:157-162.

[20]GRIERSON A J C, LONG D G. Flora of Bhutan: Volume 1, Part 1 [M]. Edinburgh: Royal Botanic Gardens, 2001.

[21]HARA H. A revision of Caprifoliaceae of Japan with reference to allied plants in other districts and the Adoxaceae [M]// Hara H. Ginkgoana:Volume 5,Tokyo: Academia Scientific Books Inc, 1983:190-274.

[22]HOOKER J D. Flora of British India: Volume 3, Part 7 [M]. London: L. Reeve,1880: 4-7.

[23]IWATSUKI K, BOUFFORD D E, OHBA H. Flora of Japan: Volume 2 [M]. Okyo: Kodansha Ltd., 2006:420-428.

[24]Jardim Botânico do Rio de Janeiro. Brazilian Flora Online [DB/OL].（2015-2-22）[2017-10-15]. http://floradobrasil.jbrj.gov.br/.

[25]JØRGENSEN P M, NEE M H, BECK S G. Catálogo de las Plantas Vasculares de Bolivia[M].St. Louis:Missouri Botanical Garden Press, 2014.

[26]JØRGENSEN P M, LEÓN-YÁNEZ S, GONZáLEZ A P. Catalogue of the Vascular Plants of Ecuador[M]. St. Louis:Missouri Botanical Garden Press,1999.

[27]KERN J H. The genus *Viburnum*（Caprifoliaceae）in Malaysia [J]. Reinwardtia, 1951, 1（2）:107-170.

[28]KILLIP E P. The South American species of *Viburnum* [J]. Bulletin of the Torrey Botanical Club, 1930, 57（4）:245-258.

[29]KITAMURA S. Plants of West Pakistan and Afghanistan [M]. Kyoto: Kyoto University, 1964.

[30]KONTA F, MATSUMOTO S, KATSUYAMA T. New Infraspecific Taxa and a Hybrid of Vascular Plants from Suzaki, Shimoda City, Central Japan [J]. Bulletin of the National Science Museum, Series B, 2005, 31（4）:133 - 159.

[31]KRESS W J, DEFILIPPS R A, FARR E, et al. A Checklist of the Trees, Shrubs, Herbs and Climbers of Myanmar [M]. Washington: Smithsonian Institution, 2003:45.

[32]LANDIS M J, EATON D A R, CLEMENT W L, et al. Joint estimation of geographic movements and

biome shifts during the global diversification of *Viburnum* [J]. Systematic Biology, 2020,70(1):67-85.

[33]LENS F, VOS R A, CHARRIER G, et al. Scalariform-to-simple transition in vessel perforation plates triggered by differences in climate during the evolution of Adoxaceae [J]. Annals of Botany, 2016,118:1043-1056.

[34]LETI M, HUL S, FOUCHÉ J G, et al. Flore photographique du Cambodge [M]. Toulouse: Éditions Privat, 2013.

[35]LÓPEZ J H V. Taxonomic revision of *Viburnum* (adoxaceae) in Ecuador [D]. St. Louis: University of Missouri, 2003.

[36]LUMBRES R I C, PALAGANAS J A, MICOSA S C, et al. Floral diversity assessment in Alno communal mixed forest in Benguet, Philippines [J]. Landscape and Ecological Engineering, 2014, 10 (2) :361-368

[37]MORTON C V. 1933. The Mexican and Central American species of *Viburnum* [J]. Contributions from the U.S. National Herbarium,1933, 26 (7) :339-366.

[38]MOURA M, CARINE M A, MAÉCOT V, et al. 1933. A taxonomic reassessment of *Viburnum* (Adoxaceae)in the Azores [J]. Phytotaxa, 2015, 210(1) : 4-23.

[39]Naturhistorisches Museum Wien. Annalen des Naturhistorischen Museums in Wien, Serie B(Botanik and Zoologie) : Volume 83 [M]. Vienna: Naturhistorisches Museum Wien, 1980:423.

[40]OHWI J, MEYER F G, WALKER E H. Flora of Japan [M]. Washington: Smithsonian Institution, 1965:834-836.

[41]PASHA M K, UDDIN S B. Dictionary of plant names of Bangladesh [M]. Chittagong: Janokalyan Prokashani, 2013.

[42]Royal Botanic Garden Edinburgh. The Euro+Med PlantBase [DB/OL]. (2018-02-01) [2019-06-01]. http://rbg-web2.rbge.org.uk/FE/fe.html.

[43]RUNDEL P W, MIDDLETON D J. The flora of the Bokor Plateau, southeastern Cambodia: a homage to Pauline Dy Phon [J]. Cambodian Journal of Natural History, 2017, (1) :17 - 37.

[44]SANTISUK T, BALSLEV H, HARWOOD B, et al. Flora of Thailand: Volume 13, Part 1 [M]. Bangkok: Forest Herbarium, Royal Forest Department, 2015.

[45]South African National Biodiversity Institute, Conservatoire et Jardin botaniques de la Ville de Genève, Tela Botanica, Missouri Botanical Garden. African Plant Database [DB/OL]. (2008-06-03) [2018-10-15]. http://www .ville-ge.ch/musinfo /bd/cjb/africa/.

[46]SPRIGGS E L, CLEMENT W L, SWEENEY P W, et al. Temperate radiations and dying embers of a tropical past: evidence from *Viburnum* diversification [J]. New Phytologist, 2015,207 (2) :340 - 354.

[47]TUTIN T G, HEYWOOD V H, BURGES N, et al. Flora Europaea: Volume 4 [M]. Cambridge: Cambridge University Press, 1976:1-505

[48]TURNER I M. A catalogue of the Vascular Plants of Malaya [J]. Gardens' Bulletin Singapore, 1995, 47 (1) :1-346.

[49]VILLARREAL-QUINTANILLA J Á, ESTRADA-CASTILLÓN A E. Taxonomic revision of the genus *Viburnum* (Adoxaceae)in Mexico [J]. Botanical Sciences, 2014, 92 (4) :493-517.

[50]WENDELBO P. Flora Iranica: Volume 10 [M]. Graz: Akademische Druck-u. Verlagsanstalt, 1965:1-16.

THE

FOURTH

CHAPTER

第 四 章

中国荚蒾属植物资源

荚蒾属植物近一半的种类主要分布于

亚洲，我国是该属植物的亚洲分布中心，

也是世界上荚蒾属植物分布最多的国家，

共有该属植物75种、15变种、5亚种和

3变型，其中45种、10变种、4亚种和

2个变型为我国特有。

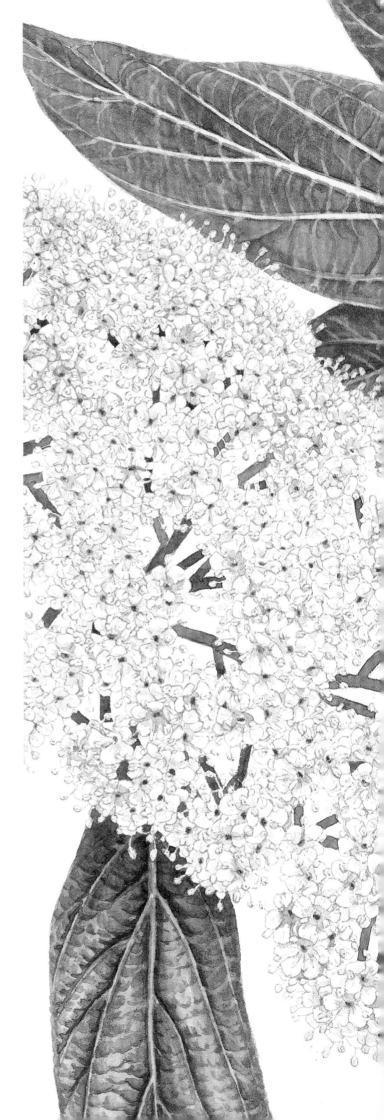

裸　芽　组

—*Sect. Viburnum*

植物体被由簇状毛组成的茸毛。冬芽裸露。叶全缘或具小齿；托叶不存在。聚伞花序伞形或复伞形式，顶生；花冠白色或有时外面淡红色，辐状、筒状钟形或钟状漏斗形；花药黄色。果实黄红色后转黑色；核扁，有2条背沟和3条（很少只有1条）腹沟；胚乳坚实。

分种检索表——裸芽组

醉鱼草状荚蒾
Viburnum buddleifolium C. H. Wright

冬芽裸露，被白色星状茸毛。叶片纸质，披针形或矩圆状披针形，很少卵状披针形，边缘有细锯齿，先端急尖至短渐尖。叶表密被星状短毛，背面被灰白色星状短柔毛，侧脉7~9对，直达齿端或部分在近缘处互相网结。展叶之后开花，聚伞花序伞形，直径9~12cm，第一级辐射枝5条，被浅灰白色星状短柔毛，长1~3cm；花生于第3级辐射枝上，无香味，近无梗或具短梗；萼筒筒状钟形，萼齿宽三角状卵形，非常小，0.5~1mm，被灰白色星状短柔毛；花辐状钟形，直径约7mm，外面疏生星状毛；雄蕊稍高出花冠，花药黄色；花柱略高出萼齿或等高。果实椭圆形，长约9mm，直径约7mm；核甚扁，长6~8mm，直径5~6mm，有2条背沟和3条腹沟。

果（吕文君/摄）

 生活型：半常绿灌木

株高：可达5m

花期：4—5月

果期：7月

花色：花蕾粉红色或绿色，盛开后为白色

果色：初为红色，成熟后为黑色

 染色体数目：2*n* = 18，20

叶表（吕文君/摄）　　　　　　叶背（吕文君/摄）

花（吕文君／摄）

幼果（吕文君／摄）

幼果（吕文君／摄）

果序（吕文君／摄）

〖生境〗生于山坡丛林，海拔1000～2000m。

〖鉴别要点〗与金佛山荚蒾和聚花荚蒾相似，与前者的区别是叶片边缘有明显细锯齿，侧脉大部分直达齿端；与后者的区别是冬季半常绿，叶片狭长。

〖观赏特点〗花蕾粉红色，盛开后为白色，黄色花药点缀其间，在阳光下朦胧而秀美。

〖中国分布〗浙江、湖北、四川、贵州、陕西、甘肃。

〖世界分布〗中国。1900年，Emest Henry Wilson从我国湖北西部将该种引入欧洲。

相关种与品种：

序号	品种名
1	V. × rhytidolarpum

生境（黄升／摄）

花序（黄升 / 摄）

芽（吕文君 / 摄）

花蕾（吕文君 / 摄）

花芽（吕文君 / 摄）

花（吕文君 / 摄）

修枝荚蒾
Viburnum burejaeticum Regel & Herder

　　冬芽裸露，被浅灰白色星状茸毛。叶纸质，宽卵形至椭圆形或椭圆状倒卵形，长4～6cm，宽2～3cm，边缘有牙齿状小锯齿。初时叶表疏被簇状毛或无毛，成长后常仅叶背主脉及侧脉上有毛，侧脉5～6对，近缘前互相网结，连同中脉上面略凹陷，下面凸起。展叶之后开花，聚伞花序直径4～5cm，总花梗长达2cm或几无，略被浅灰色星状茸毛，第一级辐射枝5条，花大部生于第二级辐射枝上，无梗，萼筒矩圆筒形，长约4mm，无毛，萼齿三角形；花冠有刺鼻气味，辐状，直径约7mm，无毛，裂片宽卵形，长2.5～3mm，比筒部长近2倍；花药宽椭圆形，长约1mm。果实椭圆形至矩圆形，长约1cm；核甚扁，长9～10mm，直径4～5mm，有2条背沟和3条腹沟。

花（林秦文／摄）

当年生枝（林秦文／摄）　　花（吕文君／摄）

植株（林秦文／摄）　　花蕾（徐晔春／摄）　　果序（吕文君／摄）

花（林秦文 / 摄）

🌳 生活型：落叶灌木

🌱 株高：可达5m

🌸 花期：5—6月

🍂 果期：8—9月

🌼 花色：白色

🍒 果色：初为红色，成熟后为黑色

染色体数目：2n = 18

别名：暖木条荚蒾、河朔绣球花

异名：*V. arcuatum*、*V. burejanum*、*V. davuricum*

叶表（吕文君 / 摄）

相关种与品种：

序号	品种名
1	*V. burejaeticum* MINI MAN 'P017'
2	*V.* 'Emerald Triumph'

叶背（吕文君 / 摄）

【生境】生于针阔叶混交林中，海拔600～1400m。

【鉴别要点】蒙古荚蒾的叶和小枝与本种相似，但花冠筒状钟形而非辐状，花序的花稀少，生于第一级辐射枝上，为其不同之处。

【观赏特点】株型紧凑；果实初为红色，挂果时间长；秋叶锈红色。花、叶、果兼具观赏价值。

【中国分布】山西、河北、内蒙古、黑龙江、吉林和辽宁。

【世界分布】中国、俄罗斯东部和朝鲜北部。

果枝（吕文君 / 摄）

备中荚蒾
Viburnum carlesii var. *bitchiuense*（Makino）Nakai

冬芽裸露，被浅灰色星状短柔毛。叶纸质，卵形至椭圆状卵形，长4～10cm，宽2～6cm，边缘具小齿，叶背被星状柔毛，脉上明显，叶近无毛，侧脉4～5对；基部圆形或稍心形，先端急尖。展叶之后开花，复合聚伞花序伞形，顶生，直径6cm，总花梗长1～4cm，密被浅灰色星状茸毛，第一级辐射枝4～7条，花大部生于第二或第三级辐射枝上，具短梗或几无梗，花朵芳香。花萼绿色或红色，萼筒矩圆筒形，长0.7～1mm，无毛，裂片卵圆形；花冠高脚碟状，直径约1cm，无毛，裂片平展，宽卵形，长5～6mm；花药黄色，椭圆形，长约2mm，柱头头状。果实椭圆形，长1.1～1.4cm；核扁平，长6～8mm，直径约4mm，有2条背沟和3条腹沟。

🌳 生活型：落叶灌木

🌲 株高：可达3m

❄ 花期：3—5月

🍂 果期：6—9月

🌸 花色：粉红色

🍒 果色：初为红色，成熟时为黑色

染色体数目：2*n* = 16，18

异名：*V. bitchiuense*

花枝（林秦文 / 摄）

花序（林秦文 / 摄）

【生境】生于山坡丛林，海拔700~1300m。

【鉴别要点】与红蕾荚蒾（*V. carlesii*）十分相似，但叶片更小，更窄；株型更加高大，松散；花蕾颜色浅。

【观赏特点】花序紧凑，盛开时为优雅的淡粉色，是极具开发潜力的早春开花灌木。

【中国分布】安徽西部、河南南部（信阳）和湖北东北部（英山）。

【世界分布】中国、日本和朝鲜。1911年左右引入欧洲栽培。

生境（黄升 / 摄）

当年生枝（吕文君 / 摄）

秋色叶（吕文君 / 摄）

花梗（林秦文 / 摄）

相关种与品种：

序号	学名
1	*V. bitchiuense* 'Heronswood Form'
2	*V. × juddii*

叶表（吕文君 / 摄）

叶背（吕文君 / 摄）

金佛山荚蒾
Viburnum chinshanense Graebner

　　冬芽裸露，被黄白色或浅褐色茸毛。幼叶白绿色，成熟叶深绿色。叶纸质至厚纸质，披针状矩圆形或狭矩圆形，长5~10cm，宽1.5~4.5cm。叶背密被灰白色或黄白色茸毛（幼叶尤其明显），叶表无毛或幼时中脉及侧脉散生短毛，老叶叶背变灰褐色。侧脉7~10对，近缘处互相网结，上面凹陷（幼叶较明显），下面凸起，小脉上面稍凹陷或不明显；基部圆形或微心形，全缘，稀具少数不明显小齿，顶端稍尖或钝形。展叶之后开花，聚伞花序直径4~6cm，第一级辐射枝5~7条，紧凑，近等长，被灰白色或黄白色茸毛，长1~2.5cm；花生于第二级辐射枝上，无香味，具短梗；萼筒矩圆状卵形，疏生簇状毛；花冠辐状，直径约7mm，外面疏生簇状毛，裂片平展；雄蕊稍高出花冠，花药黄色，宽椭圆形；花柱略高出萼齿或等高，柱头头状。果实椭圆状卵圆形，核甚扁，长8~9mm，直径4~5mm，有2条背沟和3条腹沟。

叶（吕文君/摄）　　　　　　叶表（吕文君/摄）　　　　　　叶背（吕文君/摄）

【生境】生于山坡疏林或灌木丛中，海拔100~1900m。

【鉴别要点】与皱叶荚蒾和醉鱼草状荚蒾相似。与皱叶荚蒾的区别是叶老时厚纸质，非革质，叶表不为极度皱纹状，且花冠外面疏被簇状毛；与后者的区别是叶片侧脉近缘前互相网结，边缘全缘或齿不明显。

【观赏特点】花序大而繁密；果初为红色，紧凑而艳丽；耐修剪，是优良的观花、观果及修剪造型灌木。

【中国分布】重庆、湖北、广西、贵州、陕西、四川和云南东部（罗平县）。

【世界分布】中国。

植株（吕文君/摄）　　　　　花（吕文君/摄）　　　　　　果序（吕文君/摄）

花（吕文君／摄）

花蕾（吕文君／摄）

芽（吕文君／摄）

🌳 生活型：半常绿灌木

🌿 株高：可达5m

🌼 花期：4—5月

🍂 果期：7月

🌸 花色：花蕾为淡粉色或绿色，盛开后为白色

🍒 果色：初为红色，成熟后为黑色

别名：金山荚蒾、贵州荚蒾
异名：*V. cavaleriei*、*V. hypoleucum*、
V. rosthornii、*V. utile* var. *elaeagnifolium*

幼果（吕文君／摄）

果（吕文君／摄）

密花荚蒾
Viburnum congestum Rehder

　　冬芽裸露，被灰白色茸毛。叶革质，椭圆状卵形或椭圆形，稀椭圆状矩圆形，长2～4cm，宽1～2cm，叶表初时散生簇状毛，后无毛，叶背被灰白色茸毛，侧脉3～4对，近缘处互相网结；顶端钝或稍尖，基部圆形或狭窄，边缘全缘。先叶后花，聚伞花序小而密，直径2～5cm，第一级辐射枝5条，被灰白色茸毛，总花梗长0.5～2cm；花朵芳香，生于第一至第二级辐射枝上，无梗；萼筒筒状，长2～3mm，无毛；花冠钟状漏斗形，直径约6mm，筒部长4～5mm，裂片长约为筒的1/2；雄蕊与花冠近等长，花药黄色，宽椭圆形；花柱高出萼齿，柱头头状。果实圆形，直径5～6mm；核甚扁，矩圆形，直径约5mm，厚约2mm，有2条浅背沟和3条腹沟。

🌳 生活型：常绿灌木

🌲 株高：可达5 m

🌸 花期：1—9月

🍂 果期：8—10月

🌼 花色：白色

🍒 果色：初为红色，成熟后为黑色

染色体数目：2*n*=18

别名：密生荚蒾

异名：*Hedyotis mairei*、*Oldenlandia mairei*、*Premna esquirolii*、*V. mairei*

果（朱鑫鑫 / 摄）

花（朱鑫鑫 / 摄）

生境（徐文斌 / 摄）

【生境】生于山谷或山坡的丛林中、林缘或灌木丛中，海拔1000～2800m。

【鉴别要点】与烟管荚蒾相似，区别在于该种的花冠钟状漏斗形，裂片短于筒，叶下面的簇状毛不完全掩盖整个表面。

【观赏特点】四季常绿，叶片革质、紧凑、小巧而精致，是优良的观叶灌木。

【中国分布】甘肃、四川西南部、贵州东北部及云南。

【世界分布】中国。

果（徐文斌 / 摄）

花枝（黄升 / 摄）

黄栌叶荚蒾
Viburnum cotinifolium D. Don

　　小枝稍呈四角形。冬芽裸露，被黄白色或灰白色茸毛。叶纸质，圆卵形、浅心形至卵状披针形，长5~12cm，宽4~8.5cm，幼时绿白色。叶表面密被短柔毛，叶背稍稀疏，侧脉5~6对，伸至齿端；顶端尖至短渐尖，稀钝至圆形，基部圆至微心形，边缘有疏细齿或近全缘。花叶同时出现，复聚伞花序直径5~8cm，第一级辐射枝通常5条，紧凑，被黄白色或灰白色茸毛，总花梗长1~3cm，略有棱，花生于第二至第三级辐射枝上，无香味，花梗长2~3mm；萼筒筒状倒圆锥形，长3~4.5mm；花冠漏斗状钟形，外面粉红色，筒部长5.5~5.6mm，裂片平展，短于筒部。雄蕊短于花冠，花药黄色，近球形；花柱高于花冠，柱头近球形。果实卵圆形，扁；核椭圆形至卵状矩圆形，长7~10mm，有2条浅背沟和3条腹沟，两侧腹沟极浅，中间腹沟下半部深陷。

果枝（丁洪波/摄）

叶背（丁洪波/摄）

幼果（丁洪波/摄）

【生境】生于冷杉与高山栎混交林中，海拔2300~2600m。

【鉴别要点】与聚花荚蒾相似，与后者的区别为花萼筒无毛，花柱高于花冠，叶缘具细锯齿或全缘。

【观赏特点】淡粉色的花蕾、盛开的白色花朵与高耸于花冠外的黄色花药交织在一起，独特而美好。

【中国分布】西藏南部。

【世界分布】中国、阿富汗、印度北部、尼泊尔及不丹东部，1830年引入欧洲。

幼果（PE 西藏考察队/摄）

染色体数目：2*n* = 18

异名：*V. multratum*、*V. polycarpum*

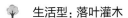

　生活型：落叶灌木

　株高：可达5m

　花期：4—6月

　果期：7—8月

　花色：花蕾为淡粉色，盛开后为白色

　果色：初为红色，成熟后为黑色

花（徐晔春/摄）

聚花荚蒾（原亚种）
Viburnum glomeratum subsp. *glomeratum*

　　冬芽裸露，被黄色或黄白色茸毛。叶纸质，卵状椭圆形、卵形或宽卵形，稀倒卵形或倒卵状矩圆形，长6~10cm，宽3.5~8cm，叶表疏被簇状短毛，叶背初时密被茸毛，后毛渐变稀；侧脉5~11对，直达齿端；顶钝圆、尖或短渐尖，基部圆或斜微心形，边缘有牙齿。花叶同现，聚伞花序直径3~6cm，第一级辐射枝5~7条，被黄色或黄白色簇状毛，总花梗长1~2.5cm；花生于第3级辐射枝上，无香味。萼筒管状倒锥形，长1.5~3mm；花冠辐状，直径约5mm，筒长1.5~2.5mm，裂片平展，长约等于或略超过筒；雄蕊稍高出花冠裂片，花药黄色，近球形；柱头3裂。果实长10~13cm，直径6~8mm；核椭圆形，扁，长5~7mm，直径约5mm，有2条浅背沟和3条浅腹沟。

植株（袁彩霞/摄）

枝（傅强/摄）

花（吕文君/摄）

花枝（夏伯顺/摄）

叶表（吕文君／摄）　　　　　叶背（吕文君／摄）　　　　　新叶（吕文君／摄）

果（傅强／摄）

染色体数目：2n = 18

别名：丛花荚蒾、球花荚蒾

🌳 生活型：落叶灌木或小乔木

🌿 株高：可达3m

🌸 花期：4—6月

🍃 果期：7—9月

🌼 花色：白色

🍒 果色：初为红色，成熟后为黑色

果（徐晔春/摄）

花（彭子嘉/摄）

【生境】生于山谷林中、灌木丛中或草坡的阴湿处，海拔300～3200m。

【鉴别要点】与醉鱼草状荚蒾相似，区别为醉鱼草状荚蒾冬季半常绿，叶片披针形或矩圆状披针形，有时卵状披针形。

【观赏特点】秋季红果挂满枝头，艳丽夺目。

【中国分布】陕西东部至甘肃南部、宁夏南部、河南西部、安徽、湖北西部、重庆、江西、四川、云南西北部、西藏东南部和浙江西北部。

【世界分布】中国、缅甸北部。

花蕾（吕文君/摄）

壮大荚蒾（亚种）
Viburnum glomeratum subsp. *magnificum*（P. S. Hsu）P. S. Hsu

　　叶较宽大，卵状矩圆形，长10~19cm，宽4.5~11.5cm。花序直径8~10cm，第一级辐射枝7条。种子椭圆状长圆形，长9~11mm，直径约6mm。

芽（吕文君/摄）

🌳 生活型：落叶灌木或小乔木

🌿 株高：可达3m

❀ 花期：4月

🍒 果期：9—10月

🌸 花色：白色

🍇 果色：初为红色，成熟后为黑色

果枝（吕文君/摄）

叶表（吕文君/摄）

叶背（吕文君/摄）

植株（吕文君／摄）

花序（吕文君／摄）

幼果（吕文君／摄）

【生境】生于山坡林下或灌木丛中，海拔300～1000m。

【鉴别要点】叶片、花序及种子均较原亚种大。

【观赏特点】秋季红果挂满枝头，艳丽夺目。

【中国分布】安徽西部、浙江西北部和江西省北部（庐山）。

【世界分布】中国。

幼果（吕文君／摄）

圆叶荚蒾（亚种）

Viburnum glomeratum subsp.*rotundifolium*（P. S. Hsu）P. S. Hsu

叶近圆形，长3.5~6cm，宽3~5cm，侧脉5或6对。花序直径约4cm。果实长4~7mm。

🌳 生活型：落叶灌木或小乔木

🌲 株高：可达3m

❀ 花期：4—6月

🍂 果期：7—9月

🌸 花色：浅红色

🍒 果色：初为红色，成熟后为黑色

异名：*V. veitchii* subsp.*rotundifolium*、
V. glomeratum var.*rockii*。

模式标本（馆/条形码 A00031592）

【生境】生于山谷林中、灌木丛中或草坡的阴湿处，海拔 2200~3200m。

【鉴别要点】与原亚种的主要区别是叶片近圆形，花冠浅红色。

【观赏特点】浅红色花朵聚集枝头，含蓄而秀美。

【中国分布】云南西北部、甘肃南部、四川。

【世界分布】中国、缅甸北部。

绣球荚蒾（原变型）
Viburnum macrocephalum f. *macrocephalum*

　　冬芽裸露，密被灰白色或黄白色星状毛和鳞垢。叶纸质，卵形至椭圆形，或卵状椭圆形，长5～11cm，宽2～5cm，叶背被簇状短毛，叶表初时密被簇状短毛，后仅中脉有毛；侧脉5～6对，近缘前互相网结；顶端钝或稍尖，基部圆或偶为微心形，边缘有小尖齿。花迟于叶开放；聚伞花序直径8～15cm，第一级辐射枝 5 条，密被灰白色或黄白色星状毛，全部由大型不孕花组成；总花梗长1～2cm；花生于第三级辐射枝上，具短梗或无梗，无香味。花冠白色，辐状，直径1.5～4cm，光滑无毛；花冠裂片宽卵形，先端圆钝；雄蕊和雌蕊不育。

叶（吕文君/摄）

染色体数目：2*n* = 18

别名：八仙花、木绣球、绣球、中国绣球花、斗球
异名：*V. macrocephalum* var. *sterile*

🌳　生活型：落叶或半常绿灌木

🌲　株高：可达3m

🌸　花期：4—5月

🌼　花色：初为绿色，后转为白色

花（施晓梦/摄）

植株（施晓梦 / 摄）

【生境】生于山坡灌木丛，海拔400～1000m。

【鉴别要点】聚伞花序全部由大型不孕花组成。

【观赏特点】花初开时为淡雅的绿色，后变为素静的白色，盛开时如满树雪球，是优秀的观花灌木。

【中国分布】模式标本采集自上海凤凰山，浙江有自然分布，主要作为园艺栽培种。

【世界分布】中国。1844年，Robert Fortune从中国浙江省将该种引入欧洲，普遍栽培。

花（吕文君 / 摄）

花枝（吕文君 / 摄）

花（吕文君 / 摄）

花（吕文君 / 摄）

琼花（变型）

Viburnum macrocephalum f. *keteleeri*（Carrière）Rehder

聚伞花序周围具8~18朵大型不孕边花。不孕花花萼同可孕花；花冠辐状，直径1.5~4cm，光滑无毛；花冠裂片宽卵形，先端圆钝；雄蕊和雌蕊不育。可孕花花萼绿色，萼筒管状，长约2.5mm，光滑无毛；花萼裂片椭圆形，先端钝，长约2mm，与萼筒近等长；花冠辐状，直径10~12mm，光滑无毛；筒部长约1mm；花冠裂片宽卵形，长约2mm，先端圆，边缘全缘。雄蕊稍高出花冠裂片，着生于花冠筒近基部；花丝长约3mm；花药小，黄色，近球形；柱头头状。果实长约12mm；核椭圆形，扁，长10~12mm，直径6~8mm，有2条浅背沟和3条浅腹沟。

花序（吕文君／摄）

染色体数目：2*n* = 18

别名： 聚八仙、蝴蝶木、扬州琼花、八仙花
异名： *V. arborescens*、*V. macrocephalum* var. *indutum*、*V. macrocephalum* var. *keteleeri*

花枝（吕文君／摄）

🌳 生活型：落叶灌木或小乔木

🌿 株高：可达4m

🌸 花期：4—5月

🍃 果期：9—10月

🌺 花色：白色

🍒 果色：初为红色，成熟后为黑色

植株（吕文君 / 摄）

幼果（吕文君 / 摄）

花（吕文君 / 摄）

果（吕文君 / 摄）

果枝（吕文君 / 摄）

叶表（吕文君／摄）

叶背（吕文君／摄）

二次花（吕文君／摄）

花蕾（吕文君／摄）

花枝（吕文君／摄）

【生境】生于山坡灌木丛，海拔400～1000m。

【鉴别要点】聚伞花序周围具8～18朵大型不孕边花。

【观赏特点】花初开时为淡雅的绿色，后变为素静的白色，盛开时如翩翩起舞的群蝶。

【中国分布】安徽、湖北西部、湖南、江苏南部、江西西北部、山东南部、河南南部（信阳）、浙江、上海，普遍栽培。

【世界分布】中国。1860年，Robert Fortune从中国浙江引入欧洲。

植株（吕文君／摄）

相关种与品种：

序号	学名
1	*V. × carlcephalum*
2	*V. × carlcephalum* 'Cayuga'
3	*V. × carlcephalum* 'Maat's Select'（'Van der Maat'）
4	*V.* 'Chesapeake'
5	*V.* 'Eskimo'
6	*V.* 'Nantucket'
7	*V. × carlcephalum* 'Variegatum'

蒙古荚蒾
Viburnum mongolicum（Pallas）Rehder

　　冬芽裸露，被黄绿色星状茸毛。叶纸质，宽卵形至椭圆形，稀近圆形，长2～5cm，宽1.5～3cm，叶背被簇状毛，叶表被簇状或叉状毛；侧脉4～5对，近缘前互相网结；顶端钝或稍尖，基部圆或楔圆形，边缘圆齿状，齿顶具小突尖。花迟于叶开放；聚伞花序直径1.5～3.5cm，第一级辐射枝 5 条或较少，被黄白色星状毛，花序上花较少；总花梗长1～10mm；花大部分生于第一级辐射枝上，无梗，无香味。花萼浅绿色，萼筒矩圆筒形，长约3mm，光滑无毛；花萼裂片非常小，长0.5～1mm，先端钝；花冠筒状钟形，直径约3mm，光滑无毛；筒部长5～7mm；花冠裂片宽卵形，长约1.5mm，先端圆，边缘全缘。雄蕊与花冠近等长，着生于花冠筒近基部；花丝长约6mm；花药黄色，矩圆形，长约2mm；柱头头状。果实长约10mm；核矩圆形，扁，长约8mm，直径5～6mm，有2条浅背沟和3条浅腹沟。

花枝（林秦文／摄）

生活型：落叶灌木

株高：可达2m

花期：5—7月

果期：7—9月

花色：淡黄白色

果色：初为红色，成熟后为黑色

染色体数目：2*n*= 16,18

别名：蒙古绣球、土连树
异名：*Lonicera mongolica*、
V. davuricum

花枝（林秦文／摄）

植株（吕文君 / 摄）

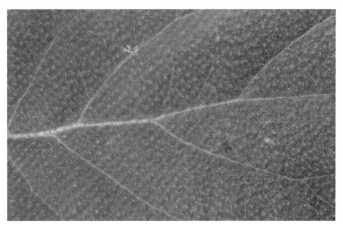

叶表毛被（吕文君 / 摄）

【生境】生于山坡疏林，海拔800~2700m。

【鉴别要点】花生于第一级辐射枝上，花大，淡黄白色，筒状钟形，可明显区分于其他种。

【观赏特点】花朵如铃，摇曳枝头。

【中国分布】北京、辽宁、内蒙古、河北、山西、陕西、宁夏、甘肃、青海、西藏（聂拉木县）、湖北（保康）、四川（若尔盖县）、河南西部（灵宝）以及山东（淄博）。

【世界分布】中国、俄罗斯西伯利亚东部和蒙古。

叶表（吕文君 / 摄）

叶背（吕文君 / 摄）

幼果（吕文君 / 摄）

相关种与品种：

序号	学名
1	*V. mongolicum* 'Summer Reflection'

幼果（吕文君 / 摄）

果（林秦文 / 摄）

皱叶荚蒾
Viburnum rhytidophyllum Hemsley

冬芽裸露，被黄褐色或红褐色簇状毛组成的厚茸毛。叶革质，卵状矩圆形至卵状披针形，稀披针形，长8～18cm，宽2.5～8cm，叶背极度皱纹状，有明显凸起的网纹，叶表深绿色有光泽，幼时被簇状柔毛，后变无毛；侧脉 6～8对，近缘前互相网结，很少直达齿端；顶端稍尖或略钝，基部圆或微心形，边缘全缘或具不明显锯齿。花迟于叶开放；聚伞花序直径7～12cm。据不完全统计，完全盛开的花序可包含2500朵小花，第一级辐射枝通常7条，稠密，被黄白色、黄褐色或红褐色簇状毛组成的茸毛；总花梗长1.5～4cm；花生于第3级辐射枝上，几无梗或具短梗，无香味。花萼浅绿色，萼筒筒状钟形，长2～3mm，被由黄白色簇状毛组成的茸毛；花萼裂片非常小，长0.5～1mm，先端钝；花冠辐状，直径5～7mm，近无毛；筒部长3～4mm；花冠裂片宽卵形，长2～3mm，先端圆，边缘全缘。雄蕊高于花冠，着生于花冠筒近基部；花丝长约6mm；花药黄色，宽椭圆形，长约1mm；柱头头状。果实长6～8mm，光滑无毛或稀被簇状毛；核宽椭圆形，扁，长6～7mm，直径4～5mm，有2条背沟和3条腹沟。

🌳 生活型：常绿灌木或小乔木

🏵 株高：可达4m

🌸 花期：4—5月

🍂 果期：9—10月

🌺 花色：花蕾淡粉色或绿色，盛开时白色，有时外表面略带粉色

🫐 果色：初为红色，成熟后为黑色

染色体数目：2*n* = 18

别名：枇杷叶荚蒾

异名：*Callicarpa vastifolia*

果（吕文君／摄）

果枝（吕文君／摄）

幼果（傅强／摄）

叶表（吕文君／摄）

叶背（吕文君／摄）

当年生枝（吕文君／摄）

花（丁洪波／摄）

花蕾（吕文君／摄）

花枝（吕文君／摄）

花芽（吕文君／摄）

【生境】生于山坡林下或灌木丛中，海拔700～2400m。

【鉴别要点】常绿灌木，全株被厚茸毛，叶明显皱纹状，可区别于金佛山荚蒾。

【观赏特点】叶色浓绿，四季常青，秋季红果挂满枝头，是优秀的色块植物和背景植物。

【中国分布】贵州、湖北西部、陕西南部、四川、重庆、湖南、甘肃（文县）。

【世界分布】中国。1900年由Emest Henry Wilson从湖北省西部引入欧洲，普遍栽培。

植株（吕文君／摄）

花（林秦文／摄）

相关种与品种：

序号	学名	序号	学名
1	*V. rhytidophyllum* 'Cree'	8	*V. × rhytidophylloides*
2	*V. rhytidophyllum* 'Green Trumph'	9	*V. × rhytidophylloides* 'Alleghany'
3	*V. rhytidophyllum* 'Aldenham' ('Aldenhamensis')	10	*V. × rhytidophylloides* 'Holland'
4	*V. rhytidophyllum* 'Roseum'	11	*V. × rhytidophylloides* 'Willowwood'
5	*V. rhytidophyllum* 'Variegatum'	12	*V. × rhytidophylloides* DART'S DUKE ('Interduke')
6	*V. rhytidophyllum* 'Crathes Castle'	13	*V. × pragense*
7	*V. rhytidophyllum* 'Wisley Pink'	14	*V. × pragense* 'Decker'

烟管荚蒾
Viburnum utile Hemsley

　　冬芽裸露，被黄褐色或灰白色簇状毛。叶片革质，卵状矩圆形至卵状披针形长2～5cm，宽1～2.5cm，下面脉上被簇状毛，上面沿中脉有毛；侧脉5～6对，近缘前互相网结；顶端圆形或微钝，有时微缺，基部圆形，全缘，稀具少数不明显牙齿。花迟于叶现；聚伞花序直径5～7cm，第一级辐射枝5条，被灰白色或黄白色星状毛；总花梗长1～3cm；花生于第二或第三级辐射枝上，无梗，无香味。花萼浅绿色，萼筒管状，长约2mm，光滑无毛；花萼裂片非常小，长0.5～1mm，先端钝；花冠辐状，直径6～7mm，光滑无毛；花冠裂片圆卵形，先端圆；雄蕊与花冠裂片近等高，着生于花冠筒近基部；花丝长4mm；花药小，黄色，近球形；柱头头状。果实长6～8mm；核扁，椭圆形或倒卵圆形，长约7mm，直径约5mm，具2条浅背沟和3条腹沟。

植株（吕文君／摄）

生境（黄升／摄）

【生境】生于山坡的林缘或灌木丛中，海拔500～1800m。

【鉴别要点】老叶叶背的簇状毛覆盖整个表面，可区分于密花荚蒾。

【观赏特点】叶片小巧精致，别具趣味。

【中国分布】贵州东北部、河南、湖北西部、湖南、重庆、云南、陕西西南部，以及四川。

【世界分布】中国。1901年由Emest Henry Wilson从中国引入欧洲，主要用作育种亲本。

新叶（吕文君 / 摄）

花蕾（吕文君 / 摄）

叶表（吕文君 / 摄）

叶背（吕文君 / 摄）

芽（吕文君 / 摄）

花（黄升 / 摄）

相关种与品种：

序号	学名
1	*V. utile* 'Large Leaf'
2	*V.* × *burkwoodii*
3	*V.* × *burkwoodii* 'Sarcoxie'
4	*V.* × *burkwoodii* AMERICAN SPICE ('Duvone')
5	*V.* × *burkwoodii* 'Anne Russell'

序号	学名
6	*V.* × *burkwoodii* 'Chenaultii'
7	*V.* × *burkwoodii* 'Carlotta'
8	*V.* × *burkwoodii* 'Park Farm Hybrid'
9	*V.* × *burkwoodii* 'Compact Beauty'
10	*V.* × *burkwoodii* 'Conoy'
11	*V.* × *burkwoodii* 'Fulbrook'
12	*V.* × *burkwoodii* 'Mohawk'
13	*V.* × *burkwoodii* 'Anika'

染色体数目：2*n*= 18

别名： 黑汉条、有用荚蒾

异名： *V. bockii*、*V. fallax*、*V. utile* var. *minus*、*V. utile* var.*ningqiangense*

花（黄升 / 摄）

花蕾（吕文君 / 摄）

花（吕文君 / 摄）

幼果（黄升 / 摄）

- 🌳 生活型：常绿灌木
- 🌲 株高：可达2 m
- 🌸 花期：3—4月
- 🍂 果期：8月
- 🌼 花色：蕾时淡红色，盛开后为白色
- 🍒 果色：初为红色，成熟后为黑色

陕西荚蒾
Viburnum schensianum Maximowicz

　　冬芽裸露，常被锈褐色簇状毛。叶片纸质，卵状椭圆形、宽卵形，或近圆形，长3～6cm，宽2～4.5cm，叶背被簇状短毛，叶表初时疏被簇状短毛，后近无毛；侧脉5～7对，近缘前互相网结或有时直达齿端；顶端钝或圆形，基部圆，边缘有小尖齿。花与叶同现；聚伞花序直径4～8cm，第一级辐射枝3～5条，密被黄白色星状毛；总花梗长1～1.5cm；花生于第3级辐射枝上，无梗或具短梗，无香味。花萼微绿色，萼筒圆筒形，长3.5～4mm，光滑或稀被簇状毛组成的茸毛；花萼裂片非常小，长0.5～1mm，先端钝；花冠辐状，直径约6mm，光滑无毛；花冠裂片圆卵形，先端圆。雄蕊与花冠裂片等高或稍高出花冠裂片，着生于花冠筒近基部；花丝长约2mm；花药小，黄色，球形；柱头头状。果实长约8mm；核卵球形，长6～8mm，直径4～5mm，背部龟背状凸起而无沟或有2条不明显的沟，腹部有3条沟。

🌳 生活型：落叶灌木

🌲 株高：可达3m

🌼 花期：5—7月

🍂 果期：8—9月

🌸 花色：白色

🍇 果色：初为红色，成熟后黑色

花（傅强／摄）

果（吕文君／摄）

幼果（吕文君 / 摄）

果枝（吕文君 / 摄）

花枝（吕文君 / 摄）

生境（黄升 / 摄）

【生境】生于混交林、松树林或山坡疏林中，海拔500～3200m。

【鉴别要点】果核背部隆起，显著区别于组内其他种。未开花结果时，叶片特征与修枝荚蒾和蒙古荚蒾相似，但叶先端钝或圆，花大部分生于第三和第四级辐射枝上。

【观赏特点】叶片圆小，凸显花果。

【中国分布】安徽南部、甘肃东南、河北（内丘）、河南、山西、湖北、江苏南部、山东（济南）、陕西、四川（松潘）、浙江及甘肃。

【世界分布】中国。Roy Lancaster于1910年从中国西北部海拔1890m处的母树采集种子，带回欧洲。

染色体数目：$2n = 18$

别名：土栾树、冬栾条、土栾条
异名：*V. dielsii*、*V. giraldii*、*V. schensianum* subsp. *chekiangense*、*V. schensianum* var. *chekiangense*

叶表（吕文君 / 摄）

花蕾（吕文君 / 摄）

枝（吕文君 / 摄）

叶背（吕文君 / 摄）

壶花荚蒾
Viburnum urceolatum Siebold & Zuccarini

　　冬芽裸露，被灰白色或灰褐色簇状毛。叶纸质，卵状披针形或卵状矩圆形，长7～15cm，宽4～6cmcm，叶背脉上被簇状毛，叶表沿中脉有毛；侧脉4～6对，近缘前互相网结；顶端渐尖或长渐尖，基部楔形、圆形或微心形，边缘至基部1/3以上有细锯齿。花与叶同现；聚伞花序直径5cm，第一级辐射枝4～5条，疏被红色星状毛；总花梗长3～7cm；花生于第三或第四级辐射枝上，具短梗，无香味。花萼红色，萼筒管状，长约2mm，光滑无毛；花萼裂片非常小，长0.5～1mm，先端钝；花冠坛状或筒状钟形，直径约3mm，光滑无毛；花冠裂片宽卵形，先端圆钝，长为筒部的1/5～1/4；雄蕊显著高出花冠裂片，着生于花冠筒近基部或中部以下的位置；花丝长度不等，可达6mm；花药小，黄色，椭圆状矩圆形；柱头头状。果实长约8mm；核卵球形，长6～8mm，直径5～6mm，具2条浅背沟和3条腹沟。

【生境】生于林中，海拔600～2600m。

【鉴别要点】花冠坛状或筒状钟形，裂片小，不足筒部的1/4，且花冠外面紫红色，显著区别于组内其他种。

【观赏特点】花盛开时，黄色的花药从紫红色花冠中探出，独特而美丽，是优良的观花灌木。

【中国分布】广西东北部、贵州、湖南、江西西部、台湾、福建、浙江、云南、四川。

【世界分布】中国、日本。

花序（吕文君／摄）

花（朱鑫鑫／摄）

叶表（吕文君／摄）

叶背（吕文君／摄）

叶（吕文君／摄）

🌳 生活型：落叶灌木

🌲 株高：可达3 m

❀ 花期：6—7月

🍒 果期：9—10月

🍓 花色：外侧紫红色，内侧白色

🍒 果色：初为红色，成熟后为黑色

花蕾（吕文君／摄）

花序（吕文君／摄）

花（吕文君／摄）

染色体数目：2*n*= 18

别名：台湾荚蒾

异名：*V. taiwanianum*、*V. urceolatum* f. *brevifolium*、
V. urceolatum var. *brevifolium*、*V. urceolatum* f.
procumbens、*V. urceolatum* var. *procumbens*

合 轴 组
—Sect.*Pseudotinus*

冬芽裸露。聚伞花序复伞形式，有或无大型不孕边花，几无总花梗；花冠辐状。果实先为红色后转紫黑色；核有1条深腹沟；胚乳深嚼烂状。

分种检索表——合轴组

1. 花序具大型不孕边花···合轴荚蒾 *V. sympodiale*
1. 花序无大型不孕边花···显脉荚蒾 *V. nervosum*

显脉荚蒾
Viburnum nervosum D. Don

　　冬芽裸露，被糠秕状簇状毛。叶纸质，卵形至宽卵形，很少矩圆状卵形，长7~18cm，宽4~11cm，下面常被簇状毛，上面光滑无毛或近无毛；侧脉8~10对，近缘前互相网结；先端渐尖，基部心形或圆形，边缘具不规则锯齿。花与叶同现；聚伞花序直径5~15cm，第一级辐射枝5~7条，被红棕色腺体；总花梗无；花生于第二或第三级辐射枝上，几无梗或具短梗，无香味。花萼微绿色，萼管状钟形，长约1.5mm，具小红棕色腺体；花萼裂片非常小，长0.5~1mm，先端钝；花冠辐状，直径5~8mm，光滑无毛；花冠裂片卵状矩圆形至矩圆形，先端圆；雄蕊短于花冠裂片，着生于花冠筒近基部；花丝长1mm；花药小，紫色，宽卵形；柱头头状。果实长7~9mm，直径5~7mm；核扁，矩圆形，长6~8mm，直径4~5mm，具1条浅背沟和1条深腹沟。

枝（傅强／摄）

果枝（黄升／摄）

【生境】生于山坡林中或灌木丛中，海拔1800~4500m。
【鉴别要点】叶片两面脉纹清晰，花序无总花梗。未开花时与合轴荚蒾相似，但叶基部心形或圆形，侧脉多于合轴荚蒾，托叶常无。
【观赏特点】秋季，红色果实挂满枝头，甚是惹人注目。
【中国分布】湖南南部、广西东北部、四川、云南、西藏南部至东南部、江西南部（九连山）、甘肃南部、湖北（兴山）。
【世界分布】中国、印度、尼泊尔、不丹、缅甸北部和越南北部。

生境（黄升／摄）

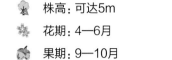 生活型：落叶灌木或小乔木

株高：可达5m

花期：4—6月

果期：9—10月

花色：白色或微红色

果色：初为黄色，后变为红色，成熟后为紫黑色

 染色体数目：2n=18

修订：心叶荚蒾

异名：*Solenotinus nervosus*、*V. cordifolium*、*V. cordifolium* var. *hypsophilum*、*V. nervosum* var. *hypsophilum*

花枝（吴棣飞／摄）

叶背（傅强／摄）

花序（吴棣飞／摄）

生境（郑海磊／摄）

花枝（郑海磊／摄）

合轴荚蒾
Viburnum sympodiale Graebner

冬芽裸露，被糠秕状簇状毛。托叶2枚，钻形，2～9mm，基部常贴生于叶柄，有时无。叶纸质，卵形至椭圆状卵形或圆卵形，长6～13cm，宽3～9cm，叶背被黄褐色鳞片状或糠秕状簇状毛，沿脉尤为明显，上面光滑无毛或脉上被簇状毛；侧脉6～8对，近缘前互相网结；先端渐尖或急尖，基部圆形，很少为浅心形，边缘具不规则锯齿。花与叶同现；聚伞花序直径5～9cm，第一级辐射枝通常5条，近无毛或被鳞片状或糠秕状簇状毛，周围具大型不孕边花；总花梗无；花生于第三级辐射枝上，无梗或具短梗，芳香。不孕花花萼似两性花，直径2.5～3cm；花冠裂片倒卵形，大小不一，雄蕊和雌蕊均未发育。可孕花花萼浅绿色，萼筒近球形，长约2mm；花萼裂片非常小，长0.5～1mm，先端钝；花冠辐状，长5～6mm，光滑无毛；花冠裂片卵圆形，先端圆；雄蕊短于花冠裂片，着生于花冠筒近基部；花丝长1mm；花药小，黄色，卵形；柱头头状。果实长7～9mm，直径5～7mm；核稍扁，矩圆形，长约7mm，直径约5mm，具1条浅背沟和1条深腹沟。

新叶（吕文君/摄）

🌳 生活型：落叶灌木或小乔木

🌿 株高：可达10m

❀ 花期：4—5月

🍒 果期：8—9月

🌸 花色：不孕花白色，可孕花白色或微红色

🍑 果色：初为黄色，后变为红色，成熟后为紫黑色

花（徐晔春/摄）

枝（吕文君／摄）

叶表（吕文君／摄）

叶背（吕文君／摄）

【生境】生于林下或灌木丛中，海拔800～2600m。

【鉴别要点】花序无总花梗，周围具白色大型不孕边花。

【观赏特点】春季洁白的花序浮于叶上，灵动而素雅；秋季红色的果实挂满枝头，明艳而动人。

【中国分布】陕西南部、甘肃南部、安徽南部、江西、福建北部、台湾、湖北、重庆、湖南、广东北部、广西东北部、四川、贵州及云南。

【世界分布】中国。1980年由Emest Henry Wilson从中国中部引入欧洲。

果枝（吕文君／摄）

花蕾（李方文／摄）

生境（吕文君／摄）

果枝（傅强／摄）

染色体数目：2n=18

异名：*V. furcatum* var. *melanophyllum*、
V. martini、*V. melanophyllum*

当年生枝（吕文君／摄）

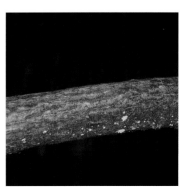

干（吕文君／摄）

球 核 组
—Sect. *Tinus*

　　冬芽有 1 对分生的鳞片。叶常绿，具离基三出脉、三出脉或羽状脉。聚伞花序复伞形式，无大型不孕边花，花具梗或近无梗；花冠辐状。果实成熟时为蓝黑色；核有 1 条极狭细的线形浅腹沟或无沟；胚乳呈深嚼烂状。

分种检索表——球核组

蓝黑果荚蒾（原变型）
Viburnum atrocyaneum f. *atrocyaneum*

　　冬芽具1对鳞片。叶革质，宽卵形或卵形至椭圆状披针形，或菱状椭圆形，长3~6cm，宽1.5~3cm，两面光滑无毛；侧脉5~8对，近缘前互相网结；先端钝而有短尖，稀急尖或微凹，基部宽楔形，边缘具不规则小尖齿，稀全缘。花迟于叶出现；聚伞花序直径2~6cm，第一级辐射枝通常5~7条，无毛；总花梗长0.6~6cm；花生于第二级辐射枝上，花梗长2~3mm，无香味。花萼浅绿色，萼筒倒锥形，长约1mm；花萼裂片极小，长0.5mm，先端钝；花冠辐状，长约5mm，光滑无毛；花冠裂片卵圆形，先端圆；雄蕊稍短于花冠裂片，着生于花冠筒近基部；花丝长2mm；花药小，黄色，卵形；柱头头状，几无柄。果实直径5~6mm；核球形，直径约5mm，具1条极浅的腹沟。

🌳　生活型：常绿灌木

🌿　株高：可达6m

❀　花期：4—6月

🍎　果期：9—10月

✿　花色：白色

🍒　果色：初为蓝色，成熟后蓝黑色

染色体数目：2*n*=18

别名： 光荚蒾

异名： *V. calvum*、*V. schneiderianum*

幼果（傅强 / 摄）

果（陈小灵 / 摄）

生境（黄升/摄）

叶表（李仁坤/摄）　　　　　叶背（李仁坤/摄）

果枝（傅强/摄）

【生境】生于林中或灌木丛中，海拔1000~3200m。

【鉴别要点】羽状脉，显著区别于组内其他种。

【观赏特点】四季常绿，幼叶青铜色至紫色，成熟叶深绿色，冬季又转为青铜色或紫绿色，是优良的的小型观叶灌木。

【中国分布】四川、贵州、云南、西藏东南部、广西西北部、重庆南部。

【世界分布】中国、印度北部、不丹、缅甸和泰国北部。1904年由Emest Hery Wilson从中国西部引入欧洲。

花枝（李仁坤/摄）

毛枝荚蒾（变型）

Viburnum atrocyaneum f. *harryanum*（Rehder）P. S. Hsu

　　幼枝密被灰褐色簇状短毛或完全无毛。叶片对生或三叶轮生，圆形、圆卵形或倒卵形，长0.8～6cm，顶端钝至圆形或微凹缺而有小凸尖，全缘或有不规则锯齿。

🌳 生活型：常绿灌木

🌿 株高：1～2m

🌸 果期：4—6月

🍃 花期：9—10月

🌼 花色：绿白色

🍒 果色：初为蓝色，成熟后为蓝黑色

别名：小叶毛枝荚蒾、小圆叶荚蒾

异名：*V. harryanum*、*V. atrocyaneum* subsp. *harryanum*、*V. atrocyaneum* var. *puberulum*、*V. calvum* var. *kwapiense*、*V. calvum* var. *puberulum*

花（陈小灵／摄）

枝（傅强／摄）

果枝（徐文斌／摄）

二年生枝（黄升／摄）

【生境】生于山坡，海拔1000~3200m。

【鉴别要点】叶片对生或三叶轮生，较蓝黑果荚蒾的叶片小、圆。

【观赏特点】叶片小巧，具光泽，是优秀的观叶灌木。

【中国分布】四川东南部和西南部、贵州中部至西南部、云南东北部至东南部、广西西北部及西藏东南部。

【世界分布】中国。

叶（吕文君／摄）

叶表（吕文君／摄）

叶背（吕文君／摄）

枝（吕文君／摄）

果（徐文斌／摄）

枝（吕文君／摄）

樟叶荚蒾
Viburnum cinnamomifolium Rehder

　　冬芽具1对鳞片，鳞片红棕色，光滑无毛。叶革质，椭圆状矩圆形，长6～13cm，宽3～5cm，叶表光滑无毛，叶背脉腋常被淡黄色簇状毛；离基三出脉，侧脉近缘前互相网结；先端急尖，基部楔形至宽楔形，边缘全缘或近顶端偶具少数锯齿。花迟于叶出现；聚伞花序直径6～15cm，第一级辐射枝通常6～8条，无毛；总花梗长1.5～3.5cm；花生于第二和第三级辐射枝上，花梗长2～3mm，无香味。花萼浅绿色，萼筒倒锥形，长1～2mm；花萼裂片非常小，长0.5mm，先端钝；花冠辐状，长4～5mm，光滑无毛；花冠裂片宽卵形，先端圆；雄蕊高于花冠裂片，着生于花冠筒近基部；花丝长3mm；花药黄色，近球形；柱头头状，几无柄。果实直径5～6mm；核球形，直径5mm，具1条极浅的腹沟或无腹沟。

染色体数目：2*n*=18

🌳 生活型：常绿灌木或小乔木

🌿 株高：可达6m

🌸 花期：5月

🍂 果期：6—7月

🌺 花色：黄绿色

🫐 果色：初为宝蓝色，成熟后为蓝黑色

果序（李仁坤／摄）

果柄（张守君／摄）

冬季叶（吕文君/摄）

叶表（吕文君/摄）　　　　　　叶背（吕文君/摄）　　　　　　1年生枝（吕文君/摄）

花序（李仁坤/摄）

【生境】生于灌木丛中，海拔1000~1800m。

【鉴别要点】与川西荚蒾较为相似，但本种常可生长为乔木，花序大而松散，花冠黄绿色，叶表不为明显的皱纹状，此为不同之处。

【观赏特点】红褐色枝条、粉绿色至红色的叶柄，于光亮的墨绿色叶片之间若隐若现，似花非花。

【中国分布】四川、广西和云南。

【世界分布】中国。1904年，Emest Henry Wilson从中国峨眉山将该种引入欧洲，普遍栽培。

生境（李仁坤/摄）

川西荚蒾
Viburnum davidii Franchet

　　冬芽具1对鳞片，鳞片红棕色，光滑无毛。叶厚革质，椭圆状倒卵形至椭圆形，长6~14cm，宽4~7cm，叶表光滑无毛，常因小脉深凹而呈明显皱纹状，叶背脉腋常被淡黄色簇状毛；基部三出脉，侧脉近缘前互相网结；先端短渐尖，基部宽楔形至近圆形，边缘全缘或中部以上偶具少数不规则锯齿。花迟于叶出现；聚伞花序直径4~6cm，第一级辐射枝通常5~6条，无毛；总花梗长1.5~3.5cm；花生于第二级辐射枝上，花梗极短，无香味。花萼浅绿色，萼筒钟形，长约1mm；花萼裂片非常小，长仅为筒长的1/2，先端急尖；花冠辐状，长约5mm，光滑无毛；花冠裂片圆形；雄蕊仅为花冠的1/2，着生于花冠筒近基部；花丝长2mm；花药红黑色，近球形；柱头头状，几无柄。果实卵形或椭圆状卵形，长约5mm，直径约4mm；核球形，直径4~5mm，具1条极浅的腹沟。

果枝（夏伯顺/摄）

叶表（吕文君/摄）

叶背（吕文君/摄）

新叶（吕文君/摄）

🌳 生活型：常绿灌木

🌿 株高：可达10m

❀ 花期：6月

🍂 果期：9—10月

🌸 花色：花蕾粉红色，盛开后为白色

🍒 果色：初为宝蓝色，成熟时为蓝黑色

染色体数目：*2n* = 18

【生境】生于海拔1800~2400m的山地。

【鉴别要点】与樟叶荚蒾较为相似，但本种的花序小而稠密，花蕾粉红色，叶表为明显的皱纹状，且质地较樟叶荚蒾厚。

【观赏特点】秋季宝蓝色果实挂满枝头，甚为惊艳。

【中国分布】四川西部。

【世界分布】中国。1904年，Emest Henry Wilson从四川将该种引入欧洲。

相关种与品种：

序号	学名
1	*V. davidii* 'Angustifolium'
2	*V.* × *globosum* 'Jermyns Globe'

花序（李仁坤/摄）

花芽（吕文君/摄）

三脉叶荚蒾
Viburnum triplinerve Handel-Mazzetti

　　冬芽具1对鳞片，鳞片红棕色，光滑无毛。叶革质，椭圆形、椭圆状卵形，或近圆形，长2～6cm，宽1～3cm，叶表光滑无毛，叶背脉腋有时被淡黄色簇状毛；离基三出脉，脉长达叶片3/4处，侧脉近缘前互相网结；先端钝或圆，基部钝或圆形，边缘全缘。花迟于叶出现；聚伞花序直径1.5～10cm，第一级辐射枝通常6～8条，无毛；总花梗长约1cm；花生于第二级辐射枝上，花梗长1～2mm，无香味。花萼浅绿色，萼筒宽钟形，长不超过1mm；花萼裂片非常小，约为花萼筒长的1/2，先端钝；花冠辐状，长约4mm，光滑无毛；花冠裂片近圆形；雄蕊与花冠裂片近等高，着生于花冠筒近基部；花丝长3mm；花药黄色，近球形；柱头头状，几无柄。果实近球形，直径4～5mm；核球形，直径4mm，具1条极浅的腹沟。

幼果（林秦文／摄）

叶表（吕文君／摄）

叶背（吕文君／摄）

果（西南种质资源库／摄）

🌳 生活型：常绿灌木

🌲 株高：可达2m

🌸 花期：4-5月

🍃 果期：6—10月

🌺 花色：绿白色

🍇 果色：初为宝蓝色，成熟时
为紫黑色

【生境】生于海拔500～600m的山地。

【鉴别要点】与球核荚蒾极为相似，
但叶顶端钝或圆形，边缘全缘。

【观赏特点】叶片墨绿，四季常青，
是优秀的观叶灌木。

【中国分布】广西、贵州南部（荔波）。

【世界分布】中国。

生境（西南种质资源库／摄）

球核荚蒾（原变种）
Viburnum propinquum var. *propinquum*

　　冬芽具1对鳞片，鳞片红棕色，光滑无毛。叶革质，卵形至卵状披针形，或椭圆形至椭圆状披针形，或线状披针形，或倒披针形，长3~11cm，宽1~4.5cm，叶表光滑无毛，叶背脉腋有时被淡黄色簇状毛；离基三出脉，侧脉近缘前互相网结；先端渐尖或急尖，基部近圆形或楔形，边缘常疏生锯齿。花迟于叶出现；聚伞花序直径4~7cm，第一级辐射枝通常7条，无毛；总花梗长1.5~2.5cm；花生于第三级辐射枝上，花梗长1~2mm，无香味。花萼浅绿色，萼筒倒锥形，长约0.6mm；花萼裂片极小，长约0.4mm，先端钝；花冠辐状，长约4mm，外表光滑无毛，内面基部被长毛；花冠裂片宽卵形；雄蕊高于花冠裂片，着生于花冠筒近基部；花丝长2~3mm；花药黄色，近球形；柱头头状，几无柄。果实近球形或卵形，长5~6mm，宽3.5~4mm；核球形，直径3~4mm，具1条极浅的腹沟或无。

生活型：常绿灌木

株高：可达2m

花期：3—5月

果期：5—10月

花色：绿白色

果色：初为宝蓝色，成熟时为蓝黑色

花（吕文君/摄）

花序（吕文君/摄）

芽（吕文君/摄）

植株（吕文君/摄）

花枝（张守君/摄）

【生境】生于海拔400~1300m 的林中或灌木丛中。

【鉴别要点】与樟叶荚蒾相似，但该种不为小乔木，叶片边缘通常有锯齿，花序小。

【观赏特点】株型矮小紧凑，秋季宝蓝色的果实挂满枝头，甚为惊艳。

【中国分布】陕西西南部、甘肃南部、浙江南部、江西北部、福建北部、台湾、湖北西部和西南部、重庆、湖南、广东北部、广西、四川、贵州及云南。

【世界分布】中国、菲律宾。

幼果（吕文君/摄）

叶表（吕文君/摄）

叶背（吕文君/摄）

叶（吕文君/摄）

冬季叶（吕文君/摄）

冬季叶（吕文君/摄）

染色体数目：$2n = 18$

别名：兴山荚蒾

果序（吕文君/摄）

狭叶球核荚蒾（变种）
Viburnum propinquum var. *mairei* W. W. Smith

叶狭小，线状披针形至倒披针形，长3~8cm，宽1~1.5cm，基部楔形，先端急尖或渐尖，叶缘常疏生小锐齿。聚伞花序小，直径2~4cm。

果枝（徐文斌/摄）

芽（吕文君/摄）

花蕾（吕文君/摄）

- 🌳 生活型：常绿灌木
- 🌲 株高：可达2m
- 🌸 花期：3—5月
- 🫐 果期：5—10月
- 🌼 花色：绿白色
- 🫐 果色：初为宝蓝色，成熟时为蓝黑色

花枝（吕文君／摄）

花（吕文君／摄）

叶（吕文君／摄）

果（徐文斌／摄）

叶表（吕文君／摄）　　叶背（吕文君／摄）

植株（吕文君／摄）

果枝（吕文君／摄）　　冬季叶（吕文君／摄）

别名：滇南兴山荚蒾

【生境】生于海拔400~500m的灌木丛中。

【鉴别要点】与球核荚蒾相似，但叶片、花序和株型均小。

【观赏特点】姿态典雅，可孤植于庭院之中，亦可作盆景。

【中国分布】贵州西部、湖北西南部、四川、云南、上海、重庆、广西。

【世界分布】中国。

蝶 花 组
—Sect. *Tomentosa*

落叶灌木，被簇状毛。冬芽具 1 对贴生鳞片。叶有锯齿或牙齿，侧脉直达齿端。聚伞花序复伞形，具总花梗，周围具大型不孕边花或全部为不孕花；可孕花花冠辐状。果实成熟时红色，或后转为黑色；核扁，具 1 条宽腹沟；胚乳坚实。

分种检索表——球核组

蝶花荚蒾
Viburnum hanceanum Maximowicz

　　冬芽具1对鳞片，鳞片被黄褐色簇状毛。叶纸质，圆卵形、近圆形，或椭圆形，有时倒卵形，长4～8cm，宽2.5～5cm，两面均被黄褐色簇状短伏毛；侧脉5～9对，直达齿端；先端圆或具微凸尖，基部圆形、宽楔形，或心形，边缘有锯齿。花迟于叶出现；聚伞花序直径5～7cm，第一级辐射枝通常5条，自总花梗向上渐无毛，有2～5朵大型不孕边花；总花梗长2～4cm；花生于第二或第三级辐射枝上，花梗长1～2mm，无香味。不孕花花萼同可孕花；花冠辐状，直径2～3cm，不规则4裂或5裂；可孕花花萼绿色，萼筒倒锥形，直径约1.5mm，光滑无毛，先端钝；花冠辐状，直径约3mm，光滑无毛；花冠裂片卵形，长仅为筒长的1/2；雄蕊与花冠裂片近等高，着生于花冠筒近基部；花丝长1.5mm；花药黄色，矩圆形；柱头3裂。果实卵球形，长5～6mm，直径约4mm；核扁球形，椭圆形，直径约4mm，具1条宽腹沟。

果枝（吕文君／摄）

花枝（吕文君 / 摄）

染色体数目：2n = 72

🌳 生活型：落叶灌木

🌲 株高：可达2m

🌸 花期：3—5月

🌰 果期：8—9月

🌺 花色：可孕花黄白色，不孕花白色

🍒 果色：红色

叶（吕文君 / 摄）　　　　果枝（吕文君 / 摄）　　　　花枝（吕文君 / 摄）

秋色叶（吕文君 / 摄）　　　新叶（吕文君 / 摄）　　　　花（吕文君 / 摄）

【生境】生于海拔200～800m的灌木丛。

【鉴别要点】与蝴蝶戏珠花较为相似，但叶片两面的长方形格纹不明显，且叶脉少，果实成熟时为红色。

【观赏特点】春夏白色不孕花浮于叶上，似翩翩起舞的白蝶，甚是美丽。

【中国分布】福建、广东、广西、贵州、湖南，以及江西南部。

【世界分布】中国。

植株（吕文君 / 摄）

芽（吕文君 / 摄）

当年生枝（吕文君 / 摄）

粉团（原变种）
Viburnum plicatum f. *plicatum*

　　冬芽具1对鳞片，鳞片被黄褐色簇状毛。叶纸质，卵形、圆倒卵形或倒卵形，很少近圆形，长4～12cm，宽2～7cm，叶背密被茸毛，或有时仅侧脉有毛，叶表仅中脉上密被毛；侧脉6～12（～17）对，直达齿端，小脉在叶背横裂，并形成明显的长方形格纹，格纹中间常呈银白色；先端圆，或急狭并具微凸尖，基部圆形、宽楔形，或微心形，边缘有不规则锯齿。花迟于叶出现；聚伞花序直径5～10cm，第一级辐射枝通常3～8条，密被黄褐色簇状毛，全部为大型不孕花；总花梗长1.5～4cm；花生于第四级辐射枝上，无梗或具短梗，无香味。花冠绿白色，辐状，直径1.5～4cm，常4裂，大小不等。

花枝（吕文君／摄）

花（徐晔春／摄）

叶（吕文君／摄）

植株（吕文君／摄）

【生境】生于海拔200～3000m的林中。

【鉴别要点】未开花时与蝴蝶戏珠花相似，但叶片更加宽圆。

【观赏特点】花期，白色花朵挂满枝头，或如花球，或如白蝶，无论是在庭院孤植，或是于花园片植，都是一道亮丽的风景线。

【中国分布】湖北西部、贵州中部，常作园艺栽培。

【世界分布】中国、日本。1846年由 Robert Fortune引入欧洲，但早在1712年已被人熟知。

🌳 落叶灌木

🌱 株高：可达3m

❄ 花期：3—5月

🌸 花色：初开时浅绿色，盛开后白色

花（王晓英/摄）

花（傅强/摄）

花枝（黄升/摄）

染色体数目：2*n* = 16,18

别名：雪球荚蒾

异名：*V. plicatum* var. *dilatatum*、*V. plicatum* var. *plenum*、*V. plicatum* f. *rotundifolium*、*V. tomentosum* f. *plenum*、*V. tomentosum* var. *plenum*、*V. tomentosum* var. *plicatum*、*V. tomentosum* f. *rotundifolium*、*V. tomentosum* var. *rotundifolium*、*V. tomentosum* f. *sterile*、*V. tomentosum* var. *sterile*

相关种与品种：

序号	学名
1	*V. plicatum* f. *plicatum* 'Chyverton'
2	*V. plicatum* f. *plicatum* 'Grandiflorum'
3	*V. plicatum* f. *plicatum* 'Leach's Compacta'
4	*V. plicatum* f. *plicatum* 'Mary Milton' ('Mary Melton')
5	*V. plicatum* f. *plicatum* NEWPORT ('Newzam')
6	*V. plicatum* f. *plicatum* 'Pink Dawn'
7	*V. plicatum* f. *plicatum* 'Pink Sensation'
8	*V. plicatum* f. *plicatum* 'Popcorn'
9	*V. plicatum* f. *plicatum* 'Rosace' ('Kern's Pink')
10	*V. plicatum* f. *plicatum* 'Rotundifolium'

序号	学名
11	*Vivurnum plicatum* f. *plicatum* 'Sawtooth'
12	*V. plicatum* f. *plicatum* TRIUMPH ('Trizam')
13	*V. plicatum* f. *plicatum* 'Janny'
14	*V. plicatum* f. *plicatum* 'Janny's *Special*'
15	*V. plicatum* f. *plicatum* 'Prostratum'
16	*V. plicatum* f. *plicatum* 'Leach's Compacta'
17	*V. plicatum* f. *plicatum* 'Magician'
18	*V. plicatum* f. *plicatum* SPARKLING PINK CHAMPAGNE ('Spichazam')
19	*V. plicatum* f. *plicatum* 'Spellbound'

蝴蝶戏珠花（变型）
Viburnum plicatum f. *tomentosum* Rehder

　　粉团的野生类群。聚伞花序具6~8朵大型不孕边花。不孕花花萼同可孕花；花冠辐状，直径1.5~4cm，常4裂，大小不等；可孕花花萼绿色或浅红色，萼筒倒锥形，直径约1.5mm，光滑无毛或被星状毛，先端急尖；花冠辐状，直径2~3mm，光滑无毛；花冠裂片宽卵形；雄蕊高于花冠裂片，着生于花冠筒近基部；花丝长1.5mm；花药黄色，矩圆形或近圆形；柱头3裂。果实卵球形或倒卵球形，长4~5.5mm，直径2.5~3mm；核球形扁，椭圆形，长4~5.5mm，直径2.5~3mm，具1条宽腹沟。

- 生活型：落叶灌木
- 株高：可达3m
- 花期：3—5月
- 果期：8—9月
- 花色：可孕花黄白色，不孕花白色
- 果色：初为红色，成熟时为黑色

染色体数目：2n= 16,18

别名：蝴蝶花、蝴蝶树、蝴蝶荚蒾

异名：*V. tomentosum*、*V. plicatum* f. *lanceatum*、*V. plicatum* var. *lanceatum*、*V. plicatum* f. *latifolium*、*V. plicatum* var. *tomentosum*、*V. tomentosum* var. *lanceatum*

生境（黄升/摄）

果枝（吕文君/摄）

新叶（吕文君/摄）

【生境】生于海拔200～1800m的林中。
【鉴别要点】开花时与琼花相近，但该种枝条多平展，叶片侧脉较多，显著区别于后者。
【观赏特点】枝条平展，姿态优雅。花期，白色花朵挂满枝头，尤如白蝶。
【中国分布】安徽、福建、广东北部、广西东北部、贵州、河南、湖北、重庆、湖南、江西、陕西南部、四川、台湾、浙江。
【世界分布】中国。1965年由 Emest Henry Wilson 引入欧洲，普遍栽培。

花（吕文君/摄）

秋色叶（吕文君/摄）

芽（吕文君/摄）

叶表（吕文君/摄）

幼果（吕文君/摄）

幼果（吕文君/摄）

叶背（吕文君/摄）

花枝（吕文君/摄）

相关种与品种：

序号	学名	序号	学名
1	*V. plicatum* f. *tomentosum* 'Dart's Red Robin'	14	*V. plicatum* f. *tomentosum* 'Cascade'
2	*V. plicatum* f. *tomentosum* 'Molly Schroeder'	15	*V. plicatum* f. *tomentosum* 'Firworks'
3	*V. plicatum* f. *tomentosum* 'Igloo'	16	*V. plicatum* f. *tomentosum* 'Rowallane'
4	*V. plicatum* f. *tomentosum* 'Lanarth'	17	*V. plicatum* f. *tomentosum* 'Shasta Variegated'
5	*V. plicatum* f. *tomentosum* 'Magic Puff'	18	*V. plicatum* f. *tomentosum* 'White Delight'
6	*V. plicatum* f. *tomentosum* 'Mariesii'	19	*V. plicatum* f. *tomentosum* 'Angie'
7	*V. plicatum* f. *tomentosum* 'Nanum Semperflorens' ('Watanabei'、'Watanabei Nanum')	20	*V. plicatum* f. *tomentosum* 'Kilimanjaro' (Jww1)
8	*V. plicatum* f. *tomentosum* 'Pink Beauty'	21	*V. plicatum* f. *tomentosum* 'Kilimanjaro Sunrise' (Jww5)
9	*V. plicatum* f. *tomentosum* 'Shasta'	22	*V. plicatum* f. *tomentosum* 'Summer Pastel'
10	*V. plicatum* f. *tomentosum* 'Shoshoni'	23	*V. plicatum* f. *tomentosum* 'Brockhurst'
11	*V. plicatum* f. *tomentosum* 'St. Keverne'	24	*V.m plicatum* f. *tomentosum* 'Elizabeth Bullivant'
12	*V. plicatum* f. *tomentosum* 'Summer Snowflake' ('Fujisanensis'、'Mt. Fuji')	25	*V. plicatum* f. *tomentosum* 'Tennessee'
13	*V. plicatum* f. *tomentosum* 'Weeping Magic'	26	*V. plicatum* f. *tomentosum* 'Saint Keverne'
		27	*V. plicatum* f. *tomentosum* 'Copper Ridges'

台湾蝴蝶戏珠花（变种）

Viburnum plicatum var. *formosanum* Y. C. Liu & C. H. Ou

　　侧脉6～9对。聚伞花序具3～5分枝，密被黄褐色簇状毛，外围有3～5朵大型的白色不孕花，花萼筒被星状毛。

- 生活型：落叶灌木
- 株高：可达3m
- 花期：3—5月
- 果期：8—9月
- 花色：可孕花黄白色，不孕花白色
- 果色：初为红色，成熟时黑色

异名：台湾蝶花荚蒾、台湾蝴蝶树、台湾戏珠花

【生境】生于海拔1800～3000m的混交林中。

【鉴别要点】叶片侧脉6～9对，花序周围有3～5朵的蝶状大型不孕花，可区别于蝴蝶戏珠花。

【观赏特点】姿态优美，大型不孕边花如翩翩起舞的白蝶，极具观赏价值，可孤植、片植于草坪或堂前屋后。

【中国分布】台湾北部。

【世界分布】中国。

普通标本（馆／条形码 TAI251631）

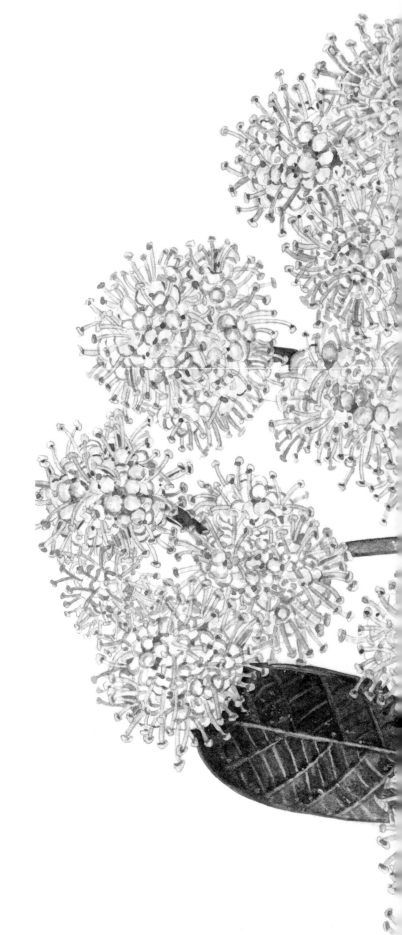

大　叶　组
—Sect. *Magalotinus*

冬芽具 1 ~ 2 对分生鳞片，很少裸露。聚伞花序复伞形。花冠辐状、钟状或管状。果实成熟时红色或黑色；核扁，具 1 ~ 2 对浅背沟和 1 ~ 3 条浅腹沟，胚乳坚实。

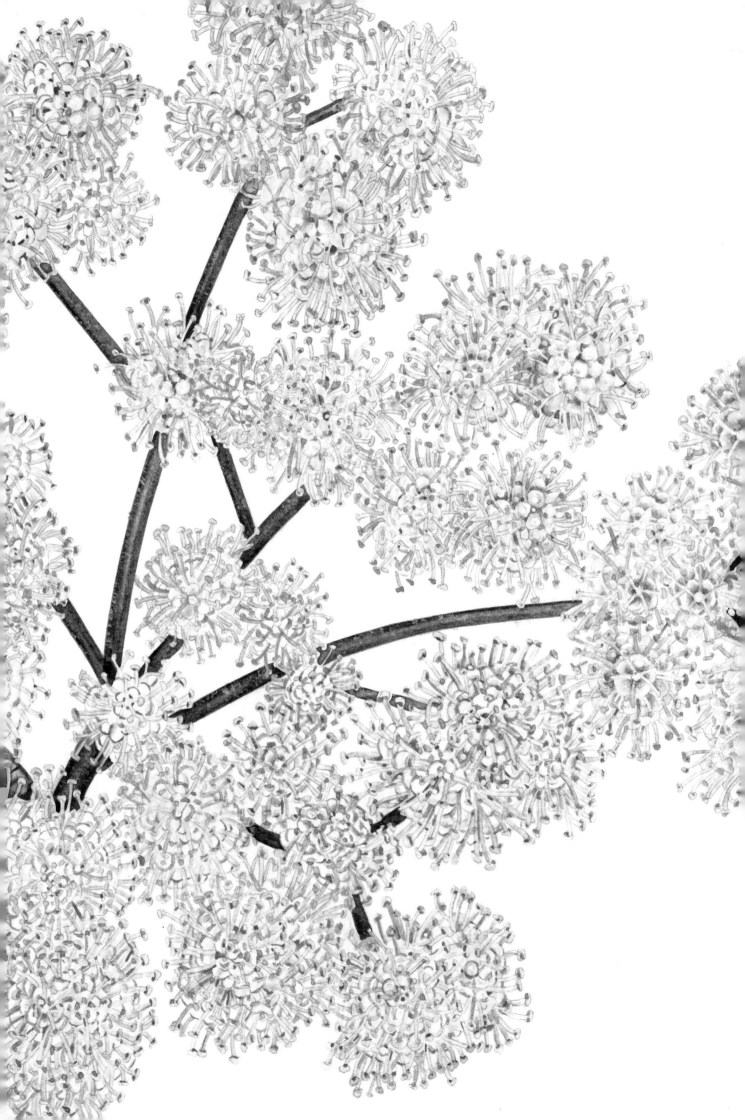

分种检索表——大叶组

广叶荚蒾
Viburnum amplifolium Rehder

  冬芽卵状披针形，具2对鳞片，鳞片被黄绿色或黄褐色毛。叶纸质，卵形至椭圆状卵形，长6~12cm，宽4~7cm，两面均被疣状突起，叶背仅脉上被簇状毛，叶表初时被叉状毛，中脉毛尤密，后即脱落；侧脉7~9对，大部分直达齿端；先端渐尖，基部圆或楔形，边缘有锯齿。花迟于叶出现；聚伞花序直径3~6cm，第一级辐射枝通常6~7条，被黄绿色或黄褐色簇状毛；总花梗长3~5.5cm；花生于第二级辐射枝上，无花梗，无香味。花萼浅黄绿色，萼筒管状，长0.5mm；花萼裂片约为花萼筒长的2/3，先端圆或钝；花冠辐状，直径约3mm，光滑无毛；花冠裂片圆卵形；雄蕊与花冠裂片近等高，着生于花冠筒近基部；花丝长2mm；花药黄色，宽椭圆形；柱头头状。果实倒卵状矩圆形，长约8mm，直径约6mm；核扁，卵形，长约7mm，直径约4mm，具1条浅背沟和2条浅腹沟。

生境（李仁坤 / 摄）

【生境】生于海拔1000~1700m 的杂木林或灌木丛。
【鉴别要点】全株密被黄褐色簇状毛组成的茸毛，且叶片两面具疣状突起。
【观赏特点】秋冬季节顶端的叶片及早春的新叶呈现红色，甚为艳丽。
【中国分布】云南东南部。
【世界分布】中国。

新叶（吕文君 / 摄）

别名：宽叶荚蒾

生活型：落叶灌木

株高：可达2m

花期：5—6月

果期：9—10月

花色：白色

果色：红色

果序（李仁坤 / 摄）

果枝（李仁坤 / 摄）

新叶（吕文君 / 摄）

秋色叶（吕文君 / 摄）

叶表（吕文君 / 摄）

叶背（吕文君 / 摄）

水红木
Viburnum cylindricum Buchanan-Hamilton ex D. Don

　　冬芽披针状三角形，具1对鳞片，鳞片无毛或被星状短柔毛。叶革质，椭圆形至矩圆形，或卵状矩圆形，长8～16cm，宽3～10cm，两面光滑无毛，叶背散生红色或黄色腺点（有时扁化而似鳞片）；侧脉3～5对，近缘前互相网结，或部分直达齿端；先端渐尖或急尖，基部渐狭至圆形，在近基部两侧各有1枚腺体，边缘全缘或疏生不规则浅齿。花迟于叶出现；聚伞花序直径4～10cm，第一级辐射枝通常7条，无毛或被簇状毛，有时具小腺点；总花梗长1～6cm；花生于第三级辐射枝上，无梗或具短梗，无香味。花萼浅绿色，萼筒卵球形或球形，长1.5mm，有时具微腺点；花萼裂片极小，不显眼，先端圆；花冠钟形，长4～6mm，具微细鳞腺；花冠裂片圆卵形；雄蕊高于花冠裂片，着生于花冠筒近基部；花丝长3～4mm；花药紫色，矩圆形；柱头头状。果实卵形，长约5mm；核扁，卵形，长约4mm，直径3.5～4mm，具2条浅背沟和1条浅腹沟。

成熟果实（李仁坤／摄）

幼果（李仁坤／摄）

🌳 生活型：常绿灌木或小乔木

🌲 株高：可达8m

🌸 花期：6—7月

🍂 果期：8—10月

🌺 花色：白色或略带红色

🍇 果色：初为红色，后转蓝黑色

染色体数目：2*n*= 18

别名：怕灰树、揉白叶、灰叶子树

异名：*V. coriaceum*、*V. crassifolium*、*V. cylindricum* var.*crassifolium*

植株（吕文君／摄）

【生境】生于海拔500～3300m的疏林或灌木丛。

【鉴别要点】叶片用手按压或揉捻后呈现灰白色，后即消失，花药紫色。

【观赏特点】花朵盛开时，紫色的花药伸出白色花冠，是优秀的观花灌木。

【中国分布】甘肃（文县）、陕西、广东北部、广西、贵州、湖北西部、重庆、湖南西部、四川、西藏东南部、云南、福建（太宁）、江西（万载）。

【世界分布】中国、印度、不丹、尼泊尔、缅甸北部、印度尼西亚、泰国、巴基斯坦和越南。1881年和1892年分别从印度和中国引入欧洲。

生境（黄升／摄）

花蕾（吕文君／摄）

花（吕文君／摄）

花序（傅强／摄）

花（黄升／摄）

叶表（吕文君／摄）

叶背（吕文君／摄）

幼果（吕文君／摄）

厚绒荚蒾
Viburnum inopinatum Craib

　　冬芽披针状，具1对鳞片，鳞片密被星状短柔毛。叶革质，椭圆状矩圆形至矩圆状披针形，长15～20cm，宽5～10cm，叶背被厚茸毛，并混合有腺点，叶表初时被黄褐色茸毛，后仅中脉有毛；侧脉5或6对，近缘前互相网结；先端渐尖，基部楔形或钝形，在近基部中脉两侧各有1～2枚圆形腺体，或无腺体，边缘全缘或顶端具不明显锯齿。花迟于叶出现；聚伞花序直径12～20cm，第一级辐射枝通常5～7条，密被黄褐色簇状毛，有时具小腺点；总花梗长1.5～2cm；花生于第三至第六级辐射枝上，无梗，无香味。花萼浅黄绿色，萼筒倒锥形，长1mm，被簇状毛；花萼裂片极小，长约0.25mm，卵状三角形，先端钝；花冠辐状，直径约3.5mm，光滑无毛；花冠裂片卵形；雄蕊明显高于花冠裂片，着生于花冠筒基部；花丝长5mm，丝状，在蕾中折叠；花药黄白色，宽椭圆形；柱头头状。果实卵球形至椭圆形，长4～5mm，直径3～4mm；核扁，椭圆形，长约4mm，直径约3mm，具2条背沟和3条腹沟。

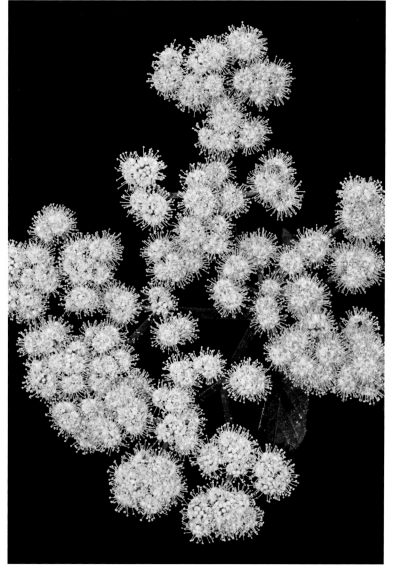

花（朱鑫鑫/摄）

🌳 生活型：常绿灌木或小乔木

🌿 株高：可达10m

🌸 花期：4—5月

🍂 果期：6—10月

🌼 花色：白色

🍒 果色：红色

叶表（吕文君/摄）

叶背（吕文君/摄）

果枝（朱鑫鑫／摄）

果序（李仁坤／摄）

别名：特异荚蒾、毛叶荚蒾

叶表（李仁坤／摄）

叶背（李仁坤／摄）

果（李仁坤／摄）

生境（李仁坤／摄）

【生境】生于海拔700～1400m的密林中。

【鉴别要点】叶两面被厚茸毛，花丝长，在花蕾中折叠，果实成熟时为红色。

【观赏特点】花序硕大，最后一级分枝上的小花近簇生，犹如一团团乳白色的绒球，甚为可爱。

【中国分布】广西西南部和云南南部。

【世界分布】中国、缅甸、泰国、老挝和越南北部。

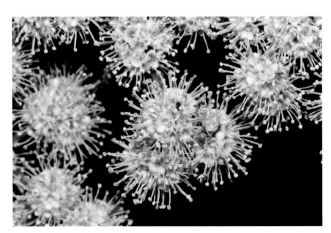

花（朱鑫鑫／摄）

侧花荚蒾
Viburnum laterale Rehder

冬芽卵状披针状，具2对鳞片，鳞片光滑无毛。叶纸质，卵形、椭圆形、卵状矩圆形或狭椭圆状矩圆形，长7～12cm，宽4～7cm，叶背无毛，叶表有光泽；侧脉6～9对，直达齿端；先端渐尖，基部圆或宽楔形，边缘有锯齿。花迟于叶出现；聚伞花序直径4～5cm，第一级辐射枝通常5～6条，光滑无毛；总花梗长5～6cm；花生于第二或第三级辐射枝上，无梗或具短梗，无香味。花萼浅绿色，萼筒矩圆状卵形，长1mm，光滑无毛；花萼裂片极小，三角状卵形，先端急尖或钝；花冠辐状，直径约3mm，光滑无毛；花冠裂片卵形；雄蕊高于花冠裂片，着生于花冠筒基部；花丝为花药的3倍长；花药黄色，椭圆形；柱头头状。

【生境】生于海拔800～900m的林中。

【鉴别要点】该种与蝶花荚蒾相似，但全体无毛，叶大，且花序边缘无大型不孕花。

【观赏特点】暗绿色的叶片有光泽，在阳光照射下，更具质感。

【中国分布】福建。

【世界分布】中国。

🌳 生活型：落叶灌木

🌲 株高：不详

🌸 花期：6月

🍂 果期：9月

🌼 花色：白色

🍒 果色：不详

模式标本（馆/条形码 A00031569）

光果荚蒾（原变种）

Viburnum leiocarpum var. *leiocarpum*

　　冬芽披针状三角形，具1对鳞片，鳞片稀被黄褐色星状短柔毛或近无毛。叶片厚纸质，椭圆状矩圆形至倒卵状矩圆形，10～18cm，叶背仅中脉和侧脉散生短柔毛，叶表有光泽，仅在中脉疏被短柔毛；侧脉5～7对，近缘前互相网结；先端急短渐尖，基部楔形至钝形，在近基部中脉两侧各有1枚圆形腺体，或无腺体，边缘全缘。花迟于叶出现；聚伞花序直径9cm，第一级辐射枝通常4～5条，疏被黄褐色簇状毛；总花梗长1.5～3cm；花生于第三至第六级辐射枝上，无梗或具短梗，无香味。花萼浅黄绿色，萼筒管状倒锥形，长1mm，光滑无毛；花萼裂片极小，宽三角形，先端圆；花冠辐状，直径约3.5mm，光滑无毛；花冠裂片圆卵形；雄蕊明显高于花冠裂片，着生于花冠筒基部；花丝稍扁，花蕾时折叠；花药黄白色，矩圆形；柱头头状。果实卵球形，长5～7mm，直径约5mm；核宽椭圆形，长约7mm，直径约6mm，具2条背沟和3条腹沟。

果（李仁坤/摄）

- 生活型：常绿灌木或小乔木
- 株高：可达10m
- 花期：5—7月
- 果期：8—10月
- 花色：白色
- 果色：红色

叶（李仁坤/摄）

枝（李仁坤 / 摄）

染色体数目：2n = 18

生境（李仁坤 / 摄）

果（李仁坤 / 摄）

【生境】生于海拔1000～2200m的林中。

【鉴别要点】该种与厚绒荚蒾和三叶荚蒾相似。与厚绒荚蒾的区别为叶片厚纸质，两面仅脉上被短柔毛；与三叶荚蒾的区别为叶对生，有总花梗。

【观赏特点】株型紧凑，叶片常绿有光泽；秋季红色果实挂满枝头，甚为艳丽，是优秀的观叶、观果灌木。

【中国分布】海南及云南东南部。

【世界分布】中国。

叶表（李仁坤 / 摄）

叶背（李仁坤 / 摄）

花序（李仁坤 / 摄）

斑点光果荚蒾（变种）

Viburnum leiocarpum var. *punctatum* P. S. Hsu

叶背具腺点，叶表被簇状毛或叉状毛，并有凸起的细点。

【生境】生于海拔1500～2200m的密林中。
【鉴别要点】叶表全面被毛，且叶背有腺点，明显区别于光果荚蒾。
【观赏特点】株型紧凑，叶片常绿有光泽。
【中国分布】云南东南部。
【世界分布】中国。

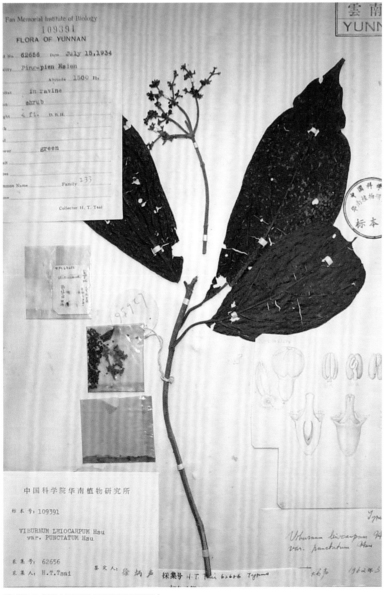

模式标本（馆 / 条形码 IBSC0006029）

🌳 生活型：常绿灌木或小乔木
🌲 株高：可达10m
🌸 花期：5—7月
🍒 果期：8—10月
❀ 花色：白色
🍇 果色：红色

淡黄荚蒾
Viburnum lutescens Blume

冬芽卵状披针形，具1对鳞片，鳞片被星状短柔毛。叶片亚革质，宽椭圆形至矩圆形，或矩圆状倒卵形，长5~7cm，宽3~3.5cm，叶背疏被簇状短柔毛，后无毛，叶表光滑无毛；侧脉5~6对，近缘前互相网结；先端短渐尖，基部渐狭而下延，边缘在叶片基部以上有锯齿。花迟于叶出现；聚伞花序复伞形或圆锥状，直径4~7cm，第一级辐射枝通常4~6条，被簇状短柔毛；总花梗2~5cm；花生于第三和第六级辐射枝上，具短梗，芳香。花萼微绿色，筒倒锥形，长1.5mm，光滑无毛；花萼裂三角状卵形，先端钝；花冠辐状，直径约5mm，光滑无毛；花冠裂片宽卵形；雄蕊略高于花冠裂片，着生于花冠筒基部；花丝长约3mm；花药黄色，宽椭圆形；柱头头状。果实宽椭圆形，长6~8mm，直径3~4mm；核宽椭圆形或矩圆状卵球形，长约6mm，直径约3mm，具2条背沟和1条宽广腹沟。

🌳 生活型：常绿灌木

🌲 株高：可达8m

❀ 花期：2—4月

🍂 果期：8—10月

🌼 花色：白色

🫐 果色：初为红色，成熟时为黑色

果枝（西南种质资源库／摄）　　　果（西南种质资源库／摄）

异名：*V. monogynum*、*V. sundaicum*

花（吕文君／摄）

生境（黄升／摄）

【生境】生于海拔1000~2200m的林中。
【鉴别要点】全株近无毛，叶缘有锯齿，花序为复伞形或圆锥状聚伞花序，花朵芳香，可区别于组内其他种。
【观赏特点】株型紧凑，无须修剪便可保持较好的株型。
【中国分布】广东、海南、四川西南部、云南和广西。
【世界分布】中国、印度、缅甸、越南、马来西亚半岛北部以及印度尼西亚。

花序（李仁坤/摄）

花蕾（吕文君/摄）

枝（吕文君/摄）

叶表（吕文君/摄）

叶背（吕文君/摄）

花蕾（吕文君/摄）

花（吕文君/摄）

芽（吕文君/摄）

新叶（吕文君/摄）

枝（吕文君/摄）

新叶（吕文君/摄）

鳞斑荚蒾（原变种）
Viburnum punctatum var. *punctatum*

　　冬芽裸露，披针形。叶片革质，矩圆状椭圆形或矩圆状卵形，稀矩圆状倒卵形，长8～14cm，宽3.5～5.5cm，叶背被鳞片，叶表有光泽；侧脉5～7对，近缘前互相网结；先端急尖，基部宽短尖，叶缘全缘，或上部有不规则浅齿。花迟于叶出现；聚伞花序直径7～10cm，第一级辐射枝通常4或6条，被鳞屑状鳞片；总花梗无或极短；花生于第三和第四级辐射枝上，具短梗，无香味。花萼浅绿色，萼筒倒锥形，长1.5mm，被稀疏鳞片；花萼裂片宽卵形，先端圆或钝；花冠辐状，直径约6mm，光滑无毛；花冠裂片宽卵形；雄蕊与花冠裂片近等高，着生于花冠筒近基部；花丝长3～4mm；花药黄色，宽椭圆形；柱头头状。果实宽椭圆形，长8～10mm，直径6～8mm；核扁，具2条背沟和3条浅腹沟。

幼果（丁洪波/摄）

花（吕文君/摄）

🌳 生活型：常绿灌木或小乔木

🌲 株高：可达9m

🌸 花期：3—4月

🍃 果期：5—10月

🌼 花色：白色

🫐 果色：初为红色，成熟时为黑色

植株（吕文君 / 摄）

花序（丁洪波 / 摄）

生境（吕文君 / 摄）

染色体数目：$2n = 18$

别名：点叶荚蒾
异名：*V. acuminatum*

【生境】生于海拔700～1900m的密林中或林缘。

【鉴别要点】植株全体密被锈色小鳞片，且冬芽裸露，明显区别于组内其他种。

【观赏特点】株型紧凑，叶片有光泽，在南方可作行道树，亦可修剪为绿篱。

【中国分布】贵州、四川西南部、云南。

【世界分布】中国、印度、尼泊尔、不丹、缅甸北部、泰国、越南、柬埔寨和印度尼西亚。

叶表（吕文君 / 摄）

果（吕文君 / 摄）

叶背鳞片（吕文君 / 摄）

叶背（吕文君 / 摄）

大果鳞斑荚蒾（变种）

Viburnum punctatum var. *lepidotulum*（Merrill & Chun）P. S. Hsu

花冠直径约8mm；果实长1.4~1.5cm，直径约1cm。

果（西南种质资源库 / 摄）

叶背（吕文君 / 摄）

染色体数目：2*n*= 18

别名：鳞粃荚蒾、鳞毛荚蒾

异名：*V. lepidotulum*

叶表（吕文君 / 摄）

🌱 生活型：常绿灌木或小乔木

🌼 株高：可达9m

❀ 花期：3—4月

🍂 果期：5—10月

🌸 花色：白色

🍒 果色：初为红色，成熟时黑色

芽（李仁坤/摄）

新叶（吕文君/摄）

花序（李仁坤/摄）

【生境】生于海拔200～900m的密林中。

【鉴别要点】花朵和果实均较鳞斑荚蒾大。

【观赏特点】株型紧凑，叶片有光泽，外观似日本珊瑚树，在南方可作行道树，小可修剪为绿篱。

【中国分布】广东西部、广西、海南。

【世界分布】中国。

生境（西南种质资源库/摄）

1年生枝（吕文君/摄）

锥序荚蒾
Viburnum pyramidatum Rehder

冬芽卵状披针形，被1对鳞片，鳞片被黄褐色簇状毛。叶片厚纸质，卵状矩圆形至矩圆形，或宽椭圆形，长8~16cm，宽4~8cm，叶背被簇状短柔毛，叶表有光泽，仅中脉被稀疏簇状短柔毛；侧脉6~7对，近缘前互相网结；先端渐尖，基部狭窄或近圆形，边缘有锯齿。花迟于叶出现；圆锥式花序尖塔形，长5~10cm，第一级辐射枝通常4~6条，密被黄褐色簇状毛；总花梗长2~4cm；花生于第三级辐射枝上，无梗或具短梗，无香味。花萼浅黄绿色，萼筒倒锥形，长1.5mm，光滑无毛；花萼裂片三角形，先端钝；花冠辐状，直径约4mm，被稀疏簇状毛；花冠裂片卵形；雄蕊略低于花冠裂片，着生于花冠筒基部；花丝长约2mm；花药黄色，宽椭圆形；柱头头状。果实矩圆形或宽椭圆形至倒卵状矩圆形，长7~10mm，直径4~5mm；核稍扁，长约7mm，直径约4mm，具2条深背沟和1条浅腹沟。

叶表（李仁坤／摄）

当年生枝（李仁坤／摄）

花（李仁坤／摄）

叶背（李仁坤／摄）

【生境】生于海拔100~1400m的疏林中。
【鉴别要点】圆锥式花序尖塔形，明显区别于组内其他种。
【观赏特点】叶片革质，常绿有光泽，极具质感。
【中国分布】广西、云南。
【世界分布】中国、越南北部。

别名：尖锥荚蒾

果序（李仁坤／摄）

🌳 生活型：常绿灌木或小乔木

🌲 株高：可达7m

🌼 花期：11—12月

🍒 果期：3—10月

🌸 花色：白色

🫐 果色：红色

花序（李仁坤／摄）

三叶荚蒾
Viburnum ternatum Rehder

　　冬芽披针状三角形，被1对鳞片，鳞片被黄褐色簇状毛。3叶轮生，叶片纸质，卵状椭圆形或椭圆形，或矩圆状倒卵形，长8~24cm，宽4~7cm，叶背仅中脉和侧脉被簇状毛和叉状毛，或简单毛，叶表被稀疏叉状短柔毛，中脉毛尤密，后变无毛；侧脉6~7对，近缘前互相网结；先端急尖或短渐尖，基部楔形，近基部中脉两侧无或有1个大圆腺点，边缘全缘或顶端有牙齿。花迟于叶出现；聚伞花序直径12~14cm，第一级辐射枝通常 5~7条，疏被簇状毛；几无总花梗；花生于第二至第六级辐射枝上，无梗或具短梗，无香味。花萼浅绿色，萼筒倒锥形，长1.8mm，光滑无毛；花萼裂片小，不显眼，先端圆；花冠辐状，直径约3mm，光滑无毛；花冠裂片近圆形；雄蕊高出花冠裂片许多，着生于花冠筒基部；花丝在蕾中折叠，长约6mm；花药黄白色，宽椭圆状矩圆形；柱头头状。果实宽椭圆状矩圆形，长约7mm，直径约5mm；核扁，宽椭圆状矩圆形或卵形，长5~6mm，直径3~4mm，具2条浅背沟和1条腹沟。

- 🌳 生活型：常绿灌木或小乔木
- 🌵 株高：可达6m
- 🌸 花期：6—7月
- 🍂 果期：9月
- 🌼 花色：白色
- 🍒 果色：红色

果枝（黄升／摄）

幼果（吕文君／摄）

果（黄升／摄）

花（吕文君 / 摄）

叶表（吕文君 / 摄）

叶背（吕文君 / 摄）

叶序（吕文君 / 摄）

当年生枝（吕文君 / 摄）

别名：三出叶荚蒾

异名：*V. chaffanjonii*

花蕾（吕文君／摄）

芽（吕文君／摄）

果（黄升／摄）

花梗（吕文君／摄）

秋色叶（吕文君／摄）

【生境】生于海拔100～1400m的疏林中。

【鉴别要点】三叶轮生，花序硕大，几无总花梗。

【观赏特点】主干通直，树冠塔形，可孤植或作行道树。

【中国分布】贵州、湖北西南部、重庆、湖南、四川、云南、广西。

【世界分布】中国。

植株（吕文君／摄）

裂 叶 组
—*Sect. Opulus*

落叶灌木。冬芽具 2 对合生鳞片。叶纸质，掌状分裂；托叶 2 枚，钻形。聚伞花序复伞形，具总花梗，花序周围具或不具大型不孕花；可孕花花冠辐状。果实成熟时红色；核扁，具 2 条浅背沟和 1 条宽腹沟；胚乳坚实。

分种检索表——裂叶组

1. 叶片掌状3～5裂；花序无大型不孕花 ··· 朝鲜荚蒾 V. koreanu
1. 叶片通常掌状3裂或有时小枝上部同时存在不裂的叶；花序具大型不孕花 ···（2）
2. 树皮薄，非木栓质；花药黄白色 ··· 欧洲荚蒾 V. opulus subsp. opulus
2. 树皮厚，木栓质；花药紫色 ··· 鸡树条 V. opulus subsp. calvescens

朝鲜荚蒾
Viburnum koreanum　Nakai

冬芽卵形，被1对合生鳞片，鳞片光滑无毛。叶片纸质，近圆形或宽卵形，长3～13cm，宽2～10cm，3～5裂，枝条顶端的叶片有时不裂，叶背有微腺点，脉及脉腋被微黄色短柔毛，叶表光滑无毛或幼时被稀疏短柔毛；掌状三至五出脉，脉直达齿端；裂片先端急尖，基部圆形、截形，或浅心形，叶柄两侧各有1枚腺体，边缘具不规则牙齿。花迟于叶出现；聚伞花序直径2～4cm，第一级辐射枝通常5～7条，具5～30朵花，光滑无毛；总花梗长1.5～4cm；花生于第一级辐射枝上，具短梗，无香味。花萼绿色，萼筒倒锥形，长1mm，光滑无毛；花萼裂片三角形，先端钝；花冠辐状，直径6～8mm，光滑无毛；花冠裂片卵形至椭圆形；雄蕊低于花冠裂片，着生于花冠筒近基部；花丝长1～3mm；花药黄白色，椭圆形；柱头2裂。果实近椭圆状，长7～11mm，直径5～7mm；核扁，卵状矩圆形，长约7mm，直径约5.5mm，具2条浅背沟和1条宽腹沟。

- 生活型：落叶灌木
- 株高：可达2m
- 花期：6—7月
- 果期：8—9月
- 花色：白色
- 果色：黄红色或深红色

枝（徐晔春/摄）

生境（周海城 / 摄）

【生境】生于海拔1400m的针叶林或林缘。

【鉴别要点】叶片掌状3～5裂，花序周围无大型不孕花。

【观赏特点】叶形奇特，秋叶金黄；果实红艳通透，经冬不落，四季均具观赏价值。

【中国分布】吉林、黑龙江（尚志）、辽宁（抚松）。

【世界分布】中国、朝鲜、日本。英国克鲁格农场（Crug Farm）从韩国五台山国立公园将该种引入欧洲。

花（徐晔春 / 摄）

叶表（周海城 / 摄）

果（周海城 / 摄）

欧洲荚蒾（原亚种）
Viburnum opulus subsp. *opulus*

冬芽卵形，具小柄，被2对合生鳞片，内层鳞片膜状，光滑无毛。叶片纸质，圆卵形至宽卵形，或倒卵形，长6～12cm，宽5～10cm，通常3裂，具有2枚托叶，叶背具长伏毛，脉及脉腋尤密，叶表光滑无毛；掌状三出脉，脉直达齿端；裂片先端渐尖，基部圆形、截形或浅心形，裂片边缘具不规则牙齿；枝条先端的叶片通常狭长，椭圆形至矩圆状披针形，叶缘疏生圆齿或浅3裂，裂片全缘或近全缘。花迟于叶出现；聚伞花序直径5～12cm，第一级辐射枝通常6～8条，具5～10朵大型不孕边花或全部由大型不孕花组成；总花梗长2～5cm；花生于第二至第三级辐射枝上，具短梗，无香味。不孕花花萼同可孕花，花冠直径1.3～2.5cm，具长梗，花冠裂片宽倒卵形；花萼绿色，筒倒锥形，长1mm，光滑无毛；花萼裂片三角形，先端钝；花冠白色，辐状，直径4～5mm，外面光滑无毛，内面具短柔毛；花冠裂片近圆形；雄蕊明显高于花冠裂片，着生于花冠筒基部；花丝长约4mm；花药黄白色；柱头2裂。果实近圆形，直径8～10mm；核扁，近圆形，直径7～9mm，表面无沟纹。

- 🌳 生活型：落叶灌木
- 🪴 株高：可达6m
- 🌸 花期：5—6月
- 🍂 果期：9—10月
- 🌼 花色：白色
- 🫐 果色：初为黄色，成熟后红色

花序（吕文君 / 摄）

果枝（吕文君 / 摄）

果序（吕文君／摄）

花序（傅强／摄）

【生境】生于海拔1000～1600m的山林或灌木丛中。

【鉴别要点】花药黄白色，开花时可明显区别于鸡树条。未开花时可根据树皮进行区分，欧洲荚蒾的树皮薄，而非木栓质。

【观赏特点】秋叶色彩丰富，为黄色和红色混合。果实鲜红色，在阳光照射下晶莹剔透，挂果时间长。

【中国分布】新疆西北部。

【世界分布】中国、欧洲、非洲西北和小亚细亚。

染色体数目：$2n = 18$

枝（吕文君／摄）

叶表（吕文君／摄）

植株（吕文君／摄）

果（吕文君／摄）

花序（吕文君／摄）

叶背（吕文君／摄）

花（林秦文/摄）

相关种与品种：

序号	学名
1	*V. opulus* subsp. *opulus* 'Aureum'
2	*V. opulus* subsp. *opulus* 'Bullatum' ('Bulliton')
3	*V. opulus* subsp. *opulus* 'Compactum'
4	*V. opulus* subsp. *opulus* 'Krasnaja Grozd'
5	*V. opulus* subsp. *opulus* 'Leningradskaja Otbornaja'
6	*V. opulus* subsp. *opulus* 'Fructuluteo' ('Fructo-Luteo')
7	*V. opulus* subsp. *opulus* 'Harvest Gold'
8	*V. opulus* subsp. *opulus* 'Leonards Dwarf'
9	*V. opulus* subsp. *opulus* 'Losely's Compact'
10	*V. opulus* subsp. *opulus* 'Notcutt' ('Notcutt's Variety')
11	*V. opulus* subsp. *opulus* 'Nanum'
12	*V. opulus* subsp. *opulus* 'Park Harvest'
13	*V. opulus* subsp. *opulus* 'Pohjan Neito'
14	*V. opulus* subsp. *opulus* 'Roseum' ('Sterile'、'Flore Pleno')

序号	学名
15	*V. opulus* subsp. *opulus* 'Xanthocarpum'
16	*V. opulus* subsp. *opulus* 'Anny's Magic Gold'
17	*V. opulus* subsp. *opulus* 'Apricot'
18	*V. opulus* subsp. *opulus* 'Variegatum'
19	*V. opulus* subsp. *opulus* 'Sunshine'
20	*V. opulus* subsp. *opulus* 'Kaleidoscope'
21	*V. opulus* subsp. *opulus* 'Mardsjo'
22	*V. opulus* subsp. *opulus* 'Lady Marmalade'
23	*V. opulus* subsp. *opulus* 'Summer Gold'
24	*V. opulus* subsp. *opulus* 'Sylvie'
25	*V. opulus* subsp. *opulus* 'Andrews'
26	*V. opulus* subsp. *opulus* 'Xanthocarpum Compactum'
27	*V. opulus* subsp. *opulus* 'Flore Pleno'

鸡树条（亚种）

Viburnum opulus subsp. *calvescens*（Rehder）Sugimoto

树皮厚，多少呈木栓质。聚伞花序周围具5～10朵大型不孕边花，花药紫色。

花枝（吕文君／摄）

花（吕文君／摄）

花（吕文君／摄）

花（吕文君／摄）

- 生活型：落叶灌木
- 株高：可达6m
- 花期：5—6月
- 果期：9—10月
- 花色：白色
- 果色：初为黄色，成熟后红色

叶柄（吕文君／摄）

果（吕文君／摄）

植株（吕文君／摄）

【生境】生于海拔1000～2200m的山林或灌木丛。

【鉴别要点】花药紫色，开花时可明显区别于欧洲荚蒾。未开花时可根据树皮进行区分，鸡树条的树皮厚，呈木栓质。

【观赏特点】秋季叶片色彩丰富，为红色和黄色混合。果实鲜红色，在阳光照射下晶莹剔透，挂果时间长。

【中国分布】安徽、甘肃、河北、黑龙江、河南、湖北、江苏、江西、吉林、辽宁、陕西、山东、山西、四川、新疆西北部、浙江西北部、重庆、宁夏、内蒙古。

【世界分布】中国、日本、朝鲜、蒙古和俄罗斯，欧洲国家常栽培。

果枝（黄升／摄）

花枝（吕文君／摄）

叶表（吕文君／摄）

叶背（吕文君／摄）

相关种与品种：

序号	学名
1	*V. opulus* subsp. *calvescens* 'Chiquita'
2	*V. opulus* subsp. *calvescens* 'Flavum'（*V. sargentii* f. *flavum*、'Fructolutea'）
3	*V. opulus* subsp. *calvescens* 'Onondaga'
4	*V. opulus* subsp. *calvescens* 'Susquehanna'
5	*V. opulus* subsp. *calvescens* 'Puberlosum'

新叶（吕文君／摄）

叶（吕文君／摄）

染色体数目：2*n*= 18

别名：天目琼花

异名：*V. sargentii* var. *calvescens*、*V. opulus* var. *calvescens*、*V. opulus* f. *intermedium*、 *V. opulus* f. *puberulum*、 *V. opulus* var. *pubinerve*、*V. opulus* var. *sargentii*、*V. pubinerve*、*V. pubinerve* f. *calvescens*、*V. pubinerve* f. *intermedium*、 *V. pubinerve* f. *puberulum*、*V. sargentii*、*V. sargentii* f. *calvescens*、*V. sargentii* f. *glabra*、*V. sargentii* f. *intermedium*、*V. sargentii* var. *intermedium*、*V. sargentii* f. *puberulum*、*V. sargentii* var. *puberulum*

果（吕文君／摄）

圆 锥 组
—Sect. *Solenotinus*

冬芽具 2 ~ 3 对分生的鳞片。圆锥花序通常金字塔形，无大型不孕边花，花梗有或无。花冠辐状、管状钟形、漏斗形或高脚碟形。果实成熟时红色，或紫红色后转黑色；种子具 1 条深腹沟；胚乳坚实。

分种检索表——圆锥组

19. 落叶灌木；花序长4～5cm，宽3～4cm，花序分枝被稀疏簇状毛，后即无毛；花药紫褐色······短筒荚蒾 *V. brevitubum*
19. 常绿灌木；花序长3cm，宽2cm，花序分枝被簇状毛；花药黄白色······台东荚蒾 *V. taitoense*
20. 侧脉大部分直达齿端；叶片纸质···（21）
20. 侧脉大部分近缘前互相网结；叶片近革质·································（22）
21. 花冠辐状钟形，筒长约3mm；雄蕊高于花冠筒许多；花无香味；叶柄绿色或微红色······瑞丽荚蒾 *V. shweliense*
21. 花冠高脚碟形，筒长5～6mm；雄蕊略高于花冠筒；花芳香；叶柄紫色·········红荚蒾 *V. erubescens*
22. 当年生小枝、叶柄、叶脉疏被淡黄色簇状短柔毛，后近无毛······漾濞荚蒾 *V. chingii* var. *chingii*
22. 当年生小枝、叶柄、叶脉密被淡黄色簇状短柔毛···········多毛漾濞荚蒾 *V. chingii* var. *limitaneu*

短序荚蒾
Viburnum brachybotryum Hemsley

　　冬芽卵状披针形，被2对分生鳞片，鳞片被黄褐色簇状毛。叶片革质，倒卵形、倒卵状矩圆形或矩圆形，长7～20cm，宽3～7cm，叶背疏被黄褐色簇状毛或近无毛，叶表光滑无毛，深绿有光泽；侧脉5～7对，近缘前互相网结；先端渐尖或急尖，基部宽楔形或近圆形，边缘基部1/3以上疏生尖锯齿，有时近全缘。花迟于叶出现；圆锥花序金字塔形，长5～11cm，直径2.5～8.5cm；总花梗长3～10cm，被黄褐色簇状毛；花生于第二及第三级分枝上，无梗或具短梗，无香味。花萼绿色，管状钟形，长1.5mm，被稀疏黄褐色簇状毛；花萼裂片卵形，先端钝；花冠辐状，直径4～5mm，疏被簇状毛；花冠裂片卵形至矩圆状卵形；雄蕊稍低于花冠裂片或显著高于花冠裂片，着生于花冠筒先端；花丝长约2mm；花药黄白色或黄色，椭圆形；柱头3裂，淡粉色。果实近卵球形，长约10mm，直径约6mm；核稍扁，卵球形或狭卵球形，长约8mm，直径约5mm，具1条深腹沟。

花序（吕文君／摄）

花（丁洪波／摄）

芽（吕文君／摄）

🌳 生活型：常绿灌木或小乔木

🌲 株高：可达8m

❀ 花期：11—2月

🍂 果期：5—8月

🌼 花色：白色或黄绿色

🍒 果色：初为橙色，成熟后红色

别名：短球荚蒾、球花荚蒾、尖果荚蒾

枝干（吕文君／摄）

叶（吕文君／摄）

新芽（吕文君／摄）

新叶（吕文君／摄）

【生境】生于海拔400~1900m的林中。

【鉴别要点】常见老枝生花的现象，可明显区别于组内其他种。

【观赏特点】叶片深绿有光泽，耐修剪，可丛植、孤植，或修剪为绿篱、绿篱球。果色艳丽，着色期正值盛夏，是非常难得的夏季观果植物。

【中国分布】广西、贵州、湖北、重庆、湖南、江西、四川以及云南。

【世界分布】中国。

花序（李仁坤 / 摄）

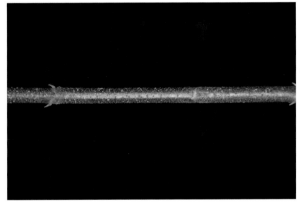

当年生枝（吕文君 / 摄）

果序（吕文君 / 摄）

植株（吕文君 / 摄）

果枝（吕文君 / 摄）

叶表（吕文君／摄）　　　　叶表（吕文君／摄）　　　　叶表（吕文君／摄）

叶背（吕文君／摄）　　　　叶背（吕文君／摄）　　　　叶背（吕文君／摄）

叶表（吕文君／摄）　叶背（吕文君／摄）　叶表（吕文君／摄）　　　叶背（吕文君／摄）

植株（吕文君／摄）

瑞丽荚蒾
Viburnum shweliense W. W. Smith

冬芽矩圆形，被2对分生鳞片，鳞片红褐色，被簇状毛。叶柄绿色或微红色；叶片纸质，揉捏有臭味，宽椭圆形至矩圆状椭圆形，8～12.5cm，叶背中脉及侧脉被簇状毛，叶表光滑无毛；侧脉6或7对，直达齿端；先端钝或具短尖头，基部近宽楔形，叶缘具细锯齿。花与叶同现；圆锥花序生于具一对叶的短枝顶端，长约5cm，直径约5cm；总花梗长3～4cm，被稀疏毛；苞片绿色，似叶片，早落；花生于第二和第三级分枝上，具短梗，无香味。花萼略带红色，萼筒倒锥形，长3mm；花萼裂片卵状三角形，极短，先端钝；花冠辐状钟形，直径约6mm，光滑无毛；雄蕊高于花冠裂片，着生于花冠筒先端；花丝长3mm；花药黄色，椭圆状矩圆形；柱头头状。果实性状未知。

🌳 生活型：落叶灌木或小乔木

🌼 株高：可达3m

🌸 花期：7月

🍒 果期：不详

🌺 花色：白色

🍒 果色：不详

【生境】生于海拔800m的林中。
【鉴别要点】与红荚蒾形似，但本种的花冠辐状钟形，且叶片小，可明显区分。
【观赏特点】秋叶紫红色，是优秀的秋色叶灌木。
【中国分布】云南西部。
【世界分布】中国、缅甸。

生境（李仁坤/摄）

叶表（吕文君/摄）

叶背（吕文君/摄）

枝（李仁坤/摄）

亚高山荚蒾
Viburnum subalpinum Handel-Mazzetti

　　冬芽矩圆形，被2对分离鳞片，鳞片红褐色，光滑无毛。叶柄淡紫红色；叶片纸质，圆形或宽椭圆形，长1.5～4cm，宽1.5～4cm，叶背散生红褐色微腺点，脉上疏被簇状毛，叶表毛稀疏或光滑无毛；侧脉3～5对，大部分近缘互相网结；先端钝或圆形具短尖头，基部平截至宽楔形，叶缘除基部外疏生锯齿。花与叶同现；圆锥花序生于具1对叶的短枝顶端，长2～4cm，直径2～3cm；总花梗长1.2～3.7cm，纤细，被簇状毛；苞片淡紫红色，似叶片，宿存；花生于第一和第二级分枝上，具短梗，无香味。花萼略带红色，萼筒管状倒锥形，长2mm；花萼裂片宽三角形，长0.7mm，先端钝；花冠漏斗形，直径约6mm，光滑无毛；雄蕊高于花冠裂片，着生于花冠筒先端；花丝长2mm；花药紫红色，椭圆形；柱头头状。果实椭圆形，长5～7mm，直径4～5mm；核扁，椭圆形，长约5mm，直径约4mm，具1条深腹沟。

🌳 生活型：矮小落叶灌木

🌲 株高：不超过1m

❄ 花期：5—7月

🍂 果期：7月

🌸 花色：花蕾粉红色，盛开后为白色

🍒 果色：红色

【生境】生于海拔1600～3800m的竹林或冷杉林。

【鉴别要点】与红荚蒾相似，但本种的叶侧脉较少，大部分近缘前互相网结，且锯齿稀疏。横脉荚蒾叶片与本种叶有些相似，但其叶片更大。

【观赏特点】果序下垂如串珠，是优秀的观果灌木。

【中国分布】云南西部和西北部。

【世界分布】中国、缅甸北部。

果枝（周欣欣／摄）

漾濞荚蒾（原变种）

Viburnum chingii var. *chingii* P. S. Hsu

　　冬芽卵状矩圆形，被2对分生鳞片，鳞片红棕色，被簇状毛。叶片亚革质，椭圆形、卵状椭圆形，或倒卵形至倒卵状椭圆形，长3.5～9cm，叶背沿脉被稀疏淡黄色簇状毛或无毛，叶表光滑无毛，有光泽，侧脉约6对，近缘前互相网结；先端短尖或钝，有时急狭而呈短尾尖，基部宽楔形或钝，边缘基部以上具锯齿，齿端具短尖头。花与叶同现；圆锥花序，长5～6cm，直径4.5～5cm；总花梗长3.5～4.5cm，被淡黄色簇状毛；花生于第一或第二级分枝上，多无梗，无香味。花萼淡红色，萼筒管状，长2mm，光滑无毛；花萼裂片卵状三角形，先端钝；花冠漏斗状高脚碟形，直径约6mm，光滑无毛；花冠裂片宽卵形；雄蕊与花冠裂片近等高，着生于花冠筒先端；花丝长约2mm；花药紫黑色，矩圆形；柱头头状。果实倒卵球形，长约8mm，直径约6mm；核扁，倒卵球形，长约7mm，直径约4mm，具1条宽广的深腹沟。

花（李仁坤／摄）

果枝（李仁坤／摄）

- 🌳 生活型：常绿灌木或小乔木
- 🌲 株高：可达5m
- 🌸 花期：4—5月
- 🍃 果期：7—10月
- 🌼 花色：花蕾淡粉色，盛开后为白色
- 🍒 果色：红色

别名：秦氏荚蒾

异名：*V. carnosulum*、*V. chingii* var. *carnosulum*、
V. chingii var. *patentiserratum*、*V. chingii* var. *tenuipes*、
V. erubescens var. *carnosulum*、*V. erubescens* var.
neurophyllum

花枝（李仁坤／摄）

花（李仁坤／摄）

新叶（吕文君／摄）

叶（吕文君／摄）

秋色叶（吕文君／摄）

幼果（吕文君/摄）　　　　　　　　　　花（丁洪波/摄）

叶表（吕文君/摄）　　叶背（吕文君/摄）　　叶表（吕文君/摄）　　叶背（吕文君/摄）

生境（李仁坤/摄）　　　　　　　　　　当年生枝（吕文君/摄）

【生境】生于海拔2000～2900的林中或灌木丛。

【鉴别要点】有时与少花荚蒾相似，但其叶缘锯齿开展而顶端
不向内或向前弯，且果实倒卵球形，此为不同之处。

【观赏特点】叶片小巧有光泽，是优秀的小型观叶灌木。

【中国分布】四川、云南。

【世界分布】中国。

多毛漾濞荚蒾（变种）
Viburnum chingii var. *limitaneum*（W. W. Smith）Q. E. Yang

　　幼枝、叶柄及叶脉密被淡黄色簇状毛；叶较小，椭圆状矩圆形，长2.5～4.5cm，顶端短尖或稍钝，基部钝至楔形，叶缘有细锯齿。花序小，各级花梗均极纤细，总花梗长1～2cm；花少数，密集，生于序轴的第一级分枝上。

🌳 生活型：常绿灌木或小乔木

🌲 株高：可达5m

🌸 花期：4—5月

🍇 果期：7—10月

🌼 花色：花蕾淡粉色，盛开后为白色

🍒 果色：红色

别名：边沿荚蒾

异名：*V. erubescens* var. *limitaneum*、
V. subalpinum var. *limitaneum*

当年生枝（吕文君／摄）

新叶（吕文君／摄）

【生境】生于海拔1500～2900m的林中或灌木丛。

【鉴别要点】幼枝、叶柄及叶脉的毛较漾濞荚蒾密。

【观赏特点】株型紧凑，叶片小巧精致，总花梗细长下垂，花于叶间若隐若现，是极具开发潜力的花灌木。

【中国分布】云南西部（腾冲）。

【世界分布】中国、缅甸北部。

生境（李仁坤／摄）

花序（吕文君／摄）　　　　　　　　　　叶表（吕文君／摄）

叶背（吕文君／摄）　　　　　　　　　　芽（李仁坤／摄）

枝条（吕文君／摄）　　　　　　　　　　花枝（吕文君／摄）

伞房荚蒾（原亚种）
Viburnum corymbiflorum subsp. *corymbiflorum*

　　冬芽卵状披针形，被2对分生鳞片，鳞片光滑无毛。叶片皮纸质，很少亚革质，矩圆形或矩圆状披针形，长6～13cm，宽3～4cm，叶背光滑无毛，或沿脉被稀疏簇状毛，叶表中脉凸起；侧脉4～6对，大部分直达齿端；先端急尖，基部圆或宽楔形，边缘基部以上具稀疏锯齿。花迟于叶出现；圆锥花序由于花序轴缩短而呈伞房状，生于具1对叶的短枝顶端，长3～4cm，直径4～4.5cm；总花梗长2～4.5cm，被稀疏簇状毛；花生于第三级分枝上，具长梗，无香味。花萼绿色，萼筒管状，长2mm，光滑无毛或近无毛；花萼裂片狭卵形，先端钝；花冠辐状，直径约8mm，光滑无毛；花冠裂片矩圆状圆形；雄蕊短于花冠裂片，着生于花冠筒先端；花丝长约1.5mm；花药黄白色，椭圆形；柱头头状。果实椭圆形，长7～8cm，直径5～6mm；核倒卵球形或倒卵球状矩圆形，长约6mm，直径约4mm，具1条深腹沟。

果序（吕文君/摄）

染色体数目：2*n*= 18

植株（吕文君/摄）

- 🌳 生活型：常绿灌木或小乔木
- 🌲 株高：可达5m
- 🌸 花期：4—5月
- 🍂 果期：6—7月
- 🌼 花色：白色
- 🍒 果色：红色

花枝（李方文/摄）

果枝（吕文君/摄）

叶表（吕文君/摄）

叶背（吕文君/摄）

当年生枝（吕文君/摄）

芽（吕文君/摄）

花枝（李方文/摄）

【生境】生于海拔1000～1800m的林中或灌木丛。

【鉴别要点】本种与短序荚蒾和巴东荚蒾相似，但短序荚蒾的叶片革质，圆锥花序尖塔形，花无梗或有短梗，萼筒和花冠外面均被簇状毛；巴东荚蒾的叶片侧脉7～9对，叶背脉腋有趾蹼状小孔，均易与本种区别。

【观赏特点】叶片常绿有光泽，春季白色的花朵与红色的花梗形成强烈对比，夏季红色果实挂满枝头，是非常优秀的花灌木。

【中国分布】福建北部、广东、广西、贵州、湖北、湖南、江西西南部、四川、云南、浙江南部。

【世界分布】中国。

苹果叶荚蒾（亚种）

Viburnum corymbiflorum subsp. *malifolium* P. S. Hsu

叶片椭圆形至倒卵形，长5~9.5cm，宽3~4.5cm，脉腺集聚簇状毛。

🌳 生活型：常绿灌木或小乔木

🌲 株高：可达5m

🌸 花期：4—5月

🍂 果期：6—7月

🌼 花色：白色

🍒 果色：红色

【生境】生于海拔1700~2400m的林中或灌木丛。

【鉴别要点】本条褐色，而且叶形与伞房荚蒾明显不同。

【观赏特点】同伞房荚蒾。

【中国分布】云南。

【世界分布】中国。

花（黄升/摄）

果（黄升/摄）

叶背（黄升/摄）

果序（黄升/摄）

红荚蒾
Viburnum erubescens Wallich

冬芽卵状矩圆形，被2对分生鳞片，鳞片红褐色，被簇状毛。叶片纸质，椭圆形，矩圆状披针形或狭椭圆形，很少卵状心形或微倒卵形，长6~14cm，宽1~9cm，叶背沿中脉和侧脉被簇状毛，叶表光滑无毛或仅中脉被柔毛；侧脉4~9对，大部分直达齿端；先端渐尖、急尖至钝形，基部楔形、钝、圆形或心形，叶缘基部以上具细锯齿。花与叶同现；圆锥花序生于具一对叶的短枝顶端，长7.5~10cm，直径3~4cm；总花梗长2~6cm，被簇状毛或近无毛；花生于第一至第三级分枝上，无花梗或具短梗，芳香。花萼淡红色，萼筒管状，长2.5~3mm，光滑无毛，有时具微小的红褐色腺体；花萼裂片卵状三角形，先端钝；花冠高脚碟状，直径约8mm，光滑无毛；花冠裂片卵形；雄蕊短于花冠裂片，着生于花冠筒先端；花丝极短；花药黄白色或紫红色，微外露；柱头头状。果实椭圆形，长6.5~8.5mm，直径4.5~6mm；核扁，倒卵球形，长7~9mm，直径4~5mm，具1条宽广深腹沟。

- 生活型：落叶灌木或小乔木
- 株高：可达6m
- 花期：4—5月
- 果期：8月
- 花色：内面白色，外面略带粉色
- 果色：紫红色，后期变为黑色

芽（吕文君/摄）

花（丁洪波/摄）

芽（吕文君/摄）

花枝（吕文君/摄）

果序（吕文君/摄）

染色体数目：2n= 32，48

别名： 淡红荚蒾

异名： *Solenotinus erubescens*、*V. botryoideum*、*V.
burmanicum*、*V. burmanicum* var. *motoense*、*V. erubescens*
var. *burmanicum*、*V. erubescens* var. *gracilipes*、*V.
erubescens* var. *parvum*、*V. erubescens* var. *prattii*、*V. prattii*、*V.
pubigerum*、*V. thibeticum*、*V. wightianum*

叶表（吕文君/摄）　　叶背（吕文君/摄）

【生境】生于海拔2400～3500m的林中或灌木丛。

【鉴别要点】与短筒荚蒾和瑞丽荚蒾相似，但该种叶柄紫色，花芳香、高
脚碟形，可区别于二者。

【观赏特点】果期红色果实挂满枝头，甚为艳丽。

【中国分布】甘肃、湖北、陕西、四川、西藏东南部、云南、贵州、重
庆、湖南、广西。

【世界分布】中国、印度西北部、尼泊尔、不丹及缅甸北部，1910年
Emest Henry Wilson从中国将该种引入欧洲。

生境（黄升/摄）

叶表（吕文君／摄）　　　　　　叶背（吕文君／摄）　　　　　　新叶（吕文君／摄）

花序（吕文君／摄）　　　　　　花（吕文君／摄）　　　　　　当年生枝（吕文君／摄）

花蕾（吕文君／摄）

香荚蒾
Viburnum farreri Stearn

　　落叶灌木，高可达5 m。冬芽椭圆形，被2～3对分生鳞片，鳞片红褐色。叶片纸质，椭圆形至菱状倒卵形，长4～8cm，宽1～.2.5cm，叶背脉上被微毛，叶表幼时散生细短毛，后除脉腋被簇状毛外两面均无毛；侧脉5～7对，直达齿端；先端急尖、急尖至钝形，基部楔形或宽楔形，叶缘基部以上具三角形锯齿。花先于叶出现；圆锥花序生于能生长新叶的短枝顶端，长3～5cm，直径2.5～3.5cm；花初开时总花梗极短，后逐渐变长；花生于第一至第三级分枝上，无花梗，芳香。花萼淡红色，萼筒状倒锥形，长2mm，光滑无毛；花萼裂片卵形，先端钝；花冠高脚碟形，直径约10mm，光滑无毛；花冠裂片宽卵形；雄蕊短于花冠裂片，着生于花冠筒中部以上；花丝极短或无；花药黄白色或紫红色，近球形；柱头3裂。果实矩圆形，长8～10mm，直径约6mm；核扁，矩圆形，长约7mm，宽约5mm，具1条深腹沟。

植株（应佳莉／摄）

- 生活型：落叶灌木或小乔木
- 株高：可达6m
- 花期：4—5月
- 果期：6—7月
- 花色：花蕾粉红色，盛开后为白色
- 果色：初为黄色，成熟时为紫红色

染色体数目：2n= 16

别名：探春、野绣球、香探春
异名：*Lonicera mongolica*、*V. farreri* var. *stellipilum*、*V. fragrans*

生境（黄升／摄）

【生境】生于海拔1600～2800m的林中。
【鉴别要点】与大花荚蒾较为相似，但该种的花序圆锥形，生于无叶的短枝顶端。
【观赏特点】先花后叶，花序繁密，花朵似丁香，呈淡雅的粉色，是极具观赏价值的早春观花灌木。
【中国分布】甘肃、青海、新疆，北京、河北、河南、山东、安徽等地常有栽培。
【世界分布】中国。1910年，Reginald Farrer从北京周边将该种引入欧洲，在英国和美国均有栽培。

叶（吕文君 / 摄）

花（应佳莉 / 摄）

相关种与品种：

序号	学名
1	*V. farreri* 'Candidissimum'（'Album'）
2	*V. farreri* 'Nanum'
3	*V. farreri* 'Farrer's Pink'
4	*V. farreri* 'Bowles'（'Bowles' Variety'）
5	*V. farreri* 'Farrer's Pink'
6	*V. farreri* 'Fioretta'
7	*V. farreri* 'Mount Joni'（'Joni'）
8	*V. farreri* 'December Dwarf'
9	*V. × bodnantense* 'Charles Lamont'
10	*V. × bodnantense* 'Dawn'
11	*V. × bodnantense* 'Deben'

果枝（黄升 / 摄）

花（林秦文 / 摄）

幼果（林秦文 / 摄）

果序（黄升 / 摄）

芽（吕文君 / 摄）

大花荚蒾
Viburnum grandiflorum Wallich ex Candolle

冬芽椭圆形，被2~3对分生鳞片，鳞片红褐色，被纤毛。叶片纸质，椭圆状矩圆形，很少椭圆形或倒卵状椭圆形，长6~10cm，宽2.5~4cm，叶背密被毛，叶表毛稀疏，后除叶背脉上及脉腋被毛外两面均无毛；侧脉6~10对，直达齿端；先端渐尖，基部楔形，边缘基部以上具圆锯齿。花先于叶出现；圆锥花序紧缩成簇状，生于无叶的短枝顶端，长2~7cm，直径3~4cm，花序初时被卵形至圆卵形的芽鳞，外层鳞片叶片状，长约1cm，内层鳞片具缘毛，花序开放后芽鳞脱落；花初开时总花梗极短，后逐渐伸长；花生于第一至第三级分枝上，无花梗，芳香。花萼淡红色，萼筒状倒锥形，长约3mm，光滑无毛；花萼裂片三角形，先端钝；花冠高脚碟形，直径约10mm，光滑无毛；花冠裂片宽卵形；雄蕊短于花冠裂片，着生于花冠筒中部或中部以上；花丝长约3mm；花药黄色，椭圆状矩圆形；柱头盘状，2裂。果实椭圆形或矩圆状椭圆形，长约12mm，直径约8mm，核稍扁，矩圆形，长9~11mm，宽5~6mm，具1条深腹沟。

果枝（PE 西藏考察队 / 摄）

染色体数目：2*n*= 16，32

【生境】生于海拔2800~4300m的林中。

【鉴别要点】与香荚蒾较为相似，但该种的圆锥花序紧缩成簇状，可以此区分。

【观赏特点】先花后叶，花序繁密，花朵似丁香，呈淡雅的粉色，是极具观赏价值的早春观花灌木。

【中国分布】西藏。

【世界分布】中国、尼泊尔、印度、不丹。1914年引入欧洲，英国和美国均有栽培。

	生活型：落叶灌木或小乔木
	株高：可达5m
	花期：5月
	果期：6—7月
	花色：外面粉红色，内面白色
	果色：初为黄色，成熟时为紫红色

相关种与品种：

序号	学名
1	*V. grandiflorum* 'Snow White'
2	*V. grandiflorum* 'De Oirsprong'

长梗荚蒾
Viburnum longipedunculatum（P. S. Hsu）P. S. Hsu

　　全株无毛。冬芽卵状矩圆形，被2对分生鳞片，鳞片浅褐色，被黄色簇状毛。叶片纸质，矩圆形至倒卵状矩圆形，或狭矩圆形，长5～14cm，宽2.5～6cm，两面均光滑无毛；侧脉4～5对，近缘前互相网结；先端突狭而呈尾尖，基部楔形，边缘基部1/5～1/3以上疏生浅锯齿。花迟于叶出现；圆锥花序生于具1对叶的短枝顶端，长2.5～4.5cm，宽2～4cm；总花梗长3.5～9cm；花生于第一至第二级分枝上，无花梗，无香味。花萼淡红色，花萼筒倒锥形，长约3mm，外面具小腺体；花萼裂片圆卵形至卵状三角形，先端微尖或钝；花冠筒状漏斗形，直径约8mm，光滑无毛；花冠裂片圆卵形；雄蕊低于花冠裂片，着生于花冠筒先端；花丝非常短；花药黄白色，椭圆状矩圆形；柱头微3裂。果实椭圆形至椭圆状矩圆形，长8～10mm，直径5～6mm；核扁，椭圆形，长约7.5mm，直径约5mm，具1条深腹沟。

🌳 生活型：常绿灌木

🌿 株高：可达1.5m

❄ 花期：4—5月

🍂 果期：7—8月

🌸 花色：白色

🍒 果色：亮红色

【生境】生于海拔1400～1600m的林中。

【鉴别要点】叶片纸质，先端突狭而呈尾尖；总花序梗长，结果后弯垂，可区别于组内其他种。

【观赏特点】细长的花序梗、狭长的叶片与柔软的枝条，都使整个植株呈现一种线条美。

【中国分布】广西、云南东南部（西畴）。

【世界分布】中国。

异名: *V. rosthornii* var. *xerocarpum*

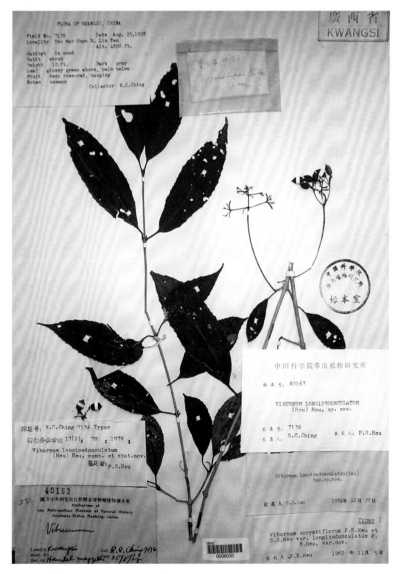

模式标本（馆/条形码 IBSC 0006029）

巴东荚蒾
Viburnum henryi Hemsley

　　冬芽矩圆形，被2对分离鳞片，鳞片被黄色簇状毛。叶片亚革质，倒卵状矩圆形至矩圆形，或狭矩圆形，长5~10cm，宽2~4cm，叶背脉腋被簇状毛，且脉腋有趾蹼状小孔，叶表光滑无毛，有光泽；侧脉5~7对，部分直达齿端；先端急尖或渐尖，基部楔形至圆形，边缘中部以上具锯齿。花迟于叶出现；圆锥花序长4~9cm，直径5~8cm；总花梗细长，2~4cm；花生于第二至第三级分枝上，无花梗，芳香。花萼淡红色，萼筒管状或管状倒锥形，长约2mm，光滑无毛；花萼裂片三角形，先端钝；花冠辐状，直径约6mm，光滑无毛或近无毛；花冠裂片宽三角形；雄蕊与花冠裂片等高或稍高于花冠裂片，着生于花冠筒先端；花丝长约2mm；花药黄白色，矩圆形；柱头头状。果实椭圆形，长8~9mm，直径约6mm；核稍扁，椭圆形，长7~8mm，直径约4mm，具1条深腹沟。

🌳 生活型：常绿或半常绿的灌木或小乔木

🌼 株高：可达7m

❀ 花期：6月

🍇 果期：8—9月

🌸 花色：白色

🍒 果色：初为红色，成熟时紫黑色

染色体数目：2*n*=32，48

异名：*V. rosthornii* var. *xerocarpum*

新叶（吕文君／摄）

叶表（吕文君／摄）

叶（吕文君／摄）

叶背（吕文君／摄）

【生境】生于海拔900~2600m的林中。

【鉴别要点】叶片亚革质，侧脉直达齿端，且叶背脉腋有趾蹼状小孔，可明显区别于组内其他种。短筒荚蒾的叶背脉腋虽然也有趾蹼状小孔，但叶片为纸质，且花冠为筒状钟形。

【观赏特点】株型紧凑，自然生长状态下常呈帚形，可修剪为圆球形，叶片油绿有光泽，是优良的观叶灌木。

【中国分布】福建北部、广西、贵州东南部、湖北西部、重庆、江西西部、陕西南部、四川、浙江南部和湖南。

【世界分布】中国。1901年由 Emest Henry Wilson 从中国引入欧洲。

植株（吕文君 / 摄）

芽（吕文君 / 摄）

花序（吕文君 / 摄）

芽（吕文君 / 摄）

果枝（傅强 / 摄）

相关种与品种：

序号	学名
1	*V.* × *hillieri* 'Winton'

珊瑚树（原变种）
Viburnum odoratissimum var. *odoratissimum*

　　冬芽卵状披针形，被2～4对分生鳞片，鳞片光滑无毛。叶片革质，倒卵形或椭圆状卵形，长7～20cm，宽4～9cm，两面均光滑无毛或仅脉上被稀疏簇状毛，叶背有时散生暗红色微腺点；侧脉4～9对，近缘前互相网结；先端具短尖或短尖头，有时钝或圆形，基部宽楔形，边缘除基部外有不规则锯齿或近全缘。花迟于叶出现；圆锥花序生于具一对叶的短枝顶端，长6～13.5cm，直径4.5～6cm；总花梗长4～10cm，光滑无毛；花生于第二和第三级分枝上，无花梗或具短梗，芳香。花萼绿色，萼筒管状钟形，长1.5～4mm；花萼裂片宽三角形，先端钝；花冠近辐状，直径约7mm，光滑无毛；花冠裂片圆卵形；雄蕊略高于花冠裂片，着生于花冠筒先端；花丝2.5～3mm；花药黄色，矩圆形；柱头头状或微3裂。果实卵形至卵状椭圆形，长约8mm，直径5～6mm，同一花序上果实成熟期不统一；核扁，卵形或卵状椭圆形，长约7mm，直径约4mm，具1条深腹沟。

🌳 生活型：常绿灌木或小乔木

🌲 株高：可达8m

❀ 花期：3—5月

🍂 果期：6—9月

🌸 花色：初开时白色，后变为黄白色

🍒 果色：初为红色，成熟时为紫黑色

染色体数目：2*n*=32，40

别名：极香荚蒾、早禾树。
异名：*V. rosthornii* var. *xerocarpum*

花枝（吕文君／摄）

叶表（吕文君／摄）

果序（吕文君／摄）

叶背（吕文君／摄）

叶表（吕文君／摄）

新叶（吕文君／摄）

叶背（吕文君／摄）

花（吕文君/摄）

果枝（吕文君/摄）

植株（吕文君/摄）

【生境】生于海拔2500m以下的林中或灌木丛。

【鉴别要点】与日本珊瑚树相似，但叶片不如日本珊瑚树光泽感强，且花序较日本珊瑚小，花冠近辐状。

【观赏特点】叶片绿色有光泽，果实红色如珊瑚串珠，可孤植、丛植、列植，亦可修剪造型或作绿篱，是非常理想的园林绿化树种。

【中国分布】福建东南部、广东、广西、贵州、海南、河南、湖南、台湾、云南、香港、浙江、江西，以及湖北（恩施），在国内普遍栽培。

【世界分布】中国、印度东部、日本、朝鲜、缅甸北部、泰国、越南、印度尼西亚和菲律宾，欧洲国家常见栽培。

冬季叶（吕文君/摄）

相关种与品种：

序号	学名
1	*V. odoratissimum* var. *odoratissimum* 'Red Tip'

台湾珊瑚树（变种）

Viburnum odoratissimum var. *arboricola*（Hayata）Yamamoto

叶片纸质至亚革质，椭圆形至长圆形，侧脉6～9对。花序轴被淡褐色簇状毛；花冠钟状，筒长约1.5mm。

【生境】生于海拔1500～2500m的林中或灌木丛。

【鉴别要点】花序轴被淡褐色簇状毛，可明显区别于日本珊瑚树。

【观赏特点】叶片绿色油亮，果实红色如珊瑚串珠，可孤植、丛植、列植，亦可修剪造型或作绿篱，是非常理想的园林绿化树种。

【中国分布】台湾。

【世界分布】中国。

异名：*V. arboricola*、*V. sphaerocarpum*

生活型：常绿灌木或小乔木

株高：可达8m

花期：3—5月

果期：6—9月

花色：初开时为白色，后变为黄白色

果色：初为红色，成熟时为紫黑色

一般标本（馆/条形码 TAI 106018）

日本珊瑚树（变种）

Viburnum odoratissimum var. *awabuki*（K.Koch）Zabel ex Rümpler

　　叶柄淡红色，叶片薄革质，有光泽，椭圆状倒卵形，侧脉5～8对。花序轴光滑无毛；花冠钟形，筒长3～4mm。

花枝（吕文君/摄）

🌳 生活型：常绿灌木或小乔木

🌿 株高：可达8m

🌸 花期：3—5月

🍂 果期：6—9月

🌼 花色：初开时为白色，后变为黄白色

🍒 果色：初为红色，成熟时为黑色

【生境】生于海拔1500m以下的林中。

【鉴别要点】叶柄淡红色，可区别于台湾珊瑚树。

【观赏特点】叶片绿色油亮，果实红色如珊瑚串珠，可孤植、丛植、列植，亦可修剪造型或作绿篱，是非常理想的园林绿化树种。

【中国分布】浙江（普陀、舟山）、台湾、云南（西双版纳），国内普遍栽培。

【世界分布】中国、日本、菲律宾，欧洲国家普遍栽培。

生境（吕文君/摄）

果序（徐晔春 / 摄）

叶（吕文君 / 摄）

新叶（吕文君 / 摄）

树干（吕文君 / 摄）

芽（吕文君 / 摄）

染色体数目：2n=40

别名：法国冬青

异名：*V. awabuki*、*V. awabuki* var. *serratum*、*V. odoratissimum* var. *conspersum*、*V. odoratissimum* var. *serratum*、*V. sessiliflorum*、*V. simonsii*

相关种与品种：

序号	学名
1	*V. odoratissimum* var. *awabuki* 'Chindo'
2	*V. odoratissimum* var. *awabuki* 'Variegata'
3	*V. odoratissimum* var. *awabuki* 'Emerald Lustre'

花（袁玲 / 摄）

冬季叶（吕文君 / 摄）

花序（吕文君 / 摄）

叶背（吕文君 / 摄）

叶表（吕文君 / 摄）

植株（吕文君 / 摄）

峨眉荚蒾
Viburnum omeiense P. S. Hsu

冬芽矩圆形，被2~4对分生鳞片，鳞片红褐色，光滑无毛。叶柄微红色；叶片薄纸质，矩圆形，长3~7cm，宽1.5~3cm，两面均光滑无毛；侧脉4对，近缘前互相网结；先端急尖，基部楔形，边缘除基部外疏生波状浅齿，齿尖具短尖头。花与叶同现；圆锥花序生于具1对叶的短枝顶端，长3.5cm；总花梗长2~3cm，光滑无毛；苞片绿色，似叶片，早落，中脉基部红色，侧脉不明显；花生于第一和第二级分枝上，无花梗，无香味。花萼微红色，萼筒管状倒锥形，长1.8mm；花萼裂片宽卵形，极短，先端钝；花冠高脚碟状，直径不超过5mm，光滑无毛；花冠裂片5片，其中一片较余者长；雄蕊低于花冠裂片，着生于花冠筒先端；花丝非常短，花药黄色，椭圆状矩圆形；柱头3裂。果实性状未知。

🌳 生活型：落叶灌木

🌿 株高：可达75cm

🌸 花期：11月至翌年5月

🍒 果期：不详

🌼 花色：白色

🍑 果色：不详

【生境】生于海拔1300m的林中。

【鉴别要点】花冠裂片之一较余者稍大，且花序极其稠密。

【观赏特点】由于缺乏基础数据，其观赏特征尚不清楚。

【中国分布】四川省峨眉山。笔者于2017—2018年曾多次赴该种分布地及周边相似生境考察，均未发现该种，且《中国植物红色名录》将该种列为极危，2005年专家去调查未见，猜测可能是突然变异的物种或野外已灭绝。

【世界分布】中国。

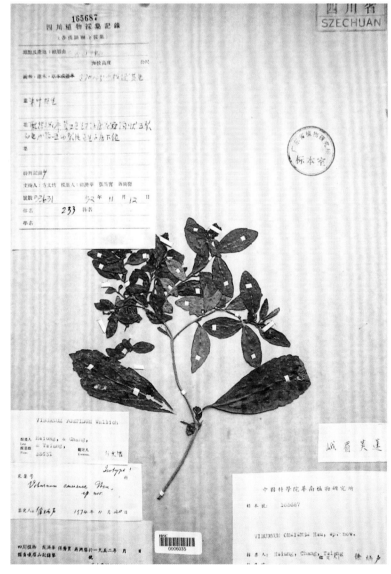

模式标本（馆/条形码 IBSC 0006035）

少花荚蒾
Viburnum oliganthum Batalin

　　冬芽矩圆形，被2对分生鳞片，鳞片被簇状毛。叶片亚革质或革质，稀厚纸质，倒披针形至线状披针形或倒卵状矩圆形至矩圆形，很少倒卵形，长5~10cm，宽2~3.5cm，两面均光滑无毛；侧脉5~6对，近缘前互相网结；先端具短尖或短尖头，有时钝或圆形，基部楔形至钝形，稀近圆形，边缘基部1/3以上具疏离的浅锯齿。花迟于叶出现；圆锥花序生于具1对叶的短枝顶端，长2.5~4.5cm，直径2~4cm；总花梗长2.5~7cm，被簇状毛；花生于第一和第二级分枝上，无花梗。花萼紫红色，筒管状倒锥形，长约2mm；花萼裂片三角状卵形，先端急尖；花冠漏斗状，直径约6mm，光滑无毛；花冠裂片宽卵形；雄蕊低于花冠裂片，着生于花冠筒先端；花丝极短；花药紫红色，矩圆形；柱头头状。果实椭球形，长6~7mm，直径4~5mm；核扁，椭圆形，长约7mm，直径约4mm，具1条深腹沟。

🌳 生活型：常绿灌木或小乔木

🌲 株高：可达6m

❀ 花期：4—6月

🌰 果期：6—8月

🌸 花色：白色或略带红色

🍒 果色：初为红色，成熟时黑色

染色体数目：2*n*=32

异名：*V. stapfianum*

花（李仁坤/摄）

花序（吕文君/摄）

果序（吕文君/摄）

【生境】生于海拔1000~2200m的林中或灌木丛。

【鉴别要点】叶片狭长而常呈倒卵形，具细尖而向内或向前弯的锯齿，叶表中脉明显凸起，花药紫红色，可明显区别于组内其他种。漾濞荚蒾的叶片与本种近似，但其锯齿开展而顶端不向内或向前弯。

【观赏特点】株型优美；叶片油亮有光泽，在阳光照射下极其具质感，是优秀的观叶灌木。

【中国分布】贵州、湖北西部、四川、西藏、云南东北部、重庆、湖南（桑植）、甘肃（文县）、广西（德保）。

【世界分布】中国。

果枝（吕文君/摄）

叶表（吕文君/摄）

花枝（吕文君/摄）

叶背（吕文君/摄）

冬季叶（吕文君/摄）

芽（吕文君/摄）

短筒荚蒾

Viburnum brevitubum（P. S. Hsu）P. S. Hsu

　　冬芽卵状矩圆形，被2对分生鳞片，鳞片浅褐色。叶片纸质，椭圆状矩圆形至狭矩圆形，有时圆状矩圆形或近圆形，长3.5~7cm，宽2~3cm，叶背沿脉被簇状毛，脉腋有趾蹼状小孔，叶表光滑无毛；侧脉5对，直达齿端近缘前互相网结；先端渐尖或急尖，基部钝或近圆形，叶缘基部1/3以上疏生锯齿。花迟于叶出现；圆锥花序生于具1对叶的短枝上，长4~5cm，直径3~4cm；总花梗长2~3.5cm，紫红色，光滑无毛；花大部分生于第二级分枝上，无梗，无香味。花萼紫红色，管状，长3mm，光滑无毛；花萼裂片宽三角形，先端钝；花冠管状钟形，直径约5mm，光滑无毛；花冠裂片宽卵形；雄蕊低于花冠裂片，着生于花冠筒先端；花丝长约2mm；花药紫褐色，矩圆形；柱头头状。果实椭圆形，长约6mm，直径约4mm；核扁，椭圆形，长约5mm，直径约3mm，具1条宽广的深腹沟。

🌳 生活型：落叶灌木

🌲 株高：可达4m

❀ 花期：5—6月

🍃 果期：7月

✿ 花色：白色或略带红色

🍒 果色：红色

异名：*V. erubescens* var. *brevitubum*、
V. carnosulum var. *impressinervium*、
V. chingii var. *impressinervium*

花（傅强/摄）

花（吕文君/摄）

果枝（傅强/摄）

果（吕文君/摄）

叶表（吕文君/摄）

叶背（吕文君/摄）

【生境】生于海拔1300～2300m的林中。

【鉴别要点】该种形态特征介于巴东荚蒾与红荚蒾之间。巴东荚蒾叶亚革质，花冠辐状，花药黄白色；红荚蒾的花冠高脚碟形，叶下面脉腋不具趾蹼状小孔。

【观赏特点】细长的叶片极具质感和层次感，即便无花的时候，也具有很好的观赏价值。

【中国分布】贵州东北部、湖北西部、江西西部、四川、湖南（石门），以及重庆。

【世界分布】中国。

台东荚蒾
Viburnum taitoense Hayata

　　冬芽披针形，被2对分生鳞片，鳞片光滑无毛。叶片厚纸质至微革质，揉捏有臭味，矩圆形、矩圆状披针形，或卵状矩圆形，长5～9cm，宽2～3cm，叶背脉腋被簇状毛，叶表光滑无毛，有光泽；侧脉5～6对，近缘前互相网结；先端具短尖或近圆形，基部宽楔形或近圆形，叶缘除基部外有锯齿。花迟于叶出现；圆锥花序长3cm，直径2cm；总花梗长约2cm，纤细，被簇状毛；苞片线状披针形，早落；花生于第一和第二级分枝上，花梗长3～4mm，无香味。花萼略带红色，萼筒管状钟形，长2mm；花萼裂片三角形，长1mm，先端钝；花冠漏斗形，直径约6mm，光滑无毛；雄蕊低于花冠裂片，着生于花冠筒先端；花丝极短；花药黄白色，矩圆形；柱头头状。果实卵状椭圆形，长7～9mm，直径约6mm；核扁，椭圆形，长约7mm，直径约5mm，多少呈不规则六角形，具1条封闭的管形深腹沟。

🌳 生活型：常绿灌木

🌿 株高：可达2m

❀ 花期：1—3月

🍃 果期：5月

🌸 花色：花蕾粉色，盛开后为白色

🍒 果色：红色

异名：*V. tubulosum*

叶（吕文君／摄）

叶表（吕文君／摄）

叶背（吕文君／摄）

秋色叶（吕文君／摄）

植株（吕文君／摄）

花蕾（吕文君／摄）

果（吕文君／摄）

花（吕文君／摄）

新叶（吕文君／摄）

花序（吕文君／摄）

花枝（吕文君／摄）

花序（吕文君／摄）

【生境】生于海拔1600～3000m的多石灌木丛或山谷溪涧旁。
【鉴别要点】本种果核较为特殊，呈六角形，且具1条封闭的管形深腹沟；叶片形似鼠刺属植物，可明显区别于组内其他种。
【观赏特点】株型紧凑，叶片油亮有光泽，花蕾淡粉色，具淡淡清香，是非常优良的花灌木。萌芽能力强，耐修剪，可修剪造型或作绿篱。
【中国分布】广西北部、湖南南部和台湾东部。
【世界分布】中国。

果序（吕文君／摄）

花（吕文君／摄）

腾越荚蒾（原变种）
Viburnum tengyuehense var. *tengyuhense*

　　冬芽卵状披针形，被2对分生鳞片，鳞片外面被毛。叶片厚纸质，揉捏有臭味，椭圆状矩圆形，或倒卵状矩圆形，长7～11cm，宽2.5～5cm，叶背有时脉腋被簇状毛，叶表光滑无毛；侧脉5～6对，近缘前互相网结；先端具短渐尖至短尖，基部宽楔形至钝形，叶缘除基部外锯齿明显。花迟于叶出现；圆锥花序生于具1对叶的短枝顶端，长3～3.5cm，直径2.5～3cm；总花梗长1.5～5cm，被黄褐色簇状毛；苞片卵状披针形，宿存；花生于第二和第三级分枝上，无花梗或具短梗，无香味。花萼绿色，萼筒管状，长2.5mm；花萼裂片三角形，长0.7mm，先端急尖；花冠辐状，直径约4.5mm，光滑无毛；雄蕊与花冠裂片近等高，着生于花冠筒先端；花丝长约2mm；花药黄白色，椭圆形；柱头微2裂。果实矩圆形或卵状椭圆形，长5～6mm，直径3.5～5mm；核扁，椭圆形，长约4mm，直径约3.5mm，具1条宽广深腹沟。

- 🌳 生活型：落叶灌木
- 🌲 株高：可达7m
- ❄ 花期：4—6月
- 🍂 果期：7—11月
- 🌸 花色：白色
- 🍒 果色：红色

【生境】生于海拔1500～2200m的林中。

【鉴别要点】与短序荚蒾相似，但本种的叶片厚纸质，花萼裂片先端急尖，萼筒和花冠均无毛，果实先端圆，果核为压扁状，可明显区分。

【观赏特点】秋季，红色果实挂满整个植株，甚为壮观。

【中国分布】贵州、云南、西藏（墨脱）。

【世界分布】中国。

花枝（张守君／摄）

叶表（吕文君／摄）

叶背（吕文君／摄）

新叶（吕文君／摄）

枝（吕文君／摄）

别名：长圆荚蒾

异名： *V. brachybotryum* var. *tengyuehense*、*V. oblongum*、
V. oblongum var. *tengyuehense*

当年生枝（吕文君／摄）

花序（郑海磊／摄）

多脉腾越荚蒾（变种）

VViburnum tengyuehense var. *polyneurum*（P. S. Hsu）P. S. Hsu

侧脉6~10对，边缘具钝锯齿，叶背脉腋集聚簇状毛。

- 生活型：落叶灌木
- 株高：可达7m
- 花期：4—6月
- 果期：7—11月
- 花色：白色
- 果色：红色

异名：*V. oblongum* var. *polyneurum*

【生境】生于海拔2300m的林中。

【鉴别要点】叶脉较腾越荚蒾多。

【观赏特点】秋季，红色果实挂满整个植株，甚为壮观。

【中国分布】贵州（威宁）和云南南部（文山）。

【世界分布】中国。

普通标本（馆/条形码 NAS00269789）

云南荚蒾
Viburnum yunnanense Rehder

　　冬芽非常小，卵形，被2对分生鳞片，鳞片黄褐色，被簇状毛。叶片纸质，宽椭圆形、宽椭圆状矩圆形或矩圆状倒卵形，长3~9.5cm，宽2.5~4.5cm，叶两面均被短柔毛，且叶背散生红褐色鳞片状小腺点；侧脉5~6对，近缘前互相网结；先端钝或圆，基部圆形至渐狭，有时短截，边缘基部以上有锯齿。花迟于叶出现；圆锥花序近复伞房形，长4.5~6cm，直径3~4cm；总花梗长4~6cm，被黄褐色茸毛；苞片线性至线状披针形，早落；花生于第三级分枝上，无花梗，无香味。花萼绿色，萼筒管状钟形，长2mm，被红褐色微腺点；花萼裂片宽卵形或卵状三角形，长约0.7mm，先端钝；花冠辐状，直径2.5~5mm，光滑无毛；雄蕊高于花冠裂片，着生于花冠筒先端；花丝长约2.5mm；花药黄白色，球形；柱头头状。果实性状不详。

模式标本（馆/条形码 A00031595）

生活型：落叶乔木

株高：可达3m

花期：6月

果期：不详

花色：白色

果色：不详

【生境】生于海拔2300~2900m的灌木丛或山坡。

【鉴别要点】幼枝、叶柄及花序均被黄褐色茸毛，叶背散生红褐色腺点，圆锥花序近复伞房形，花生于第三级分枝上，花冠辐状，可区别于组内其他种。

【观赏特点】株型矮小紧凑，花序繁密，可作小型观赏灌木。

【中国分布】云南。《中国植物红色名录》将该种列为濒危，笔者于2017—2018年多次赴标本记录分布地及周边相似生境进行调查，均未发现该种。

【世界分布】中国。

横脉荚蒾
Viburnum trabeculosum C. Y. Wu ex P. S. Hsu

　　冬芽卵状矩圆形，被2对分生鳞片，鳞片黄褐色，光滑无毛。叶片纸质，揉捏有臭味，矩圆状椭圆形，或菱状椭圆形至矩圆形，有时卵圆形，长14～20cm，宽6～10cm，叶背脉腋被簇状毛，叶表光滑无毛，有光泽；侧脉7～8对，近缘前互相网结，小脉横裂；先端具短渐尖，基部楔形至近截形，叶缘除基部外疏生锯齿。花与叶同现；圆锥花序尖塔形，长4～20cm，直径4～7cm；总花梗长4.5～6cm，被灰黄色簇状毛；苞片线性至线状披针形，早落；花生于第一至第四级分枝上，具短梗，无香味。花萼绿色，萼筒管状，长2mm；花萼裂片卵形或卵状三角形，仅为萼筒长的1/4，先端圆或钝；花冠漏斗状。果实长约7mm；核倒卵球形，长约6mm，具1条深腹沟。

- 生活型：落叶乔木
- 株高：可达8m
- 花期：5月
- 果期：9月
- 花色：白色
- 果色：初为红色，成熟后紫红色

新叶（吕文君/摄）

花序（李仁坤/摄）

当年生枝（吕文君 / 摄）

叶（李仁坤 / 摄）

叶表（吕文君 / 摄）

叶背（吕文君 / 摄）

【生境】生于海拔2000~2400m的林中。

【鉴别要点】叶片大，有臭味，小脉横列。

【观赏特点】叶片大，浓密，柔软有质感，可作观叶乔木。

【中国分布】云南南部。

【世界分布】中国。

1年生枝（吕文君 / 摄）

花序（李仁坤 / 摄）

齿 叶 组
—Sect. *Odontotunus*

　　冬芽具 2 ~ 3 对分生鳞片。叶片侧脉直达齿端，极少近缘时互相网结。聚伞花序复伞形，具花梗，无大型不孕边花。花冠辐状或辐状钟形，果实成熟时红色，稀黑色；果核具 1 ~ 2 条深或浅的背沟，1 ~ 3 条腹沟，胚乳坚实。

分种检索表——齿叶组

1. 叶片掌状3～5裂，具掌状脉……………………………………………………………………甘肃荚蒾 V. kansuense

1. 叶片不分裂，或不规则2～3浅裂，大多具羽状脉，有时基部一对侧脉近似三出脉或离基三出脉……………………（2）

2. 叶矩圆状披针形、披针形、或线状披针形，长9～19cm，宽1～4cm，被不规则或疏离的锯齿，有时近全缘；果核扁，近四
    边形或稍矩形……（3）

2. 叶片圆形、卵形、椭圆状矩圆形、倒卵形或菱状卵形，很少宽矩圆状披针形，长不超过10cm，叶缘有牙齿、锯齿、细
    齿或全缘，如果叶长超过10cm，若叶宽超过4cm，则边缘具齿，若宽不超过4cm，则边缘全缘；果核倒卵形、卵形、椭圆
    状卵形或椭圆形………（4）

3. 当年生小枝、叶片、叶柄及花序轴无毛；叶片侧脉约6 对…………………………………………瑶山荚蒾 V. squamulosum

3. 当年生小枝、叶背叶脉、叶柄及花序轴被簇状毛；叶片侧脉7～12对……………………………披针形荚蒾 V. lancifolium

4. 叶全缘或中部以上被少数疏离的锯齿，有时除基部外具少数疏离锯齿，侧脉2～4对，基部一对常作离基3出脉状；如侧脉
    5～8对，则叶片革质或亚革质，抑或叶片纸质或厚纸质而下面在放大镜下同时可见具金黄色和红褐色至黑褐色两种腺点…
    ……（5）

4. 叶缘具锯齿或小齿突，有时仅叶基部1/3以上具齿，侧脉5对以上；叶片纸质、厚纸质或薄革质，下面无腺点或有颜色纯一
    的腺点……（13）

5. 落叶灌木；幼枝圆柱形，纵有棱角亦不为四方形；总花梗长超过2cm…………………………………………………（6）

5. 常绿灌木；幼枝四方形；总花梗长不超过2cm 或近无…………………………………………………………………（10）

6. 叶片两面无毛，全缘，先端渐狭而长尾尖，叶缘绿色；花柱不超过花萼裂片…………………………全叶荚蒾 V. integrifolium

6. 叶片至少在叶背被簇状毛，边缘近全缘，先端急尖至短渐尖，叶柄红紫色；花柱高于花萼裂片……………………………（7）

7. 叶边缘有不规则圆或钝的粗齿或缺刻…………………………………………………珍珠荚蒾 V. foetidum var. ceanothoides

7. 叶边缘中部以上常有少数浅齿或有时全缘，有时除基部外具少数粗锯齿………………………………………………（8）

8. 叶片长0.8～3cm，先端圆或微尖；花序直径约2.5cm，总花梗长约5mm，果核具1条腹沟……………………………
    ………………………………………………………………………………………………………小叶荚蒾 V. parvifolium

8. 叶片长4～10cm，先端急尖至短渐尖；花序直径5～8cm，总花梗长2～5cm；果核具3条腹沟……………………………（9）

9. 枝不作披散状；小枝亦不甚伸长，不呈蜿蜒状；总花梗长2～5cm…………………………臭荚蒾 V. foetidum var. foetidum

9. 枝披散；小枝伸长而往往蜿蜒状；总花梗极短或几不存在，最长达2cm……直角荚蒾 V. foetidum var. rectangulatum

10. 叶背具金黄色腺点和红褐色至黑褐色腺点，叶表干时不变黑………………………………………金腺荚蒾 V. chunii

10. 叶片具黑色或褐色腺点，干时黑色……………………………………………………………………………………（11）

11. 叶片亚革质；花萼筒被簇状毛；果实先端急尖……………………………………………………海南荚蒾 V. hainanense

11. 叶片革质；花萼筒无毛；果实先端圆……………………………………………………………………………………（12）

12. 当年生小枝、叶柄和花序无毛或散生少数簇状短柔毛；果核背面凸起，腹面明显凹陷，其形如勺，宽3～5mm…………
    ………………………………………………………………………………………常绿荚蒾 V. sempervirens var. sempervirens

12. 当年生小枝、叶柄和花序均密被簇状短柔毛；果核背面略凸起，腹面略呈鹅毛扇状弯拱而不明显凹陷，宽约
    6mm…………………………………………………………具毛常绿荚蒾 V. sempervirens var. trichophorum

13. 花冠外面无毛或近无毛，稀在花蕾时疏被毛，后即无毛…………………………………………………………………（14）

13. 花冠疏生或密被簇状毛…………………………………………………………………………………………………（23）

14. 叶片薄革质………………………………………………………………………………………………日本荚蒾 V. japonicum

14. 叶片纸质……（15）

15. 花序或果序下垂；叶干后黑色或浅黑色…………………………………………………………………茶荚蒾 V. setigerum

15. 花序或果序不下垂；叶干后不变黑………………………………………………………………………………………（16）

16. 总花梗长6～10cm；叶有时顶端浅3裂或不规则分裂……………………………………………衡山荚蒾 V. hengshanicum

16. 总花梗长不超过 5cm；叶不分裂…………………………………………………………………………………………（17）

17. 叶背在放大镜下可见透亮腺点…………………………………………………………………………浙皖荚蒾 V. wrightii

17. 叶背无上述腺点···（18）

18. 叶柄长不超过1cm；花序直径4～12cm··（19）

18. 叶柄长不超过15mm，花序直径小于4cm··（20）

19. 当年生小枝紫褐色或紫红色；果实成熟时红色···（20）

19. 当年生小枝灰黑色；果实深紫红色，成熟时黑色···············黑果荚蒾 *V. melanocarpum*

20. 托叶2枚，狭条形，宿存，基部1/3与叶柄合生，分生部分长6～10mm·············凤阳山荚蒾 *V. fengyangshanense*

20. 叶柄近基部有1对宿存钻形小托叶或无·····························桦叶荚蒾 *V. betulifolium*

21. 托叶无，叶柄长5～15mm，叶片卵形，先端尾状···（22）

21. 托叶有或无，叶柄长3～5mm，叶卵状披针形、卵状矩圆形、狭卵形、椭圆形或矩圆状披针形，先端渐尖或急尖···（24）

22. 花萼筒无毛···光萼荚蒾 *V. formosanum* subsp. *leiogynum*

22. 花萼筒具簇状短柔毛··（23）

23. 当年生小枝无毛，叶柄被少数简单长毛；花序疏被簇状短柔毛·······台中荚蒾 V. formosanum subsp. formosanum

23. 当年生小枝、叶柄和花序密被黄褐色簇状短柔毛···············毛枝台中荚蒾 *V. formosanum* subsp. *pubigerum*

24. 叶片不分裂，边缘有锯齿···宜昌荚蒾 *V. erosum* var. *erosum*

24. 叶片基部常2浅裂，边缘具粗齿·····································裂叶宜昌荚蒾 *V. erosum* var. *taquetii*

25. 叶背具黄色或淡黄色或近无色的透明腺点··（26）

25. 叶背无腺点···（27）

26. 高2.5～5 m；叶柄长1～3cm，被簇状毛或长不超过1mm 的单毛；花萼筒被簇状毛，花无香味······荚蒾 *V. dilatatum*

26. 高1～2 m；叶柄长0.5～1cm，密被黄褐色刚毛状毛；花萼筒具简单毛发，花无香味··········榛叶荚蒾 *V. corylifolium*

27. 叶表具透明或分散的红褐色腺点··（28）

27. 叶表无腺点···（29）

28. 叶背密被星状短柔毛，叶表具分散的红褐色腺点；总花梗长1～3.5cm，很少无；果核扁，卵形，长约6mm，直径约4mm，具1条背沟和2条腹沟···南方荚蒾 *V. fordiae*

28. 叶背疏生星状短柔毛或叉状毛，正面具透明腺点；总花梗短或近无，通常不到1.5cm；果核扁，卵形，长4～5cm，直径3～4mm，具3条浅背沟和2条浅腹沟···吕宋荚蒾 *V. luzonicum*

29. 叶背除中脉和侧脉被黄褐色刚毛状毛外，其余均无毛；侧脉8～12对·····················粤赣荚蒾 *V. dalzielii*

29. 叶背有簇状毛，后仅脉腋有毛；侧脉5～9对···（30）

30. 花柱低于花萼裂片；花冠裂片与花冠筒近等长；雄蕊低于花冠；果核长4～6mm；叶缘有锯齿······西域荚蒾 *V. mullaha*

30. 花柱高于花萼裂片；花冠裂片长于花冠筒；雄蕊与花冠近等高或略超过花冠；果核长6～7.5mm；叶缘有圆齿···长伞梗荚蒾 *V. longiradiatum*

桦叶荚蒾
Viburnum betulifolium Batalin

冬芽卵状矩圆形，被2对分生鳞片，鳞片外面被毛发。幼枝有棱角。托叶2枚，宿存，或无托叶；叶片厚纸质或微革质，干后变黑，宽卵形至菱状卵形，或宽倒卵形至椭圆状矩圆形，长3.5~8.5cm，宽3~5.5cm，叶背中脉及侧脉脉上被短柔毛，脉腋有簇状毛，有时全部被簇状毛，中脉基部两侧各有1~3枚圆形腺体或无腺体，叶表光滑无毛或仅中脉被短柔毛；侧脉4~7对，直达齿端；先端急短渐尖至渐尖，基部宽楔形至圆形，稀短截，叶缘在基部1/3以上具圆齿。花迟于叶出现；复伞形式聚伞花序生于具有一对叶的短枝顶端，直径5~12cm，第一级辐射枝7条；总花梗长不足1cm，被稀或密的黄褐色簇状毛；苞片披针形，早落；花生于第三至第五级分枝上，具短梗或无花梗，芳香或无香味。花萼绿色，萼筒管状倒锥形，长1.5mm，被黄褐色腺点或稀或密的簇状毛；花萼裂片宽卵状三角形，长约1.5mm，先端圆；花冠辐状，直径约4mm，光滑无毛或被簇状毛；雄蕊常高于花冠裂片，着生于花冠筒基部；花丝长4~5mm；花药黄白色，宽椭圆形；柱头头状。果实近球形，直径约6mm；核扁，卵形，长3.5~5mm，直径3~4mm，具有2条深背沟和1~3条腹沟。

🌳 生活型：落叶灌木或小乔木

🌿 株高：可达7m

❀ 花期：6—7月

🍃 果期：9—11月

🌸 花色：花蕾略带粉色或黄白色，盛开后白色

🍒 果色：红色或橙黄色

果枝（黄升 / 摄）

果（林秦文 / 摄）

染色体数目：2*n*= 18，20，22，27，36

异名： *V. adenophorum*、*V. betulifolium* var. *flocculosum*、*V. dasyanthum*、*V. flavescens*、*V. formosanum f. morrisonense*、*V. formosanum* var. *taihasense* 、*V. hupehense*、*V. hupehense* subsp. *septentrionale*、*V. lobophyllum*、*V. lobophyllum* var. *flocculosum*、*V. lobophyllum* var. *silvestrii*、*V. luzonicum* var. *morrisonense*、*V. morrisonense*、*V. ovatifolium*、*V. taihasense*、*V. willeanum*、*V. wilsonii*、*V. wilsonii* var. *adenophorum*

叶表（吕文君/摄）　　　　　　　　　　　　　　叶背（吕文君/摄）

叶表（吕文君/摄）　　　　　　　　　　　　　　叶背（吕文君/摄）

【生境】生于海拔1300～3500m的灌木丛或山坡。

【鉴别要点】当年生小枝紫褐色，单株叶形多变，花序第一级辐射枝7条，可区别于组内其他种。

【观赏特点】花有淡雅香味，是很好的招蜂引蝶类植物；秋季红色果实挂满枝头，甚为艳丽，亦为优良的观果灌木。

【中国分布】安徽、甘肃、广西、贵州、河南西部、湖北西部、重庆、宁夏南部、陕西南部、四川、台湾、西藏东南部、云南、浙江西北部、广东、江苏、山西、河北、福建、江西。

【世界分布】中国。1901年由Emest Henry Wilson从湖北西部引入欧洲。

果枝（夏伯顺/摄）

花序（林秦文/摄）

花序（黄升/摄）

相关种与品种：

序号	学名
1	*V. betulifolium* 'Hohuanshan'
2	*V. betulifolium* 'Marchant'
3	*V. betulifolium* 'Trewithen'
4	*V.* 'Huron'

果序（吕文君/摄）

花序（吕文君/摄）

植株（吕文君/摄）

花（吕文君 / 摄）

当年生枝（吕文君 / 摄）   3年生枝（黄升 / 摄）

芽（吕文君 / 摄）   秋色叶（黄升 / 摄）

金腺荚蒾
Viburnum chunii P. S. Hsu

　　冬芽披针形，被2对分生鳞片，鳞片被黄褐色贴伏毛。托叶无；当年生枝常四角形。叶柄红紫色；叶片厚纸质或薄革质，卵状菱形至菱形，或椭圆状矩圆形，长5～7cm，宽2～4cm，叶背光滑无毛或脉腋具簇状毛，密布腺点，叶表光滑无毛，散生金黄色及暗色腺点；侧脉3～5对，近缘前互相网结，最下面一对脉有时伸长至叶中部以上而呈离基三出脉状；先端尾状渐尖，基部楔形，叶缘全缘，有时中部以上疏生锯齿。花迟于叶出现；复伞形式聚伞花序直径1.5～2cm，第一级辐射枝4～5条；总花梗长0.5～1.8cm，被稀或密的黄褐色簇状毛，并具腺点；苞片绿色，线性至线状披针形，宿存；花生于第一级分枝上，具短梗，无香味。花萼绿色，萼筒钟状，长约1mm，光滑无毛；花萼裂片卵状三角形，非常短，先端钝；花冠钟形，直径约4mm，光滑无毛；雄蕊常略低于花冠裂片，着生于花冠筒基部；花丝长约2mm；花药黄白色，宽椭圆形；柱头头状。果实球形，直径7～10mm；核扁，卵形，长5～9mm，直径5～6mm，背腹沟均不明显。

🌳 生活型：常绿灌木

🌲 株高：可达2m

❀ 花期：5月

🍂 果期：11—12月

💐 花色：白色

🍒 果色：初为橙色，成熟时红色

染色体数目：2*n*= 18, 20, 22

别名：陈氏荚蒾
异名：*V. chunii* subsp. *chengii*、*V. chunii* var. *piliferum*

果（吕文君／摄）

【生境】生于海拔100～1900m的灌木丛或山林。
【鉴别要点】叶表散生金黄色及暗褐色腺点，可明显区别于组内其他种。
【观赏特点】果实大而红艳，是具开发潜力的观果灌木。
【中国分布】重庆、安徽南部、福建、广东、广西、贵州东南部、湖南北部、江西、四川东南部和浙江。
【世界分布】中国。

生境（李仁坤／摄）

新叶（施晓梦 / 摄）

叶（施晓梦 / 摄）

花枝（王迎 / 摄）

果序（李仁坤 / 摄）

果枝（施晓梦 / 摄）

当年生枝（李仁坤 / 摄）

果（李仁坤 / 摄）

花蕾（施晓梦 / 摄）

芽（吕文君 / 摄）

榛叶荚蒾
Viburnum corylifolium J. D. Hooker & Thomson

　　冬芽卵形，被2对分生鳞片，鳞片密被刚毛状毛。叶片纸质，卵状至宽倒卵形，长3.5～6cm，宽2～4.5cm，叶背被淡黄色刚毛状毛，常散生透明腺点，中脉基部两侧各具1～2枚圆形腺体，或无腺体，叶表疏被简单长毛；侧脉6～8对，直达齿端；先端突狭或急尖，基部圆形至钝形，或微心形，叶缘有锯齿。花迟于叶出现；复伞形式聚伞花序生于具1对叶的短枝顶端，直径5～7cm，第一级辐射枝通常5条；总花梗长1.5～2cm，密被黄褐色刚毛状毛；苞片绿色，披针形，早落；花生于第二和第三级分枝上，具短梗或无花梗，无香味。花萼绿色，萼筒管状，长约1.2mm，被简单毛；花萼裂片卵形，长约0.5mm，先端钝；花冠辐状，直径5～8mm，被簇状毛；雄蕊高于花冠裂片，着生于花冠筒基部；花丝长4～5mm；花药黄白色，宽椭圆形；柱头头状。果实卵形，长约8mm，直径约6mm；核扁，卵形，长约6mm，直径约5mm，具有2条浅背沟和3条浅腹沟。

- 🌳 生活型：落叶灌木
- 🌲 株高：可达2m
- ❀ 花期：3—4月
- 🍂 果期：5—9月
- 🌸 花色：白色
- 🍒 果色：红色

果枝（吕文君／摄）

果（黄升／摄）

染色体数目：2n= 18

异名：*V. barbigerum*、*V. dunnianum*

【生境】生于海拔2100m的灌木丛或山林。

【鉴别要点】该种与荚蒾较为相似，容易混淆，二者的冬芽、叶背及总花梗均被刚毛状毛，但榛叶荚蒾毛更加粗硬、稠密。

【观赏特点】秋季叶片为酒红色和绿色的混合，甚为惊艳。

【中国分布】广西、贵州东北部、湖北、陕西南部和西部、四川、西藏和云南。

【世界分布】中国、印度东北部，1907年引至欧洲栽培。

植株（吕文君 / 摄）

新叶（吕文君 / 摄）

叶表（黄升 / 摄）

叶背（黄升 / 摄）

粤赣荚蒾
Viburnum dalzielii W. W. Smith

冬芽卵形，被2对分生鳞片，鳞片密被刚毛状毛。叶片纸质至厚纸质，卵状披针形至卵状椭圆形，长8～17cm，宽4～7cm，两面除中脉和侧脉被黄褐色刚毛状簇状毛外，其余部位均光滑无毛，叶背中脉两侧近基部各具1～2枚圆形腺体或无腺体；侧脉8～12对，直达齿端；先端长渐尖或急尾尖，基部浅心形或近圆形，叶缘疏生小尖齿、全缘，或基部具不明显圆齿。花迟于叶出现；复伞形式聚伞花序直径5～6cm，第一级辐射枝通常5条；总花梗长1～2cm，密被黄褐色刚毛状簇状毛；苞片绿色，线状披针形，早落；花生于第二和第三级分枝上，具短梗或无花梗，无香味。花萼绿色，萼筒倒锥形，长约1.5mm；花萼裂片三角状卵形，长约0.5mm，先端钝；花冠辐状，直径约4mm，外面被刚毛状簇状毛；雄蕊略高于花冠裂片，着生于花冠筒基部；花丝长约3mm；花药黄白色，椭圆形；柱头头状。果实卵状椭圆形，长8～10mm，直径6～7mm；核扁，卵形，长7～8mm，直径5～6mm，具有2条背沟和3条腹沟。

🌳 生活型：落叶灌木

🌲 株高：可达3m

❀ 花期：5月

🍂 果期：8—11月

✿ 花色：白色

🍒 果色：红色

异名：*V. barbigerum*、*V. dunnianum*

【生境】生于海拔400～1100m的灌木丛或疏林。

【鉴别要点】该种与南方荚蒾相似，但其冬芽、叶脉、总花梗、花冠均被刚毛状毛，叶片狭长，基部浅心形至圆形，侧脉多，可区别于后者。

【观赏特点】秋季，鲜红色果实挂满枝头，甚为壮观。

【中国分布】广东和江西。

【世界分布】中国。

果序（黄升／摄）

当年生枝（黄升／摄）

生境（黄升／摄）

叶表（黄升／摄）

叶背（黄升／摄）

荚蒾
Viburnum dilatatum Thunberg

冬芽卵形，被2对分生鳞片，鳞片密被刚毛状毛或簇状毛。叶片纸质，宽倒卵形、倒卵形、或宽卵形，长3～10cm，宽2～7cm，叶背被淡黄色叉状毛，有时散生黄色或近无色的透明腺点，中脉两侧近基部各具1～3个圆形腺体，叶表被贴伏毛；侧脉6～8对，直达齿端；顶端急尖，基部圆形至钝形，或微心形，有时楔形，叶缘有锯齿。花迟于叶出现；复伞形式聚伞花序生于具1对叶的短枝顶端，直径4～10cm，第一级辐射枝5条；总花梗长1～2cm，密被黄褐色刚毛状毛和簇状毛；苞片绿色，线状披针形，早落；花生于第三和第四级分枝上，具短梗或无梗，芳香。花萼绿色，萼筒细管状，长约1mm；花萼裂片卵形，长约0.5mm，先端钝；花冠辐状，直径约4mm，外面被簇状毛；雄蕊高于花冠裂片，着生于花冠筒基部；花丝长4～6mm；花药黄白色，宽椭圆形；柱头3裂。果实椭圆状卵形，长6～8mm，直径4.5～6.5mm；核扁，卵形，长5～6mm，直径4～5mm，具有2条背沟和3条腹沟。

- 🌳 生活型：落叶灌木
- 🌲 株高：可达5m
- 🌸 花期：5—7月
- 🍂 果期：9—11月
- 🌼 花色：白色
- 🍎 果色：红色

植株（吕文君/摄）

花（吕文君/摄）

花枝（吕文君/摄）

【生境】生于山坡或山谷疏林下、林缘及山脚的灌木丛中，海拔100～1000m。

【鉴别要点】该种与榛叶荚蒾相似，二者的冬芽、叶背及总花梗均被刚毛状毛，但荚蒾的叶柄长1～3cm，花萼筒被簇状毛。

【观赏特点】秋季，鲜红色果实挂满枝头，可持续至冬季，甚为壮观。

【中国分布】河北南部、陕西南部、江苏、安徽、浙江、江西、福建、台湾、河南南部、湖北、湖南、广东北部、广西北部、四川、贵州、云南、甘肃、山东。

【世界分布】中国、日本和朝鲜。1846年，Robert Fortune从日本将该种引入欧洲，普遍栽培。

芽（吕文君／摄）

当年生枝（吕文君／摄）

果（傅强／摄）

果枝（傅强／摄）

染色体数目：2n＝ 18

异名：*V. brevipes*、*V. dilatatum* var. *fulvotomentosum*、
V. dilatatum var. *macrophyllum*、*V. fulvotomentosum*

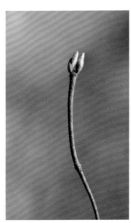

芽（吕文君／摄）

花蕾（吕文君／摄）

果（吕文君／摄）

花枝（吕文君／摄）

叶表（吕文君／摄）

叶背（吕文君／摄）

相关种与品种：

序号	学名
1	*V. dilatatum* 'Asian Beauty'
2	*V. dilatatum* 'Catskill'
3	*V. dilatatum* 'Erie'
4	*V. dilatatum* 'Iroquois'
5	*V. dilatatum* 'Littleleaf Form'
6	*V. dilatatum* 'Michael Dodge'
7	*V. dilatatum* 'C.A.Hildebrant's'
8	*V. dilatatum* CARDINAL CANDY ('Henneke'、'PP 12 870')
9	*V. dilatatum* 'Ogon'
10	*V. dilatatum* 'Vernon Morris'
11	*V. dilatatum* 'Xanthocarpum' (*V. dilatatum* f. 'Xanthocarpum)
12	*V. dilatatum* 'Fugitive'
13	*V.* 'Oneida'
14	*V. dilatatum* 'Sealing Wax'
15	*V. dilatatum* 'Mt. Airy'

树干（吕文君／摄）

花枝（吕文君／摄）

宜昌荚蒾（原变种）

Viburnum erosum var. *erosum* Thunberg

　　冬芽卵状矩圆形，被2对分生鳞片，鳞片密被简单簇状毛及简单长毛。托叶2枚，小，宿存；叶纸质，卵状披针形、卵状矩圆形、狭卵形、椭圆形，或矩圆状披针形，长3.5～6cm，宽1.5～3.5cm，叶背密被簇状毛，中脉基部两侧各具1枚圆形腺体或无腺体，叶表光滑无毛或被稀疏簇状毛；侧脉 7～10对，直达齿端；顶端急尖或渐尖，基部圆形、宽楔形，或微心形，叶缘有小尖齿。花迟于叶出现；复伞形式聚伞花序生于具1对叶的短枝之顶，直径2～4cm，第一级辐射枝5条；总花梗长 1～2.5cm，密被简单簇状毛及简单长毛；苞片绿色，线状披针形，早落；花生于第二和第三级分枝上，具长梗，无香味。花萼黄绿色，萼筒管状，长约1.5mm；花萼裂片卵状三角形，长约0.5mm，先端钝；花冠辐状，直径约6mm，光滑无毛或近无毛；雄蕊稍低于或高于花冠裂片，着生于花冠筒基部；花丝长约2.5mm；花药黄白色，近球形；柱头头状。果实宽卵形，长6～7mm；核扁，卵形，长约6mm，直径约5mm，具有2条浅背沟和3条浅腹沟。

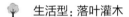

🌲 生活型：落叶灌木

🌿 株高：可达3m

❀ 花期：4—5月

🍂 果期：9—10月

🌸 花色：白色

🍒 果色：红色或黑色

叶表（吕文君 / 摄）

叶背（吕文君 / 摄）

幼果（吕文君 / 摄）

芽（吕文君 / 摄）

托叶（吕文君 / 摄）

果序（吕文君 / 摄）

果序（吕文君 / 摄）

花蕾（吕文君 / 摄）

果（黄升 / 摄）

花梗（吕文君/摄）

花（吕文君/摄）

果枝（傅强/摄）

果（林秦文/摄）

秋色叶（黄升/摄）

生境（黄升/摄）

染色体数目：$2n = 18$

别名： 野绣球、糯米条子

异名： *V. erosum* var. *atratocarpum*、*V. erosum* var. *hirsutum*、*V. erosum* subsp. *ichangense*、*V. erosum* var. *ichangense*、*V. erosum* var. *laeve*、*V. erosum* var. *setchuenense*、*V. ichangense*、*V. ichangense* var. *atratocarpum*、*V. luzonicum* var. *matsudae*、*V. matsudae*、*V. villosifolium*

【生境】生于海拔300~2300m 的山林或灌木丛。

【鉴别要点】托叶2枚，宿存，可明显区别于光萼荚蒾和荚蒾。

【观赏特点】秋季全株叶片橙红色或红紫色，果实鲜红色，甚为艳丽。

【中国分布】安徽、福建、广东北部、广西、贵州、河南、湖北、重庆、湖南、江苏南部、江西、陕西南部、山东、四川、台湾、云南、浙江、甘肃。

【世界分布】中国、日本和朝鲜。

裂叶宜昌荚蒾（变种）

Viburnum erosum var. *taquetii*（H. Léveillé）Rehder

叶片基部边缘常2浅裂，边缘具粗牙齿。

花序（吴其超/摄）

异名：*V. taquetii*、*V. erosum* var. *punctatum*、
V. erosum f. *taquetii*、*V. erosum* var.
taquetii、*V. meyer-waldeckii*

🌳 生活型：落叶灌木

🌲 株高：可达3m

❄ 花期：4—5月

🍂 果期：9—10月

🌸 花色：白色

🍒 果色：红色

叶（吴其超/摄）

【生境】生于海拔600~700m的山林或灌木丛。

【鉴别要点】叶片基部2浅裂，叶缘具粗齿，可明显区别于宜昌荚蒾。

【观赏特点】秋季全株叶片暗红色，果实鲜红色，甚为艳丽。

【中国分布】山东（青岛崂山、烟台昆嵛山）。

【世界分布】中国、日本和朝鲜。

臭荚蒾（原变种）
Viburnum foetidum var. *foetidum*

　　枝条不呈披散状，侧生小枝短；冬芽矩圆状卵形，被2对分生鳞片，鳞片被簇状毛。叶片纸质至厚纸质，卵形，或椭圆形至矩圆状菱形，长4~10cm，宽1.5~2.5cm，叶背中脉及侧脉被簇状毛，脉腋毛较密，中脉基部两侧各具1枚圆形腺体或无腺体，叶表除中脉密被短柔毛外其余地方均无毛；侧脉2~4对，直达齿端，最下面一对脉常作离基三出脉状；顶端急尖或短渐尖，基部楔形或圆形，叶缘具浅牙齿或近全缘。花迟于叶出现；复伞形式聚伞花序生于侧生短枝顶端，直径5~8cm，第一级辐射枝4~8条；总花梗长2~5cm，被簇状毛及红褐色腺点；苞片绿色，线状披针形，早落或宿存；花生于第二级分枝上，具短梗或无梗，无香味。花萼绿色，萼筒管状，长约1.5mm；花萼裂片卵状三角形，长约0.3mm，先端钝；花冠辐状，直径约5mm，疏被短柔毛；雄蕊稍与花冠裂片近等高或稍高出花冠裂片，着生于花冠筒基部；花丝长约3mm；花药黄白色或紫红色，椭圆形；柱头头状。果实扁，卵状椭圆形，长6~8mm，直径4~5mm；核扁，椭圆形，长约6mm，直径约5mm，具有2条浅背沟和3条浅腹沟。

　　🌳 生活型：直立或攀援状落叶灌木

　　🌿 株高：可达4m

　　🌸 花期：5—8月

　　🍂 果期：8—10月

　　🌼 花色：白色

　　🍒 果色：红色

染色体数目：2*n*= 16，18

别名：冷饭果

果（陈又生/摄）

芽（黄升/摄）

叶（李仁坤/摄）

【生境】生于海拔1200~3100m的灌木丛或林缘。

【鉴别要点】叶片基部一对叶脉达叶缘上部，常作离基三出脉状，果核有3条腹沟，可区别于小叶荚蒾；枝条不呈披散状，侧生小枝亦不甚长，不呈蜿蜒状，可区别于直角荚蒾。

【观赏特点】果实成熟时为通透的红色，极具观赏价值。

【中国分布】西藏南部和东南部。

【世界分布】中国、印度东北部、孟加拉国、不丹、缅甸、泰国北部和老挝。1901年由 Emest Henry Wilson 从中国引入欧洲。

直角荚蒾（变种）
Viburnum foetidum var. *rectangulatum*（Graebner）Rehder

　　枝条披散，侧生小枝长。叶片卵形或椭圆形至矩圆状菱形，叶缘中部以上具不规则浅牙齿或全缘。总花梗通常极短或无，很少长达2cm。

🌳 生活型：直立或匍匐灌木
🌲 株高：可达4m
❀ 花期：5—8月
🍒 果期：8—10月
🌸 花色：白色
🍒 果色：红色

染色体数目：2*n*= 18

别名：直角臭荚蒾
异名：*V. rectangulatum*、*Hedyotis yunnanensis*、*Oldenlandia yunnanensis*、*V. foetidum* var. *malacotrichum*、*V. foetidum* var. *penninervium*、*V. foetidum* var. *premnaceum*、*V. pallidum*、*V. parvilimbum*、*V. premnaceum*、*V. rectangulare*、*V. touchanense*

叶表（吕文君/摄）

叶表（吕文君/摄）

叶背（吕文君/摄）

叶背（吕文君/摄）

【生境】生于海拔600~2400m的灌木丛或林中。
【鉴别要点】枝条披散，侧生小枝伸长而常呈蜿蜒状，总花梗短，可区别于臭荚蒾。
【观赏特点】枝条长，柔软下垂，极具线条美。
【中国分布】广东北部、广西北部、贵州、湖北西部、湖南、江西、陕西南部、四川、台湾、西藏、云南、重庆、甘肃。
【世界分布】中国。

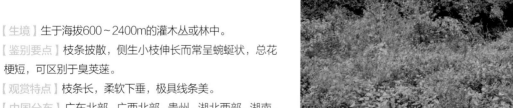
生境（李仁坤/摄）

花（吕文君 / 摄）

新叶（吕文君 / 摄）

新叶（吕文君 / 摄）

花蕾（吕文君 / 摄）

果（李仁坤 / 摄）

果序（李仁坤 / 摄）

秋色叶（吕文君 / 摄）

秋色叶（吕文君 / 摄）

1年生枝（吕文君 / 摄）

珍珠荚蒾（变种）

Viburnum foetidum var. *ceanothoides*（C. H. Wright）Handel-Mazzetti

枝条披散，侧生小枝短。叶片倒卵形，叶缘顶端具粗齿。总花梗长1～2.5cm。

🌳 生活型：直立或匍匐灌木

🌲 株高：可达4m

🌸 花期：5—8月

🍂 果期：8—10月

🌼 花色：白色

🍒 果色：红色

染色体数目：2n=18

别名：珍珠花
异名：*Premna valbrayi*、*V. ceanothoides*、
V. ajugifolium

果枝（黄升／摄）

秋色叶（吕文君／摄）

幼果（黄升／摄）

果序（黄升／摄）

【生境】生于海拔900～2600m的密林。

【鉴别要点】叶片顶端具粗齿，可明显区别于小叶荚蒾和直角荚蒾。

【观赏特点】叶形奇特，秋季叶色为橙红色和红色的混合，果实通透红艳，且耐修剪，是非常优秀的花灌木。

【中国分布】贵州西部、四川西南部、云南、广西。

【世界分布】中国。

生境（黄升／摄）

新叶（吕文君 / 摄）

芽（吕文君 / 摄）

3年生枝（黄升 / 摄）

花（吕文君 / 摄）

花枝（吕文君 / 摄）

植株（吕文君 / 摄）

果（吕文君 / 摄）

南方荚蒾
Viburnum fordiae Hance

　　冬芽卵形，被2对分生鳞片，鳞片被暗黄色或黄褐色簇状茸毛。叶片纸质至厚纸质，宽卵形至菱状卵形，长4～7cm，宽2.5～5cm，叶背密被簇状毛，叶表初时散生簇状短毛或叉状短柔毛，后无毛，有时散生红褐色微腺点；侧脉5～7对，直达齿端，最下面一对脉常作离基三出脉状；顶端钝或短尖至短渐尖，基部圆形至钝形，或宽楔形，很少楔形，叶缘除基部外常具小尖齿。花迟于叶出现；复伞形式聚伞花序生于侧生短枝顶端，直径3～8cm，第一级辐射枝5条；总花梗长1～3.5cm或极短近于无，被簇状毛及红褐色腺点；苞片绿色，线状披针形，早落；花生于第三和第四级分枝上，无梗或具短梗，无香味。花萼浅黄绿色，萼筒倒锥形，长约1.5mm，被暗黄色或黄褐色簇状毛；花萼裂片三角形，长约0.5mm，先端钝；花冠辐状，直径 3.5～5mm，外面被簇状毛；雄蕊稍与花冠裂片近等高或稍高出花冠裂片，着生于花冠筒基部；花丝长约2mm；花药黄白色，近圆形；柱头头状。果实，卵形，长6～7mm；核扁，卵形，长约6mm，直径约4mm，具有1条背沟和2条腹沟。

🌳 生活型：落叶灌木或小乔木

🌰 株高：可达5m

🌸 花期：4—5月

🫐 果期：10—11月

🌼 花色：白色

🍒 果色：红色

染色体数目：2n=18，72

别名：东南荚蒾

异名：*V. hirtulum*

果序（黄升／摄）

叶表（吕文君／摄）　当年生枝（吕文君／摄）　秋色叶（吕文君／摄）　秋色叶（吕文君／摄）

果（吕文君／摄）　花（吕文君／摄）　芽（吕文君／摄）

生境（黄升／摄）

【生境】生于海拔100～1000m的疏林或灌木丛。

【鉴别要点】与吕宋荚蒾相似，但吕宋荚蒾的总花梗极短或几无，且果实较小，叶片在放大镜下有明显的无柄透明腺点，而非有柄的红褐色腺点，可区别于本种。

【观赏特点】枝条直立丛生，植株常呈瓶状，可丛植或列植，也可在开阔处孤植。果实鲜红色，结果量大，果序下垂，挂果时间长，是非常好的秋冬观果灌木。

【中国分布】安徽南部、福建、广东、广西、贵州、湖南、江西、云南和浙江南部。

【世界分布】中国。

花枝（吕文君／摄）

叶表（吕文君／摄）

叶背（吕文君／摄）

台中荚蒾（原亚种）
Viburnum formosanum var. *formosanum*

　　幼枝光滑无毛，当年生小枝有棱角。冬芽卵形，被2对分离鳞片，鳞片被黄褐色簇状茸毛。叶片厚纸质，卵形，长5~10cm，宽3~5cm，叶背中脉和侧脉稀被贴伏长毛，脉腋集聚少数簇状毛，中脉基部两侧各具1枚圆形腺体或无腺体，叶表有光泽，仅中脉被稀疏贴伏长毛；侧脉7~8对，直达齿端；顶端凸尾尖，基部圆形或微形，边缘除基部外常有锯齿。花迟于叶出现；复伞形式聚伞花序生于具有一对叶的侧生短枝顶端，直径3~4cm，第一级辐射枝4~5条；总花梗长1~1.5cm，被稀疏簇状毛；苞片绿色，线状披针形，早落；花生于第二级分枝上，具短梗，无香味。花萼浅黄绿色，萼筒管状，长约1.5mm，被簇状短毛；花萼宽卵形，长约0.5mm，先端钝；花冠辐状，直径4.5mm，光滑无毛；雄蕊稍与花冠裂片近等高或稍高出花冠裂片，着生于花冠筒基部；花丝长约2.5mm；花药黄白色，椭圆状卵形；柱头头状。果实卵形，长约8mm；核扁，椭圆状卵形，长约6mm，具有2条浅背沟和3条浅腹沟。

🌳 生活型：落叶灌木或小乔木

🌲 株高：可达4m

❀ 花期：4—5月

🍃 果期：8—10月

🌸 花色：白色

🍒 果色：红色

别名：台湾荚蒾、净花荚蒾、红子荚蒾

异名：*V. erosum* var. *formosanum*、*V. dilatatum* var. *formosanum*、*V. formosanum* f. *subglabrum*、*V. luzonicum* var. *formosanum*、*V. luzonicum* f. *oblongum*、*V. luzonicum* var. *oblongum*、*V. luzonicum* f. *subglabrum*、*V. subglabrum*

果枝（孔繁明 / 摄）

果枝（孔繁明 / 摄）

【生境】生于海拔100~1100m的林中或灌木丛。

【鉴别要点】与吕宋荚蒾和南方荚蒾形似，但本种的当年生小枝有棱角，叶片顶端具凸尾尖。

【观赏特点】株型紧凑，枝叶繁密，春季白色花序浮于叶表，秋季红色果实点缀叶间，是具有开发潜力的花灌木。

【中国分布】台湾。

【世界分布】中国。

毛枝台中荚蒾（变种）
Viburnum formosanum var. *pubigerum* P. S. Hsu

幼枝、叶柄和花序均密被黄褐色簇状短毛。萼筒外表被簇状毛。

模式标本（馆／条形码 IBK00020740）

生活型：落叶灌木或小乔木

株高：可达4m

花期：4—5月

果期：8—10月

花色：白色

果色：红色

别名：毛枝光萼荚蒾

【生境】生于海拔100～1000m的疏林或或密林或灌木丛。

【鉴别要点】幼枝与叶柄密被黄褐色簇状短毛，可区别于台中荚蒾。

【观赏特点】株型紧凑，枝叶繁密，春季白色花序浮于叶表，秋季红色果实点缀叶间，是优秀的园林花灌木。

【中国分布】广东北部、湖南南部、江西。

【世界分布】中国。

光萼荚蒾（亚种）
Viburnum formosanum subsp. *leiogynum* P. S. Hsu

幼枝、叶柄光滑无毛或被簇状短毛。花序被簇状短毛，萼筒光滑无毛。

🌳 生活型：落叶灌木或小乔木

🌳 株高：可达4m

❀ 花期：4—5月

🍂 果期：8—10月

❀ 花色：白色

🍒 果色：红色

叶表（黄升/摄）

3年生枝（黄升/摄）

叶背（黄升/摄）

【生境】生于海拔700～1100m的林中。

【鉴别要点】萼筒光滑无毛，可以此区别于台中荚蒾和毛枝台中荚蒾。

【观赏特点】株型紧凑，枝叶繁密，春季白色花序浮于叶表，秋季红色果实点缀叶间，是优秀的园林花灌木。

【中国分布】福建北部、广西、四川、湖北（恩施）和浙江南部。

【世界分布】中国。

果枝（黄升/摄）

海南荚蒾
Viburnum hainanense Merrill & Chun

当年生小枝四角形。冬芽披针形，被2对分生鳞片，鳞片被黄褐色簇状毛。叶柄红紫色，叶片亚革质，矩圆形、宽矩圆状披针形或椭圆形，长3.5～7cm，宽1.5～4cm，叶两面均光滑无毛或仅中脉及侧脉被簇状毛，叶表有光泽；侧脉4～5对，近缘前互相网结，最下面一对脉延伸至叶缘上部，作离基三出脉状；顶端短渐尖或急尖，基部楔形或有时圆形，边缘全缘或中部以上具稀疏牙齿。花迟于叶出现；复伞形式聚伞花序直径2～4cm，第一级辐射枝4～5条；总花梗长0.4～1cm或近无梗，被黄褐色簇状毛；苞片绿色，线状披针形，早落；花生于第二和第三级分枝上，具短梗，无香味。花萼绿色，萼倒锥状，长约1mm，被稀疏簇状短毛；花萼宽卵形，非常短，先端钝；花冠辐状，直径约4mm，光滑无毛；雄蕊稍高出花冠裂片，着生于花冠筒基部；花丝长约2mm；花药黄白色，宽椭圆形；柱头头状。果实扁，卵形，直径约6mm；核扁，圆形，背面凸起，腹面深凹，其形如勺。

🌳 生活型：常绿灌木

🌼 株高：可达3m

❄ 花期：4—7月

🍂 果期：8—12月

🌸 花色：白色

🍒 果色：红色

异名：*V. tsangii*、*V. tsangii* f. *xanthocarpum*。

【生境】生于海拔600～1400m的林中或灌木丛。

【鉴别要点】叶片具黑色或褐色腺点，干时黑色，可区别于金腺荚蒾；叶片亚革质，当年生小枝连同叶柄和花序均被由黄褐色簇状毛组成的茸毛，果实先端急尖，可区别于常绿荚蒾。

【观赏特点】植株直立紧凑，叶片深绿有光泽，是优良的观叶灌木。

【中国分布】广东南部、广西南部和海南。

【世界分布】中国、越南北部。

果枝（林广旋/摄）

衡山荚蒾
Viburnum hengshanicum Tsiang ex P. S. Hsu

　　冬芽卵状矩圆形，被2对分生鳞片，外鳞片长约为内鳞片的1/2。叶片纸质，宽卵形或椭圆状卵形，稀倒卵形，长9~14cm，宽5~13cm，叶背中脉及侧脉被稀疏贴伏毛，或光滑无毛，脉腋集聚簇状毛，叶表光滑无毛；侧脉5~7对，直达齿端；顶端急短渐尖或急狭而具长突尖，有时3或2浅裂，基部圆形或浅心形，有时截形，边缘疏生不规则牙齿状尖齿，齿端非常明显。花迟于叶出现；复伞形式聚伞花序直径5~9cm，第一级辐射枝6~7条；总花梗长6~10cm，被短柔毛；苞片绿色，披针形，早落；花生于第三和第四级分枝上，具短梗或无花梗，无香味。花萼绿色，萼筒圆筒形，长约1mm，光滑无毛；花萼裂片宽卵形，长约1.5mm，先端钝；花冠辐状，直径约5mm，光滑无毛；雄蕊高出花冠裂片许多，着生于花冠筒基部；花丝长4~5mm；花药黄白色，宽矩圆状椭圆形；柱头头状。果实狭圆形至圆形，长约9mm，直径约6mm；核扁，倒卵形，长6~8mm，直径5~6mm，具有2条浅背沟和3条浅腹沟。

🌳 生活型：落叶灌木

🌿 株高：可达2.5m

🌸 花期：5—7月

🍂 果期：9—10月

🌼 花色：白色

🍒 果色：红色

【生境】生于海拔600~1300m的林中。

【鉴别要点】冬芽外鳞片较内鳞片长许多，叶大无毛，先端有时2或3浅裂，总花梗非常长，可明显区别于组内其他种。

【观赏特点】花序高挺于硕大的叶片之上，极具层次感。

【中国分布】安徽、广西、贵州、湖南、江西北部和浙江西北部。

【世界分布】中国。

花枝（李攀/摄）

全叶荚蒾
Viburnum integrifolium Hayata

当年生小枝四棱形。冬芽椭圆状卵形，被2对分生鳞片，鳞片卵状披针形，近无毛。叶片厚纸质，干后黑褐色，矩圆形，或矩圆状披针形至线状披针形，长5~11cm，宽1.5~2.8cm，叶两面光滑无毛，背面散生小褐色腺点；侧脉4~6对，侧脉近缘前互相网结；顶端突狭而呈长尾状，基部楔形，边缘不规则波状，而非齿状。花迟于叶出现；复伞形式聚伞花序生于具1对叶的短枝顶端，直径2.5~5cm，第一级辐射枝5条，被簇状毛和红褐色腺点；总花梗长2~2.5cm；苞片绿色，膜质，线状披针形，早落；花生于第二和第三级分枝上，具长梗或无花梗，无香味。花萼绿色，萼筒管状，长约1mm，具少量红褐色腺点；花萼裂片卵形，长约0.8mm，先端钝；花冠辐状，直径约4mm，光滑无毛；雄蕊与花冠裂片近等高，着生于花冠筒基部；花丝长约3mm；花药黄白色，宽椭圆形；柱头头状。果实卵形，长约7.5mm；核扁，卵形，长约6mm，直径约4mm，腹面微凹，背面突起。

生活型：落叶灌木

株高：可达4m

花期：6月

果期：8—9月

花色：白色

果色：红色

别名：玉山荚蒾、玉山糯米树

异名：*V. foetidum* f. *integrifolium*、
V. foetidum var. *integrifolium*

【生境】生于海拔1600~2000m的林中。

【鉴别要点】叶片矩圆形，或矩圆状披针形至线状披针形，干后黑褐色，叶片边缘呈不规则波状，不具齿，顶端突狭而呈长尾状，可区别于组内其他种。

【观赏特点】繁密的白色的花序浮于狭长的叶片之上，甚为优美。

【中国分布】台湾南部。

【世界分布】中国。

230763

一般标本（馆/条形码 TAI 230763）

甘肃荚蒾
Viburnum kansuense Batalin

　　冬芽卵形，被2对分生鳞片，鳞片光滑无毛。托叶2枚，钻形，宿存或脱落；叶纸质，宽卵形至椭圆状卵形或倒卵形，长3~8cm，宽3~7cm，叶背被贴伏简单长毛，脉腋集聚簇状毛，叶表稀被簇状毛或仅脉上有毛；掌状脉3~5条，直达齿端；叶3~5裂，中间裂片最大，先端渐尖或急尖，基部截形至近心形，或宽楔形，边缘有不规则牙齿。花迟于叶出现；复伞形式聚伞花序直径2~4cm，第一级辐射枝5~7条，被短柔毛；总花梗长2.5~3.5cm；苞片绿色，叶状，线状披针形，早落；花生于第二和第三级分枝上，具短梗或无花梗，无香味。花萼紫红色，萼筒倒锥形，长约1mm，光滑无毛；花萼裂片卵状三角形，长约0.5mm，先端钝；花冠辐状，直径约6mm，花冠裂片近圆形，光滑无毛；雄蕊略高于花冠裂片，着生于花冠筒基部；花丝长约2.5mm；花药红褐色，球形；柱头2裂。果实椭圆形或近球形，长8~10mm，直径7~8mm；核扁，椭圆形，长7~9mm，直径约5mm，具2条浅背沟和3条浅腹沟。

🌲 生活型：落叶灌木

🌿 株高：可达3m

❀ 花期：6—7月

🍂 果期：9—10月

✿ 花色：微红色

🍒 果色：红色

染色体数目：2*n*= 18

叶背（黄升/摄）

叶表（黄升/摄）

生境（黄升/摄）

芽（吕文君/摄）

果枝（陈小灵/摄）

【生境】生于海拔2400~3600m的冷杉林中。

【鉴别要点】叶片掌状3~5裂，花萼紫红色，花朵淡红色，可明显区别于组内其他种。

【观赏特点】叶形奇特，是具开发潜力的观叶灌木。

【中国分布】甘肃、陕西、四川、西藏和云南。

【世界分布】中国。1908年，Emest Henry Wilson从中国西部将该种引入欧洲。

花枝（陈小灵/摄）

披针形荚蒾
Viburnum lancifolium P. S. Hsu

当年生小枝四角形。冬芽卵状披针形，被2对分离的鳞片，鳞片卵状披针形，被簇状毛。叶片纸质，矩圆状披针形至披针形，长9～19cm，宽1～4cm，叶背被黄褐色簇状毛，或混生叉状毛或简单糙毛，叶表有光泽，具腺体；侧脉7～12对，直达齿端或近缘前互相网结，最下面一对脉常延伸至叶缘先端，作离基三出脉状；先端长渐尖，基部圆形或钝形，叶缘基部以上疏生锯齿。花迟于叶出现；复伞形式聚伞花序直径约4cm，果期可达5cm，第一级辐射枝5条，被黄褐色簇状毛或混生叉状毛或简单糙毛，总花梗长1.5～4cm；苞片绿色，膜质，线状披针形，早落；花生于第三和第四级分枝上，无梗或具短梗，无香味。花萼绿色，萼筒管状，长约1mm，被黄褐色簇状毛或混生叉状毛或简单糙毛；花萼裂片宽卵形或宽卵状三角形，长约为花萼筒的1/2，先端钝；花冠辐状，直径约4mm，花冠裂片圆卵形，光滑无毛；雄蕊略高于花冠裂片，着生于花冠筒基部；花丝长约3mm；花药黄白色，宽椭圆形；柱头头状。果实近球形，直径7～8mm；核扁，略呈三角形，长5～6mm，直径5～6mm，背面凸起而无沟，腹面凹陷，具2条腹沟。

【生境】生于海拔200～600m的疏林、林缘、灌木丛或竹林。
【鉴别要点】枝条多呈水平分枝，当年生小枝四角状，叶片狭长，侧脉多而明显，最下面一对脉常延伸至叶缘先端，作离基三出脉状，可区别于组内其他种。
【观赏特点】枝条平展，叶片狭长，油亮有光泽，植株极具层次美和线条美。
【中国分布】福建、江西和浙江。
【世界分布】中国。

🌳 生活型：常绿灌木
🌿 株高：可达2m
🌸 花期：4—5月
🍒 果期：7—10月
🌼 花色：白色
🍎 果色：红色

别名：披针叶荚蒾。

植株（吕文君／摄）

枝（吕文君／摄）

叶表（吕文君／摄）

叶背（吕文君／摄）

芽（吕文君／摄）

芽（吕文君／摄）

1年生枝（吕文君／摄）

花枝（吕文君／摄）

长伞梗荚蒾
Viburnum longiradiatum P. S. Hsu & S. W. Fan

　　冬芽卵形，被2对分生鳞片，鳞片密被黄绿色简单长毛。叶纸质，卵形、宽卵形、倒卵状圆形或矩圆形，长5～10cm，宽4.5～5cm，叶背被簇状毛，中脉基部两侧各具1～2枚腺体，或无腺体，叶表散生简单糙毛，后仅脉上有毛；侧脉7～9对，直达齿端；先端突狭而呈尾尖，基部宽楔形至圆形，叶缘有波状牙齿。花迟于叶出现；复伞形式聚伞花序直径 4～8cm，第一级辐射枝5～7条，被简单长毛；总花梗长1.5～4cm；苞片绿色，叶状，披针形，早落；花生于第二和第三级分枝上，具短梗或无花梗，无香味。花萼绿色，萼筒圆筒状，长约2mm，被简单糙毛；花萼裂片三角形至圆形，长约0.5mm，先端钝；花冠辐状，直径约6mm，花冠裂片圆卵形，外面被简单糙毛；雄蕊高于花冠裂片，着生于花冠筒基部；花丝长约为花药的3倍；花药黄白色，椭圆形；柱头头状。果实椭圆状卵形，长7～10mm，直径6～7mm；核扁，椭圆状卵形，长约7.5mm，直径约5mm，具2条背沟和3条腹沟。

🌳 生活型：落叶灌木或小乔木

🌲 株高：可达4m

🌸 花期：5—6月

🍂 果期：7—9月

🌼 花色：白色或淡红色

🍒 果色：红色

叶（吕文君／摄）

叶表（林秦文／摄）

叶背（林秦文／摄）

当年生枝（林秦文／摄）

花序（林秦文／摄）

花（李方文／摄）

花枝（林秦文／摄）

【生境】生海拔900~2300m的林中或灌木丛。

【鉴别要点】与荚蒾相似，但幼枝、叶柄和花序均被简单长糙毛，而非簇状毛或刚毛状毛，冬芽鳞片被黄绿色简单长毛，叶缘为波状齿，花序小，花有时淡红色，柱头3裂，可区别于荚蒾。

【观赏特点】株型紧凑，果实颜色鲜艳，结果量大，可作花灌木栽培。

【中国分布】四川、云南。

【世界分布】中国。

吕宋荚蒾
Viburnum luzonicum Rolfe

冬芽卵状矩圆形，被2对分生鳞片，鳞片被黄褐色簇状毛。叶片纸质至厚纸质，卵形、椭圆状卵形，或卵状披针形至矩圆形，有时近菱形，长4~9cm，宽2~5cm，叶背被稀疏簇状毛或叉状毛，叶表有透明腺点，中脉被叉状毛；侧脉5~9对，直达齿端；先端渐尖至凸尖，基部宽楔形至近圆形，叶缘有锯齿，有缘毛。花迟于叶出现；复伞形式聚伞花序生于具1对叶的侧生小枝或顶生小枝顶端，直径3~5cm，第一级辐射枝5条，被黄褐色簇状毛，或混生叉状或简单糙毛；总花梗非常短或近无，少见达1.5cm；苞片绿色，叶状，卵状披针形，早落；花生于第三和第四级分枝上，无花梗或具短梗，无香味。花萼黄绿色，萼筒卵圆形，长约1mm，被黄褐色簇状毛；花萼裂片卵状披针形，长约0.5mm，先端钝；花冠辐状，直径4~5mm，花冠裂片圆卵形，外面被簇状毛；雄蕊高于或稍高于花冠裂片，着生于花冠筒基部；花丝长约2mm；花药黄白色，宽椭圆形；柱头不明显3裂。果实卵形，直径5~6mm；核甚扁，卵形，长4~5mm，直径3~4mm，具3条浅背沟和2条浅腹沟。

🌳 **生活型**：落叶灌木或小乔木

🌲 **株高**：可达3m

🌸 **花期**：4—6月

🍒 **果期**：8—10月

🌼 **花色**：白色

🍒 **果色**：红色

染色体数目：2*n*= 16

异名：*V. foochowense*、*V. formosanum* f. *mushanense*、*V. luzonicum* var. *mushanense*、*V. mushanense*、*V. parvifolium*、*V. smithianum*、*V. smithii*

秋色叶（吕文君/摄）

花枝（吕文君/摄）

1年生枝（吕文君/摄）

【生境】生于海拔100～700m的疏林、灌木丛或路边。

【鉴别要点】叶片小，按压老叶表面呈灰白色，总花梗极短或无，果实小，果核有3条背沟、2条腹沟，可区别于南方荚蒾。

【观赏特点】植株紧凑，耐修剪；叶片小巧，略带绒感，生长季叶片深绿色，秋季转为紫红色。

【中国分布】福建、广东、广西、江西东南部、台湾、云南和浙江南部。

【世界分布】中国、印度尼西亚、菲律宾和马来西亚。在美国劳尔斯顿植物园（JC Raulston Arboretum）和乔治亚大学均有栽培。

花（吕文君／摄）

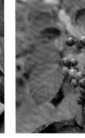
果（吕文君／摄）

植株（吕文君／摄）

叶表（吕文君／摄）

叶背（吕文君／摄）

叶表（吕文君／摄）

叶背（吕文君／摄）

新芽与秋叶并存（吕文君／摄）

秋色叶（吕文君／摄）

黑果荚蒾
Viburnum melanocarpum P. S. Hsu

　　冬芽卵状矩圆形，长约6mm，被2对分生鳞片，鳞片密被黄白色短柔毛。托叶2枚，早落；叶纸质、倒卵形、圆倒卵形，或宽椭圆形，稀菱状椭圆形，长6~10cm，宽3~6cm，叶背中脉及侧脉被贴伏长毛，脉腋集聚簇状毛，近基部中脉两侧无腺体或各具1对圆腺体，叶表中脉常被短糙毛，后近无毛；侧脉6~7对，直达齿端；先端常骤短渐尖，基部圆形、狭心形或宽楔形，叶缘有小牙齿。花迟于叶出现；复伞形式聚伞花序生于具1对叶的短枝顶端，直径约5cm，第一级辐射枝5条，散生小腺点；总花梗长1.5~3cm；苞片绿色，叶状，披针形，早落；花生于第二和第三级分枝上，具短梗或无花梗，无香味。花萼绿色，萼筒管状锥形，长约1.5mm，稀被簇状毛或光滑无毛；花萼裂片宽卵形，长约1.5mm，先端钝；花冠辐状，直径约5mm，花冠裂片宽卵形，光滑无毛；雄蕊高于或稍低于花冠裂片，着生于花冠筒基部；花丝长约4mm；花药黄白色，宽椭圆形；柱头头状。果实椭圆形，长约8mm，直径约6mm；核扁，卵形，长约8mm，直径约6mm，多少呈浅勺状，腹面中央有1条纵向隆起的脊。

- 🌳 生活型：落叶灌木
- 🌲 株高：可达3.5m
- 🌸 花期：4—5月
- 🍒 果期：9—10月
- 🌼 花色：白色
- 🍒 果色：初为黑紫红色，成熟时黑色

当年生枝（吕文君/摄）

秋色叶（黄升/摄）

果枝（朱鑫鑫/摄）

果（吕文君/摄）

【生境】生于海拔1000m的林中或灌木丛。

【鉴别要点】果实成熟时黑色，果核多少呈浅勺状，腹面中央有1条纵向
隆起的脊，可区别于组内其他种。

【观赏特点】果实成熟时呈亮黑色，犹如一颗颗精美的黑珍珠挂于枝头。

【中国分布】安徽、河南（商城、鸡公山）、
江苏南部、江西和浙江。

【世界分布】中国。

叶表（吕文君/摄）

花蕾（吕文君/摄）

叶背（吕文君/摄）

花枝（吕文君/摄）

西域荚蒾（原变种）
Viburnum mullaha var. *mullaha*

当年生枝被簇状茸毛。冬芽卵状矩圆形，长约5mm，被2对分生鳞片，鳞片外面密被贴伏短毛。叶片纸质，卵形至卵状披针形，长3.5～10cm，宽1.8～6cm，叶背密被簇状毛或仅脉腋有毛，近基部中脉两侧无腺体或各具1枚圆形腺体，叶表被稀疏简单叉状或簇状短毛，或仅中脉有毛；侧脉6～8对，直达齿端；先端尾状渐尖，基部宽楔形至圆形，或微心形，边缘除基部外有疏离牙齿。花迟于叶出现；复伞形式聚伞花序直径约6cm，第一级辐射枝5～7条，密被灰褐色簇状茸毛；总花梗长1.5～2.5cm；苞片绿色，叶状，披针形，早落；花生于第二至第四级分枝上，无花梗或具短梗，无香味。花萼绿色，萼筒倒锥形，长约1mm，外面被稀或密的簇状毛，且密布腺点；花萼裂片三角状卵形，非常小，先端钝；花冠辐状，直径4～5mm，花冠裂片圆卵形，外面被稀或密的簇状毛；雄蕊低于花冠裂片，着生于花冠筒基部；花丝长约1.5mm；花药黄白色，椭圆形；柱头头状。果实宽椭圆形，直径5～7mm；核卵形，直径4～6mm，具2条浅背沟和1条浅腹沟。

🌳 生活型：落叶灌木或小乔木

🌲 株高：可达4m

🌸 花期：6月

🍂 果期：9—10月

🍓 花色：白色

🍒 果色：红色

染色体数目：2*n*= 18

异名：*V. involucratum*、*V. stellulatum*、*V. stellulatum* var. *involucratum*、*V. thaiyongense*

枝（丁洪波／摄）

果序（丁洪波／摄）

花（PE 西藏考察队／摄）

幼果（丁洪波／摄）

【生境】生于海拔2300～2700m的针阔混交林。

【鉴别要点】本种与吕宋荚蒾、南方荚蒾和粤赣荚蒾均相似，但叶柄和总花梗较吕宋荚蒾长，叶片较南方荚蒾长，侧脉较粤赣荚蒾少，雄蕊短于花冠，果实较小。此外，本种果核具2条浅背沟和1条浅腹沟，也为区分要点。

【观赏特点】花量大，盛开时，花序可覆盖整个植株，可丛植观花或观果。

【中国分布】西藏南部和东南部、云南西北部（贡山）。

【世界分布】中国、印度、尼泊尔。美国乔治亚大学曾引种过，但未存活。

少毛西域荚蒾（变种）

Viburnum mullaha var. *glabrescens*（C. B. Clarke）Kitamura

当年生枝条近光滑无毛。叶背除脉腋集聚簇状毛外，仅中脉散生短毛。萼筒及花冠外面被极其稀疏的短毛。

🌳 生活型：落叶灌木或小乔木

🌱 株高：可达4m

❀ 花期：6月

🍐 果期：9—10月

❀ 花色：白色

🍒 果色：红色

果（西南种质资源库 / 摄）

植株（西南种质资源库 / 摄）

生境（西南种质资源库 / 摄）

染色体数目：2*n*= 18

异名：*V. stellulatum* var. *glabrescens*

【生境】生于海拔2200～2700m的混交林。
【鉴别要点】当年生枝条近无毛，萼筒、花冠及叶背毛稀疏，可区别于西域荚蒾。
【观赏特点】花量大，花期，花序可覆盖整个植株，可丛植观花或观果。
【中国分布】西藏。
【世界分布】中国、印度东部、不丹、尼泊尔。

常绿荚蒾（原变种）
Viburnum sempervirens var. sempervirens

　　当年生枝四角形。冬芽卵状披针形，具2对分生鳞片，鳞片卵状披针形，近光滑无毛。叶柄红紫色，光滑无毛或被稀疏簇状毛；叶片革质，椭圆形至椭圆状卵形，很少宽卵形，有时矩圆形或倒披针形，长4~12cm，宽2.5~5cm，叶背有褐色微腺点，中脉及侧脉被稀疏贴伏短柔毛，叶表光滑无毛，有光泽；侧脉3~6对，直达齿端或近缘前互相网结，最下面一对脉达叶缘先端，常作离基三出脉状；顶端急尖或短渐尖，基部楔形至钝形，有时近圆形，边缘全缘或先端有锯齿。花迟于叶出现；复伞形式聚伞花序，直径3~5cm，第一级辐射枝4或5条，光滑无毛或近无毛，被红褐色腺点；总花梗长不超过1cm或近无；苞片绿色，叶状，线形至线状披针形，早落；花生于第三和第四级分枝上，无花梗或具短梗，无香味。花萼绿色，萼筒管状倒锥形，长约1mm，光滑无毛；花萼裂片宽卵形，比萼筒短，先端钝，光滑无毛；花冠辐状，直径约4mm，光滑无毛，花冠圆形；雄蕊略高于花冠裂片，着生于花冠筒基部；花丝长为雄蕊的3倍；花药黄白色，宽椭圆形；柱头头状。果实卵形，长约8mm；核扁，圆形，直径3~5mm，腹面深凹陷，背面凸起，其形如勺。

🌳 生活型：常绿灌木

🌲 株高：可达4m

🌸 花期：4—5月

🍇 果期：7—12月

🌺 花色：白色

🍒 果色：红色

染色体数目：2n= 18

别名：坚荚蒾
异名：*V. nervosum*、*V. venulosum*

植株（吕文君 / 摄）

生境（黄升 / 摄）

花枝（吕文君 / 摄）

叶表（吕文君/摄）

叶背（吕文君/摄）

花（吕文君/摄）

果枝（徐文斌/摄）

花序（吕文君/摄）

【生境】生于海拔100～1800m的林中或灌木丛。

【鉴别要点】叶表干时变黑，叶背无金黄色腺点，可区分于金腺荚蒾；叶片革质，花萼筒无毛，果实先端圆，可区分于海南荚蒾。

【观赏特点】株型舒展优美，叶片油亮有光泽，新芽茶红色或绿色，是极具开发价值的花灌木。

【中国分布】广东、广西、江西、湖南、海南、香港。

【世界分布】中国。美国南卡罗来纳州艾肯郡曾有栽培。

花枝（吕文君/摄）

具毛常绿荚蒾（变种）
Viburnum sempervirens var. *trichophorum* Handel-Mazzetti

　　幼枝、叶柄和花序密被簇状毛。叶片顶端有较明显的锯齿，侧脉5～6对。果实较大，核长约7mm，果核背面略凸起，腹面略弯拱而不明显凹陷。

🌳 生活型：常绿灌木

🌿 株高：可达4m

❀ 花期：4—5月

🍂 果期：7—12月

🌼 花色：白色

🍒 果色：红色

异名：*V. pinfaense*

花（吕文君/摄）

幼果（吕文君/摄）

花蕾（吕文君/摄）

1年生枝（吕文君/摄）

叶表（吕文君／摄）

叶背（吕文君／摄）

新叶（吕文君／摄）

芽（吕文君／摄）

果序（吕文君／摄）

果（吕文君／摄）

果枝（吕文君／摄）

【生境】生于海拔100～1800m的林中或灌木丛。

【鉴别要点】幼枝、叶柄和花序密被簇状毛，明显区别于常绿荚蒾。

【观赏特点】株型舒展优美，叶片油亮有光泽，新芽茶红色，果实颜色艳丽，是极具开发价值的花灌木。

【中国分布】安徽、福建、广东、广西北部、贵州、湖南南部、江西、四川东南部、云南、浙江。

【世界分布】中国。

小叶荚蒾
Viburnum parvifolium Hayata

冬芽矩圆状卵形，具2对分生鳞片，鳞片卵状披针形，被簇状毛。叶片厚纸质，矩圆形或圆形，稀卵形，长0.8～3cm，宽0.7～2cm，叶背疏生簇状毛和浅褐色腺点，脉上毛尤密，叶表仅脉上有簇状毛；侧脉3或4对，直达齿端，最下面一对脉达叶缘先端，常作离基三出脉状；顶端圆形或稍尖，基部宽楔形至圆形，边缘基部除外具少数疏离锯齿。花迟于叶出现；复伞形式聚伞花序生于具1对叶的短枝顶端，直径约2.5cm，果期可达6cm，第一级辐射枝5条，密被簇状毛和浅褐色小腺点；总花梗长约5mm；苞片绿灰色，线状披针形，早落；花生于第一和第二级分枝上，无花梗或具短梗，无香味。花萼绿色，萼筒管状，长约1mm，外面被稀疏短毛和浅褐色小腺点；花萼裂片三角形，仅为萼筒长的1/2，先端钝，具浅褐色小腺点；花冠辐状，直径5～6mm，光滑无毛，花冠裂片圆形；雄蕊与花冠裂片近等高，着生于花冠筒基部；花丝长约2.5mm；花药黄白色，宽椭圆形；柱头头状，3裂。果实扁，矩圆形或圆形，长8～10mm，直径5～7mm；核扁，卵形，长约6.5mm，直径约4mm，顶端微凸尖，基部微凹，有1条浅腹沟。

🌳 生活型：落叶灌木

🌿 株高：可达2m

❀ 花期：6—7月

🍂 果期：11月

✿ 花色：白色

🍒 果色：红色

异名：*V. yamadae*

花（朱鑫鑫/摄）

【生境】生于海拔2700～3300m的山地。

【鉴别要点】该种与珍珠荚蒾相似，但叶片更小，通常长1～3cm，叶缘中部以上有少数浅牙齿而非粗牙齿或缺刻，果核有1条浅腹沟。

【观赏特点】株型优美、娇小精致，适宜用于小空间造景或盆栽，亦可作盆景。

【中国分布】台湾中央山脉。

【世界分布】中国。

花枝（朱鑫鑫/摄）

茶荚蒾
Viburnum setigerum Hance

　　落叶灌木，高可达4 m。冬芽矩圆形，长通常不超过5mm，最多长1cm，具2对分生鳞片，外鳞片长为内鳞片的1/3～1/2，鳞片光滑无毛。叶片纸质，干后为黑色或黑褐色，卵状矩圆形至卵状披针形，很少卵形或椭圆状卵形，长7～12cm，宽3～5.5cm，叶背仅中脉及侧脉上被淡黄色贴伏长纤毛，近基部中脉两侧各具1～2枚圆形腺体，叶表被长纤毛或近无毛；侧脉6～8对，直达齿端；顶端渐尖，基部圆形，叶缘除基部外具疏离的尖锯齿。花迟于叶出现；复伞形式聚伞花序常下垂，直径2.5～4cm，第一级辐射枝通常5条，光滑无毛被稀疏贴伏长纤毛；总花梗长1～2.5cm；苞片绿色，叶状，披针形，早落；花生于第三级分枝上，具短梗或无花梗，无香味。花萼绿色，萼筒管状，长约1.5mm，光滑无毛；花萼裂片卵形，长约1mm，先端钝，光滑无毛；花蕾略带粉色，盛开后为白色，辐状，直径4～6mm，光滑无毛，花冠裂片圆形；雄蕊与花冠裂片近等高，着生于花冠筒基部；花丝长约3mm；花药黄白色，球形；柱头头状。果实成熟时红色或橙色，卵形，长9～11mm；核甚扁，卵形，长8～10mm，直径5～7mm，有时则较小，间或卵状椭圆形，直径仅4～5mm，腹面扁平或略凹陷。

- 生活型：常绿灌木
- 株高：可达4m
- 花期：4—5月
- 果期：7—12月
- 花色：白色
- 果色：橙黄色或红色

染色体数目：2*n*= 18，36

别名：汤饭子、垂果荚蒾、鸡公柴、糯米树、糯树
异名：*V. bodinieri*、*V. setigerum* var. *sulcatum*、*V. theiferum*

花（吕文君／摄）

植株（吕文君／摄）

叶表（吕文君／摄）

叶背（吕文君／摄）

叶表（吕文君／摄）

叶背（吕文君／摄）

芽（吕文君／摄）

果枝（傅强／摄）

生境（黄升／摄）

【生境】生于海拔800～1700m的林中或灌木丛。

【鉴别要点】果序下垂，芽、叶片及花冠干后变为黑色或黑褐色，叶背有腺体，可区分于组内其他种。

【观赏特点】株型优美。早春，白色花序浮于叶表，随风摇曳；秋季，橙红色或红色果实挂满枝头，在橙红色、黄色和绿色混合叶片的衬托下，斑斓多彩。

【中国分布】安徽、福建北部、广东北部、广西东部、贵州、湖北西部、湖南、江苏南部、江西、陕西南部、四川东部、台湾、云南、浙江和重庆。

【世界分布】中国。1901年，由Emest Henry Wilson从中国西部引入欧洲。

相关种与品种：

序号	学名
1	*V. setigerum* 'Aurantiacum'

芽（吕文君/摄）

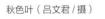

秋色叶（吕文君/摄）　　　果序（吕文君/摄）

芽（丁洪波/摄）

花蕾（吕文君/摄）

花（丁洪波/摄）

果枝（徐文斌/摄）

秋色叶（吕文君/摄）

瑶山荚蒾
Viburnum squamulosum P. S. Hsu

　　冬芽卵状披针形，具2对分生鳞片，鳞片光滑无毛。叶片厚纸质，线状披针形，长11～17cm，宽1.5～2cm，叶两面均光滑无毛，被红褐色腺点，叶表有光泽；侧脉约6对，直达齿端或近缘前互相网结；顶端长渐尖，基部楔形或钝形，边缘有不规则锯齿或近全缘。花迟于叶出现；复伞形式聚伞花序直径可达6cm，第一级辐射枝通常5条，长1～2cm，光滑无毛；总花梗长约2cm，纤细，被簇状毛；苞片不详，早落；花生于第二和第三级分枝上，无花梗或具短梗，无香味。花萼绿色，萼筒宽卵形，长约1mm，光滑无毛；花萼裂片宽三角状卵形，长约为萼筒的1/2，先端钝，光滑无毛；花冠辐状；柱头头状，3裂。果实近球形，直径6～7mm，光滑无毛或被腺点；核扁，近四角形，长约5mm，直径约5mm，腹面凹陷，背面凸起，形状如勺，无纵沟。

🌳 生活型：常绿灌木

🌱 株高：不详

🌸 花期：不详

🍂 果期：8月

🌺 花色：不详

🍓 果色：不详

别名：细鳞荚蒾

【生境】生于密林中。

【鉴别要点】与披针形荚蒾相似，但本种的冬芽鳞片及叶片两面均光滑无毛，侧脉6对，可以此区分。

【观赏特点】叶片狭长，油亮有光泽，是极具开发潜力的观叶灌木。

【中国分布】广西瑶山。笔者2017—2018年曾多次赴已有标本记录的分布地及附近相似生境调查，均未发现该种。

【世界分布】中国。

果枝（唐明／摄）

果枝（唐明／摄）

幼果（唐明／摄）

生境（唐明／摄）

浙皖荚蒾
Viburnum wrightii Miquel

当年小枝无毛或有少数糙毛。冬芽具2对分生鳞片，鳞片被糙毛。叶片纸质，倒卵形至卵形，或近圆形，长7～14cm，宽6～9cm，叶背主脉和侧脉上有少数短糙伏毛，脉腋集聚簇状毛，有透明腺点；顶端急渐尖，基部圆形或宽楔形，叶缘有牙齿状粗尖齿；侧脉6～10对，直达齿端。复伞形式聚伞花序直径5～10cm，无毛或有少数短糙毛，总花梗长6～20mm；第一级辐射枝5条；花冠辐状；雄蕊黄白色，远高于花冠裂片。

叶（徐晔春/摄）

花（徐晔春/摄）

生活型：落叶灌木

株高：可达3m

花期：5—6月

果期：9月

花色：白色

果色：红色

染色体数目：2*n*= 16，18

【生境】生于溪边林下。
【鉴别要点】与荚蒾相似，但叶片、当年生小枝以及花序毛较少。
【观赏特点】秋叶红色，果实成熟时鲜红色，可持续至冬季，十分艳丽。

【中国分布】安徽黄山和浙江昌化。
【世界分布】中国、日本和朝鲜。1892年，Charles Sprague Sargent 从中国将该种引入欧洲。

日本荚蒾
Viburnum japonicum Thunberg

生长速度缓慢，小枝光滑。叶柄红色或绿色，长1.5~3cm；叶片薄革质，卵圆形至宽倒卵形，长7~20cm，宽6~12cm，叶背灰色，具腺点，叶表有光泽；侧脉5~8对，直达齿端；顶端短尾尖或钝，基部宽楔形至圆形，叶缘全缘或1/3以上有锯齿。花迟于叶出现；复伞形式聚伞花序大，第一级辐射枝通常6条，光滑无毛；苞片不详，早落；花生于第三和第四级分枝上，有香味。花冠白色，辐状，芳香。果实卵圆形，长约8mm。

🌳 生活型：常绿灌木

🌿 株高：可达1.8m

🌸 花期：4—5月

🍇 果期：9—10月

🌺 花色：白色

🍒 果色：红色

染色体数目：2n= 18

别名：日式荚蒾

【生境】生于密林中。
【鉴别要点】植株矮小，常绿，叶片革质有光泽，卵圆形至宽倒卵形，可区别于组内其他种。
【观赏特点】株型紧凑，耐修剪，叶片油亮有光泽，果实颜色鲜艳，经冬不落。
【中国分布】舟山市（东极镇东福山岛）、台州市（椒江区上大陈岛）、临海市（头门岛和雀儿岛）、台湾北部海岸。浙江省保护野生植物（第一批）和浙江省极小种群拯救保护物种。
【世界分布】中国、日本、韩国、朝鲜。

花枝（徐晔春 / 摄）

植株（徐晔春 / 摄）

幼果（吕文君 / 摄）

秋色叶（吕文君 / 摄）

叶表（吕文君/摄）

叶背（吕文君/摄）

叶（吕文君/摄）

花芽（吕文君/摄）

叶芽（吕文君/摄）

花（吕文君/摄）

相关种与品种：

序号	学名
1	*V. japonicum* 'Variegatum'
2	*V.* 'Chippewa'

凤阳山荚蒾
Viburnum fengyangshanense Z. H. Chen, P. L. Chiu & L. X. Ye

　　幼枝微具棱，常带紫红色，疏被上向长纤毛、星状毛和紫红色腺毛；冬芽紫色，鳞片2对，第一对长约4mm，外面沿脊有柔毛，内面无毛；第二对长约11mm，外面被柔毛，边缘有蘑菇状褐色腺体，内面无毛。叶片纸质，干后不变黑色或黑褐色，卵形或卵状椭圆形，稀椭圆形，长8~11cm，宽3.5~5cm，先端长渐尖，基部近圆形，叶缘除基部外疏生尖锯齿，具缘毛，叶表沿脉贴生脱落性长纤毛和紫褐色腺毛，叶背全面被淡紫红色细小腺点，沿中脉、侧脉和网脉疏被星状毛，脉腋尤密，中脉、侧脉还贴生稀疏长纤毛，近基部第一对侧脉以下区域内有少数腺体，侧脉5~7对，直达齿端；叶柄紫红色，长6~10mm，连同托叶密被星状毛、紫红色腺毛和上向长纤毛；托叶2枚，狭条形，基部1/3与叶柄合生，分生部分长6~10mm，宿存。复伞形式聚伞花序被星状毛、紫红色腺毛和斜展的稀疏长纤毛，直径4~5cm，第一级辐射枝通常5条；花生于第3级辐射枝上，有梗或无梗，芳香；萼筒被星状毛、斜展糙毛和紫红色腺毛，萼齿三角形，长约0.5mm，边缘散生紫红色腺毛；花冠辐状，直径6~7mm，无毛；雄蕊与花冠几等长，花药椭圆形；花柱略高出萼齿。果序直立；果实卵球形，长9~10mm，幼时被斜展糙毛，后光滑；核甚扁，卵圆形，长8~9mm，直径6~7mm，凹凸不平，无明显的背沟、腹沟。

🌿 生活型：落叶灌木

🌳 株高：1~3m

❀ 花期：5月

🍂 果期：10月

❀ 花色：白色

🍒 果色：红色

果序（陈征海／摄）

花枝（陈征海／摄）

叶背腺体（陈征海／摄）

叶背腺体（陈征海／摄）

【生境】生于海拔1360～1745m的山谷林缘或山坡林下。

【鉴别要点】本种与茶荚蒾和宜昌荚蒾相似，与茶荚蒾的区别在于：幼枝、叶背脉上、叶柄及托叶、花序及萼筒等均被紫红色腺毛、星状毛；叶片压干后不变黑色或黑褐色，叶背被淡紫红色细小腺点；叶柄具长托叶；果序直立。与宜昌荚蒾的不同在于：叶片较大，叶背全面被淡紫红色的细小腺点，毛被稀疏；托叶狭条形，分生部分长；果实较大，熟时无毛；果核无明显的背沟、腹沟。

【观赏特点】花序洁白，果序红艳。

【中国分布】浙江（龙泉凤阳山国家级自然保护区大弯、凤阳湖至黄茅尖下一带，以及屏南高漈下一带）。

【世界分布】中国。

花（陈征海／摄）

花梗（陈征海／摄）

总花梗（陈征海／摄）

托叶（陈征海／摄）

THE FIFTH CHAPTER

第 五 章

荚 蒾 属 植 物 的 引 种

资源的引种保存是植物保护及开发利用的基础。摸清荚蒾属植物在我国的引种情况，以及我国荚蒾属植物资源在国外的引种情况，对于促进荚蒾属植物资源的合理发掘利用具有重要意义。

5.1 荚蒾属植物在中国的引种

荚蒾属植物在国内的引种方式主要有野外引种、市场购入、植物园间交叉引种、国际种质交换等。其中，我国原生种的引种方式以野外引种和植物园间交叉引种为主，栽培品种和国外原生种早期以国外市场购入、国际种质交换为主，近期主要通过植物园间交叉引种和国内市场购入。

据不完全统计，2018年我国21个植物园共计引入67个荚蒾属国内原生种（包含种下分类单位，下同，表5-1）、7个国外原生种以及49个栽培品种。这里所统计的数量物种总数量，均为栽植存活的物种数量，虽有引种，但未成功保存的物种，在此不作统计。中国科学院植物研究所北京植物园从1956年开始荚蒾属植物的引种，是国内最早进行该属植物资源收集的单位，但由于气候因子限制，保存的种类并不多。武汉植物园1957年开始荚蒾属原生种的引种调查，当时以标本采集为主，零星引种，2003年开始以活体植株集中收集为主，2016年开始系统全面多途径收集，用于资源圃建设，并由专人管理，共收集、保存62个中国原生种、6个国外原生种和25个国外栽培品种，是国内荚蒾属植物种类及原生种保存数量最多的单位；于2005年开始筹建的上海辰山植物园，将具有较高观赏价值的国外荚蒾属植物资源作为引种重点，共保存5个国外原生种和35个国外栽培品种，其国外种类的保存数量居全国首位；成都植物园从2003年便将国内荚蒾属植物原生种的收集作为其引种工作的重点，共保存有36个国内原生种，国内原生种的保有种类仅次于武汉植物园；上海植物园和北京植物园是最早从国外引入荚蒾属植物的单位，也是最早将国外荚蒾属植物应用于园区景观建设的单位。二者由于气候环境的差异，引种的重点并不相同，北京植物园将耐寒的常绿种类作为引入的重点，而上海植物园主要引入观花种类。虽然这两家单位保存的种类并不多，但却是国外荚蒾属植物观赏特征展现最为完全的单位。

分布范围广的荚蒾，适应性好，野生种驯化工作一般较为容易；分布范围窄的种类，对环境条件要求严格，野生种驯化工作难度相对较大。21个植物园引入的123种荚蒾属植物中，已经用于景观建设的有72种，约占引入总数的59%。华南植物园、西双版纳热带植物园、宝鸡植物园、南京中山植物园、兰州植物园、广西植物研究所、庐山植物园、深圳仙湖植物园、宁夏银川植物园和沈阳树木园引种的荚蒾属植物均已应用于园区景观建设；中国科学院植物研究所北京植物园、北京植物园、昆明植物园、上海植物园和西安植物园观赏区应用的种类占其引种数量的比例高达70%以上；上海辰山植物园、成都植物园和武汉植物园大部分种类依然处于驯化阶段，用于景观建设的种类不足其引种数量的30%；丽江高山植物园引种的荚蒾属植物全部处于驯化阶段。目前荚蒾属植物的应用方式主要是建立专类园或集中种植，也有部分园区尝试利用荚蒾属植物作为色带、行道树、绿篱、园艺盆栽、庭院点缀等，这反映了国内对该属植物的关注。

表5-1 中国主要植物园荚蒾属植物的引种情况

植物园	国内原生种数	引种方式	国外原生种数	引种方式	国外栽培品种数	引种方式	园林应用总数
武汉植物园	62	野外引种、植物园间交叉引种	6	植物园间交叉引种、市场购入	25	植物园间交叉引种、市场购入	25
成都植物园	36	野外引种、植物园间交叉引种	2	植物园间交叉引种	5	植物园间交叉引种	7
上海辰山植物	22	野外引种、市场购入	5	市场购入、国际种质交换	35	市场购入	13
上海植物园	10	野外引种、植物园间交叉引种	3	市场购入	9	市场购入	16
昆明植物园	15	野外引种、植物园间交叉引种	3	植物园间交叉引种	3	植物园间交叉引种	17
中国科学院植物研究所北京植物园	13	野外引种	4	市场购入、国际种质交换	4	市场购入	18
北京植物园	7	野外引种	2	市场购入	13	市场购入	17
华南植物园	13	野外引种	1	国际种质交换	0	/	14

续表

植物园	国内原种数	引种方式	国外原生种数	引种方式	国外栽培品种数	引种方式	园林应用总数
西双版纳热带植物园	10	野外引种	0	/	0	/	10
杭州植物园	34	野外引种、植物园间交叉引种	3	植物园交叉引种	0	/	18
西安植物园	8	野外引种	0	/	0	/	7
宝鸡植物园	6	野外引种	0	/	0	/	6
南京中山植物园	19	野外引种	4	国际种质交换	0	/	18
兰州植物园	3	野外引种	0	/	0	/	3
丽江高山植物园	4	野外引种	0	/	0	/	0
广西植物园	10	野外引种	0	/	0	/	10
庐山植物园	6	野外引种	0	/	0	/	6
深圳仙湖植物园	4	野外引种	0	/	0	/	4
黑龙江省森林植物园	4	野外引种	1	市场购入	1	市场购入	6
宁夏银川植物园	3	野外引种	0	/	0	/	3
沈阳树木园	2	野外引种	0	/	0	/	2
除去重复共计	67	/	7	/	49	/	72

5.1.1 中国原生种的引种

据不完全统计，2018年我国21个植物园共计引入67个国内原生种（包含种下单位，见表5-2），约占我国原生种总数的68%。不同单位由于引种工作重点不同，对荚蒾属植物的关注程度也不尽相同。其中，武汉植物园引种种类最多，高达62种，约占我国原生种总数的63%，其次是成都植物园和杭州植物园，引种数量分别为36种和34种。

皱叶荚蒾在我国21个植物园的引种率最高，有12家单位进行了引种；其次为鸡树条、蝴蝶戏珠花、桦叶荚蒾、荚蒾、日本珊瑚树、珊瑚树、欧洲荚蒾、短序荚蒾、南方荚蒾、香荚蒾、琼花、水红木、球核荚蒾、金佛山荚蒾、宜昌荚蒾、珍珠荚蒾、常绿荚蒾和少花荚蒾，均有5家以上的单位进行引种；聚花荚蒾、修枝荚蒾、醉鱼草状荚蒾等20种荚蒾均有3～5家单位进行引种；备中荚蒾、蓝黑果荚蒾、樟叶荚蒾等27种荚蒾仅得到1～2家单位的引种。还有约31%的荚蒾至今未被引种，或虽有引种，但在栽培过程中不能够适应环境而未能成活，这些荚蒾中不乏观赏价值较高的种类，在今后的引种过程中应加强重视。

我国21个植物园引入的67个原生种中，有46种在不同园区观赏区得到应用，应用比例高达69%，充分显示出国内对该属植物的高度关注。应用比例较高的种类为皱叶荚蒾、鸡树条、蝴蝶戏珠花、日本珊瑚树、桦叶荚蒾、荚蒾、绣球荚蒾、欧洲荚蒾、珊瑚树、琼花、香荚蒾、短序荚蒾、南方荚蒾、球核荚蒾、水红木、宜昌荚蒾、珍珠荚蒾、常绿荚蒾、金佛山荚蒾，均在5家以上的单位进行应用，这些种类均为观赏价值较高的种类。日本珊瑚树、皱叶荚蒾和珊瑚树四季常绿，花、叶、果兼具观赏价值，琼花、绣球荚蒾、蝴蝶戏珠花和鸡树条具有白色大型不孕边花，桦叶荚蒾秋冬季节果实艳丽，且具秋色叶。

不同单位由于引种目的不同，对荚蒾属植物应用价值的关注程度也不尽相同。武汉植物园、昆明植物园、中国科学院植物研究所北京植物园、西双版纳热带植物园、华南植物园、南京中山植物园、广西植物园研究所和杭州植物园应用于园区景观建设的国内荚蒾属植物原生种均不少于10种，其中武汉植物园应用种类最多，高达23种；成都植物园、上海辰山植物园、上海植物园、北京植物园、西安植物园、宝鸡植物园和庐中山植物园应用于园区景观建设的国内荚蒾属植物原生种5～8种；兰州植物园、宁夏银川植物园、沈阳树木园和丽江高山植物园应用于园区景观建设的国内荚蒾属植物原生种均不超过3种。

表5-2 中国荚蒾属植物原生种的引种情况

中文名	拉丁名	引种单位数	应用单位数	武汉植物园	成都植物园	上海辰山植物园	上海植物园	昆明植物园	中国科学院植物研究所北京植物园	北京植物园	华南植物园	西双版纳热带植物园	杭州植物园	西安植物园	宝鸡植物园	南京中山植物园	兰州植物园	丽江高山植物园	广西植物研究所	庐山植物园	深圳仙湖植物园	黑龙江省森林植物园	宁夏银川植物园	沈阳树木园
醉鱼草状荚蒾	Viburnum. buddleifolium	5	0	○	○				○				○			○								
修枝荚蒾	V. burejaeticum	4	2	○					●				○									●		
金佛山荚蒾	V. chinshanense	6	3	●	●	○	○						○			●								
聚花荚蒾	V. glomeratum subsp. glomeratum	5	2	○	○									●		○							●	
壮大荚蒾	V. glomeratum subsp. magnificum	2	1		○	●																		
备中荚蒾	V. carlesii var. bitchiuense	1	0	○																				
绣球荚蒾	V. macrocephalum f. macrocephalum	10	8		○	○		●	●		●		●		●	●			●	●				
琼花	V. macrocephalum f. keteleeri	8	7	●	○			●	●	●			●		●	●								
蒙古荚蒾	V. mongolicum	3	2	●					●	○														
皱叶荚蒾	V. rhytidophyllum	12	11	●		○		●	●	●	●		●	●	●	●	●					●		
陕西荚蒾	V. schensianum	5	2	○	○				●				○	●										
壶花荚蒾	V. urceolatum	1	0	○																				
烟管荚蒾	V. utile	5	2	○	○	●	○						●											
显脉荚蒾	V. nervosum	3	0	○	○	○																		
合轴荚蒾	V. sympodiale	5	1	○	○	○							○							●				
毛枝荚蒾	V. atrocyaneum f. harryanum	2	0	○														○						
樟叶荚蒾	V. cinnamomifolium	2	0	○	○																			
川西荚蒾	V. davidii	1	0	○																				
球核荚蒾	V. propinquum var. propinquum	7	5	●	○	○	●						●			●			●					
狭叶球核荚蒾	V. propinquum var. mairei	2	1	●	○																			
三脉叶荚蒾	V. triplinerve	1	0	○																				

中文名	学名		
短序荚蒾	V. brachybotryum	8	6
漾濞荚蒾	V. chingii	1	0
伞房荚蒾	V. corymbiflorum	2	0
短筒荚蒾	V. brevitubum	2	1
红荚蒾	V. erubescens	3	0
香荚蒾	V. farreri	8	5
巴东荚蒾	V. henryi	5	3
珊瑚树	V. odoratissimum var. odoratissimum	10	3
日本珊瑚树	V. odoratissimum var. awabuki	10	10
小花荚蒾	V. oliganthum	6	3
瑞丽荚蒾	V. shweliense	1	0
台东荚蒾	V. taitoense	5	2
腾越荚蒾	V. tengyuehense var. tengyuehense	1	0
横脉荚蒾	V. trabeculosum	1	0
蝶花荚蒾	V. hanceanum	4	3
粉团	V. plicatum f. plicatum	4	3
蝴蝶戏珠花	V. plicatum var. tomentosum	11	8
水红木	V. cylindricum	7	2
光果荚蒾	V. leiocarpum	1	0
鳞斑荚蒾	V. punctatum	5	3
锥序荚蒾	V. pyramidatum	2	1
三叶荚蒾	V. ternatum	3	2
桦叶荚蒾	V. betulifolium	9	5
金腺荚蒾	V. chunii	2	1
粤赣荚蒾	V. dalzielii	1	1
淡黄荚蒾	V. lutescens	3	2
厚绒荚蒾	V. inopinatum	2	1
荚蒾	V. dilatatum	10	6
宜昌荚蒾	V. erosum var. erosum	7	4

续表

中文名	拉丁名	引种单位数	应用单位数	武汉植物园	成都植物园	上海辰山植物园	上海植物园	昆明植物园	中国科学院植物研究所北京植物园	北京植物园	华南植物园	西双版纳热带植物园	杭州植物园	西安植物园	宝鸡植物园	南京中山植物园	兰州植物园	丽江高山植物园	广西植物研究所	庐山植物园	深圳仙湖植物园	黑龙江省森林植物园	宁夏银川植物园	沈阳树木园
直角荚蒾	V. foetidum var. rectangulatum	4	2	○	○											●			●					
珍珠荚蒾	V. foetidum var. ceanothoides	7	5	●	○			●				●	●			○			●					
南方荚蒾	V. fordiae	8	6	●	○		●				●		○			●			●		●			
广叶荚蒾	V. amplifolium	1	0	○																				
甘肃荚蒾	V. kansuense	2	0	○														○						
披针形荚蒾	V. lancifolium	1	0	○																				
长伞梗荚蒾	V. longiradiatum	2	1	○				●																
吕宋荚蒾	V. luzonicum	3	0	○	○	○																		
黑果荚蒾	V. melanocarpum	3	1	○	○						●													
常绿荚蒾	V. sempervirens var. sempervirens	6	5	○							●	●	●						●		●			
具毛常绿荚蒾	V. sempervirens var. trichophorum	2	1	○									●											
海南荚蒾	V. hainanense	1	1										●											
日式荚蒾	V. japonicum	2	0	○									○											
茶荚蒾	V. setigerum	5	5	●		●							●			●				●				
欧洲荚蒾	V. opulus subsp. opulus	9	6	●	○	○	●		●	●			○			●								●
鸡树条	V. opulus subsp. calvescens	11	8	○	○	○			●	●				●	●		●					●	●	●
朝鲜荚蒾	V. koreanum	1	1																			●		
合计	67种	21家植物园	20家植物园	62(23)	36(6)	22(6)	10(5)	15(15)	13(10)	7(6)	13(13)	10(10)	34(18)	8(7)	6(6)	19(14)	3(3)	4(0)	10(10)	6(6)	4(4)	4(4)	3(3)	2(2)

注：○代表所属单位对荚蒾属植物进行引种，●指所属单位已将该荚蒾属植物应用在景观建设上；合计括号内的数字代表在该单位已被应用在景观建设上的荚蒾属植物种数。

国内主要植物园引种的部分中国原生种

日本珊瑚树花序（吕文君／摄）

日本珊瑚树果枝（吕文君／摄）

日本珊瑚树新叶（吕文君／摄）

日本珊瑚树叶（吕文君／摄）

日本珊瑚树应用场景（吕文君／摄）

琼花果枝（吕文君/摄）

琼花应用场景（吕文君/摄）

琼花应用场景（吕文君/摄）

珊瑚树新叶（吕文君/摄）

珊瑚树应用场景（吕文君/摄）

短序荚蒾新叶（吕文君／摄）

短序荚蒾应用场景（吕文君／摄）

短序荚蒾应用场景（吕文君／摄）

绣球荚蒾应用场景（邢梅／摄）

蝴蝶戏珠花花枝（吕文君 / 摄）

蝴蝶戏珠花果枝（吕文君 / 摄）

蝴蝶戏珠花应用场景（吕文君 / 摄）

蝴蝶戏珠花应用场景（吕文君 / 摄）

鳞斑荚蒾应用场景（吕文君／摄）

金佛山荚蒾应用场景（吕文君／摄）

欧洲荚蒾应用场景（吕文君／摄）

蝶花荚蒾应用场景（吕文君／摄）

荚蒾应用场景（吕文君／摄）

5.1.2 国外种或栽培品种的引种

我国自主培育的荚蒾属栽培品种十分稀少，大部分品种均从国外引入。目前，从国外引进的荚蒾属原生种共计7个，栽培品种49个（表5-3），这些种类主要通过上海辰山植物园、上海植物园、中国科学院植物研究所北京植物园、北京植物园和武汉植物园5家植物园直接从国外购买获得，其他植物园均通过上述单位交叉引种获得，少数原生种通过国际种质交换获得。武汉植物园引入的国外原生种最多，共计6种，约占引入原生种总数的75%，上海辰山植物园引入的国外栽培品种最多，共计35种，约占引入品种总数的86%。

在所有引入的国外原生种中，引种率最高的为红蕾荚蒾（ V. carlesii），武汉植物园、上海辰山植物园、上海植物园等8家单位均进行了引种，其次为地中海荚蒾（ V. tinus），武汉植物园、上海植物园、上海辰山植物园等6家单位均有引种。引入的栽培品种中，引种率较高的有普拉梗斯荚蒾（ V. × pragense）、'玫瑰'欧洲荚蒾（ V.opulus subsp. opulus 'Roseum'）、'曙光'红蕾荚蒾（ V. carlesii 'Aurora'）、布克荚蒾（ V. × burkwoodii）、'柳木'拟皱叶荚蒾（ V. × rhytidophylloides 'Willowwood'），均受到3家以上单位的青睐。普拉梗斯荚蒾由于四季常绿、叶片浓绿有光泽，且适应性广泛，在国内引种率最高，武汉植物园、北京植物园、上海植物园、昆明植物园等6家单位均进行了引种。'玫瑰'欧洲荚蒾花大如雪球，初花期至开花后期依次呈现淡绿色、白色和粉白色，北至北京，南至成都均可栽植，在国内的引种率仅次于普拉梗斯荚蒾，北京植物园、上海植物园、中国科学院植物研究所北京植物园等5家单位均有引种栽培。'曙光'红蕾荚蒾花蕾时深红色，盛开后粉色，是该属难得的早春开花灌木。布克荚蒾和'柳木'拟皱叶荚蒾四季常绿，叶色墨绿，极具质感，且适应范围广，是优秀的观叶灌木。

国外引入种类在景观建设中应用的比例远不如国内原生种，引入的56个国外种类中，仅有26个在观赏区进行应用，应用数量不及引种数量的一半。上海植物园引种的国外种类几乎全部应用于园内观赏区，应用数量和应用比例均最高，包含3个国外原生种和8个栽培品种。其次为北京植物园，应用了2个国外原生种和9个栽培品种；中国科学院植物研究所北京植物园应用了4个国外原生种和4个栽培品种；上海辰山植物园应用了3个国外原生种和4个栽培品种；南京中山植物园应用了4个国外原生种；武汉植物园、昆明植物园和黑龙江省森林植物园均应用了1个国外原生种和 1个栽培品种；西双版纳热带植物园应用了2个国外原生种；成都植物园和华南植物园均应用了1个国外原生种。引种的国外种类中地中海荚蒾和梨叶荚蒾（ V. lentago）的应用比例最高，在6家引种单位中均有应用，是非常优秀的早春观花类花灌木，主要用作色块或修剪造型。

表5-3 国外原生种及栽培品种在中国的引种情况

中文名	拉丁名	引种单位数	应用单位数	武汉植物园	成都植物园	上海辰山植物园	上海植物园	昆明植物园	中国科学院植物研究所北京植物园	北京植物园	华南植物园	西双版纳热带植物园	杭州植物园	西安植物园	宝鸡植物园	南京中山植物园	兰州植物园	丽江高山植物园	广西植物研究所	庐山植物园	深圳仙湖植物园	黑龙江省森林植物园	宁夏银川植物园	沈阳树木园
红蕾荚蒾	V. carlesii	8	3	○	○	○	●	○	●	●			○											
齿叶荚蒾	V. dentatum	4	1	○		○		○	●															
绵毛荚蒾	V. lantana	4	2	○		●			●				○											
倒卵叶荚蒾	V.obovatum	1	1																			●		
梨叶荚蒾	V. lentago	6	4	○		●	●		●	●			○											
琉球荚蒾	V. suspensum	5	4	○	●	●	●									●								
地中海荚蒾	V. tinus	6	6	●		●	●	●			●					●								
'黎明'博得荚蒾	V. × bodnantense 'Dawn'	2	0	○		○																		
布克荚蒾	V. ×burkwoodii	4	2	○		●			●				○											
'摩霍克'布克荚蒾	V. ×burkwoodii 'Mohawk'	1	0			○																		
红蕾球荚蒾	V. ×carlcephalum	3	2		○	●	●																	
'切萨'荚蒾	V. 'Chesapeake'	1	0			○																		
'爱斯基摩'荚蒾	V. 'Eskimo'	1	0			○																		
'曙光'红蕾荚蒾	V. carlesii 'Aurora'	5	3	○		○	●		●	●														
'蒂娜'红蕾荚蒾	V. carlesii 'Dina'	1	0			○																		
'莫顿'齿叶荚蒾	V. dentatum 'Morton' (NORTHERN BURGUNDY)	1	0			○																		
'克里斯'齿叶荚蒾	V. dentatum 'Christom' (BLUE MUFFIN)	1	0			○																		
'斯奈斯维特'齿叶荚蒾	V. dentatum 'Synnestvedt' (CHICAGO LUSTRE)	1	1						●															
'白花'香荚蒾	V. farreri 'Candidissimum' ('Album')	1	0	○																				
'杰明圆球'球冠荚蒾	V. ×globosum 'Jermyns Globe'	1	0			○																		
'温顿'希利荚蒾	V. ×hillieri 'Winton'	3	1	○		○	●																	

续表

中文名	拉丁名	引种单位数	应用单位数	武汉植物园	成都植物园	上海辰山植物园	上海植物园	昆明植物园	中国科学院植物研究所北京植物园	北京植物园	华南植物园	西双版纳热带植物园	杭州植物园	西安植物园	宝鸡植物园	南京中山植物园	兰州植物园	丽江高山植物园	广西植物研究所	庐山植物园	深圳仙湖植物园	黑龙江省森林植物园	宁夏银川植物园	沈阳树木园
'金叶'绵毛荚蒾	*V. lantana* 'Aureum'	1	0			○																			
'糖果'绵毛荚蒾	*V. lantana* 'Candy'	1	1							●															
'莫西干'绵毛荚蒾	*V. lantana* 'Mohican'	2	1			○				●															
'红粉佳人'美国红荚蒾	*V. nudum* 'Pink Beauty'	3	0	○	○	○																			
'玫瑰'欧洲荚蒾	*V. opulus* subsp. *opulus* 'Roseum'	5	4	●		○	●		●	●															
'密枝'欧洲荚蒾	*V. opulus* subsp. *opulus* 'Compactum'	1	0			○																			
'奥内达加'鸡树条	*V. opulus* subsp. *calverscens* 'Onondaga'	1	0				○																		
'纽西姆'粉团	*V. plicatum* f. *plicatum* 'Newzam' (NEWPORT)	3	0	○																					
'爆米花'粉团	*V. plicatum* f. *plicatum* 'Popcorn'	2	0	○		○																			
'大花'粉团	*V. plicatum* f. *plicatum* 'Grandiflorum'	1	0	○																					
'玛丽·弥尔顿'粉团	*V. plicatum* f. *plicatum* 'Mary Milton'	1	0	○																					
'圆叶'粉团	*V. plicatum* f. 'Rotundifolium'	1	0	○																					
'科恩斯粉'粉团	*V. plicatum* f. *plicatum* 'Kerns Pink'	1	0	○																					
'大手毯'粉团	*V. plicatum* f. *plicatum* 'Oodemari'	1	0	○																					
'玫瑰'粉团	*V. plicatum* f. *plicatum* 'Roseace'	1	0																						
'渡边'蝴蝶戏珠花	*V. plicatum* f. *tomentosum* 'Watanabei'	3	0	○		○				○															
'瀑布'蝴蝶戏珠花	*V. plicatum* f. *tomentosum* 'Cascade'	3	1	○		○				●															
'拉娜斯'蝴蝶戏珠花	*V. plicatum* f. *tomentosum* 'Lanarth'	3	1	○		○				●															
'玛丽莎'蝴蝶戏珠花	*V. plicatum* f. *tomentosum* 'Mariesii'	2	0	○		○																			

中文名	学名	家植物园	物园
'沙斯塔' 蝴蝶戏珠花	V. plicatum f. tomentosum 'Shasta'	1	1
'肖肖尼' 蝴蝶戏珠花	V. plicatum f. tomentosum 'Shoshoni'	2	0
'粉丽' 蝴蝶戏珠花	V. plicatum f. tomentosum 'Pink Beauty'	2	1
'夏雪' 蝴蝶戏珠花	V. plicatum f. tomentosum 'Summer Snowflake'	2	0
普拉梗斯荚蒾	V. ×pragense	6	1
'绿宝' 皱叶荚蒾	V. rhytidophyllum 'Green Trumph'	2	0
'柳木' 拟皱叶荚蒾	V. ×rhytidophylloides 'Willowwood'	6	3
'公爵' 拟皱叶荚蒾	V. ×rhytidophylloides 'Interduke' (DART'S DUKE)	2	1
'荷兰' 拟皱叶荚蒾	V. ×rhytidophylloides 'Holland'	2	1
'密枝' 地中海荚蒾	V. tinus 'Compactum'	1	0
'夏娃代价' 地中海荚蒾	V. tinus 'Eve Price'	1	1
'亮叶' 地中海荚蒾	V. tinus 'Lucidum'	1	1
'紫叶' 地中海荚蒾	V. tinus 'Purpureum'	1	0
'安维' 地中海荚蒾	V. tinus 'Anvi'(SPIRIT)	2	0
'花叶' 地中海荚蒾	V. tinus 'Variegatum'	1	0
'温特沃斯' 三裂叶荚蒾	V. trilobum 'Wentworth'	1	1
合计 56种		11	10

合计：31(2) 7(1) 40(7) 12(11) 6(2) 8(8) 15(11) 1(1) 3(0) 4(4) 0 0 0 0 0 0 2(2) 0 0

注：○代表所属单位对荚蒾属植物进行引种，●指所属单位已将该荚蒾属植物应用在景观建设上的荚蒾属植物种数；合计括号内的数字代表在该单位已被应用在景观建设上的荚蒾属植物种数。

引种的部分国外原生种

地中海荚蒾果（吕文君／摄）

地中海荚蒾花枝（吕文君／摄）

地中海荚蒾花蕾（吕文君／摄）

地中海荚蒾叶片（吕文君／摄）

地中海荚蒾花（吕文君／摄）

地中海荚蒾应用场景（吕文君／摄）

地中海荚蒾应用场景（吕文君／摄）

琉球荚蒾叶（吕文君 / 摄）

琉球荚蒾叶（吕文君 / 摄）

琉球荚蒾花（吕文君 / 摄）

琉球荚蒾果（吕文君 / 摄）

琉球荚蒾应用场景（吕文君 / 摄）

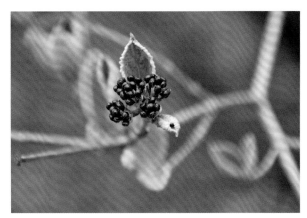

红蕾荚蒾花蕾（吕文君／摄）

红蕾荚蒾花（林秦文／摄）

红蕾荚蒾花枝（陈红岩／摄）

红蕾荚蒾花枝（陈红岩／摄）

梨叶荚蒾果（林秦文／摄）

梨叶荚蒾叶（吕文君／摄）

梨叶荚蒾花（林秦文／摄）

梨叶荚蒾应用场景（吕文君／摄）

绵毛荚蒾花（吕文君 / 摄）

绵毛荚蒾果（吕文君 / 摄）

绵毛荚蒾花蕾（吕文君 / 摄）

绵毛荚蒾叶（吕文君 / 摄）

绵毛荚蒾应用场景（吕文君 / 摄）

引种的部分国外栽培品种

'玛丽·弥尔顿'粉团花（吕文君／摄）

'玛丽·弥尔顿'粉团花（吕文君／摄）

'玛丽·弥尔顿'粉团花（吕文君／摄）

'玛丽·弥尔顿'粉团花（吕文君／摄）

'玛丽·弥尔顿'粉团花（吕文君／摄）

'玫瑰'粉团花（吕文君／摄）

'玫瑰'粉团花（吕文君／摄）

'玫瑰'粉团花（吕文君／摄）

'玫瑰'粉团花（吕文君／摄）

'玫瑰'粉团花（吕文君／摄）

'大花'粉团花（吕文君／摄）

'大花'粉团花（吕文君／摄）

'渡边'蝴蝶戏珠花花（吕文君／摄）

'渡边'蝴蝶戏珠花叶（吕文君／摄）

'玛丽莎'蝴蝶戏珠花花（吕文君／摄）

'玛丽莎'蝴蝶戏珠花叶（吕文君／摄）

'夏雪'蝴蝶戏珠花花（吕文君／摄）

'夏雪'蝴蝶戏珠花花枝（吕文君／摄）

'夏雪'蝴蝶戏珠花应用场景（吕文君／摄）

'爆米花'粉团花枝（徐晔春 / 摄）

'瀑布'蝴蝶戏珠花花枝（吕文君 / 摄）

'粉丽'蝴蝶戏珠花花（吕文君／摄）

'粉丽'蝴蝶戏珠花花（吕文君／摄）

'粉丽'蝴蝶戏珠花花（吕文君／摄）

'粉丽'蝴蝶戏珠花花（吕文君／摄）

'粉丽'蝴蝶戏珠花花（吕文君／摄）

'玫瑰'欧洲荚蒾花（吕文君／摄）

'玫瑰'欧洲荚蒾花（吕文君／摄）

'玫瑰'欧洲荚蒾花枝（吕文君／摄）

'玫瑰'欧洲荚蒾花枝（吕文君／摄）

'玫瑰'欧洲荚蒾花（吕文君／摄）

'密枝'欧洲荚蒾花（吕文君／摄）

'密枝'欧洲荚蒾枝（吕文君／摄）

'密枝'欧洲荚蒾应用场景（吕文君／摄）

'奥内达加'鸡树条花蕾（傅强／摄）

红蕾雪球荚蒾花（徐晔春／摄）

'爱斯基摩'荚蒾花（徐晔春／摄）

普拉梗斯荚蒾花蕾（吕文君／摄）

普拉梗斯荚蒾花（吕文君／摄）

普拉梗斯荚蒾花枝（徐晔春／摄）

普拉梗斯荚蒾应用场景（吕文君／摄）

'柳木'拟皱叶荚蒾花（吕文君／摄）

'柳木'拟皱叶荚蒾花（吕文君／摄）

'柳木'拟皱叶荚蒾幼果（吕文君／摄）

'柳木'拟皱叶荚蒾叶（吕文君／摄）

'柳木'拟皱叶荚蒾应用场景（吕文君／摄）

'公爵'拟皱叶荚蒾叶（吕文君／摄）

'公爵'拟皱叶荚蒾应用场景（吕文君／摄）

'公爵'拟皱叶荚蒾果（吕文君／摄）

'荷兰'拟皱叶荚蒾叶（吕文君／摄）

'荷兰'拟皱叶荚蒾应用场景（陈燕／摄）

'荷兰'拟皱叶荚蒾幼果（陈燕／摄）

'绿宝'皱叶荚蒾叶（吕文君／摄）

'绿宝'皱叶荚蒾应用场景（吕文君／摄）

'莫西干'绵毛荚蒾应用场景（吕文君／摄）

'莫西干'绵毛荚蒾枝（吕文君／摄）

'莫西干'绵毛荚蒾花（徐晔春／摄）

'糖果'绵毛荚蒾果枝（吕文君／摄）

'金叶'绵毛荚蒾花（徐晔春／摄）

'金叶'绵毛荚蒾叶（吕文君／摄）

'金叶'绵毛荚蒾植株（吕文君／摄）

'紫叶'地中海荚蒾冬季叶（吕文君 / 摄）

'紫叶'地中海荚蒾秋季叶（吕文君 / 摄）

'紫叶'地中海荚蒾花蕾（吕文君 / 摄）

'紫叶'地中海荚蒾新芽（吕文君 / 摄）

'紫叶'地中海荚蒾叶（吕文君 / 摄）

'紫叶'地中海荚蒾花（徐晔春 / 摄）

'紫叶'地中海荚蒾应用场景（吕文君 / 摄）

'格温利安'地中海荚蒾当年生枝（吕文君／摄）

'格温利安'地中海荚蒾花枝（吕文君／摄）

'格温利安'地中海荚蒾花蕾（吕文君／摄）

'花叶'地中海荚蒾叶（吕文君 / 摄）　　　　　'花叶'地中海荚蒾叶（吕文君 / 摄）

'夏娃代价'地中海荚蒾花（徐晔春 / 摄）　　　　'夏娃代价'地中海荚蒾叶（徐晔春 / 摄）

'密枝'地中海荚蒾花（徐晔春 / 摄）　　　　　'密枝'地中海荚蒾叶（吕文君 / 摄）

'杰明圆球'球冠荚蒾花（徐晔春／摄）

'杰明圆球'球冠荚蒾枝（吕文君／摄）

'杰明圆球'球冠荚蒾应用场景（徐晔春／摄）

'切萨'荚蒾花（吕文君／摄）

'切萨'荚蒾应用场景（吕文君／摄）

布克荚蒾花蕾（吕文君 / 摄）

布克荚蒾花（吕文君 / 摄）

布克荚蒾叶（吕文君 / 摄）

布克荚蒾应用场景（吕文君 / 摄）

'摩霍克'布克荚蒾花（吕文君／摄）

'摩霍克'布克荚蒾叶（吕文君／摄）

'摩霍克'布克荚蒾花枝（徐晔春／摄）

'曙光'红蕾荚蒾花（黄嘉诚／摄）

'曙光'红蕾荚蒾叶（吕文君／摄）

'曙光'红蕾荚蒾花（黄嘉诚／摄）

'蒂娜'红蕾荚蒾幼果（王晓英／摄）

'蒂娜'红蕾荚蒾花（王晓英／摄）

'蒂娜'红蕾荚蒾植株（王晓英／摄）

'蒂娜'红蕾荚蒾花（王晓英／摄）

'红粉佳人'美国红荚蒾花蕾（吕文君/摄）

'红粉佳人'美国红荚蒾花（吕文君/摄）

'红粉佳人'美国红荚蒾叶（吕文君/摄）

'红粉佳人'美国红荚蒾果（吕文君/摄）

'克里斯'齿叶荚蒾叶（吕文君／摄）

'克里斯'齿叶荚蒾花（吕文君／摄）

'克里斯'齿叶荚蒾植株（吕文君／摄）

'莫顿'齿叶荚蒾花序（吕文君／摄）

'莫顿'齿叶荚蒾花枝（吕文君／摄）

'斯奈斯维特'齿叶荚蒾蕾（吕文君／摄）

'斯奈斯维特'齿叶荚蒾花枝（吕文君／摄）

'温顿'希利荚蒾枝（吕文君／摄）

'温顿'希利荚蒾花（吕文君／摄）

'温顿'希利荚蒾新叶（吕文君／摄）

'温顿'希利荚蒾花枝（吕文君／摄）

'温顿'希利荚蒾应用场景（吕文君／摄）

'白花'香荚蒾花（林秦文／摄）

'白花'香荚蒾花枝（徐晔春／摄）

'白花'香荚蒾应用场景（徐晔春／摄）

'小叶'川西荚蒾枝（吕文君／摄）

'小叶'川西荚蒾植株（吕文君／摄）

5.2 中国原生种在国外的引种

　　我国作为亚洲荚蒾属植物的分布中心，具有观赏价值的种类极其丰富，其中常绿荚蒾种类最多（约37种），开花芳香的种类也主要分布于我国（约18种），具有大型不孕花的种类最为丰富（9种）。如此丰富的荚蒾属资源，从16世纪开始就激起了西方园艺学家的强烈兴趣，许多优秀的国内原生种被相继引种，用于园艺新品种的选育或资源收藏。据不完全统计，截至2018年，有37个国内原生种在国外有引种栽培，其中21个为我国特有种（Dirr，2007；何晓燕和包志毅，2005；Valder，1999；Cox，1945；Sargent and Wilson，1913；Bretschneider，1898）。

　　国外园艺学家利用中国特有原生种培育出近51个优秀栽培品种，约占荚蒾属栽培品种总数的1/6，其中利用皱叶荚蒾培育出16个栽培品种，利用烟管荚蒾培育出14个栽培品种，利用香荚蒾培育出12个栽培品种，利用琼花培育出1个栽培品种，利用巴东荚蒾培育出3个栽培品种，利用醉鱼草状荚蒾、茶荚蒾、球核荚蒾、川西荚蒾和少花荚蒾各培育出1个栽培品种，凸显了我国荚蒾属植物对世界荚蒾属新品种培育工作的重要贡献。这些利用我国原生种培育的栽培品种中有14个在我国有引种栽培，由于包含有中国荚蒾属植物的基因成分，大部分在国内栽培表现良好，但这也揭示了我国在荚蒾属植物品种选育方面的落后与不足——国内虽然有着如此丰富的资源，但资源的开发利用并未受到足够重视。

表5-4 中国原生种在国外的引种情况

中文名	拉丁名	特有种	引种人	引种时间 - 引种地点	品种数量
醉鱼草状荚蒾	*V. buddleifolium*	是	Emest Henry Wilson	1900- 湖北西部、1907- 湖北西部	1
绣球荚蒾	*V. macrocephalum* f. *macrocephalum*	是	Robert Fortune、Emest Henry Wilson	1844- 浙江、1907- 湖北西部	0
琼花	*V. macrocephalum* f. *keteleeri*	是	Robert Fortune	1860- 浙江	4
皱叶荚蒾	*V. rhytidophyllum*	是	Emest Henry Wilson	1900- 湖北西部、1907- 湖北西部	16
陕西荚蒾	*V. schensianum*	是	Emest Henry Wilson	1907- 湖北西部	0
烟管荚蒾	*V. utile*	是	Emest Henry Wilson	1901- 湖北西部、1907- 湖北西部、1908- 湖北西部	14
合轴荚蒾	*V. sympodiale*	是	Emest Henry Wilson	1907- 江西	0
蓝黑果荚蒾	*V. atrocyaneum* f. *atrocyaneum*	否	Emest Henry Wilson	1904- 四川西部	0
毛枝荚蒾	*V. atrocyaneum* f. *harryomum*	是	Kingdon-Ward	1931- 云南	2
樟叶荚蒾	*V. cinnamomifolium*	是	Emest Henry Wilson	1904- 四川峨眉山、1908- 四川西部、1910- 四川西部	0
川西荚蒾	*V. davidii*	是	Emest Henry Wilson	1904- 四川西部、1908- 四川西部、1910- 四川西部	1
球核荚蒾	*V. propinquum*	否	Emest Henry Wilson	1901- 湖北西部、1907- 湖北西部	1
粉团	*V. plicatum* f. *plicatum*	否	Robert Fortune	1846- 不详	16
蝴蝶戏珠花	*V. plicatum* f. *tomentosum*	否	Emest Henry Wilson	1907- 湖北西部、1908- 四川西部	30
水红木	*V. cylindricum*	否	Emest Henry Wilson、1892年引种人不详	1892- 不详、1907- 湖北西部	1
红荚蒾	*V. erubescens*	否	Emest Henry Wilson	1907- 湖北西部、1908- 四川西部、1910- 四川西部	4

续表

中文名	拉丁名	特有种	引种人	引种时间 – 引种地点	品种数量
香荚蒾	V. farreri	是	Reginald Farrer	1910- 北京周边	12
巴东荚蒾	V. henryi	是	Emest Henry Wilson	1901-、1907- 湖北西部	3
桦叶荚蒾	V. betulifolium	是	Emest Henry Wilson	1901-、1907- 湖北西部	0
宜昌荚蒾	V. erosum var. erosum	否	Emest Henry Wilson	1901- 湖北西部、1907- 湖北西部、1907- 江西	0
臭荚蒾	V. foetidum var. foetidum	否	Emest Henry Wilson	1901-、1908- 四川西部	1
直角荚蒾	V. foetidum var. rectangulatum	是	Emest Henry Wilson	1908- 四川西部	0
甘肃荚蒾	V. kansuense	否	Emest Henry Wilson	1908- 四川西部、1910- 四川西部	0
茶荚蒾	V. setigerum	是	Emest Henry Wilson	1901-、1907- 湖北西部、1907- 江西	1
短序荚蒾	V. brachybotryum	是	Emest Henry Wilson	1907- 湖北西部	0
荚蒾	V. dilatatum	否	Emest Henry Wilson	1907- 湖北西部	16
南方荚蒾	V. fordiae	是	Emest Henry Wilson	1908- 四川西部	0
金佛山荚蒾	V. chinshanense	是	Emest Henry Wilson	1908- 四川西部	0
少花荚蒾	V. oliganthum	是	Emest Henry Wilson	1908- 四川西部	1
显脉荚蒾	V. nervosum	否	Emest Henry Wilson	1908- 四川西部、1910- 四川西部	0
榛叶荚蒾	V. corylifolium	合	Emest Henry Wilson	1907- 湖北西部	0
鸡树条	V. opulus subsp. calvescens	否	Emest Henry Wilson	1907- 湖北西部	0
聚花荚蒾	V. glomeratum	否	Emest Henry Wilson	1907- 湖北西部、1908- 四川西部、1910- 湖北西部、1910- 四川西部	0
常绿荚蒾	V. sempervirens	是	不详	不详	0
漾濞荚蒾	V. chingii	是	不详	不详	0
西域荚蒾	V. mullaha	否	不详	不详	0

参考文献

[1] 何晓燕，包志毅．英国引种家威尔逊引种中国园林植物种质资源及其影响 [J]．浙江林业科技 ,2005，25(3):56-61.

[2]DIRR M A.Vibcurnums : flowering shrubs for every season [M]. London : Timber Press, 2007.

[3]SARGENT C S, WILSON E H. Plantae Wilsonianae: an enumeration of the woody plants collected in western China for the Arnold arboretum of Harvard university during the years 1907, 1908, and 1910 [M].Cambridge：The University press, 1913.

[4]BRETSCHNEIDER E V. History of European botanical discoveries in China [M]. London : Severus Verlag, 1898.

[5]VALDER P. The garden plants of China [M]. New York : Timber press, 1999.

[6]COX E H M.Plant hunting in China [M]. London : The scientific book guild, 1945.

THE

SIXTH

CHAPTER

第 六 章

荚 蒾 属 植 物 的 新 品 种 培 育

中国荚蒾属植物特色资源丰富，深受国外育种学家青睐，目前国外已有的栽培品种中，近 1/6 是利用我国原生种作为亲本培育而来的，但荚蒾属植物的育种工作在国内并未受到重视。因此充分挖掘利用我国的资源优势，培育具有自主知识产权的品种极具意义。

6.1 国外荚蒾品种培育情况

6.1.1 主要育种专家及单位

1. Donald Roy Egolf—United States National Arboretum（USNA）

Donald Roy Egolf 博士是全世界最早开始荚蒾品种选育的专家。他从1956年就读于康奈尔大学开始，到毕业后就职于美国国家植物园，一直将荚蒾属植物作为研究对象。他一生授粉过273个杂交组合，亲本涉及27个种、3个变种和2个杂交品种，除去杂交未能够获得种子的组合，以及虽获得种子、但种子不能正常萌发的组合，其授粉成功的杂交组合高达65组（表6-1），培育出20个荚蒾品种（表6-2）。

由于时间和精力有限，Donald Roy Egolf 授粉成功的杂交组合并未全部得到利用，但是这些授粉组合却为世界荚蒾育种工作奠定了基础。除 Donald Roy Egolf 本人培育发表的品种，其授粉成功的杂交组合及培育的品种又被其他育种学家利用，培育出许多优秀的园艺品种。例如，1914年，英国的 Albert Burkwood 和 Geoffrey Skipwith 对 Donald Roy Egolf 授粉成功的杂交组合 *V. utile* × *V. carlesii* 进行重复授粉，并继续观察，于1924发表品种 *V.* × *burkwoodii*；1920年，美国阿诺德树木园的育种学家 William Henry Judd 对 Donald Roy Egolf 授粉成功的杂交组合 *V. carlesii* × *V. bitchiuens* 进行重复授粉，并继续观察，1929年，杂种 F1代第一次开花，并于1935年发表品种 *V.* × *juddii*；明尼苏达州立大学的 Harold Pellett 利用 Donald Roy Egolf 培育的品种 *V.* × *rhytidophylloides* 'Alleghany' 与 *V. burejaeticum* 进行杂交，于1994年培育出品种 *V.* 'Emerald Triumph'（Kelli，2003；Dirr，2007）；1951年，英国 L.R. Russell 公司的 John Russell 对 Donald Roy Egolf 授粉成功的杂交组合 *V. carlesii* × *V.*×*burkwoodii* 进行重复授粉，并继续观察，发表品种 *V.* × *burkwoodii* 'Anne Russell'。

目前世界上栽培的荚蒾品种中近1/3都与 Donald Roy Egolf 有关。这些品种在世界范围内广泛栽培，都是园艺界公认的十分优秀的品种。

表6-1 Donald Roy Egolf 授粉成功的杂交组合（Egolf, 1956)

序号	授粉组合	授粉花朵数	收获种子数	播种出苗数
1	*V. acerifolium* × *V. acerifolium*	407	176	19
2	*V.* × *burkwoodii* × *V. carlesii*	803	77	72
3	*V.* × *burkwoodii* × *V. farreri*	213	4	2
4	*V.* × *burkwoodii* × *V. suspensum*	27	7	2
5	*V. carlesii* × *V. carlesii* var. *bitchiuense*	99	43	41
6	*V. carlesii* × *V.* × *burkwoodii*	73	7	4
7	*V. carlesii* × *V.* × *carlcephalum*	217	96	76
8	*V. carlesii* × *V. farreri*	461	158	23
9	*V. nudum* var. *cassinoides* × *V. nudum* var. *cassinoides*	1545	223	19
10	*V. nudum* var. *cassinoides* × *V. dentatum*	256	8	7
11	*V. nudum* var. *cassinoides* × *V. opulus*	311	27	2
12	*V. nudum* var. *cassinoides* × *V. rafinesqueanm*	225	7	4
13	*V. nudum* var. *cassinoides* × *V. setigerum*	204	31	6
14	*V. dentatum* × *V. dentatum*	365	194	20

序号	授粉组合	授粉花朵数	收获种子数	播种出苗数
15	*V. dentatum* × *V. pubescens*	130	49	15
16	*V. dentatum* × *V. rafinesqueanum*	386	190	123
17	*V. dentatum* × *V. setigerum*	472	116	11
18	*V. pubescens* × *V. pubescens*	167	41	4
19	*V. pubescens* × *V. rafinesqueanum*	329	5	2
20	*V. dilatatum* × *V. acerifolium*	351	2	1
21	*V. dilatatum* × *V. dentatum*	611	35	6
22	*V. dilatatum* × *V. dilatatum*	616	233	20
23	*V. dilatatum* × *V. befulifolium*	270	238	126
24	*V. dilatatum* × *V. setigerum*	367	4	1
25	*V. dilatatum* × *V. wrightii*	56	16	14
26	*V. farreri* × *V. carlesii*	278	12	1
27	*V. farreri* × *V. plicatum* f. *tomentosum*	103	13	3
28	*V. lantana* × *V. lantana*	642	149	65
29	*V. lantana* × *V. rhytidophyllum*	660	16	8
30	*V. lentago* × *V. lantana*	530	54	30
31	*V. lentago* × *V. lentago*	215	26	25
32	*V. lentago* × *V. prunifolium*	167	28	26
33	*V. lentago* × *V. rhytidophyllum*	328	40	7
34	*V. molle* × *V. molle*	244	232	20
35	*V. opulus* × *V. opulus*	167	93	18
36	*V. opulus* × *V. trilobum*	109	2	1
37	*V. plicatum* f. *tomentosum* × *V. lantanoides*	578	169	128
38	*V. prunifolium* × *V. carlesii*	215	3	1
39	*V. prunifolium* × *V. farreri*	195	7	3
40	*V. prunifolium* × *V. prunifolium*	378	155	49
41	*V. rhytidophyllum* × *V. lantana*	1561	1035	141
42	*V. setigerum* × *V. farreri*	307	4	2
43	*V. setigerum* × *V. prunifolium*	303	4	1
44	*V. setigerum* × *V. rhytidophyllum*	269	10	8
45	*V. setigerum* × *V. setigerum*	477	148	19
46	*V. sieboldii* × *V.* × *burkwoodii*	631	9	1
47	*V. sieboldii* × *V. carlesii*	868	161	45
48	*V. sieboldii* × *V. farreri*	910	122	22
49	*V. sieboldii* × *V. lantana*	82	178	1
50	*V. sieboldii* × *V. lentago*	599	108	2
51	*V. sieboldii* × *V. plicatum* f. *tomentosum*	599	145	23
52	*V. sieboldii* × *V. prunifolium*	578	36	2
53	*V. sieboldii* × *V. setigerum*	541	38	2

续表

序号	授粉组合	授粉花朵数	收获种子数	播种出苗数
54	*V. sieboldii* × *V. sieboldii*	738	63	6
55	*V. suspensum* × *V.* × *burkwoodii*	43	6	5
56	*V. suspensum* × *V. carlesii*	78	11	7
57	*V. suspensum* × *V. farreri*	87	5	5
58	*V. tinus* × *V.* × *burkwoodii*	138	2	1
59	*V. tinus* × *V. cinnamomifolium*	257	1	1
60	*V. tinus* × *V. farreri*	826	3	1
61	*V. tinus* × *V. lantana*	111	1	1
62	*V. tinus* × *V. tinus*	152	4	4
63	*V. trilobum* × *V. opulus*	215	99	9
64	*V. trilobum* × *V. orientale*	45	1	1
65	*V. trilobum* × *V. trilobum*	343	9	3

表6-2 Donald Roy Egolf 培育的荚蒾品种

序号	品种	选育来源	发表年份
1	*V.* × *rhytidophylloides* 'Alleghany'	*V. rhytidophyllum* × *V. lantana* 'Mohican' 的 F2代	1966
2	*V. dilatatum* 'Catskill'	采自日本的 *V. dilatatum* 自然授粉种子	1966
3	*V.* × *carlcephalum* 'Cayuga'	*V. carlesii* × *V.* × *carlcephalum*	1966
4	*V.* 'Chesapeake'	*V.* × *carlcephalum* 'Cayuga' × *V. utile*	1980
5	*V.* 'Chippewa'	*V. japonicum* × *V. dilatatum* 'Catskill'	1986
6	*V.* × *burkwoodii* 'Conoy'	*V. utile* × *V.* × *burkwoodii* 'Park Farm Hybrid'	1988
7	*V. rhytidophyllum* 'Cree'	*V. rhytidophyllum* 实生苗	1994
8	*V. dilatatum* 'Erie'	采自日本的 *V. dilatatum* 自然授粉种子	1970
9	*V.* 'Eskimo'	*V.* × *carlcephalum* 'Cayuga' × *V. utile*	1980
10	*V.* 'Huron'	*V. lobophyllum* × *V. japonicum*	1986
11	*V. dilatatum* 'Iroquois'	两种自然选择的 *V. dilatatum* 变异单株的杂交	1966
12	*V.* × *burkwoodii* 'Mohawk'	*V.* × *burkwoodii* × *V. carlesii*	1966
13	*V. lantana* 'Mohican'	采自波兰的 *V. lantana* 自然授粉种子	1966
14	*V.* 'Oneida'	*V. dilatatum* × *V. lobophyllum*	1966
15	*V. sargentii* 'Onondaga'	*V. sargentii* 自花授粉	1966
16	*V. sieboldii* 'Seneca'	*V. sieboldii* 自花授粉	1966
17	*V. plicatum* f. *tomentosum* 'Shasta'	*V. plicatum* f. *tomentosum* × *V. plicatum* f. *tomentosum* 'Mariesii' 的 F2代	1978
18	*V. plicatum* f. *tomentosum* 'Shoshoni'	*V. plicatum* f. *tomentosum* 'Shasta' 自花授粉种子	1986
19	*V. sargentii* 'Susquehanna'	采自日本本州马祖岛的 *V. sargentii* 自然授粉种子	1966
20	*V.* 'Nantucket'	*V.* × *carlcephalum* 'Eskimo' × *V. macrocephalum* f. *keteleeri*	2008

2. Gary Ladman 和 Susan Ladman—Classic Viburnums

Gary Ladman 和他的妻子 Susan Ladman 都是从事荚蒾属植物研究的科研工作者，也是荚蒾收集爱好者，同时他们还是 Classic Viburnums 苗圃的负责人。该苗圃是美国最大的专门从事荚蒾资源收集和苗木生产的家族式苗圃，其保存的荚蒾种类（包含品种）超过200种。目前，由 Gary 和 Susan Ladman 培育的荚蒾品种共12种（表6-3），主要用于美国国内的园艺栽培。

表6-3 Gary Ladman 和 Susan Ladman 培育的荚蒾品种

序号	品种	选育来源
1	*V. carlesii* 'Prairie Rose'	*V. carlesii* 自然授粉种子
2	*V. carlesii* 'Sweet Baby Blue'	*V. carlesii* 自然授粉种子
3	*V. carlesii* 'Sweet Susan Renee'	*V. carlesii* 自然授粉种子
4	*V. carlesii* 'Prairie Blue'	*V. carlesii* 自然授粉种子
5	*V. plicatum* f. *plicatum* 'Spellbound'	*V. plicatum* f. *tomentosum* 自然授粉种子
6	*V. plicatum* f. *tomentosum* 'Copper Ridges'	*V. plicatum* f. *tomentosum* 自然授粉种子
7	*V.* × *jackii* 'Prairie Classic'	*V.* × *jackii* (*V. lentago* × *V. prunifolium*) 自然授粉种子
8	*V. prunifolium* 'Prairie Sunset'	*V. prunifolium* 自然授粉种子
9	*V. rufidulum* 'Prairie Knight'	*V. rufidulum* 自然授粉种子
10	*V. trilobum* 'Prairie Rubies'	*V. trilobum* 自然授粉种子
11	*V.* × 'Susy'	*V.* × 'Eskimo' 自然授粉种子
12	*V. rufidulum* '3057'	*V. rufidulum* 自然授粉种子

3. Michael Yanney—Johnson's Nursery

Michael Yanney 是美国威斯康星州沃基肖郡 Johnson's Nursery 的一名技术人员，其在职期间将荚蒾属植物的品种选育作为其工作的主要部分，通过对圃地栽培的自然授粉的荚蒾种子进行收集、播种、选择、评估、测试，筛选出性状优良的品种。目前，通过 Michael Yanney 培育的荚蒾品种有6个（表6-4），其中3个还在栽培测试中。

表6-4 Michael Yanney 培育的荚蒾品种

序号	品种	选育来源	发表时间
1	*V. carlesii* 'Spice Island'	*V. carlesii* 自然授粉种子	尚在栽培测试中
2	*V. carlesii* 'Spiced Bouquet'	*V. carlesii* 自然授粉种子	尚在栽培测试中
3	*V. carlesii* 'Sugar n' Spice'	*V. carlesii* 自然授粉种子	尚在栽培测试中
4	*V. dentatum* 'Red Feathers'	*V. dentatum* 自然授粉种子	1989
5	*V. trilobum* 'Redwing'	*V. trilobum* 自然授粉种子	1983
6	*V. mongolicum* 'Summer Reflection'	*V. mongolicum* 自然授粉种子, *V.* × *rhytidophylloides* 'Alleghany' 可能为父本	1995

4. Jim Zampini 和 Maria Zampini—Lake County Nursery

Jim Zampini 和 Maria Zampini 是位于美国俄亥俄州麦迪逊市的 Lake County Nursery 的主要技术负责人。该苗圃以销售自主培育的园艺品种为主要业务，以日本小檗（*Berberis thunbergii*）、红瑞木（*Cornus alba*）、卫矛属（*Euonymus*）、栎属（*Quercus*）、梨属（*Pyrus*）、苹果属（*Malus*）、李属（*Prunus*）、枫属（*Acer*）和荚蒾属（*Viburnum*）等花、叶、果兼具观赏价值的种类或属为重点育种对象，从1977年培育出首个品种开始，至今已有125个品种，其中荚蒾属植物品种共10个（表6-5），全部通过实生选育获得。

表6-5 Jim Zampini 和 Maria Zampini 培育的荚蒾品种

序号	品种	选育来源
1	*V. dentatum* BLUE BLAZE（'Blubzan'）	*V. dentatum* 自然授粉种子
2	*V. dentatum* CREEM PUFFS（'Crpuzam'）	*V. dentatum* 自然授粉种子
3	*V. dentatum* FIREWORKS（'Firzam'）	*V. dentatum* 自然授粉种子
4	*V. dentatum* PATHFINDER（'Patzam'）	*V. dentatum* 自然授粉种子
5	*V. dentatum* VANILLA CUPCAKES（'Vacuzam'）	*V. dentatum* 自然授粉种子
6	*V. prunifolium* KNIZAM（'Knighthood'）	*V. prunifolium* 自然授粉种子
7	*V. prunifolium* GUARDIAN（'Guazam'）	*V. prunifolium* 自然授粉种子
8	*V. plicatum* f. *plicatum* NEWPORT（'Newzam'）	*V. plicatum* f. *plicatum* 'Newport' 野生群体中选育
9	*V. plicatum* f. *plicatum* TRIUMPH（'Trizam'）	*V. plicatum* f. *plicatum* 栽培群体中选育
10	*V. plicatum* f. *plicatum* SPARKLING PINK CHAMPAGNE（'Spichazam'）	*V. plicatum* f. *plicatum* 栽培群体中选育

5. Roy Klehm—Beaver Creek Nursery

Roy Klehm 是美国北伊利诺斯州 Beaver Creek Nursery 的负责人，该苗圃以园艺品种培育和苗木批发为主要业务，目前在售荚蒾属植物30种，其中11种（表6-6）为 Roy Klehm 自主培育的品种，这些品种全部通过自然授粉种子播种产生的实生苗中选育获得。

表6-6 Roy Klehm 培育的荚蒾品种

序号	品种	选育来源
1	*V. dentatum* BLACK FOREST（'KLMnine'）	*V. dentatum* 自然授粉种子
2	*V. dentatum* CARDINAL（'KLMthree'）	*V. dentatum* 自然授粉种子
3	*V. dentatum* CRIMSON TIDE（'KLMsix'）	*V. dentatum* 自然授粉种子
4	*V. dentatum* 'Golden Arrow'	*V. dentatum* 自然授粉种子
5	*V. dentatum* INDIAN SUMMER（'KLMeight'）	*V. dentatum* 自然授粉种子
6	*V. dentatum* LITTLE JOE（'KLMseventeen'）	*V. dentatum* 自然授粉种子
7	*V. dentatum* RED GRGAL（'KLMseven'）	*V. dentatum* 自然授粉种子
8	*V. sieboldii* IRONCLAD（'KLMfour'）	*V. sieboldii* 自然授粉种子

序号	品种	选育来源
9	*V. cassinoides* BUCCANEER（'KLM B'）	*V. cassinoides* 自然授粉种子
10	*V. cassinoides* DEFENDER（'KLM D'）	*V. cassinoides* 自然授粉种子
11	*V. cassinoides* CHALLENGER（'KLM C'）	*V. cassinoides* 自然授粉种子

6.1.2 已有园艺品种

截至2018年，英国皇家园艺学会（RHS）收录的荚蒾品种约257种，*Viburnums: Flowering Shrubs for Every Season* 记录的荚蒾品种约240种，加上 Lake County Nursery、Classic Viburnums、Beaver Creek Nursery 和 Johnson's Nursery 等苗圃自主培育的未被记录的品种，除去其中重复的品种以及同物异名的品种，目前，国外已有荚蒾栽培品种约341种（表6-7）。

这些栽培品种涉及9个组44个原生种，约占荚蒾属种数的22%，共有46个杂交品种，295个非杂交品种。

表6-7 国外荚蒾品种

分组	物种名	杂交品种数量	非杂交品种数量	品种总数量
Sect. Lentago	*V. lentago*	5	2	7
	V. nudum var. *nudum*	0	5	5
	V. nudum var. *cassinoides*	0	9	9
	V. prunifolium	0	10	10
	V. obovatum	0	6	6
	V. rufidulum	0	4	4
Sect. Megalotinus	*V. cylindricum*	0	1	1
Sect. Odontotinus	*V. acerifolium*	0	1	1
	V. betulifolium	0	3	3
	V. bracteatum	0	1	1
	V. dentatum	0	28	28
	V. dilatatum	0	16	16
	V. foetidum	0	1	1
	V. setigerum	0	1	1
	V. wrightii	0	1	1
	V. japonicum	1	1	2
	V. lobophyllum	1	0	1
	V. rafinesqueanum	0	1	1
Sect. Opulus	*V. opulus* subsp. *opulus*	0	29	29
	V. opulus subsp. *calvescens*	0	7	7
	V. trilobum	0	20	20
Sect. Pseudotinus	*V. furcatum*	0	1	1
	V. lantanoides	0	2	2

续表

分组	种名	杂交品种数量	非杂交品种数量	品种总数量
Sect. Solenotinus	V. erubescens	0	4	4
	V. farreri	4	8	12
	V. grandiflorum	0	3	3
	V. odoratissimum var. odoratissimum	0	3	3
	V. odoratissimum var. awabuki	0	2	2
	V. oliganthum	0	1	1
	V. henryi	3	0	3
	V. sieboldii	0	3	3
Sect. Tinus	V. davidii	0	1	1
	V. propinquum	0	1	1
	V. atrocyaneum	2	0	2
	V. tinus	0	36	36
Sect. Tomentosa	V. plicatum f. plicatum	0	16	16
	V. plicatum f. tomentosum	0	30	30
Sect. Viburnum	V. buddleifolium	1	0	1
	V. carlesii	8	16	24
	V. lantana	0	10	10
	V. mongolicum	0	1	1
	V. rhytidophyllum	7	9	16
	V. burejaeticum	0	1	1
	V. utile	14	0	14
合计	44	46	295	341

6.2 中国荚蒾品种培育情况

目前国外已有的约341个荚蒾品种中，近1/6（约51种）是利用我国原生种为亲本培育而来的，这些利用我国资源培育的荚蒾品种中，35%（18种）又被我国引种栽培，应用于庭院栽培及园林绿化。而荚蒾属植物的观赏价值在国内并未受到重视，品种培育工作起步较晚，且发展缓慢。

6.2.1 我国主要育种专家及单位

国内从事荚蒾属植物育种工作的单位或个人并不多，能够坚持下来的少之又少，目前仅中国科学院武汉植物园一家单位将荚蒾属植物的育种工作作为工作重点。该单位自2016年以来，在广泛引种栽培国内原生种和国外原生种及栽培品种的基础上，展开了以有性杂交为主的荚蒾属植物新品种培育，迄今已经申请登录新品种1个，2019—2020年的授粉数据如下（表6-8）。

表6-8 中国科学院武汉植物园荚蒾授粉数据（2019—2020）

母本	父本	授粉日期	授粉花朵数	结实数量	结实率 /%
V. plicatum f. *tomentosum*	*V. macrocephalum* f. *keteleeri*	20190416	16	0	0.00
			32	0	0.00
	V. ×pragense	20190416	31	0	0.00
			16	0	0.00
			17	0	0.00
			30	0	0.00
	V. plicatum f. *tomentosum* 'Pink Beauty'	20190424	28	22	78.57
			22	18	81.82
			25	18	72.00
			23	19	82.61
	V. plicatum f. *tomentosum* 'Watanabei'	20190424	31	23	74.19
			29	19	65.52
	V. plicatum f. *tomentosum* 'Watanabei'	20200410	23	18	78.26
			19	12	63.16
			23	19	82.61
			25	20	80.00
			31	10	32.26
			31	9	29.03
			32	13	40.63
			36	18	50.00
V. plicatum f. *tomentosum* 'Watanabei'	*V. plicatum* f. *tomentosum*	20190416	17	0	0.00
			30	0	0.00
	V. plicatum f. *tomentosum*	20190424	16	0	0.00
			12	0	0.00
			26	0	0.00
	V. plicatum f. *tomentosum*	20200410	29	14	48.28
			30	8	26.67
			33	13	39.39
			30	12	40.00
			15	4	26.67
			28	9	32.14
V. hanceanum	*V. plicatum* f. *tomentosum*	20190424	11	10	90.91
V. hanceanum 'Pian Ran'	*V. plicatum* f. *tomentosum*	20200426	13	7	53.85
			13	8	61.54
			15	8	53.33
			15	11	73.33
			13	8	61.54
			14	10	71.43

续表

母本	父本	授粉日期	授粉花朵数	结实数量	结实率 /%
V. hanceanum 'Pian Ran'	*V. plicatum* f. *tomentosum*	20200426	13	7	53.85
			12	6	50.00
			14	8	57.14
			12	7	58.33
			12	5	41.67
			24	12	50.00

授粉套袋

杂交果实套袋采收

杂交果实

6.2.2 我国已有园艺品种

截至2018年，我国仅有荚蒾园艺品种3个，其中获得新品种权1个，良种审定1个，国际登录1个。2004年，Lu等人（2004）利用台湾本土植物台东荚蒾选育的'迷你'台东荚蒾（*V. taitoense* 'Mini'）获得新品种权并发表；2005年，泰安林科院选育的'泰山'木绣球（*V. macrocephalum* 'Tai Shan'）获得山东省林木良种审定；2018年，中国科学院武汉植物园培育的'小仙女'蝶花荚蒾（*V. hanceanum* 'Dwarf Fairy'）获得国际新品种登录。程甜甜（2014）以'蒂娜'红蕾荚蒾（*V. carlesii* 'Dina'）为母本，'泰山'木绣球为父本进行了人工控制授粉，成功获得杂交种子，并对杂交后代进行了亲子鉴定，但是其培育的杂交后代目前还未进行品种申报。

'泰山'木绣球植株

'泰山'木绣球花序

'泰山'木绣球花蕾

6.3 荚蒾属新品种培育技术

观赏植物新品种选育途径主要有引种驯化、选择育种、杂交育种、诱变育种、倍性育种和生物技术育种。目前荚蒾属植物新品种培育涉及的育种方法主要为选择育种和杂交育种。

6.3.1 选择育种

自然界存在着天然的变异，原生种与栽培种均会产生一定的群体差异与株间差异，这些差异带来了筛选优质品种的原始材料。目前，选择育种是荚蒾属植物新品种培育的主要方法，已知的栽培品种中约86.5%是通过自然变异选择获得的。实生选种与芽变选种是荚蒾属植物选择育种的主要方式。

荚蒾属原生资源种类多，观赏类型丰富，普遍存在着自然杂交，形成具有不同观赏特性与抗性的群体或单株。在自然选择与人为选择下，一些优势基因不断强化，逐步演化为人类需求的种类，荚蒾属多数品种就是在栽培过程中通过建立优良无性系得来的。如 *V. setigerum* 'Aurantiacum' 是阿诺德树木园从 Ernest Henry Wilson 采自中国湖北的种子播种后的实生苗中选育出的橙果品种；*V. rhytidophyllum* 'Cree' 和 *V. dilatatum* 'Erie' 是 Donald Roy Egolf 博士分别利用皱叶荚蒾和荚蒾播种后的实生苗选育出的紧凑型品种。

荚蒾属植物中的部分种类还具有较强的易变性，品种演化进程中存在着大量的自然芽变，如 *V. tinus* 'Variegatum'、*V. tinus* 'Lucidum Variegatum' 和 *V. tinus* 'Bewley's Variegated' 均是由地中海荚蒾的自然芽变选育而来的；*V. lantana* 'Variegatum' 和 *V. lantana* 'Variifolium' 均是由绵毛荚蒾的自然芽变选育而来的；*V. japonicum* 'Variegatum'、*V. rhytidophyllum* 'Variegatum' 和 *V. odoratissimum* var. *awabuki* 'Variegata' 分别由日本荚蒾、皱叶荚蒾和日本珊瑚树的自然芽变选育而来的。中国科学院武汉植物园在进行荚蒾属植物的引种栽培过程中，还发现了珊瑚树和球核荚蒾的芽变枝条，其性状稳定性还待观察。

珊瑚树芽变枝条

球核荚蒾芽变枝条

6.3.2 杂交育种

杂交育种是荚蒾属植物主要育种方法之一，目前已知的栽培品种中约13.5%是通过有性杂交育种获得的。但是由于荚蒾属植物种子复杂的休眠特性，杂交后代种子大多需要1~3年才能够正常萌发，再加上木本植物长达3年以上的童期，极大地增加了有性杂交育种的周期及难度，成为限制荚蒾属植物有性杂交育种的重要因素。*V.* 'Nantucket' 是已知培育历时最长的杂交品种，该品种自1988年开始杂交至2008年正式发表，历时20年之久（Pooler，2010）。目前已知的杂交品种大部分是利用1956年 Egolf 授粉后收获的杂交种子培育而来的，之后很少再有新的杂交组合培育的品种推出。有性杂交育种虽然周期长，但是由于杂交引起基因重组，杂交后代可组合双亲的优良性状，更容易通过人为控制获得理想的目标性状，目前依然是荚蒾属植物育种最为有效的方法。

1. 自花授粉和同胞授粉亲和性

荚蒾属植物自花授粉和同胞授粉亲和性因物种不同而存在差异，同胞授粉的亲和性优于自花授粉。目前已知 V. *acerifdium*、V. *dentatum*、V. *pubescens* 等24种荚蒾的自花授粉或同胞授粉亲和性（表6-9）。这24种荚蒾中，有10种自花授粉亲和，其中20种进行了同胞授粉，有14种成功收获种子并获得幼苗。V. *dentatum*、V. *nudum* var. *cassinoides*、V. *lantana*、V. *opulus*、V. *prunifolium*、V. *sieboldii*、V. *setigerum* 和 V. *trilobum* 自花授粉和同胞授粉均成功收获种子，并获得幼苗，这8种荚蒾是常异花授粉植物；V. *acerifolium*、V. *pubescen*、V. *dilatatum*、V. *lentago*、V. *macrocephalum* f. *keteleeri* 和 V. *hanceanum* 自花授粉不亲和，而同胞授粉成功收获种子，并获得幼苗，这6种植物是异花授粉植物；V. × *burkwoodii*、V. *carlesii*、V. *cinnamomifolium*、V. *farreri* 和 V. × *rhytidophullum* 自花授粉和同胞授粉均未获得种子，这5种荚蒾也是异花授粉植物。蝴蝶戏珠花比较特殊，Egolf（1956）研究表明蝴蝶戏珠花同胞授粉不亲和性，而中国科学院武汉植物园在进行荚蒾属植物杂交试验中却获得了相反的结果，这可能是由于试验材料地理来源不同造成的差异。

表6-9 荚蒾属植物自花授粉亲和性（程甜甜，2014；金飚，2006；Egolf，1956）

序号	物种	授粉类型	授粉花朵数	收获种子数	播种出苗数
1	V. *acerifolium*	同胞授粉	407	176	19
		自花授粉	530	0	0
2	V. *nudum* var. *cassinoides*	同胞授粉	1545	223	19
		自花授粉	472	2	2
3	V. *dentatum*	同胞授粉	365	194	20
		自花授粉	512	2	2
4	V. *pubescens*	同胞授粉	167	41	4
		自花授粉	177	0	0
5	V. *dilatatum*	同胞授粉	616	233	20
		自花授粉	666	0	0
6	V. *lantana*	同胞授粉	642	149	65
		自花授粉	660	16	8
7	V. *lentago*	同胞授粉	215	26	25
		自花授粉	164	0	0
8	V. *opulus*	同胞授粉	167	93	18
		自花授粉	173	2	2
9	V. *prunifolium*	同胞授粉	378	155	49
		自花授粉	244	16	14
10	V. *setigerum*	同胞授粉	477	148	19
		自花授粉	483	124	20
11	V. *sieboldii*	同胞授粉	738	63	6
		自花授粉	1065	24	1

续表

序号	物种	授粉类型	授粉花朵数	收获种子数	播种出苗数
12	*V. trilobum*	同胞授粉	343	9	3
		自花授粉	382	6	1
13	*V. macrocephalum* f. *keteleeri*	同胞授粉	153	37	37
		自花授粉	50	0	0
14	*V. × burkwoodii*	同胞授粉	155	0	0
		自花授粉	166	0	0
15	*V. carlesii*	同胞授粉	111	0	0
		自花授粉	116	0	0
16	*V. farreri*	同胞授粉	146	0	0
		自花授粉	126	0	0
17	*V. plicatum* f. *tomentosum*	同胞授粉	1014	0	0
		自花授粉	898	0	0
		同胞授粉	63	9	5
		自花授粉	135	0	0
18	*V. hanceanum*	同胞授粉	674	4	4
		自花授粉	35	0	0
19	*V. rhytidophyllum*	同胞授粉	152	0	0
		自花授粉	652	0	0
20	*V. cinnamomifolium*	同胞授粉	211	0	0
		自花授粉	211	0	0
21	*V. rafinesqueanum*	自花授粉	182	0	0
22	*V. tinus*	自花授粉	152	4	4
23	*V. molle*	自花授粉	244	232	20
24	*V. henryi*	自花授粉	114	0	0

2. 组间杂交亲和性

荚蒾属组内不同种间杂交亲和性优于组间杂交，能够产生丰富的种子和幼苗，但是由于荚蒾属不同组之间性状差异较大，相互授粉能够有效利用杂种优势，促进基因渐渗和交流，把不同组独特的优良性状结合于杂种个体中，创造出相对组内杂交品种更加丰富的品种。由于组间杂交属于远缘杂交，存在着杂交不亲和、杂种不育等问题，这些是限制远缘杂交的重要难题，荚蒾属已知的栽培品种中还未有通过组间杂交培育的新品种。

关于组间杂交亲和性的研究并不多，目前已知的涉及圆锥组、裸芽组、蝶花组、梨叶组、齿叶组、裂叶组、球核组和合轴组8个组的131个组间杂交组合中，仅30个杂交组合获得种子及幼苗，这30个组间杂交组合涉及6个组的19个物种，详见表6-10。

表6-10　荚蒾属植物组间授粉亲和的组合（Egolf, 1956）

母本	父本	授粉花朵数	收获种子数	播种出苗数
V. ×burkwoodii（裸芽组）	V. farreri（圆锥组）	213	4	2
	V. suspensum（圆锥组）	27	7	2
V. carlesii（裸芽组）	V. farreri（圆锥组）	461	158	23
V. nudum var. cassinoides（梨叶组）	V. dentatum（齿叶组）	256	8	7
	V. opulus（裂叶组）	311	27	2
	V. rafinesqueanum（齿叶组）	225	7	4
	V. setigerum（齿叶组）	204	31	6
	V. pubescens（齿叶组）	130	49	15
V. lentago（梨叶组）	V. lantana（裸芽组）	172	9	2
	V. rhytidophyllum（裸芽组）	328	40	7
V. prunifolium（梨叶组）	V. carlesii（裸芽组）	215	3	1
	V. farreri（圆锥组）	195	7	3
V. farreri（圆锥组）	V. carlesii（裸芽组）	278	12	1
	V. plicatum f. tomentosum（蝶花组）	103	13	3
V. sieboldii（圆锥组）	V. ×burkwoodii（裸芽组）	631	9	1
	V. carlesii（裸芽组）	868	161	45
	V. setigerum（齿叶组）	738	63	6
	V. lantana（裸芽组）	582	178	1
	V. lentago（梨叶组）	599	108	2
	V. plicatum f. tomentosum（蝶花组）	599	145	23
	V. prunifolium（梨叶组）	578	36	2
V. suspensum（圆锥组）	V. ×burkwoodii（裸芽组）	43	6	5
	V. carlesii（裸芽组）	78	11	7
V. setigerum（齿叶组）	V. farreri（圆锥组）	307	4	2
	V. prunifolium（梨叶组）	303	4	1
	V. rhytidophyllum（裸芽组）	269	10	8
V. tinus（球核组）	V. ×burkwoodii（裸芽组）	138	2	1
	V. farreri（圆锥组）	826	3	1
	V. lantana（裸芽组）	111	1	1
V. trilobum（裂叶组）	V. orientale（齿叶组）	45	1	1

6.4 遗传育种的细胞学基础

荚蒾属植物的染色体及其细胞学多样性为种质创新提供了无限的可能和基础应用空间，丰富的染色体倍性变化为多倍体栽培品种的选育创造了条件，染色体重组和数目变异为丰富多样的表型形态变化奠定基础。

双亲染色体数目还是是限制荚蒾属植物杂交成功与否的重要因素之一。Egolf（1956）研究表明，染色体数目为16、18、32、36的种类相互授粉均能产生有活力的种子，且染色体数目多的种类作为母本，更容易杂交成功。现将已知124种（含品种）荚蒾属植物的染色体数目进行整理（表6-11），为荚蒾属植物杂交育种工作中双亲的选择及倍性育种提供理论依据。

表6-11 已知124种（含品种）荚蒾属植物的染色体倍数

拉丁名	染色体数目	参考文献
V. acerifolium	18	Egolf,1962,1956,1954; Janaki-Ammal,1953; Sax and Kribs,1930
V. atrocyaneum	18	Egolf,1962,1956,1954; Poucques,1946
V. betulifolium	18,20,22,27,36	Egolf,1962,1956,1954; Janaki-Ammal,1953;Simonet and Miedzyrzecki,1932
V. betulifolium 'Aurantiacum'	18	Egolf,1962,1956,1954
V. carlesii var. bitchiuense	18	Egolf,1962,1956,1954; Janaki-Ammal,1953
V. ×bodnantense	16	Egolf,1962,1956,1954; Janaki-Ammal,1953; Stearm. 1950
V. bracteatum	72	Egolf,1962,1956,1954
V. buddleifolium	18,20	Egolf,1962,1956,1954; Janaki-Ammal,1953
V. burejaeticum	18	Egolf,1962,1956,1954
V. ×burkwoodii	18	Egolf,1962,1956,1954
V. ×burkwoodii 'Carlotta'	18	Egolf,1962,1956,1954
V. ×burkwoodii 'Chenaultii'	18	Egolf,1962,1956,1954
V. ×burkwoodii 'Park Farm Hybrid'	18	Egolf,1962,1956,1954
V. ×carlcephalum	18	Egolf,1962,1956,1954
V. carlesii	18,20,22	Egolf,1962,1956,1954; Janaki-Ammal,1953; Poucques,1949; Simonet and Miedzyrzecki,1932
V. nudum var. cassinoides	18	Egolf,1962,1956,1954
V. nudum var. cassinoides 'Nanum'	18	Egolf,1962,1956,1954
V. cinnamomifolium	18	Egolf,1962,1956,1954; Janaki-Ammal,1953
V. cotinifolium	18	Egolf,1962,1956,1954; Poucques,1949
V. cylindricum	18	Egolf,1962,1956,1954
V. davidii	18	Egolf,1962,1956,1954; Janaki-Ammal,1953
V. davidii 'Femina'	18	Egolf,1962,1956,1954
V. dentatum	36,54,72	Egolf,1962,1956,1954; Janaki-Ammal,1953
V. pubescens	72,36	Egolf,1962,1956,1954

续表

拉丁名	染色体数目	参考文献
V. dilatatum	18	黄少甫等，1988；Egolf,1962,1956,1954
V. dilatatum 'Xanthocarpum'	18	Egolf,1962,1956,1954
V. edule	18	Egolf,1962,1956,1954
V. ellipticum	18	Egolf,1962,1956,1954
V. erosum var. *erosum*	18	黄少甫等，1988；Egolf,1962,1956,1954; Janaki-Ammal,1953
V. erosum var. *taquetii*	18	Egolf,1962,1956,1954
V. erubescens	32,48	Egolf,1962,1956,1954; Janaki-Ammal,1953
V. farreri	16	Egolf,1962,1956,1954; Janaki-Ammal,1953; Simonet et al.,1932
V. farreri 'Alba'	32,16	Egolf,1962,1956,1954; Janaki-Ammal,1953
V. farreri 'Candidissimum	16	Egolf,1962,1956,1954
V. farreri 'Nanum'	16	Egolf,1962,1956,1954
V. foetidum var. *foetidum*	18,16	Egolf,1962,1956,1954; Janaki-Ammal,1953
V. foetidum var. *rectangulatum*	18	黄少甫等，1988；Egolf,1962,1956,1954
V. fordiae	18,72	Egolf,1962,1956,1954
V.glomeratum	18	Egolf,1962,1956,1954
V. grandiflorum	16,32	Egolf,1962,1956,1954; Janaki-Ammal,1953
V. hanceanum	72	Egolf,1962,1956,1954
V. hartwegii	18	Egolf,1962,1956,1954
V. henryi	32,48	Egolf,1962,1956,1954; Janaki-Ammal,1953
V. ×jackii	18	Egolf,1962,1956,1954
V. japonicum	18	Egolf,1962,1956,1954
V. ×juddii	18	Egolf,1962,1956,1954
V. kansuense	18	Egolf,1962,1956,1954
V. lantana	18	Janaki-Ammal,1953; Poucques, 1949; Sax and Kribs,1930
V. lantana 'Aurea Marginata'	18	Egolf,1962,1956,1954
V. lantana 'Floribundum'	18	Egolf,1962,1956,1954
V. lantana 'Folis Puberlentis'	18	Egolf,1962,1956,1954
V. lantana 'Lanceolatum'	18	Egolf,1962,1956,1954
V. lantana 'Lees'	18	Egolf,1962,1956,1954
V. lantana 'Macrophyllum'	18	Egolf,1962,1956,1954
V. lantana 'Maronitanum'	18	Egolf,1962,1956,1954
V. lantana 'Rugosum'	18,27	Egolf,1962,1956,1954
V. lantana 'Variegatum'	18	Egolf,1962,1956,1954
V. lantanoides	18	Egolf,1962,1956,1954; Janaki-Ammal,1953; Sax and Kribs,1930
V. lentago	18	Egolf,1962,1956,1954; Janaki-Ammal,1953; Sax and Kribs,1930
V. luzonicum	16	Hsu,1968
V. macrocephalum f. *macrocephalum*	18	金飚，2007; 黄少甫，1987; 吴一民，1987; Egolf, 1962,1956,1954
V. macrocephalum f. *keteleeri*	18	金飚，2007; 吴一民，1987; Egolf, 1962,1956,1954

拉丁名	染色体数目	参考文献
V. molle	36	Egolf,1962,1956,1954
V. mongolicum	18,16	Egolf,1962,1956,1954; Janaki-Ammal,1953
V. nudum var. *nudum*	18	Egolf,1962,1956,1954; Janaki-Ammal,1953
V. odoratissimum	32,40	Egolf,1962,1956,1954; Janaki-Ammal,1953
V. opulus subsp. *opulus*	18	Janaki-Ammal,1953; Sax and Kribs,1930
V. opulus subsp. *opulus* 'Aureum'	18	Egolf,1962,1956,1954
V. opulus subsp. *opulus* 'Nanum'	18	Egolf,1962,1956,1954
V. opulus subsp. *opulus* 'Notcutt's Variety'	18	Egolf,1962,1956,1954
V. opulus subsp. *opulus* 'Roseum'	18	Egolf,1962,1956,1954
V. opulus subsp. *opulus* 'Xanthocarpum'	18	Egolf,1962,1956,1954
V. opulus subsp. *opulus* 'Variegatum'	18	Egolf,1962,1956,1954
V. opulus subsp. *calvescens*	18	Egolf,1962,1956,1954; Sax and Kribs,1930
V. opulus subsp. *calvescens* 'Flavum'	18	Egolf,1962,1956,1954
V. opulus subsp. *calvescens* 'Puberulum'	18	Egolf,1962,1956,1954
V. plicatum f. *plicatum*	16,18	Egolf,1962,1956,1954; Janaki-Ammal,1953
V. plicatum f. *plicatum* 'Grandiflorum'	16	Egolf,1962,1956,1954
V. plicatum f. *plicatum* 'Rotundifolium'	16	Egolf,1962,1956,1954
V. plicatum f. *tomentosum*	16,18	Egolf,1962,1956,1954; Janaki-Ammal,1953; Sax and Kribs,1930
V. plicatum f. *tomentosum* 'Lanarth'	16	Egolf,1962,1956,1954
V. plicatum f. *tomentosum* 'Mariesii'	18,16	Egolf,1962,1956,1954; Janaki-Ammal,1953
V. plicatum f. *tomentosum* 'Roseum'	16	Egolf,1962,1956,1954
V. plicatum f. *tomentosum* 'Rowallane'	16	Egolf,1962,1956,1954
V. plicatum f. *tomentosum* 'St. Keverne'	16	Egolf,1962,1956,1954
V. propinquun var. *propinquun*	18	Egolf,1962,1956,1954
V. prunifolium	18	Egolf,1962,1956,1954; Janaki-Ammal,1953; Poucques,1946
V. rafinesqeanum	36	Egolf,1962,1956,1954
V. recognitum	36	Egolf,1962,1956,1954
V. reticulatum	32	Egolf,1962,1956,1954
V. × rhytidocarpum	18	Egolf,1962,1956,1954
V. × rhytidophylloides	18	Egolf,1962,1956,1954
V. rhytidophyllum	18	Egolf,1962,1956,1954; Janaki-Ammal,1953; Simonet and Miedzyrzecki,1932
V. rhytidophyllum 'Roseum'	18	Egolf,1962,1956,1954
V. rhytidophyllum 'Variegatum'	18	Egolf,1962,1956,1954
V. rufidulum	18	Egolf,1962,1956,1954
V. schensianum	18	Egolf,1962,1956,1954
V. scabrellum	72	Egolf,1962,1956,1954
V. mullaha	18	Egolf,1962,1956,1954
V. sempervirens	18	Egolf,1962,1956,1954

拉丁名	染色体数目	参考文献
V. setigerum	18,36	Egolf,1962,1956,1954; 黄少甫等，1980; Simonet and Miedzyrzecki,1932
V. setigerum 'Aurantiacum'	36,18	Egolf,1962,1956,1954
V.sieboldii	18,16,32	Egolf,1962,1956,1954; Janaki-Ammal,1953
V. suspensum	18,16	Egolf,1962,1956,1954; Janaki-Ammal,1953; Poucques,1946
V. sympodiate	18	Egolf,1962,1956,1954; 黄少甫等，1980
V. tinus	36	Egolf,1962,1956,1954; Janaki-Ammal,1953; Simonet and Miedzyrzecki,1932
V. tinus 'French White'	36	Egolf,1962,1956,1954
V. tinus 'Lucidum'	72	Egolf,1962,1956,1954
V. tinus 'Lucidum Variegatum'	72	Egolf,1962,1956,1954
V. tinus 'Purpureum'	36	Egolf,1962,1956,1954
V. tinus 'Variegatum'	36	Egolf,1962,1956,1954
V. tinus subsp. *rigidum*	18	Egolf,1962,1956,1954
V. trilobum	18	Egolf,1962,1956,1954; Janaki-Ammal,1953; Sax and Kribs,1930
V. trilobum 'Andrews'	18	Egolf,1962,1956,1954
V. trilobum 'Compactum'	18	Egolf,1962,1956,1954
V. trilobum 'Hans'	18	Egolf,1962,1956,1954
V. trilobum 'Wentworth'	18	Egolf,1962,1956,1954
V. urceolatum	18	Egolf,1962,1956,1954
V. utile	18	Egolf,1954,1956,1962; Janaki-Ammal,1953
V. wrightii	16,18	Egolf,1962,1956,1954; Janaki-Ammal,1953

参考文献

[1] 程甜甜 . 木绣球与荚蒾杂交的生殖生物学研究 [D]. 山东：山东农业大学，2014.

[2] 黄少甫，王雅琴，邱金兴 . 四种荚蒾属植物的核型 [J]. 林业科学研究，1988，1(3)：320-323.

[3] 黄少甫，赵治芬，漆青原 . 合轴荚蒾和木绣球的核型分析 [J]. 南京林业大学学报，1989，13(4)：16-19.

[4] 金飚，房荣春，汪琼，等 . 琼花染色体核型分析 [J]. 扬州大学学报（农业与生命科学版），2007，28(1)：92-94.

[5] 金飚 . 琼花生殖生物学与繁殖技术研究 [D]. 南京：南京林业大学，2006.

[6] 吴一民 . 荚蒾属（*Viburnum* L.）两个种的核型研究 [J]. 南京林业大学学报（自然科学版），1997，21(02)：089.

[7]DIRR M A. *Viburnums*: flowering shrubs for every season [M]. London: Timber Press, 2007.

[8]EGOLF D R. Plant breeding and cytological studies in the genus *Viburnu*m [D]. Ithaca: Cornell University, 1954.

[9]EGOLF D R. Cytological and interspecific hybridization studies in the genus *Viburnum* [D]. Ithaca: Cornell University, 1956.

[10]EGOLF D R. A cytological study of the genus *Viburnum* [J]. Journal of the Arnold Arboretum, 1962, 43:132 - 172.

[11]EGOLF D R. Two new cultivars of *Viburnum*, 'Cayuga' and 'Mohawk' (Caprifoliaceae) [J]. Baileya, 1966, 14:24-28.

[12]EGOLF D R. Eight new *Viburnum* cultivars (Caprifoliaceae) [J]. Baileya, 1966, 14:106-122.

[13]EGOLF D R. *Viburnum dilatatum* Thunb. Cv. 'Erie' (Caprifoliaceae) [J]. Baileya, 1971, 18:23-25.

[14]EGOLF D R. 'Shasta' *Viburnum* [J]. HortScience, 1979, 14:78-79.

[15]EGOLF D R. 'Chesapeake' *Viburnum* [J]. HortScience, 1981, 16:350.

[16]EGOLF D R. 'Eskimo' *Viburnum* [J]. HortScience, 1981, 16:691.

[17]EGOLF D R. 'Shoshoni' *Viburnum* [J]. HortScience, 1986, 21:1077-1078.

[18]EGOLF D R. 'Chippewa' and 'Huron' *Viburnum* [J]. HortScience, 1987, 22:174-176.

[19]EGOLF D R. 'Conoy' *Viburnum* [J]. HortScience, 1988, 23:419-421.

[20]HSU C C. Preliminary chromosome studies on the vascular plants of Taiwan (Ⅱ) [J]. Taiwania, 1968, 14：11-27.

[21]JANAKI-AMMAL E K. Chromosomes and the species problem in the genus *Viburnum* [J]. Current Science, 1953, 22:4-6

[22]KATHLEEN F. Donald Egolf's *Viburnums* [J]. American Horticulturist, 1989, 68(10):30-35.

[23]KELLI D. *Viburnum* 'Emerald Triumph' [J]. Nursery Management and Production, 2003, 19(2):10.

[24]LU S Y. New cultivars from native plants of Taiwan (VIII) [J]. Taiwan Journal of Forest Science, 2004, 19(3): 259-262.

[25]NAVASHIN M. The dislocation hypothesis of evolution of Chromosomal Numbers [J]. Zeitschrift für Induktive Abst ammungsund Vererbungslehre, 1933, 63:224-231.

[26]POOLER M R. 'Cree' and 'Nantucker' *Viburnums* [J]. HortScience, 2010, 45(9):1384−1385.

[27]POUCQUES M L. Etude caryologique de quelques *Viburnum* [J]. Compt. Rend. Soc. de Biol., 1946, 141:183−185.

[28]SAX K, KRIBS D A. Chromosomes and phylogeny in Caprifoliaceae [J]. Journal of the Arnold Arboretum, 1930, 11:147−153.

[29]SIMONER M, MIEDZYRZECKI C. Etude caryologique de quelques especes arborescentes ou sarmentenses d'ornement [J]. Compt. Rend. Soc. de Biol. 1932, 111:969−973.

THE

SEVENTH

CHAPTER

第 七 章

荚蒾属植物的繁殖栽培

中国荚蒾属植物的栽培历史先于世界上任何一个国家或地区，但是真正成熟应用的种类并不多。繁殖技术是限制该属植物推广应用的重要因素之一，因此探索和建立成熟的栽培繁殖技术体系对于促进该属植物推广应用具有重要意义。

7.1 繁殖方法

7.1.1 播种

种子繁殖有以下优点：种子采集及运输容易，一次繁殖便可获得大量植株；种子贮藏时间长，可根据需要进行繁殖，不受时间限制；种子繁殖的实生苗根系发达，后期生长发育迅速；种子繁殖的幼苗遗传保守性弱，更容易适应环境变化，有利于异地引种成功；种子为雌雄授粉后的产物，播种后的实生苗由于遗传性状的分离常会出现一些变异，对于新品种的培育具有重要意义。然而，由于大部分荚蒾属植物的种子具有复杂的休眠特性，这也成为限制其播种育苗的一大阻碍，因此，对种子休眠特性及打破休眠的方法的研究一直是荚蒾属植物研究的一个热点。

1. 果实的采收调制和种子贮藏

果皮的颜色由绿色变为橙黄色、黑色或者红色等，果肉由硬变软，表示种子成熟。荚蒾属植物大部分种类果实成熟后很快脱落，或被鸟类取食，有的种类虽然挂果时间长，但易遭受虫害，因此果实成熟后应立即采收。采收后的果实置于阴凉处摊放数天，促使果皮果肉继续软化腐烂，但忌久堆发热。将完全腐熟的果实在筛子中揉搓，去除果肉果皮，取出种子，用清水淘洗，去除杂质及漂浮于水面的空瘪粒，晾干获取种子材料。

种子可以干藏，亦可混湿沙层积。一般用于短期播种的种子可湿沙层积，将种子与湿沙按照1∶3的比例进行混合，置于凉爽且通风良好处，定期浇水并翻动，待种子露白时即可播种。长期贮存的种子可进行干藏，将充分干燥的种子用塑封袋或密闭容器贮藏于1～4℃或-4℃条件下，种子活力可保持3年以上。北美地区的荚蒾属气干种子1～4℃密闭贮藏，生命力可以保持10年。短序荚蒾、台东荚蒾等种皮较薄且具深腹沟的种子在晾晒过程中如果处理不当，或贮藏于-4℃条件下很容易失去活力，一般采用湿沙层积的方式进行贮藏或随采随播。种子贮藏前需测定种子的大小，作为后期计算播种量必要依据，部分荚蒾属植物种子质量及形态大小特征数据见表7-1。

表7-1 部分荚蒾属植物种子大小特征数据

种名	长（mm）	宽（mm）	干粒重（g）	每千克粒数（万粒）
珊瑚树	6.8	3.9	23～25	4.0～4.4
修枝荚蒾	8.5	4.8	32	3.2
荚蒾	6.8	5.4	26～30	3.3～3.9
琼花	10.5	6.5	52～60	1.6～2.0
鸡树条	7.6	6.2	33～40	2.5～3.0
茶荚蒾	6.9	4.8	22～34	2.9～4.5
烟管荚蒾	8.5	6.5	32～56	1.8～3.1
少花荚蒾	4.5	4.0	15	6.7
短序荚蒾	8.5	6.0	47～62	1.6～2.1
红荚蒾	4.5	4.0	48	2.1
水红木	5.0	4.0	16	6.3
南方荚蒾	4.0	3.0	6.8	14.7
蝴蝶戏珠花	5.5	5.0	12	8.3
朝鲜荚蒾	7.3	5.7	34	2.9
蒙古荚蒾	7.8	5.7	37	2.7
具毛常绿荚蒾	7.6	5.3	36	2.8
荚蒾	6.3	4.9	27	3.7

种名	长（mm）	宽（mm）	千粒重（g）	每千克粒数（万粒）
吕宋荚蒾	4.8	3.6	12	8.3
球核荚蒾	4.5	4.5	33	3.0
黑果荚蒾	7.8	5.6	36	2.8
金佛山荚蒾	6.3	4.1	26	3.8
欧洲荚蒾	7.6	7.6	25	4.0
香荚蒾	7.9	4.8	30~40	2.5~3.3
皱叶荚蒾	6.2	4.5	26	3.8
桦叶荚蒾	4.2	3.4	12	8.3

2. 种子休眠特性

种子休眠是植物经过长期进化而获得的一种对环境条件及季节性变化的生物学适应。目前国际通用的种子休眠分类系统将种子休眠分为物理休眠 (PY)、生理休眠 (PD)、形态休眠 (MD)、综合休眠（PY+PD）和形态生理休眠（MPD）5类（Baskin et al.,2004）。MPD是5种种子休眠类型中最复杂的一类，根据种子萌发对冷或暖层积的需求、种胚生长的温度需求及对赤霉素的反应，形态生理休眠现又可分为非深度简单、中度简单、深度简单、非深度简单上胚轴、深度简单上胚轴、深度简单双重、非深度复杂、中度复杂和深度复杂9个类型（Baskin et al.,2014）。

荚蒾属植物的种子休眠非常复杂，不同种类休眠类型不一，目前已知的有形态生理休眠和物理休眠2类（表7-2），其中以形态生理休眠中的上胚轴休眠最为普遍。Phartyal等人（2014）认为荚蒾属是最著名的种子具有上胚轴休眠的植物属，Kollmann 和 Crubb（2004）认为荚蒾属种子的上胚轴休眠特性可能是物种对温带气候的一种适应，Westoby（1999）认为这也有可能是荚蒾属在系统发育上保留的一个特殊性状。目前，国内外对荚蒾属植物种子萌发特性的研究无论从深度和广度方面都相对落后，该属大部分种类并未涉及，且已有研究缺乏系统性，大部分种子休眠特性还未可知。

表7-2 已知荚蒾属植物种子休眠类型

物种	休眠类型	参考文献
珊瑚树（Viburnum odoratissimum）	非深度简单上胚轴休眠	Baskin et al.,2008
台中荚蒾（V. formosanum）	非深度简单上胚轴休眠	Baskin et al.,2009
地中海荚蒾（V. tinus）	非深度简单上胚轴休眠	Karlsson et al.,2005
糙叶荚蒾（V. scabrellum）	非深度简单上胚轴休眠	Baskin et al.,2008; Giersbach,1937
美国红荚蒾（V. nudum）	非深度简单上胚轴休眠	Hidayat et al.,2005; Giersbach,1937
绵毛荚蒾（V. lantana）	非深度简单上胚轴休眠	Santiago et al.,2014; Bezdéčková et al.,2009
特里利氏荚蒾（V. treleasei）	非深度简单上胚轴休眠	Moura et al.,2010

续表

学名	休眠类型	参考文献
齿叶荚蒾（*V. dentatum*）	深度简单上胚轴休眠	Hidayat et al.,2005; Giersbach,1937
荚蒾（*V. dilatatum*）	深度简单上胚轴休眠	Hidayat et al.,2005; Giersbach,1937
梨叶荚蒾（*V. lentago*）	深度简单上胚轴休眠	Hidayat et al.,2005; Giersbach,1937
李叶荚蒾（*V. prunifolium*）	深度简单上胚轴休眠	Hidayat et al.,2005; Giersbach,1937
锈荚蒾（*V. rufidulum*）	深度简单上胚轴休眠	Hidayat et al.,2005; Giersbach,1937
毛荚蒾（*V. pubescens*）	深度简单上胚轴休眠	Hidayat et al.,2005; Giersbach,1937
槭叶荚蒾（*V. acerfolium*）	深度简单上胚轴休眠	Hidayat et al.,2005; Giersbach,1937
桦叶荚蒾（*V. betulifolium*）	深度简单上胚轴休眠或深度简单双重休眠	Chien et al.,2011；雷小明，2003；万才淦等，1994
小叶荚蒾（*V. parvifolium*）	深度简单上胚轴休眠	Chien et al.,2011
欧洲荚蒾（*V. opulus* subsp. *opulus*）	深度简单上胚轴休眠	Walck et al.,2012
显脉荚蒾（*V. furcatum*）	深度简单上胚轴休眠	Phartya, et al., 2014
球核荚蒾（*V. propinquum*）	深度简单上胚轴休眠	Chien et al.,2013
水红木（*V. cylindricum*）	物理休眠	杨轶华等，2015
朝鲜荚蒾（*V. koreanum*）	上胚轴休眠	杨轶华等，2015
修枝荚蒾（*V. burejaeticum*）	上胚轴休眠	杨轶华等，2015
鸡树条（*V. opulus* subsp. *calvescens*）	上胚轴休眠	毕显禹，2018；杨轶华等，2009
具毛常绿荚蒾（*V. sempervirens* var. *trichophorum*）	上胚轴休眠	王恩伟，2009

3. 荚蒾属植物打破种子休眠的方式

打破种子休眠的方法很多，常用的有物理方法、化学方法、生物处理和综合方法。物理方法包含温度处理、层积处理、干燥后熟、机械处理、射线、超声波处理和电场处理。化学方法包含激素处理、无机化学药物处理、有机化学药物处理。生物处理是利用植物和真菌产生的生化物质、动物或昆虫啃咬，以及动物消化液中的酶或稀酸等促进种子的萌发。许多植物种子是由种壳和胚双重原因引起的综合性休眠，这类植物种子的休眠需要使用综合的方法破除。一般采用层积的方法打破荚蒾属植物种子的休眠，常用的有冷层积、暖温层积以及冷暖交替处理，也有少数报道利用其他方法来打破种子休眠，如破除种壳、硫脲处理以及赤霉素处理，但是由于对处理浓度、处理时期以及种子类型的研究不够深入，并未取得显著的效果（肖月娥等，2007；万才淦，1985）。中国科学院武汉植物园早在1985年便开始了荚蒾属植物的研究，根据30多年的播种数据积累以及对相关文献的整理，笔者对我国有引种的荚蒾属植物的种子打破休眠的具体方法进行了归类总结，希望能够为从事荚蒾属植物研究的科研人员以及生产工作者提供一定的参考。

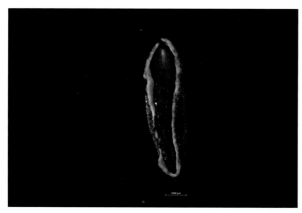 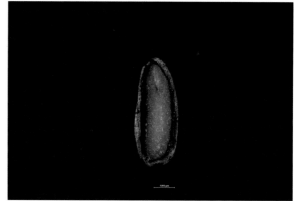

未经层积沙藏的皱叶荚蒾种子胚　　　　　　　　　　　层积沙藏1a的皱叶荚蒾种子胚

1）鸡树条

种皮透性良好，吸水72h后达到饱和，吸水率保持在35%左右。该树种种子生命力较强，几乎无空瘪粒，自然条件下种子生活力约98%。种子成熟时，胚尚未发育完全，属于上胚轴休眠类型。吉林地区4月上旬自然条件下沙藏的种子，当年8月中旬便可发芽，历时约4个月，平均发芽率92%；黑龙江地区10月中旬播种，次年1月中旬便可发芽，历时约3个月，发芽率可达90%；武汉地区12月初播种，次年6月初萌发，历时约6个月，发芽率可达90%以上，恩施地区10月初自然条件下沙藏，次年3月上旬约有1/10的种子发芽，之后无发芽，至7月上旬再次发芽，发芽历时5～10个月，发芽率可达42～85%；南京地区12月中旬自然条件下沙藏，次年9月上旬才能发芽，历时约9个月，发芽率78.7%（国家林业局国有林场和林木种苗工作总站，2001）。25℃高温层积可打破休眠，发芽率最高可达95%（杨轶华等，2015）；15～25℃处理种子3个月，再用21～30℃处理种子2个月也可打破种子休眠，发芽率95.5%（高玉艳，2009）；（100～200）×10^{-6}mg/L的赤霉素浸泡种子24h和300×10^{-6}mg/L的赤霉素浸泡种子12h，对打破鸡树条种子上胚轴休眠也具有一定的促进作用（毕显禹，2018；杨轶华等，2009）；刺破种皮和剥皮处理可提高鸡树条种子萌发率（张谦，2009）。

2）修枝荚蒾

种皮透性良好，种子属于深度形态生理休眠。武汉地区12月份播种，次年6月初下胚轴开始萌发，9月下旬上胚轴开始萌发。东北地区20～35℃条件下层积70～100d即可发芽（周德本，1986）。25℃高温层积能够打破种子休眠，层积60d后种子开始萌发，发芽率高达98%（杨轶华等，2015）。

3）朝鲜荚蒾

种皮透性良好，种子属于上胚轴休眠。武汉地区12月份播种，次年6月初下胚轴开始萌发。25℃高温层积能够打破种子休眠，层积70d后种子开始萌发，发芽率60%；赤霉素对于打破种子上胚轴休眠具有一定的促进作用，且随着浓度增加及处理时间增长，出苗效果更好（杨轶华等，2015）。

4）蒙古荚蒾

种皮透性良好，种子属于深度形态生理休眠。25℃高温层积能够打破种子休眠，层积60d后种子开始萌发，发芽率高达98%（杨轶华等，2015）。

5）金佛山荚蒾

种皮透性良好，种子在吸水80h后达到饱和，吸水率保持在40%左右。自然条件下发芽历时较长，需70～186d，武汉地区，6月份种子成熟后随采随播，当年11月发芽，发芽率高达95%。先低温后高温（5～25℃）和暖温（20℃）条件下均可打破金佛山种子的休眠，前者发芽率达67.7%，后者发芽率为33.3%，先高温后低温的种子90%以上霉烂（杨春玉等，2013）。

6）具毛常绿荚蒾

种皮透性良好，种子在吸水96h后达到饱和，吸水率保持在40%左右。种胚极小，不足种子萌发时种子胚长的1/10，胚的未完全发育是其萌发期长的主要原因，休眠类型为上胚轴休眠。休眠期9~15个月，当年秋季播种后次年秋季或第三年春季才能发芽，自然萌发率约64.7%。武汉地区3月播种，次年4月发芽。先30℃高温层积120d，再转入4℃低温层积60d，可促进种子萌发，发芽率达68.89%（王恩伟，2009）。

7）荚蒾

种皮透性良好，种子在吸水96h后达到饱和，吸水率保持在40%左右。胚形态未发育完全，种胚极小，不具备发芽能力，属于胚的形态后熟型休眠，休眠期9~15个月，自然萌发率约70%~97%。武汉地区，11初成熟采收播种的种子，至次年11月底开始陆续萌发，历时约11个月，发芽率90%。南京地区，2月初自然条件下沙藏的种子，当年10月中旬开始萌发，历时约9个月，发芽率96.6%（国家林业局国有林场和林木种苗工作总站，2001）。30℃高温处理120d，再转入4℃低温处理60d，可促进种子萌发，发芽率达73.33%（王恩伟，2009）。每天25℃暖温层积16h和15℃暖温层积8h交替处理3~4个月，下胚轴开始萌发，然后将下胚轴萌发的种子进行0℃低温层积2~3个月，上胚轴开始萌发，荚蒾种子休眠周期可缩短至6个月左右（武井理臣等，2019）。

8）吕宋荚蒾

种皮透性良好，种子在吸水96h后达到饱和，吸水率保持在40%左右。胚的形态未发育完全，种胚极小，不具备发芽能力，属于胚的形态后熟型休眠，休眠期约15个月，自然萌发率约82.0%。先30℃高温处理120d，再转入4℃低温处理60d，种子发芽率可达88.89%（王恩伟，2009）。

9）球核荚蒾

种皮透性良好，种子在吸水96h后达到饱和，吸水率保持在40%左右。胚的形态未发育完全，种胚极小，不具备发芽能力，属于深度简单上胚轴形态生理休眠。自然条件下休眠期为12~15个月，自然萌发率45%~66.7%，种子随采随播，第二年冬末或早春下胚轴萌发，下胚轴萌发后6~7周上胚轴开始萌发(Chien et al.，2013)。武汉地区，种子随采随播后次年3月下胚轴萌发，5月上胚轴萌发，期间若管理不善，种子很容易霉烂。30℃高温层积120d，再转入4℃低温层积60d，种子发芽率可达72.2%（王恩伟，2009）。

10）茶荚蒾

种皮透性良好，种子在吸水96h后达到饱和，吸水率保持在40%左右。胚的形态未发育完全，种胚极小，不具备发芽能力，属于胚的形态后熟型休眠，休眠期为11~15个月，自然萌发率为73.3~79.2%。南京地区，2月初自然条件下沙藏的种子，当年10月中旬至11月中旬陆续萌发，历时为9~10个月，发芽率91.0%（国家林业局国有林场和林木种苗工作总站，2001）。恩施地区，11月自然条件下沙藏的种子，第二年11月陆续萌发，历时约12个月，发芽率75%。武汉地区11月自然条件下沙藏，次年12月陆续萌发，历时约13个月，发芽率65%。先30℃高温处理120d，再转入4℃低温处理60d，可促进种子发芽，发芽率达90%（王恩伟，2009）。

11）黑果荚蒾

种皮透性良好，种子在吸水96h后达到饱和，吸水率保持在40%左右。胚的形态未发育完全，种胚极小，不具备发芽能力，属于胚的形态后熟型休眠，休眠期约15个月，自然萌发率约71.3%。先30℃高温处理120d，再转入4℃低温处理60d，种子发芽率可达88.89%（王恩伟，2009）。

12）琼花

种皮吸水性良好，种子吸水9d后达到饱和，吸水率保持在31.4%左右。种仁中存在抑制物质，种子必须经过冬季低温夏季高温后才能在秋季彻底破除休眠萌发，自然萌发率68%~97%。扬州地区，当年10月成熟并播下的种子，至翌年秋季最低气温降至15℃左右时才萌发（金飚，2006）。武汉地区，当年11月初成熟采收播种后的种子，至翌年10月底萌发，历时约12个月，发芽率95%。南京地区，12月中旬自然条件下沙藏，次年9月上旬才能发芽，历时约9个月，发芽率96.9%（国家林业局国有林场和林木种苗工作总站，2001）。种子采用500mg/L赤霉素浸泡5h后，于4月底播种，9月底种子破土，从播种到破土需要154d左右。4℃低温层积60d，再经25℃暖温层积60~90d，在15℃条件下萌发可解除种子休眠，萌发率35%~65%，温水浸种可使种子提前1~2d发芽，水温增至80℃时，种子将遭受一定程度危害（金飚，2006）。

13）少花荚蒾

武汉地区，种子当年6月成熟后播种，至次年春季萌发，休眠时间短。

14）桦叶荚蒾

种子具有双休眠特性，秋季种子随采随播，至第三年春季才能发芽，休眠期长达1~15个月，其中下胚轴休眠期10~14个月，下胚轴休眠期2.5~4个月，自然发芽率22.0%~39.1%（万才淦等，1994；雷小明，2003）。40℃温水浸种10d后进行沙藏有利于发芽，15~30℃的暖温处理5个月，之后再5℃低温层积3个月有利于打破种子休眠（Dirr，2007）。武汉地区，10月播种，第三年早春发芽。

15）榛叶荚蒾

种子秋季随采随播，至第三年春季才能发芽，自然条件下发芽时间约15个月，发芽率39.1%（雷小明，2003）。

16）日本珊瑚树

青岛地区，种子9月成熟后随采随播，次年3—5月发芽，发芽率79.7%（穆艳娟等，2014）。25℃恒温层积和赤霉素处理均能提高种子萌发率，以2g/L赤霉素浸泡24h后，在25℃条件下层积60d效果最好，可明显缩短法国冬青的休眠期，发芽率可达52.3%。

17）香荚蒾

种子随采随播，第二年4月发芽，休眠期约9个月。

18）皱叶荚蒾

自然条件下休眠期4~7个月，当年播种，次年4—7月萌发，发芽率84%。播种前用200mg/L的赤霉素浸泡种子24h，以及4℃低温层积2个月，均能够刺激种子萌发。

19）烟管荚蒾

自然条件下休眠期9~10个月，当年播种，次年10月发芽，发芽率24%。

20）宜昌荚蒾

自然条件下休眠期10~13个月，当年播种，当年10月至次年2月均有发芽，发芽率45%。3~5个月的暖温层积或3个月的低温层积有利于打破种子休眠（Dirr，2007）。

21）聚花荚蒾

自然条件下休眠期4~6个月，当年播种，次年4月至6月均有发芽，发芽率72%。六盘山地区，4月播种，当年8月下旬发芽（樊亚鹏等，2008）。武汉地区，8月播种，次年3月下旬发芽。

22）水红木

据万才淦和张炳坤（1994）报道，水红木的胚并无休眠习性，发芽的障碍在于核壳，不去核壳发芽率为零，去核壳的16d发芽率可达68%。恩施地区，1月底播种的种子，5月初便可发芽，发芽历时较短，生产中可随采随播。

23）南方荚蒾

武汉地区，11月初成熟采收播种的种子，至次年11月底开始陆续萌发，历时约11个月，发芽率90%。种子采用500mg/L赤霉素浸泡5h后，于4月底播种，8月上旬种子破土，从播种到破土需要132d左右。

24）浙皖荚蒾

种子具有复杂的休眠特性，萌发困难。武汉地区1月播种，当年12月开始发芽，自然发芽率仅10%。经5~7个月的暖温处理，之后再进行4个月低温层积对种子萌发具有一定促进作用（Dirr，2007）。500mg/L赤霉素浸泡5h亦可促进种子萌发，浸泡后的种子于4月底播种，次年1月中旬种子破土，从播种到破土需要259d左右。

25）槭叶荚蒾

室温层积6～17个月后，再转入1～5℃低温层积2～4个月，有利于种子萌发（Dirr，2007）。1～5℃的低温层积种子采用500mg/L赤霉素浸泡5h后，于4月底播种，次年1月底种子破土，从播种到破土需要270d左右。

26）备中荚蒾

种子随采随播，次年春季发芽。20～30℃暖温层积2个月后，再经过5℃低温层积2个月，有利于种子萌发（Dirr，2007）。种子采用500mg/L赤霉素浸泡5h后，于4月底播种，次年1月上旬种子破土，从播种到破土需要256d左右。

27）川西荚蒾

20～30℃的暖温层积7个月，再进行1～5℃低温层积3个月，有助于打破休眠（Dirr，2007）。

28）欧洲荚蒾

上胚轴休眠。20～30℃暖温层积2～3个月，之后再15℃低温层积1～1.5个月有助于打破种子休眠。也有报道表明5个月的暖温层积后再进行3个月的低温层积也可获得理想的发芽率（Barton，1958）。

29）蝴蝶戏珠花

种子随采随播，次年春季发芽，若采后次年春季播种，当年秋季至次年春季萌发，自然条件下休眠时间为8～11个月。武汉地区，种子7月成熟采收后进行沙藏层积处理，次年3月发芽，播种后30d即可发芽出土，4月份统计，出苗率达95%。

30）陕西荚蒾

种子随采随播，次年秋季发芽。武汉和恩施地区，种子11月成熟采收后进行沙藏层积处理，均在次年11月底发芽，休眠期约1年。

31）珍珠荚蒾

种子随采随播，次年春季发芽，休眠时间较短。成都地区，种子11月上旬成熟采收后进行沙藏层积处理，次年1月露白，播种后30d即可发芽出土，4月份统计，出苗率达80%（兰发正等，2016）。

32）短序荚蒾

种子随采随播，次年春季发芽，休眠时间较短。若次年春季播种，常至第三年春季发芽。武汉地区，种子11月上旬成熟采收后进行沙藏层积处理，次年1月露白，播种后30d即可发芽出土；4月份统计，出苗率达到90%。

33）台东荚蒾

种子随采随播，次年春季发芽，休眠时间较短。若次年春季播种，常至第三年春季发芽。

34）横脉荚蒾

种子秋季随采随播，次年春季发芽，休眠时间约7个月左右。

35）三叶荚蒾

种子随采随播，第三年春季发芽。武汉和恩施地区，种子11月成熟采收后进行沙藏层积处理，均在第三年2月初萌发，休眠期约15个月。

36）蝶花荚蒾

种子秋季随采随播，次年春季发芽，休眠时间3～4个月。武汉地区，种子12月成熟采收后进行沙藏层积处理，次年3月萌发。

37）显脉荚蒾

上胚轴休眠。种子10月成熟后随采随播，次年6月下旬至8月胚发育完全，当年10月中旬下胚轴萌发，第三年4月中旬至5月中旬上胚轴萌发，休眠时间18～19个月。25℃/15℃层积60d后，转入15℃/5℃层积30d，接着0℃层积120d，最后20℃/10℃层积30d，可将休眠期缩短至8个月（Phartyal et al.，2014）。

38）绵毛荚蒾

种子秋季随采随播，次年春季至秋季发芽，休眠时间5～13个月。武汉地区，种子9月成熟后随采随播，次年9月发芽，休眠期约1年。4℃低温层积2个月有助于打破种子休眠（Dirr，2007）。

39）梨叶荚蒾

上胚轴休眠。武汉地区，种子9月成熟后随采随播，次年8月下旬下胚轴萌发，上胚轴休眠期长，第三年春季才萌发。20～30℃暖温层积5～9个月，再转入5℃低温层积1～2个月，有助于提取打破种子休眠（Dirr，2007）。

40）'红粉佳人'美国红荚蒾

种子无休眠，无须任何处理便能很好萌发。武汉地区，种子8月底成熟后随采随播，当年12月初萌发。

41）醉鱼草状荚蒾

武汉地区，种子7月成熟后随采随播，次年1月发芽，休眠时间短。

42）淡黄荚蒾

武汉地区，种子12月成熟后随采随播，次年3月发芽，休眠时间短。

43）皱叶荚蒾相关品种

武汉地区，种子7—9月成熟后随采随播，次年8—9月发芽，休眠期约1年。

荚蒾种子沙藏

梨叶荚蒾沙藏种子露白

琼花自然掉落种子萌发

金佛山荚蒾播种苗

蝴蝶戏珠花播种苗

荚蒾属植物中打破种子休眠的具体方法未知或尚不明确的，如果其为形态生理休眠，若已知其休眠类型，可参照表7-3的方式打破休眠，若不知其休眠类型，可以根据植物的物候进行推测 (Baskin et al., 2014)。如果种子在春季成熟，秋季萌发，则种子可能具有非深度生理休眠，应重点考虑暖层积对休眠打破的影响；而如果种子在秋季成熟，来年春季萌发，则可能具有深度复杂休眠，应考虑低温冷层积对休眠打破的影响。对于不知道物候的物种，则可以通过 Move-along 实验，通过模拟植物所处生境的每月温度变化进行实验，对于大多数物种来说，使用这一技术，结合休眠打破的温度可以确定一年中种子萌发所需要的温度 (Baskin, 2004)。对于荚蒾属植物中种子为非形态生理休眠的，可参照表7-4的方式打破休眠。

表7-3 不同类型形态生理休眠打破方式

形态生理休眠类型	对温度的需求		赤霉素打破休眠
	打破种子休眠	胚生长	
非深度简单	暖层积或冷层积	暖层积	是
中度简单	暖层积 + 冷层积	暖层积	是
深度简单	暖层积 + 冷层积	暖层积	是 / 否
非深度简单上胚轴	暖层积	暖层积	未知
深度简单上胚轴	暖层积 + 冷层积	暖层积	是 / 否
深度简单双重	冷层积 + 暖层积 + 冷层积	暖层积	未知
非深度复杂	冷层积	冷层积	是
中度复杂	冷层积	冷层积	是
深度复杂	冷层积	冷层积	否

表7-4 其他非形态生理休眠打破方式

休眠类型	萌发限制因素	打破休眠方式
生理休眠	种胚生长势弱，无法顺利穿透种皮；种胚中存在萌发抑制物质	层积、后熟、激素刺激
形态休眠	种胚小，发育不完全	后熟
物理休眠	种皮限制，不能正常吸水	浓硫酸、干热、湿热、人工划破种皮、冷热交替处理、动物取食消化
综合休眠	种胚生长势弱，无法顺利穿透种皮；种胚中存在萌发抑制物质；种皮限制，不能正常吸水	根据物种不同，先打破生理休眠再打破物理休眠，或先打破物理休眠再打破生理休眠

4. 播种时间

一般荚蒾属植物种子即采即播，随着播种时期的推迟，发芽率逐渐下降。在陕西西安地区，狭叶荚蒾、桦叶荚蒾、榛叶荚蒾秋季随采随播，出苗率达22%～39%，当年幼苗高生长量可达20～70cm，而春季播种的种子几无发芽（雷小明，2003）。琼花的种子播种越早，发芽率越高，4月下旬种子的发芽率下降50%以上，5月中旬播种的发芽率只有5.5%，6月中旬播种的种子基本上不能发芽，当播种期迟于6月，种子当年无法萌发（雷东林等，1991；金彪等，2005）。水红木和南方荚蒾种子秋季随采随播的出苗时间，早于春季播种的出苗时间，大约提前1个月。但是由于荚蒾属种子大多休眠期长，播种过早，种子不能及时出土，而期间杂草丛生，多次拔草导致土壤松动，种子被带出土面而裸露，或翻入土内被深埋，加上秋冬季节鼠害严重，种子很难萌发，生产上一般将荚蒾种子沙藏至露白后播种，这样既保证了种子的萌发率，又减少了种子在土壤中的存留时间，便于生产管理。

5. 播种基质

由于荚蒾属植物种子大多具有复杂的休眠特性，发芽历程较长，因此发芽之前在基质中留存的时间也较长，容易感染各种病菌。为了避免种子发芽前霉烂，应选用疏松，且排水良好的基质进行播种，如沙子、腐殖土、草炭、珍珠岩、沙壤土或其中2~4种混合的基质，少用透气性差的原土。播种前用高锰酸钾、福尔马林、多菌灵或恶霉灵对土壤进行全面消毒。

6. 播种环境

1）温度

不同休眠特性的种子对温度的要求不同，有的需要在低温条件下萌发，有的在暖温条件下萌发，还有一些需要高低温交替处理才能够萌发，在实际生产中，可参照7.1.1.3中不同荚蒾种子的休眠习性控制播种环境的温度。

2）水分

荚蒾属植物播种过程中对水分的需求在不同阶段存在差异。播种前对种子进行6~7d的浸种，使种子充分吸水，可在一定程度上促进种子萌发。将充分吸水的种子按照种子：沙=1：3的比例充分混匀，置于通风良好的阴凉处保存，待30%种子露白后播种，期间经常检查，保持沙子湿度为80%~90%，以手握成团撒手即散为最好。种子露白播种后，为基质浇透水，出苗后，应减少浇水次数，采用见干见湿的原则进行浇水。

3）空气

苗床周围的通风情况直接影响病虫害的发生。室外播种，苗床可选择在四周开放无遮挡的场地，若在室内进行播种，可考虑加装通风装置，并定时对基质进行消毒；播种前根据种子千粒重合理控制播种量，出苗后进行适当间苗，保持合理密度，促进空气流通。

4）光照

荚蒾属植物种子萌发对光照并未有严格的要求，黑暗或光照条件下均可萌发。种子萌发后可适当增加光照，促进光合作用积累养分供植株生长，一般光照强度保持在40%~50%，此时若光照不足或仍在暗处生长，苗木细弱徒长，抗性弱，容易猝倒。

7.1.2 扦插

扦插繁殖的优点是：遗传性状稳定；成苗迅速；开花结果时间早于实生苗。大部分荚蒾属植物扦插容易生根，从速度、产量和成本等综合因素考虑，扦插是目前大量繁殖荚蒾属植物最为有效的方法，并成为大多数产业化生产苗圃首选的繁殖方式。美国 Glassic viburnums 是一家专门从事荚蒾属植物资源收集、品种培育及苗木销售的大型苗圃，共保存有荚蒾属植物200多种（含品种），苗圃负责人 Gary Ladman 介绍，其圃内苗木多采用扦插繁殖。

7.1.2.1 生根类型

荚蒾属不同物种扦插生根的类型存在差异，根据不定根产生的时间、部位和形成机制不同，可将扦插生根分为皮部生根型、愈伤组织生根型和混合生根型3种类型。皮部生根型的主要特点是根原基在皮层和髓射线中产生，从插条皮孔钻出不定根，生根速度快，生根面积大。愈伤组织生根型的主要特点是扦插后先在切口及其附近形成一团薄壁细胞组成的愈伤组织，然后不定根原始体在其内部或表皮附近孕育形成，不断生长发育就形成不定根，愈伤组织与不定根有直接关系。混合生根型兼具皮部生根和愈伤组织生根。通过笔者多年的实践观察，荚蒾属植物既存在皮部生根型，已知为该种生根类型的有地中海荚蒾、琉球荚蒾、日本珊瑚树、球核荚蒾、蝴蝶戏珠花、鳞斑荚蒾、宜昌荚蒾、少花荚蒾、披针形荚蒾、锥序荚蒾、珍珠荚蒾；又有愈伤组织生根型，已知为该种生根类型的有水红木、桦叶荚蒾、台东荚蒾、短序荚蒾、南方荚蒾、皱叶荚蒾、烟管荚蒾、鸡树条荚蒾、皱叶荚蒾；此外，还有部分种类为混合生根型，已知为该种生根类型的有蝶花荚蒾和琼花。

7.1.2.2 扦插基质

作为荚蒾属植物的扦插基质，既要求有良好的透气性，又要有较好的保水性。实验表明（表7-5），荚蒾属植物适宜用蛭石、沙、珍珠岩、珍珠岩加草炭作为扦插基质。珍珠岩透气性好，荚蒾生根速度快，但由于蛭石保水性差，扦插时需要搭建拱棚或安装喷雾进行保湿才能够保证较好的成活效果。由于这些基质的营养物质含量并不多，扦插生根后要定期给叶片喷施营养液或在天气冷凉时及时进行移栽，以保证扦插苗的正常生长。

表7-5 荚蒾属植物扦插繁殖数据

种名	基质	扦插日期	生根率
常绿荚蒾	珍珠岩＋草炭	2017/8/16	95%
常绿荚蒾	蛭石	2017/8/16	96%
蝶花荚蒾	沙	2017/6/2	100%
蝶花荚蒾	蛭石	2017/8/2	83%
蝶花荚蒾	沙	2017/8/2	33%
蝶花荚蒾	珍珠岩	2017/8/2	100%
蝶花荚蒾	蛭石	2017/8/3	100%
蝶花荚蒾	沙＋园土	2017/6/2	85%
短柄荚蒾	蛭石	2017/8/2	27%
短序荚蒾	蛭石	2017/8/2	100%
短序荚蒾	珍珠岩＋草炭	2017/8/16	85%
法国冬青	沙	2017/8/16	100%
蝴蝶戏珠花	沙	2017/6/2	22%
蝴蝶戏珠花	蛭石	2017/6/20	50%
蝴蝶戏珠花	珍珠岩＋草炭	2017/6/20	40%
蝴蝶戏珠花	沙	2017/6/20	0%
蝴蝶戏珠花	沙	2017/6/20	0%
蝴蝶戏珠花	蛭石	2017/8/2	90%
蝴蝶戏珠花	珍珠岩＋草炭	2017/8/11	77%
桦叶荚蒾	蛭石	2017/6/20	25%
桦叶荚蒾	沙	2017/6/16	30%
桦叶荚蒾	沙	2017/8/16	33%
鳞斑荚蒾	沙	2017/6/16	75%
琉球荚蒾	沙	2017/5/13	92%
南方荚蒾	蛭石	2017/8/3	45%
南方荚蒾	沙	2017/8/16	33%
披针形荚蒾	园土	2017/6/2	10%
披针形荚蒾	沙	2017/8/16	85%
少花荚蒾	沙	2017/6/2	20%

续表

种	基质	扦插日期	生根率
水红木	蛭石	2017/6/26	100%
台东荚蒾	蛭石	2017/8/2	100%
香荚蒾	蛭石	2017/9/7	85%
烟管荚蒾	珍珠岩 + 草炭	2017/8/16	62%
烟管荚蒾	蛭石	2017/8/16	75%
宜昌荚蒾	珍珠岩 + 草炭	2017/6/20	20%
宜昌荚蒾	蛭石	2017/6/20	20%
珍珠荚蒾	珍珠岩 + 草炭	2017/8/11	85%
珍珠荚蒾	沙 + 园土	2017/11/15	70%
皱叶荚蒾	蛭石	2017/8/3	25%
锥序荚蒾	珍珠岩	2017/6/20	10%
锥序荚蒾	蛭石	2017/6/20	25%
醉鱼草状荚蒾	珍珠岩 + 草炭	2017/8/16	85%
烟管荚蒾	蛭石	2017/8/6	100%
烟管荚蒾	珍珠岩 + 草炭	2017/8/6	95%

7.1.2.3 扦插时间

荚蒾属植物一年四季均可进行扦插繁殖。一般在夏初至秋初期间进行扦插成活率最高，此时枝条处于旺盛生长期，细胞分生能力强，代谢作用旺盛，枝条内源生长素含量高，这些因素都有利于生根，但是由于这段时期温度高、光线强，枝条容易失水干枯，扦插后要注意遮阴和保湿。对于落叶类荚蒾，春插在萌芽前及早进行，此时气温高于地温，萌芽展叶先于生根，枝条容易营养耗尽，还未生根就已经枯死，必须采取覆盖地膜等方式提高地温，促进生根。秋插宜在土壤封冻前进行，扦插过晚，插条至第二年春季才能生根，冬季容易产生冻害，扦插时必须做好保温措施。冬季以后进行扦插，插条木质部完全成熟，很难生根。

不同种类的荚蒾，生长习性和生境存在差异，各器官生长发育及成熟期也有较大差别，因此扦插时间还应依据种类不同有所区别，花后扦插的成活率高于花期扦插的成活率。琼花7月插条生根速度显著快于3月（金飚，2003）；鸡树条和大花荚蒾6月下旬花后扦插成活率明显高于5月下旬（罗凤霞，2000）；绣球荚蒾7月中旬至8月中旬的扦插成活率显著高于6月及2—3月份的扦插成活率（李梅春，2003）。

7.1.2.4 插条采集与保存

插条采集尽量选择在早晨8:00—10:00，下午5:00—6:00蒸腾作用弱的时间段进行，选取健壮、无病虫害的植株剪取插条。剪取插条时，必须保留部分叶片，无叶片的插条扦插很难成活。如果是就近采条，且采条不多时可随采随插。枝条较多时，可将剪下的枝条放置在装有少量水或底部铺有湿毛巾的桶中带回扦插，也可放置于密封塑封袋中带回扦插。如果采条距离较远，可将插条切口用湿卫生纸或湿棉团包裹，放入大号塑封袋，塑封袋外面的手提袋采用不透光的布袋，这样处理2～4天，不会影响生根。这种方法对嫩枝、硬枝和半木质化的枝条均适用，但仅适合人为携带，不适合邮寄。如需邮寄枝条，尽量选择在春季或秋季气温较低时进行，用湿苔藓、湿棉布或湿报纸包裹枝条，外面再用不完全封闭的纸箱打包，这样处理的枝条能够保证一定的成活率。若必须夏季邮寄枝条，可选择在温度低于25℃的阴雨天气进行。

7.1.2.5 插条处理

1. 插条长度

不同种类插条的长短要求不同。乔木、小乔木或大型灌木，插条长度7~10cm，如三叶荚蒾、短序荚蒾、日本珊瑚树、鳞斑荚蒾、琼花等。中等大小灌木，插条长度5~7cm为宜，如南方荚蒾、荚蒾、蝶花荚蒾、蝴蝶戏珠花等；小型灌木种类，插条长度4~5cm为宜，如红荚蒾、珍珠荚蒾、直角荚蒾、宜昌荚蒾等。保留顶芽的插条长度应长于下部枝条，但一般不超过15cm。扦插前，将插条末端剪成斜口，剪口常与枝条呈45°角，对于粗壮的枝条，可适当增加剪口长度。

2. 叶片保留数量

叶片保留的数量根据叶片大小确定，原则上，叶片越小，保留的叶片数量越多，但一般不多于6片叶；叶片越大，保留的叶片数量越少，但一般不少于2片叶。叶片较小的种类，如珍珠荚蒾、直角荚蒾、烟管荚蒾、琼花等，插条可保留2~3对叶，每片叶保留1/2或全部；叶片较大的种类，如三叶荚蒾、水红木、短序荚蒾、巴东荚蒾等，可保留1对叶片，每片叶保留1/6~1/4；介于大型叶和小型叶之间的种类，如皱叶荚蒾、少花荚蒾、宜昌荚蒾、桦叶荚蒾、蝴蝶戏珠花等，常保留2~4片叶，每片叶保留1/4~1/2。枝条顶端的插条，常保留顶芽进行扦插。

3. 生根剂处理

大部分荚蒾属植物的扦插生根较为容易，也有一些种类不易生根，如皱叶荚蒾、醉鱼草状荚蒾、金佛山荚蒾、烟管荚蒾等。为了提高扦插成活率，扦插前需要使用生长调节剂进行处理。荚蒾属植物扦插常用的促根生长调节剂有ABT1、IBA、NAA、IAA、GGR6和ABT6。枝条木质化程度不同，所使用的生根剂浓度及处理时间均会有所不同，木质化枝条、半木质化枝条可采用生长调节剂浸泡处理，浓度一般为50~300mg/L，浸泡时间2~24h不等（叶纯子等，2017；温谋德，2016；李明文等，2016；王勇，2016；黄增艳，2011；孙文元等，2007；金飚等，2004；李梅春，2004）；嫩枝扦插多采用生长调节剂速蘸处理，浓度一般为500~1000mg/L，处理时间5~30s（毕显禹，2018；冯欣欣等，2017；陈献志等，2017；陶文科等，2016；白平等，2016；崔向东等，2013；黄国学等，2011）。不同种类所使用的生根剂种类及浓度也有所差别，200mg/L的GGR6浸泡8h，能够促进香荚蒾扦插生根，生根率达76.6%（殷万利等，2012）；1000mg/L的ABT6速蘸5s能够促进欧洲荚蒾、鸡树条荚蒾和蒙古荚蒾扦插生根，生根率高达95%以上，1000mg/L的GGR6速蘸5s能促进朝鲜荚蒾、备中荚蒾扦插生根，生根率高达76%以上，（李长海等，2013；易霭等，2008）；蝴蝶戏珠花在IAA50mg/L+IBA50mg/L处理12h下，生根率最高，可达83%（王勇，2016）；50~200mg/L的NAA、IBA、ABT1处理2~6h对吕宋荚蒾、荚蒾、球核荚蒾、具毛常绿荚蒾、茶荚蒾、黑果荚蒾、木绣球、珊瑚树、朝鲜荚蒾、皱叶荚蒾等多种荚蒾的扦插生根均具有一定的促进作用，扦插成活率达到80%以上（尉倩等，2015）。除生长调节剂外，有机酸对部分荚蒾属植物的扦插生根也具有一定促进作用，如0.7%水杨酸处理常绿欧洲荚蒾枝条60s的生根率高达83.3%，显著高于清水处理和未处理的枝条（王大平等，2012）。美国园艺学家Michael A.Dirr针对荚蒾属植物的扦插繁殖开展了大量的工作，并进行了详细的记录，表7-6为其从1991年开始至2005共14年的扦插数据。

表7-6　荚蒾属植物扦插繁殖数据（Dirr，2007）

拉丁名	扦插时间	激素（KIBA）浓度	扦插枝条数量	生根日期	生根枝条数量	生根率
V.acerifolium	2003/6/9	0.5	8	2003/8/28	3	37%
V.atrocyaneum	2002/6/21	0.5	8	2002/8/9	3	37%
V. awabuki	2000/6/8	0.5	16	2000/7/12	16	100%

续表

拉丁名	扦插时间	激素（KIBA）浓度	扦插枝条数量	生根日期	生根枝条数量	生根率
V. awabuki	2002/6/13	0.5	8	2002/7/10	8	100%
V. awabuki	2003/7/9	0.5	8	2003/8/6	6	75%
V. bichiuense	2002/6/13	0.5	8	2002/7/26	6	75%
V. bichiuense	2003/5/31	0.5	16	2003/7/11	14	87%
V. bichiuense	2003/7/9	0.5	8	2003/8/28	4	50%
V. bracteatum	1992/6/19	0.5	16	1992/8/7	16	100%
V. bracteatum	1992/7/28	0.5	48	1992/9/9	46	96%
V. bracteatum	1995/7/20	0.3	16	1995/8/17	16	100%
V. bracteatum	1996/9/3	0.3	22	1996/10/8	18	82%
V. bracteatum	2000/6/8	0.5	17	2000/7/12	13	76%
V. bracteatum	2000/6/8	0.5	16	2000/7/12	16	100%
V. bracteatum	2002/6/13	0.5	8	2002/7/10	8	100%
V. bracteatum	2003/7/9	0.5	8	2003/8/6	8	100%
V. bracteatum 'Emerald Luster'	1994/5/27	0.1	32	1994/6/24	31	97%
V. bracteatum 'Emerald Luster'	1998/6/18	0.3	18	1998/7/15	18	100%
V. bracteatum 'Emerald Luster'	1998/7/14	0.5	18	1998/8/11	18	100%
V. bracteatum 'Emerald Luster'	2000/6/8	0.5	26	2000/7/12	25	96%
V. bracteatum 'Emerald Luster'	2002/6/13	0.5	8	2002/7/10	8	100%
V. bracteatum 'Emerald Luster'	2003/7/9	0.5	8	2003/8/6	8	100%
V. × burkwoodii	2002/7/5	0.5	9	2002/7/31	7	78%
V. × burkwoodii	2003/7/9	0.5	8	2003/8/6	7	87%
V. × burkwoodii 'Conoy'	1992/7/24	0.1	32	1992/9/9	31	97%
V. × burkwoodii 'Conoy'	1994/5/27	0.3	26	1994/7/1	22	85%
Viburnum × burkwoodii 'Conoy'	1995/7/21	0.3	16	1995/8/17	15	94%
V. × burkwoodii 'Conoy'	1996/6/10	0.3	16	1996/7/9	15	94%
V. × burkwoodii 'Conoy'	1998/7/14	0.3	17	1998/8/11	17	100%
V. × burkwoodii 'Conoy'	2002/5/29	0.5	17	2002/6/21	17	100%
V. × burkwoodii 'Conoy'	2003/7/19	0.5	16	2003/7/23	15	94%
V. × burkwoodii 'Mohawk' -02-03	2005/7/19	0.5	4	2005/8/30	3	75%
V. × burkwoodii 'Mohawk'-11-03	2005/9/22	0.5	9	2005/12/2	2	22%
V. × burkwoodii 'Mohawk'-12-03	2005/7/19	0.5	9	2005/8/30	9	100%
V. × burkwoodii 'Mohawk' -15-03	2005/7/19	0.5	9	2005/8/30	9	100%
V. × burkwoodii 'Mohawk' -20-03	2005/9/22	0.5	8	2005/12/2	4	50%
V. × burkwoodii 'Mohawk'-29-03	2005/7/19	0.5	11	2005/8/16	11	100%
V. × burkwoodii 'Park Farm Hybrid'	2000/6/8	0.5	16	2000/7/12	15	94%
V. × burkwoodii 'Park Farm Hybrid'	2002/5/1	0.5	16	2002/6/5	15	94%
V. × burkwoodii 'Park Farm Hybrid'	2002/6/13	0.5	8	2002/7/10	7	87%
V. × burkwoodii 'Park Farm Hybrid'	2002/6/13	0.5	8	2003/7/10	8	100%
V. × burkwoodii 'Park Farm Hybrid'	2003/7/9	0.5	8	2003/8/28	3	375%
V. × burkwoodii 'Park Farm Hybrid'	2003/7/9	0.5	8	2003/8/28	4	50%

续表

拉丁名	扦插时间	激素（KIBA）浓度	扦插枝条数量	生根日期	生根枝条数量	生根率
V. ×burkwoodii 'Park Farm Hybrid'	2005/7/19	0.5	16	2005/8/30	9	56%
V. ×burkwoodii 'Park Farm Hybrid'	2005/7/19	0.5	16	2005/8/30	13	81%
V. ×burkwoodii 'Eskimo' -02-03	2005/7/19	0.5	8	2005/8/16	8	100%
V. DJH 288	2002/6/13	0.5	8	2002/7/26	8	100%
V. DJH 288	2003/7/9	0.5	8	2003/8/28	6	75%
V. cassinoides	2002/6/13	0.5	8	2002/7/26	8	100%
V. cassinoides	2003/7/9	0.5	8	2003/8/6	8	100%
V. cassinoides	2005/7/19	0.5	16	2005/9/21	8	50%
V. cassinoides Hillier Form	2002/6/13	0.5	8	2002/7/26	5	62%
V. cassinoides Hillier Form	2003/7/9	0.5	8	2003/8/28	2	25%
V. cassinoides 'Nanum'	2002/6/13	0.5	8	2002/7/10	7	87%
V. cassinoides 'Nanu'	2003/7/9	0.5	8	2003/8/28	8	100%
V. chingii	2000/6/8	0.5	8	2000/7/12	6	75%
V. chingii	2002/6/21	0.5	8	2002/8/9	9	37%
V. chingii	2003/7/9	0.5	8	2003/8/6	7	87%
V. 'Chippewa'	2000/6/8	0.5	16	2000/7/12	16	100%
V. 'Chippewa'	2002/6/13	0.5	8	2002/7/10	7	87%
V. 'Chippewa'	2003/7/9	0.5	8	2003/8/6	8	100%
V. cinnamomifolium	2001/10/17	0.5	16	2001/12/4	10	62%
V. cinnamomifolium	2002/6/21	0.5	8	2002/7/23	5	62%
V. cinnamomifolium	2003/7/9	0.5	8	2003/8/28	7	87%
V. cotinifolium	2000/6/8	0.5	10	2000/7/12	9	90%
V. dentatum	2002/6/8	0.5	9	2002/7/31	7	79%
V. dentatum Autumn Jazz™（'Ralph Senior'）	2002/6/8	0.5	16	2000/7/12	16	100%
V. dentatum Autumn Jazz™（'Ralph Senior'）	2002/6/13	0.5	8	2001/7/10	7	87%
V. dentatum Autumn Jazz™（'Ralph Senior'）	2003/7/9	0.5	8	2003/8/28	6	75%
V. dentatum Cardinal™（'KLMthree'）	2000/6/8	0.5	16	2000/7/12	9	56%
V. dentatum Cardinal™（'KLMthree')	2002/6/13	0.5	8	2002/7/26	7	87%
V. dentatum Cardinal™（'KLMthree'）	2003/7/9	0.5	8	2003/8/6	8	100%
V. dentatum Chicago Lustre™（'Synnestvedt'）	2000/6/8	0.5	16	2000/7/12	16	100%
V. dentatum Chicago Lustre™（'Synnestvedt'）	2002/6/13	0.5	8	2002/7/10	8	100%
V. dentatum Chicago Lustre™（'Synnestvedt'）	2002/7/9	0.5	8	2003/8/6	6	75%
V. dentatum Northern Burgundy™（'Morton'）	2000/6/8	0.5	16	2000/7/12	10	62%
V. dentatum Northern Burgundy™（'Morton'）	2002/6/13	0.5	8	2002/7/26	5	62%
V. dentatum Northern Burgundy™（'Morton'）	2003/7/9	0.5	8	2003/8/6	5	62%
V. dentatum 'Perle Bleu'	2000/6/8	0.5	16	2000/7/12	16	100%
V. dentatum 'Perle Bleu'	2000/6/8	0.5	16	2000/7/12	14	87%
V. dentatum 'Perle Bleu'	2002/6/13	0.5	8	2002/7/10	8	100%

续表

拉丁名	扦插时间	激素（KIBA）浓度	扦插枝条数量	生根日期	生根枝条数量	生根率
V. dentatum 'Perle Bleu'	2003/7/9	0.5	8	2003/8/6	8	100%
V. dentatum var. scabrellum(V.ashei)	2002/6/21	0.5	8	2003/7/23	8	100%
V. dentatum var. scabrellum(V.ashei)	2003/5/14	0.5	16	2003/6/26	16	100%
V. dentatum var. scabrellum(V.ashei)	2003/7/9	0.5	8	2003/8/6	6	75%
V. dentatum var. scabrellum(V.ashei)	2004/6/26	0.5	32	2004/7/29	32	100%
V. dilatatum 'Michael Dodge'	2000/6/8	0.5	4	2000/7/12	2	50%
V. dilatatum 'Michael Dodge'	2002/6/13	0.5	8	2002/7/10	7	87%
V. dilatatum 'Michael Dodge'	2003/7/9	0.5	8	2003/8/28	4	50%
V. dilatatum 'Ogon'	2004/7/16	0.5	16	2004/8/5	16	100%
V. dilatatum	2002/7/5	0.5	8	2002/8/9	5	62%
V. dilatatum	2003/7/9	0.5	8	2003/8/28	8	100%
V. erubescens	2003/7/9	0.5	8	2003/8/6	8	100%
V. foetidum var. rectangulatum	2000/6/8	0.5	16	2000/7/12	13	81%
V. foetidum var. rectangulatum	2002/6/21	0.5	8	2002/7/23	8	100%
V. foetidum var. rectangulatum	2002/10/24	0.5	16	2002/12/13	15	94%
V. foetidum var. rectangulatum	2003/7/9	0.5	8	2003/8/6	8	100%
V. henryi	1995/3/7	0.5	22	1995年	5	23%
V. ×hillieri 'Winton'	2000/6/8	0.5	16	2000/7/12	8	50%
V. ×hillieri 'Winton'	2003/7/9	0.5	8	2003/8/6	7	87%
V. 'Huron'	2000/6/8	0.5	16	2000/7/12	14	87%
V. 'Huron'	2002/6/13	0.5	8	2002/7/10	8	100%
V. 'Huron'	2003/7/9	0.5	8	2003/8/6	7	87%
V. luzonicum	2000/6/8	0.5	16	2000/7/12	12	75%
V. luzonicum	2000/6/8	0.5	4	2000/7/12	3	75%
V. luzonicum	2002/6/13	0.5	8	2002/7/10	8	100%
V. luzonicum	2003/7/9	0.5	8	2003/8/6	8	100%
V. luzonicum	2004/8/26	0.5	8	2004/10/13	8	100%
V. luzonicum	2005/7/19	0.5	16	2005/8/30	13	81%
V. macrocephalum f. keteleeri	2000/6/8	0.5	16	2000/8/7	4	25%
V. macrocephalum f. keteleeri	2002/5/1	0.5	8	2002/7/10	4	50%
V. macrocephalum f. keteleeri	2002/6/13	0.5	8	2002/7/26	7	87%
V. macrocephalum f. keteleeri	2003/7/9	0.5	8	2003/8/28	2	25%
V. mullaha	2000/6/8	0.5	16	2000/7/12	12	75%
V. mullaha	2002/6/21	0.5	8	2002/7/23	4	50%
V. mullaha	2003/7/9	0.5	8	2003/8/28	8	100%
V. National Arboretum 69852	2000/6/8	0.5	16	2000/8/7	8	50%
V. National Arboretum 69852	2000/9/27	0.5	16	2000/11/1	11	69%
V. National Arboretum 69852	2001/7/24	0.5	8	2001/9/7	6	75%
V. National Arboretum 69852	2002/6/13	0.5	16	2002/7/26	16	100%
V. National Arboretum 69852	2003/7/9	0.5	8	2003/8/28	7	87%
V. National Arboretum 69852	2005/7/19	0.5	16	2005/9/21	10	62%

续表

拉丁名	扦插时间	激素（KIBA）浓度	扦插枝条数量	生根日期	生根枝条数量	生根率
V. nudum	2000/6/8	0.5	16	2000/7/12	11	69%
V. nudum	2002/6/21	0.5	8	2002/7/23	8	100%
V. nudum	2002/6/21	0.5	8	2002/7/23	8	100%
V. nudum	2003/7/9	0.5	8	2003/8/6	8	100%
V. nudum	2003/7/9	0.5	8	2003/8/6	8	100%
V. nudum var. *angustifolium*	2000/6/8	0.5	16	2000/7/12	9	56%
V. nudum var. *angustifolium*	2002/6/13	0.5	8	2002/7/10	8	100%
V. nudum var. *angustifolium*	2003/7/9	0.5	8	2003/8/6	8	100%
V. nudum 'Earth Shade'	1995/6/8	0.3	23	1995	23	100%
V. nudum 'Earth Shade'	1996/5/15	0.3	16	1996/6/11	16	100%
V. nudum 'Earth Shade'	1998/7/14	0.3	17	1998/8/11	16	94%
V. nudum 'Pink Beauty'	2003/7/9	0.5	8	2003/8/6	8	100%
V. nudum 'Pink Beauty'	2004/6/26	0.5	32	2004/7/29	31	97%
V. obovatum	1991/5/10	0.8	8	1991/7/11	0	0%
V. obovatum	2000/6/8	0.5	16	2000/7/12	8	50%
V. obovatum	2002/10/24	0.5	8	2003/1/6	2	25%
V. obovatum	2002/10/24	0.5	8	2003/1/6	2	25%
V. obovatum	2003/7/9	0.5	8	2003/8/28	7	87%
V. obovatum	2005/7/19	0.5	16	2005/8/30	16	100%
V. obovatum 'Best Densa'	2002/6/21	0.5	8	2002/7/23	6	75%
V. obovatum 'Best Densa'	2002/10/24	0.5	8	2003/1/6	1	12%
V. obovatum 'Best Densa'	2003/7/9	0.5	8	2003/8/6	7	87%
V. obovatum 'Best Densa'	2005/7/19	0.5	16	2005/8/30	16	100%
V. obovatum 'Christmas Snow'	2002/6/21	0.5	8	2002/8/9	5	62%
V. obovatum 'Christmas Snow'	2002/10/24	0.5	8	2003/1/6	4	50%
V. obovatum 'Christmas Snow'	2003/7/9	0.5	8	2003/8/6	5	62%
V. obovatum 'Christmas Snow'	2005/7/19	0.5	16	2005/8/30	15	94%
V. obovatum 'Mrs. Schiller's Delight'	2002/6/21	0.5	8	2002/8/9	5	62%
V. obovatum 'Mrs. Schiller's Delight'	2002/10/24	0.5	8	2003/1/6	0	0%
V. obovatum 'Mrs. Schiller's Delight'	2003/7/9	0.5	4	2003/8/28	3	75%
V. obovatum 'Mrs. Schiller's Delight'	2005/7/19	0.5	16	2005/8/30	16	100%
V. obovatum 'Reifler's Dwarf'	2001/8/23	0.5	16	2001/10/15	10	62%
V. obovatum 'Reifler's Dwarf'	2001/8/28	0.5	16	2001/10/30	14	87%
V. obovatum 'Reifler's Dwarf'	2002/5/1	0.5	16	2002/6/21	16	100%
V. obovatum 'Reifler's Dwarf'	2002/6/13	0.5	8	2002/7/26	8	100%
V. obovatum 'Reifler's Dwarf'	2003/7/9	0.5	8	2003/8/28	2	25%
V. obovatum 'Reifler's Dwarf'	2005/7/19	0.5	16	2005/8/30	16	100%
V. obovatum 'St. Paul'	2002/6/31	0.5	8	2002/7/26	5	62%
V. obovatum 'St. Paul'	2003/7/9	0.5	8	2003/9/17	3	37%
V. obovatum 'Whorled Class'	2002/6/21	0.5	8	2002/8/9	7	87%
V. obovatum 'Whorled Class'	2002/10/24	0.5	6	2003/1/6	0	0%

续表

拉丁名	扦插时间	激素（KIBA）浓度	扦插枝条数量	生根日期	生根枝条数量	生根率
V. obovatum 'Whorled Class'	2003/7/9	0.5	8	2003/8/6	8	100%
V. obovatum 'Whorled Class'	2005/7/19	0.5	16	2005/8/30	16	100%
V. plicatum f. *plicatum* 'Mary Milton'	1996/7/9	0.5	8	1996/9/3	4	50%
V. plicatum f. *plicatum* 'Mary Milton'	1996/7/9	0.3	8	1996/9/3	8	100%
V. plicatum f. *plicatum* 'Mary Milton'	1998/5/4	0.3	13	1998/6/1	12	92%
V. plicatum f. *plicatum* 'Mary Milton'	2003/4/25	0.5	0.5	2003/5/30	7	87%
V. plicatum f. *plicatum* Newport™ ('Newport')	1992/7/20	0.1	~40	1992/8/?	23	57%
V. plicatum f. *plicatum* Newport™ ('Newport')	2000/6/8	0.5	16	2000/7/12	15	94%
V. plicatum f. *plicatum* Newport™ ('Newport')	2002/6/13	0.5	8	2002/7/10	8	100%
V. plicatum f. *plicatum* Newport™ ('Newport')	2003/5/14	0.5	16	2003/6/26	14	87%
V. plicatum f. *plicatum* Newport™ ('Newport')	2003/7/9	0.5	8	2003/8/6	8	100%
V. plicatum f. *plicatum* Newport™ ('Newport')	2005/7/19	0.5	16	2005/8/16	16	100%
V. plicatum f. *plicatum* 'Popcorn'	1999/5/14	0.5	10	1999/6/22	10	100%
V. plicatum f. *plicatum* 'Popcorn'	1999/6/23	0.5	10	1999/7/15	8	80%
V. plicatum f. *plicatum* 'Popcorn'	2000/6/8	0.5	16	2000/7/12	16	100%
V. plicatum f. *plicatum* 'Popcorn'	2002/5/1	0.5	8	2002/5/17	8	100%
V. plicatum f. *plicatum* 'Popcorn'	2002/6/13	0.5	8	2002/7/10	8	100%
V. plicatum f. *plicatum* 'Popcorn'	2003/5/14	0.5	32	2003/6/26	31	97%
V. plicatum f. *plicatum* 'Popcorn'	2003/7/9	0.5	8	2003/8/6	8	100%
V. plicatum f. *plicatum* 'Popcorn'	2005/7/19	0.5	16	2005/8/16	16	100%
V. plicatum f. *plicatum* 'Sawtooth'	2000/6/8	0.5	8	2000/7/12	8	100%
V. plicatum f. *plicatum* 'Sawtooth'	2002/6/13	0.5	8	2002/7/10	8	100%
V. plicatum f. *plicatum* 'Sawtooth'	2003/7/9	0.5	8	2003/8/6	8	100%
V. plicatum f. *tomentosum*	1992/2/26	0.1	28	1992/4/21	0	0%
V. plicatum f. *tomentosum* 'Shasta'	1992/7/24	0.1	7	2992/8/7	7	100%
V. plicatum f. *tomentosum* 'Shasta'	2002/7/5	0.5	8	2002/7/31	5	62%
V. plicatum f. *tomentosum* 'Shasta'	2003/7/9	0.5	8	2003/8/6	8	100%
V. plicatum f. *tomentosum* 'Shoshoni'	2000/6/8	0.5	8	2000/7/12	8	100%
V. plicatum f. *tomentosum* 'Shoshoni'	2002/6/13	0.5	8	2002/7/10	8	100%
V. plicatum f. *tomentosum* 'Shoshoni'	2003/5/14	0.5	16	2003/6/26	16	100%
V. plicatum f. *tomentosum* 'Shoshoni'	2003/7/9	0.5	8	2003/8/6	8	100%
V. plicatum f. *tomentosum* 'Shoshoni'	2005/7/19	0.5	16	2005/8/16	16	100%
V. plicatum f. *tomentosum* 'Summer Snowflake'	2000/6/8	0.5	16	2000/7/12	16	100%
V. plicatum f. *tomentosum* 'Summer Snowflake'	2002/6/13	0.5	8	2002/7/10	8	100%
V. plicatum f. *tomentosum* 'Summer Snowflake'	2003/7/9	0.5	8	2003/8/6	8	100%
V. prunifolium	2002/6/13	0.5	8	2002/7/10	6	75%

拉丁名	扦插时间	激素（KIBA）浓度	扦插枝条数量	生根日期	生根枝条数量	生根率
V. prunifolium	2003/7/9	0.5	8	2003/8/28	8	100%
V. rafinesquianum 'Louise's Sunbeam'	2005/5/5	0.1	16	2005/6/10	12	75%
V. ×rhytidophylloides 'Willowwood'	1997/3/26	0.5	19	1997/5/27	11	58%
V. ×rhytidophylloides 'Willowwood'	2000/6/8	0.5	16	2000/8/7	8	50%
V. ×rhytidophylloides 'Willowwood'	2002/6/21	0.5	8	2002/8/9	4	50%
V. ×rhytidophylloides 'Willowwood'	2003/7/9	0.5	8	2003/8/28	7	87%
V. rhytidophyllum 'Variegatum'	1998/7/15	0.1	2	1998/8/31	0	0%
V. rufidulum	1994/5/12	0.5	11	1994/6/28	7	64%
V. rufidulum	1994/5/12	0.1	11	1994/6/28	10	90%
V. rufidulum	1997/5/29	0.3	16	1997/8/1	11	69%
V. rufidulum	2000/6/8	0.5	8	2000/8/7	8	100%
V. rufidulum	2002/5/1	0.5	16	2000/7/10	7	44%
V. rufidulum	2002/6/13	0.5	8	2002/7/26	6	75%
V. rufidulum	2002/6/21	0.5	8	2002/8/9	7	87%
V. rufidulum 'Royal Guard'	2002/6/21	0.5	8	2002/8/9	3	37%
V. schensianum	2000/6/8	0.5	8	2000/7/12	8	100%
V. tinus	1993/3/18	0.5	32	1993/6/21	10	31%
V. tinus 'Variegatum'	2002/1/31	0.5	2	2002/4/12	1	50%
V. utile	2003/7/9	0.5	8	2003/8/6	3	37%
V. utile	2003/8/29	0.5	18	2003/10/1	13	72%
V. utile（大叶类型）	2002/6/13	0.5	8	2002/7/10	7	87%
V. utile（大叶类型）	2003/7/9	0.5	8	2003/8/6	8	100%
V. utile（皱叶类型）	2002/6/13	0.5	8	2002/7/10	4	50%
V. utile（皱叶类型）	2002/10/24	0.5	8	2002/11/19	8	100%
V. utile（皱叶类型）	2003/7/9	0.5	8	2003/8/6	8	100%

7.1.2.6 扦插环境

1. 地温

地温对插条生根的快慢起着重要作用。基质温度过低，插条生根太慢或不能够生根，温度过高插条容易腐烂。一般春季硬枝扦插，以18～20℃为宜，夏季嫩枝或半木质化枝条扦插，通常以25℃为宜。

2. 湿度

基质湿度和空气湿度对扦插成活的影响很大。荚蒾枝条抽穗生根前，芽的萌发往往比根形成早，而细胞分裂、分化、根原基形成都需要一定的水分供应，叶片枝条的蒸腾作用不断消耗水分，此时新根尚未形成，水分无法从根部吸入补充，剪除部分叶片可防止过度蒸发，但因叶片具有提供营养和生长物质的作用，所以又要尽可能地保留。因此，荚蒾生根以前的干枯是扦插失败的主要原因之一。保证一定的基质湿度和空气湿度，进而保证扦插时的枝条水分供应，有利生根。扦插时空气相对湿度一般保持在80%~95%，土壤含水量宜稳定在田间最大持水量的50%~60%，有利生根。随着枝条不断生根，吸水能力增强，可逐渐降低空气湿度和基质湿度，有利于促进根系生长和培育壮苗。

3. 空气

基质的透气性以及插床周围的通风性对生根也很重要。土壤质地直接影响土壤中水分和空气的比例。透气性好的基质，能够供给生根所需的氧，利于生根，而透气性差的土壤，枝条由于呼吸不畅，常常容易缺氧腐烂。插床周围的通风直接影响病虫害的发生，室外扦插，插床可选择在四周开放无遮挡的场地，若在室内进行扦插，可考虑加装通风装置，并定时对基质进行消毒；插条之间应保持合理的密度，插条在苗床上的距离以叶片相接但不重叠，每片叶片能够充分接受光照和喷雾的密度为宜。

4. 光照

光照条件也是影响生根的一个重要因素。充足的光照有利于植物进行光合作用，制造光合产物，促进生根。扦插前期，即插条未生根前，枝条需要依靠叶片提供养分供给根系生长，全光照条件下，叶片容易晒伤脱落，不易生根，宜采用遮光率为70%遮阴网进行遮阴，也可将扦插枝条放置于有漫射光的林下。扦插后期，即插条生根后，可适当增加光照条件，促进光合作用积累养分供植株生长，透光率保持在40%~50%为宜。

荚蒾属植物扦插试验

荚蒾属植物扦插试验

7.1.3 嫁接

嫁接既能保持接穗品种的优良性状,又能利用砧木的有利特性,达到早开花结果的目的,同时还能够增强植株的抗旱性、抗寒性及抗病虫害能力。由于荚蒾属植物嫁接的成本高于播种繁殖和扦插繁殖,且普遍存在萌蘖严重的问题,因此在苗圃生产中应用并不普遍。目前,嫁接主要应用于荚蒾园艺栽培品种的扩繁及大树换头。生产中红蕾荚蒾(*V. carlesii*)、'曙光'红蕾荚蒾(*V. carlesii* 'Aurora')等裸芽组种类,由于播种及扦插繁殖困难,主要采用嫁接方式进行扩繁,通常嫁接后次年便可开花,木绣球也常用嫁接方式进行大树换头。

选用合适的嫁接方法是嫁接成功的关键。荚蒾属植物小苗秋季切腹芽接的成活率显著高于舌接、插皮接、劈接,成活率可达到90%左右,也可采用春季切腹枝接,其成活率稍低于秋季切腹芽接,成活率约为70%,大树换头通常采用插皮接。

砧木与接穗之间的亲和性是保证嫁接成活的前提条件,因此砧木的选择也至关重要。布克荚蒾(*V.* ×*burkwoodii*)、红蕾荚蒾和朱迪荚蒾(*V.* ×*juddii*),一般选择绵毛荚蒾或欧洲荚蒾作为砧木。

'大花'粉团嫁接苗

7.1.4 压条繁殖

荚蒾属植物压条繁殖受萌条数量、环境、空间等条件的影响，繁殖速度缓慢，不宜于推广应用，仅适合用于苗木资源较少的种类的繁殖。常用压条方法有高空压条和普通压条两种。

高空压条繁殖一般在雨季到来之前进行，在一年生萌条的基部以上约20cm处，用利刃在萌条两侧相距5cm左右，各取长度为0.5~1cm、宽度为枝条周长的1/3的皮层，把塑料布、花盆等保湿材料作为压条容器固定在萌条刻伤处，用湿润的壤土填充容器，定期浇水保持基质湿度，次年春季剪砧脱离母树，进行移栽，木绣球和琼花均可采用此种方式进行繁殖（张林，2007）。

普通压条繁殖一般在春季或夏季进行，埋深10~15cm，压埋的土是含腐殖质较高的疏松沙壤土，压条大部分在次年春季出苗，次年秋季或第三年春季从母体上切断移栽。在新疆阿勒泰地区，欧洲荚蒾野生苗经洪水冲积泥沙埋住枝条，在节位处生根萌芽，一根枝条上可长出5~8株新生植株，王国芳等（2002）根据这种自然现象，对欧洲荚蒾采用普通压条方式培育苗木。中国科学院武汉植物园对蝴蝶戏珠花、台东荚蒾和蝶花荚蒾采用普通压条繁殖也成功获得了植株。

蝴蝶戏珠花压条生根

台东荚蒾压条生根

7.1.5 组织培养

组织培养既可在短期内得到大量的试管苗，又可保持供繁殖材料原有的种性，对于荚蒾属植物种质资源多样性保护、种苗繁殖及新品种培育具有重要意义。但因荚蒾属植物的引种及开发利用方面的不足，其组织培养技术也相对发展缓慢，播种和扦插仍然是最常用的繁殖方法。近年来，关于荚蒾属植物的组织培养的研究有一些报道，但并不多见。我国目前已研究的种类仅包括鸡树条、香荚蒾、蝴蝶戏珠花、皱叶荚蒾、琼花、绣球荚蒾、欧洲荚蒾、珊瑚树、修枝荚蒾、地中海荚蒾和绵毛荚蒾11种，其组织培养程序及培养基见表7-7。

蝴蝶戏珠花组培试验

表7-7 荚蒾属植物组织培养研究数据

种名	外植体	培养程序与培养基	文献
鸡树条 （*V. opulus* subsp. *calvescens*）	茎尖	愈伤诱导：MS+KT0.6mg/L+琼脂6g/L+蔗糖30g/L，pH6.0（25d诱导率62%） 芽诱导：MS+KT0.5～1.0mg/L+IBA0.2mg/L+琼脂6g/L+蔗糖30g/L，pH6.0（30d分化率78～80%） 愈伤诱导培养温度18～22℃，漫射光；分化培养温度23～25℃，光照度强2000～3000lx。光照时间8～12h/d，培养室湿度85%	建德锋等，2015
	基部萌生嫩枝的叶片	愈伤诱导：WPM+6-BA2mg/L+IBA0.1mg/L+2,4-D2mg/L+VC50mg/L+活性炭50mg/L，pH5.8（60d诱导率93.33%） 生根：WPM+IBA1.5mg/L+活性炭1g/L，pH5.8（40d生根率为94.62%） 培养温度为25±2℃，光照时间16h/d，光照强度2000lx	毕显禹等，2018
	基部萌生嫩枝的带芽茎段	茎段分化：WPM+6-BA2mg/L+IBA0.2mg/L+蔗糖20g/L，pH5.8（60d分化率为93.66%）。 培养温度为25±2℃，光照时间16h/d，光照强度2000lx	毕显禹等，2018

续表

种名	外植体	培养程序与培养基	文献
鸡树条 （*V. opulus* subsp. *calvescens*）	幼树当年萌发嫩枝的带芽茎段	芽诱导：MS+6-BA1.0~2.0mg/L+IBA0.1~0.3mg/L+蔗糖30g/L+琼脂6.5g/L，pH5.8（30d增殖系数可达6倍） 生根：1/2MS+IBA2.0mg/L+蔗糖30g/L+琼脂6.5g/L，pH5.8（30d生根率达到90%） 培养温度为25±2℃，光照强度30μmol/m²/s，光照时间12h/d	王欢等，2010
		芽诱导：1/2MS+6-BA1.0mg/L+IBA0.1mg/L+蔗糖30g/L+琼脂6.5g/L，pH5.8 增殖：MS+6-BA2.0mg/L+IBA0.3mg/L+蔗糖30g/L+琼脂6.5g/L，pH5.8（30d增殖系数可达6倍） 生根：1/2MS+IBA2.0mg/L+蔗糖30g/L+琼脂6.5g/L，pH5.8（20d开始生根，30d生根率达90%） 培养温度为25±2℃，光照强度30μmol/m²/s，光照时间12h/d	吴鞠等，2012
香荚蒾 （*V. farreri*）	生长旺盛嫩枝的带芽茎段	愈伤诱导：MS+6-BA0.5mg/L+2,4-D2.0mg/L+蔗糖30g/L，pH5.8~6.0（45d诱导率87%） 芽分化：1/2MS+6-BA0.4mg/L+NAA0.1mg/L+蔗糖15g/L，pH5.8~6.0（50d分化率为96%，平均5.1个芽） 生根：NAA5mg/L溶液中处理5min后接种至1/2MS+IAA0.2mg/L+蔗糖15g/L，pH5.8~6.0（28d生根率93.5%） 培养温度为26℃，光照强度3000lx左右，光照时间12h/d	杜姝睿等，2011
蝴蝶戏珠花 （*V. plicatum* f. *tomentosum*）	幼叶	愈伤诱导：MS+2,4-D2.0mg/L+6-BA0.2mg/L+PVP2g/L+蔗糖30g/L+琼脂8g/L，pH5.8~6.0（4周诱导率达97%） 芽分化：MS+6-BA1.5mg/L+NAA0.2mg/L+蔗糖30g/L+琼脂8g/L，pH5.8~6.0（30d再分化率达82.92%） 生根：1/2MS+NAA0.8mg/L+蔗糖30g/L+琼脂8g/L，pH5.8~6.0（35d生根率达86.27%） 培养温度25±2℃，光照强度25~35μmol/m²/s，光照时间14h/d	袁云香，2020
皱叶荚蒾 （*V.* *rhytidophyllum*）	幼叶	愈伤诱导：MS+6-BA1.0mg/L+NAA0.25mg/L+2,4-D1.0mg/L+聚乙烯吡咯烷酮1.0g/L+水解酪蛋白300mg/L+蔗糖30g/L+琼脂8g/L，pH5.8（30d诱导率最高达92%） 芽分化：MS+6-BA1.5mg/L+NAA0.2mg/L+脯氨酸500mg/L+水解酪蛋白300mg/L+蔗糖30g/L+琼脂8g/L，pH5.8（40d分化率达87.25%） 生根：1/2MS+NAA1.0mg/L+蔗糖30g/L+琼脂8g/L，pH5.8（20d生根率达85%） 愈伤诱导温度为22~25℃，暗培养；芽分化培养温度为25±3℃，光照20~40μmol/m²/s，光照时间14h/d	袁云香，2012
琼花 （*V.* *macrocephalum* f. *keteleeri*）	幼胚、幼年态茎芽和成年态顶芽、腋芽	幼胚萌发：MS+6-BA0.1~1.0mg/L+GA₃0.1~5mg/L+蔗糖50g/L+琼脂6.8g/L，pH6.0~6.2 幼年态茎芽增殖：MS+ZT1~5mg/L+IAA0.1~1.0mg/L+蔗糖50g/L+琼脂6.8g/L，pH6.0~6.2 成年态茎芽增殖：MS+ZT1~5mg/L+2iP0.5~2mg/L+IAA0.1~1.0mg/L+蔗糖50g/L+琼脂6.8g/L，pH6.0~6.2 生根：1/2MS+IBA0.5~2.0mg/L+蔗糖20g/L+琼脂6.8g/L，pH6.0~6.2 培养温度为24~26℃，光照时间12h/d，光照强度约2000lx。	王怀智等，1996
	成年植株上的腋芽	茎尖启动：MS+BA1.0mg/L+ZT2.0mg/L+NAA0.2mg/L+蔗糖20g/L+琼脂6.8g/L，pH6.0~6.2（40d腋芽萌发率达86.7%） 继代增殖：MS+BA1.0mg/L+ZT15mg/L+蔗糖20g/L+琼脂6.8 g/L，pH6.0~6.2（40d增殖倍数12.8） 愈伤诱导：MS+BA0.5g/L+NAA2.0mg/L+2,4-D0.5~1.0mg/L+蔗糖20g/L+琼脂6.8g/L，pH6.0~6.2（30d诱导率达94.3%） 生根：MS+NAA8.0mg/L+蔗糖20g/L+琼脂6.8g/L，pH6.0~6.2（50d生根率达83.3%） 培养温度为(25±2)℃，光照时间12h/d，光照强度约2000lx	金飚，2006

种名	外植体	培养程序与培养基	文献
欧洲荚蒾 （*V. opulus* subsp. *opulus*）	顶芽、茎尖、带芽茎段	启动：MS+6-BA2.0mg/L+IBA0.1mg/L+蔗糖20g/L+琼脂8g/L，pH5.8（25d出芽率达95%） 增殖：MS+6-BA0.5mg/L+NAA0.2mg/L+蔗糖20g/L+琼脂8g/L，pH5.8（30d增殖系数2.95） 生根：1/2MS+NAA0.2mg/L+蔗糖20g/L+琼脂8g/L，pH5.8（35d生根率达94%） 培养温度为25±2℃，光照时间16h/d，光照强度约2000~2500lx	甄雪花等，2010
	带芽茎段	诱导：1/2MS+6-BA0.1mg/L+蔗糖2%+琼脂0.6%，pH5.8（20d诱导率达80%） 增殖：1/4MS+6-BA0.5mg/L+15%椰汁+蔗糖2%+琼脂0.6%，pH5.8（40d增殖系数2.5）	何婷等，2010
		培养温度为25℃，光照强度为40μmol/m²/s，光照时间12h/d 生根：1/2MS+IBA0.01-0.1mg/L+蔗糖30g/L+琼脂5g/L，pH6.3~6.7（2-3周生根率80%） 继代：WPM+IAA0.1mg/L+蔗糖30g/L+琼脂5g/L，pH6.3~6.7 培养温度为24~30℃，光照强度2000~3000lx，光照时间14~18h/d	四川七彩林科股份有限公司，2019
	未萌发的顶芽或腋芽	芽诱导：MS+6-BA1.0mg/L+IAA0.05mg/L+蔗糖30g/L+琼脂5.5g/L，pH5.8（7d后，芽开始萌动生长） 增殖：MS+6-BA0.2mg/L+IAA0.1mg/L+蔗糖30g/L+琼脂5.5g/L，pH5.8（25-30d，增殖系数4-5） 生根：1/2MS+NAA0.2mg/L+蔗糖30g/L+琼脂5.5g/L，pH5.8（15d生根率达95%） 培养温度为25~28℃，光照强度2000lx，光照时间12h/d	李树丽等，2005
绣球荚蒾 （*V. macrocephalum* f. *macrocephalum*）	刚萌动的腋芽	芽诱导：MS+6-BA0.5mg/L+NAA0.05mg/L+蔗糖30g/L+琼脂7g/L，pH5.8（30d诱导率达100%） 增殖：MS+6-BA0.5mg/L+NAA0.05mg/L+蔗糖30g/L+琼脂7g/L，pH5.8（40d增殖系数4.9） 生根：1/2MS+NAA0.5mg/L+蔗糖30g/L+琼脂7g/L，pH5.8（30d生根率达100%）	叶飞等，2012
珊瑚树 （*V. odoratissimum* var. *odoratissimum*）	带芽茎段	诱导：1/2MS+6-BA0.1mg/L+蔗糖2%+琼脂0.6%，pH5.8（25d诱导率达95%） 增殖：1/4MS+6-BA0.5mg/L+蔗糖2%+琼脂0.6%，pH5.8（40d增殖系数3.2） 培养温度为25℃，光照强度为40μmol/m²/s，光照时间12h/d	何婷等，2010
	带芽茎段	腋芽启动：MS+6-BA1.0mg/L+NAA0.3mg/L+蔗糖20g/L+琼脂6g/L，pH5.8（30d腋芽萌发率达90%） 芽增殖：MS+6-BA0.5mg/L+NAA0.2mg/L+蔗糖20g/L+琼脂6g/L，pH5.8（30d增殖系数4.57） 生根：1/2MS+IBA0.8mg/L+活性炭0.3%+蔗糖20g/L+琼脂6g/L，pH5.8（16d平均生根率达86.7%）； 腋芽启动和芽增殖培养温度为25±2℃，光照强度1500lx，光照时间12h/d；生根培养温度为25±2℃，光照强度1800~2500lx，光照时间12h/d	王大平，2011，2015
	70%透光率环境下的嫩枝茎尖	诱导：MS+6-BA2.2μM+蔗糖87.6mM+琼脂7g/L，pH5.7 继代：WPM+6-BA4.4μM+蔗糖87.6mM+琼脂7g/L，pH5.7 增殖：WPM+6-BA0.5μM+GA₃14μM+蔗糖87.6mM+琼脂7g/L，pH5.7（4周增殖系数11.1） 生根：WPM+IBA3μM+蔗糖87.6mM+琼脂7g/L，pH5.7（21d生根率达82%） 培养温度为25℃，光照强度50μmol/m²/s，光照时间16h/d	Gisele et al.，2005
修枝荚蒾 （*V. burejaeticum*）	带芽茎段	初代：MS+6-BA1.0mg/L+IBA0.1mg/L+蔗糖30g/L、琼脂8~10g/L，pH5.8~6.0（30d成活率达68%） 增殖：MS+6-BA2.0mg/L+IBA0.2mg/L+GA₃0.4mg/L+蔗糖30g/L、琼脂8~10g/L，pH5.8~6.0（30d增殖系数3.26） 生根：1/2MS+IBA2.0mg/L+蔗糖30g/L、琼脂8~10g/L，pH5.8~6.0（30d生根率达92%） 培养温度为25℃，光照时间14h/d，光照强度为2000lx	吉林农业大学，2017
		诱导：MS+6-BA1.0mg/L+IBA0.1~0.3mg/L+蔗糖15g/L+琼脂6g/L，pH5.8（20d成活率达90%） 增殖：MS+6-BA1.0mg/L+IBA0.3mg/L+GA₃0.5mg/L+蔗糖15g/L+琼脂6g/L，pH5.8（40d增殖系数6） 生根：1/2MS+IBA0.3mg/L+NAA0.5mg/L+蔗糖15g/L+琼脂6g/L，pH5.8（30d生根率达100%）	北华大学，2019

续表

种名	外植体	培养程序与培养基	文献
亮叶荚蒾 （*V. dentatum* var. *lucidum*）	芽	诱导：WPM+6-BA10μM 增殖：WPM+6-BA5-20μM 生根：WPM+IBA 或 NAA0.5-2μM	Hatzilazarou et al., 2009
地中海荚蒾 （*V. tinus*）	带芽茎段 或茎尖	无菌系诱导：MS+6-BA2.0mg/L+IBA0.5mg/L+ 蔗糖20g/L（5-6周，外植体侧部 陆续有小侧芽产生） 丛生芽增殖：MS+6-BA0.2mg/L+NAA0.1mg/L（30d 增殖系数2-3） 生根：1/2MS+NAA0.2mg/L（3~4周后生出3-4条长2~3cm 的根，生根率95.5%） 培养温度为25℃左右，光照强度2000~3000lx，光照时间12h/d	邓源等， 2008
	带芽茎段	诱导：1/2MS+6-BA0.1mg/L+2% 蔗糖 +0.6% 琼脂，pH5.8（15d 诱导率达100%） 增殖：1/4MS+6-BA0.5mg/L+2% 蔗糖 +0.6% 琼脂，pH5.8（40d 增殖系数3.5） 生根：1/4MS+NAA0.05mg/L+2% 蔗糖 +0.6% 琼脂，pH5.8（40d 生根率达80%） 培养温度为25℃，光照强度为40μmol/m²/s，光照时间为12h/d	何婷等， 2010
		诱导：MS+6-BA1.0mg/L+NAA0.3mg/L+ 蔗糖2%+ 琼脂0.6%，pH5.8（30d 萌 芽率达90%） 增殖：MS+6-BA0.5mg/L+NAA0.2mg/L+ 蔗糖2%+ 琼脂0.6%，pH5.8（30d 增殖 系数4.57） 生根：1/2MS+IBA1.0mg/L+ 活性炭0.3%+ 蔗糖2%+ 琼脂0.6%，pH5.8（25d 生根 率达95.6%） 温度23~27℃，光照强度1500~2000lx，光照时间为12h/d	重庆文理学 院，2017
	嫩芽	诱导：1/2MS+6-BA2.2μM+ 蔗糖87.6mM+ 琼脂0.8%，pH5.75（3周成活率达 86.7%） 增殖：MS+6-BA1.1μM+蔗糖87.6~146.0mM+琼脂0.8%，pH5.75（3周增殖系 数3.4以上） 生根：MS+NAA1.3μM+ 蔗糖87.6mM+ 琼脂0.8%，pH5.75（4周生根率达100%）	Nobre et al., 2000
绵毛荚蒾 （*V. lantana*）	8月下旬 至9月上 旬的种子	胚萌发：MS+蔗糖3%+琼脂0.6%，pH5.8 茎段分化：MS+BA0.5mg/L+2iP6.0mg/L+ZT0.5mg/L+蔗糖3%+琼脂0.6%，pH5.8 生根：1/2MS+IBA0.2mg/L+蔗糖3%+琼脂0.6%，pH5.8 培养温度为26±2℃，光照强度1500~2000lx，光照时间为14~16h/d	李容辉等， 1989

7.2 栽培管理

7.2.1 栽培场地的选择

　　荚蒾属植物在湿润且排水良好的酸性土壤中生长最好。大部分荚蒾属植物对干旱的耐受能力远大于对水湿的承受能力，如日本珊瑚树、短序荚蒾、锥序荚蒾、宜昌荚蒾、三叶荚蒾、茶荚蒾、直角荚蒾、修枝荚蒾都是比较耐旱的种类。仅有少数种类有一定的耐水湿能力，如琼花、三脉叶荚蒾、球核荚蒾、蝶花荚蒾等。因此，荚蒾的栽培场地必须保证较好的排水条件。

平地露地栽培场地

平地露地栽培场地

山地露地栽培场地

设施栽培场地

7.2.2 光照

　　荚蒾属植物对光照的适应幅度较宽，大部分种类在全光照至半光照条件下均能正常生长，但不同种类对光照的适应性存在差异。有些种类在全光照条件下的生长优于半光照条件及遮阴条件，如珊瑚树、绣球荚蒾、烟管荚蒾、琼花、鳞斑荚蒾、欧洲荚蒾、鸡树条、蝴蝶戏珠花、地中海荚蒾。有些种类喜半阴或阴湿环境，在全光照条件下多生长缓慢，不能开花结果，或叶片有不同程度的灼伤，如三脉叶荚蒾、球核荚蒾、川西荚蒾、三叶荚蒾、红荚蒾、披针形荚蒾、壶花荚蒾、樟叶荚蒾。有的喜光，同时也具有较强的耐阴性，如短序荚蒾、巴东荚蒾、蝶花荚蒾、台东荚蒾、淡黄荚蒾、日本珊瑚树、荚蒾、金佛山荚蒾、粉团、常绿荚蒾。

全光照环境

林缘环境

林缘环境

7.2.3 温度

1. 荚蒾属植物耐寒区位划分

荚蒾属植物由于自然分布地环境的不同，对温度的适应范围也存在差异，冬季最低温度是植物能否在某个地区露地栽培的一个决定因素。一般情况下，分布于北方的种类大多比较耐寒，如修枝荚蒾在－38℃条件下仍然能够正常生长，而分布于南方的种类大多耐寒性稍差，如南方荚蒾在温度低于－5℃时便会产生冻害。中国科学院地理科学与资源研究所依据中国历年积累的气象资料，根据植物栽培能够适应的冬季最低温度将中国植物耐寒区划分为12个区，并绘制出中国的植物耐寒区位图，第1区为副极地气候，第12区指赤道周围的最温暖地区（包志毅，2004）。

依据不同荚蒾的自然地理分布以及在现有引种地的栽培表现，参照中国科学院地理科学与资源研究所绘制的中国植物耐寒区图，对荚蒾属植物的耐寒区位进行了划分（表7-8），给出了每种荚蒾属植物的最大和最小耐寒区，大部分荚蒾属植物的耐寒区范围为8~10区，即一般能够忍受 -6℃ ~ -2℃的最低温度。实际栽培应用以及引种驯化工作中，可根据不同种类荚蒾对应的耐寒气候区对应找到该种类的适种区域，也可根据当地的耐寒气候区选择适合的荚蒾种类。例如珍珠荚蒾在原产地能够忍受的最低温度为 -6℃，其对应的耐寒区为8~10区，将其引种到位于8区的郑州能够正常生长，而在温度低于 -6℃的北京露地栽培不能越冬，因此若想在北京露地栽培珍珠荚蒾，冬季必须采取一定的保护措施。此外，必须注意的是，最高温度也会影响植物的生长，在植物选择的时候不仅需要考虑植物的耐寒性，同时需要考虑植物的耐热性。

表7-8 中国地区荚蒾属植物耐寒区位

分组	种名	耐寒区
裸芽组	醉鱼草状荚蒾	7~9
	修枝荚蒾	2~7
	备中荚蒾	8
	金佛山荚蒾	8~10
	密花荚蒾	8~9
	黄栌叶荚蒾	6
	a 聚花荚蒾（原亚种）	7~9
	b 壮大荚蒾（亚种）	8~9
	c 圆叶荚蒾（亚种）	7~9
	a 绣球荚蒾（原变型）	7~9
	b 琼花（变型）	7~9
	蒙古荚蒾	5~7
	皱叶荚蒾	7~10
	陕西荚蒾	7~9
	壶花荚蒾	9~10
	烟管荚蒾	8~9
合轴组	显脉荚蒾	8~9
	合轴荚蒾	8~10
	a 蓝黑果荚蒾（原变型）	9~10
	b 毛枝荚蒾（变型）	9~10
	樟叶荚蒾	9~10
球核组	川西荚蒾	8~9
	a 球核荚蒾（原变种）	8~10
	b 狭叶球核荚蒾（变种）	8~10
	三脉叶荚蒾	8~10

续表

分组	种名	耐寒区
圆锥组	短序荚蒾	8~10
	短筒荚蒾	8~9
	a 漾濞荚蒾（原变种）	9
	b 多毛漾濞荚蒾（变种）	9
	a 伞房荚蒾（原亚种）	8~9
	b 苹果叶荚蒾（亚种）	9
	红荚蒾	8~10
	香荚蒾	6~8
	大花荚蒾	6
	巴东荚蒾	8~9
	长梗荚蒾	9~10
	a 珊瑚树（原变种）	8~11
	b 台湾珊瑚树（变种）	10
	c 日本珊瑚树（变种）	8~10
	少花荚蒾	8~10
	峨眉荚蒾	9
	瑞丽荚蒾	9
	亚高山荚蒾	9
	台东荚蒾	8~10
	a 腾越荚蒾（原变种）	9
	b 多脉腾越荚蒾（变种）	9
	横脉荚蒾	10
	云南荚蒾	9
蝶花组	蝶花荚蒾	8~10
	a 粉团（原变种）	7~9
	b 蝴蝶戏珠花（变型）	7~11
	c 台湾蝴蝶戏珠花（变种）	10
大叶组	广叶荚蒾	10
	水红木	8~10
	厚绒荚蒾	10
	侧花荚蒾	9
	a 光果荚蒾（原变种）	10~11
	b 斑点光果荚蒾（变种）	10~11
	淡黄荚蒾	10~11
	a 鳞斑荚蒾（原变种）	8~10
	b 大果鳞斑荚蒾（变种）	10~11
	锥序荚蒾	8~10
	三叶荚蒾	8~10

分组	种名	耐寒区
齿叶组	桦叶荚蒾	6~10
	金腺荚蒾	8~10
	榛叶荚蒾	8~10
	粤赣荚蒾	9~10
	荚蒾	7~10
	a 宜昌荚蒾（原变种）	7~10
	b 裂叶宜昌荚蒾（变种）	7
	a 臭荚蒾（原变种）	9~10
	b 直角荚蒾（变种）	8~10
	c 珍珠荚蒾（变种）	8~10
	南方荚蒾	8~10
	a 台中荚蒾（原亚种）	10
	b 毛枝台中荚蒾（变种）	9~10
	c 光萼荚蒾（亚种）	9~10
	海南荚蒾	10~11
	衡山荚蒾	9
	全叶荚蒾	10
	甘肃荚蒾	8~9
	披针形荚蒾	8~9
	长伞梗荚蒾	8~9
	吕宋荚蒾	8~10
	黑果荚蒾	8~9
	a 西域荚蒾（原变种）	6~9
	b 少毛西域荚蒾（变种）	6~8
	小叶荚蒾	10
	a 常绿荚蒾（原变种）	8~11
	a 具毛常绿荚蒾（变种）	8~10
	茶荚蒾	7~10
	瑶山荚蒾	10
	浙皖荚蒾	7~8
	日本荚蒾	7~9
	凤阳山荚蒾	8
裂叶组	朝鲜荚蒾	4~5
	a 欧洲荚蒾（原亚种）	3~9
	b 鸡树条（亚种）	5~9

2. 荚蒾属植物对高温的适应性

不同荚蒾种类对高温的耐受性存在差异。局域种及窄域种对温度的要求往往比较严格，如峨眉荚蒾、川西荚蒾、樟叶荚蒾喜冷凉湿润的环境，但又不耐低温，仅在四川周边有分布。目前仅在成都植物园成功引种，引种至上海，由于夏季温度较高，未能存活，引种至武汉，由于夏季高温，长势差。广布种对高温的要求往往并不严格，一般情况下，夏季温度不超过39℃均能够正常生长，温度超过39℃，蝶花荚蒾、荚蒾、红荚蒾、蝴蝶戏珠花、锥序荚蒾、少花荚蒾和日本珊瑚树会出现不同程度的热害，表现为叶片脱落、水渍状或叶尖枯黄，而常绿荚蒾、台东荚蒾、短序荚蒾、琼花等大部分种类即便温度在40℃左右依然能够正常生长。

7.2.4 水分

荚蒾属植物多喜湿润且排水良好的土壤。也有些荚蒾具有较好的耐水湿性。鳞斑荚蒾在根系全部淹没63d时，均未出现植物死亡（张学星，等，2012），三脉叶荚蒾和球核荚蒾在夏季梅雨季节根系全部淹没一周左右，植株生长未受影响。

在春、夏季节有充足降雨的地区，几乎不用进行浇灌就能保证荚蒾生长过程中对水分的需求，但在降雨较少的地区，春季生长期和夏天干燥时，要保证充足的水分，根据水分情况，2~7d浇灌一次，夏季浇水最好在早晚气温较低时进行，避免正午浇水。刚移栽的苗木，为了保证存活，第一次要浇透水，之后2~5d检查一次，保证充足水分。

7.2.5 杂草清理

为了防止杂草滋生，在进行圃地建设时，可在土壤表层铺一层细沙，上面再铺一层黑色遮阴网或地布，然后将盆栽苗放置于遮阴网上。若圃地按照这种方式进行处理，基本上不用除草。对于地栽苗，很容易滋生杂草，且杂草的生长速度远远超过荚蒾的生长速度，特别是植株较小的荚蒾，很容易被杂草埋没，因此，地栽的荚蒾要定期进行杂草清理。为了不影响荚蒾本身的生长，对于荚蒾周围的杂草，最好是人工拔除，清理后的杂草要统一堆放，切忌直接堆放在植株周围，杂草在分解过程中释放的热量有可能影响植株的正常生长，而且若雨水充足，杂草可能再次生根。

7.2.6 施肥

生长于野外及地栽的荚蒾属植物即便不施肥，也能够很好生长，但是盆栽的荚蒾，生长一段时间后，基质中养分会被完全吸收，如不及时更换基质或者施肥，叶片会变薄，甚至出现黄叶或落叶的现象。盆栽荚蒾每年施肥两次即可，一次是在冬季和早春萌芽前，促进新梢生长，另外一次是在花后进行，促进果实发育，复合肥或缓释肥均可。荚蒾属植物的春季新梢生长量平均为15~30cm，若冬季施肥后，新梢生长可持续至夏季。结实量大的植株，花后若不施肥，叶片中大量的营养供果实生长，叶色变淡。

7.2.7 修剪

荚蒾属大部分植物本身就能够形成良好的株型，不需要大量修剪或者重剪，仅需要进行简单的修整及病虫枝的修剪。

1. 修剪类型

常绿类荚蒾大多生长迅速、抽枝能力强，比较耐修剪。这类荚蒾通过修剪可获得更加丰富的株型及多变的观赏效果，是极具开发应用潜力的剪型类灌木，常见的如珊瑚树、日本珊瑚树、地中海荚蒾和琉球荚蒾。修剪量、修剪方式及修剪时间可根据实际应用需要进行，修剪不受季节限制。

木绣球、琼花等枝条中下部萌芽能力强且有明显主干的荚蒾，适合乔木状整形修剪。深秋修剪量控制在25%以内，剪掉内膛枝和交叉枝，使枝条分布平均，修剪后簇状短枝、30cm以下的枝条和花枝数量增多。也可在冬季直接从距离地面45cm处平截，修剪后的第一年枝条数量急剧增加，但是并无花朵，至修剪后的第二年繁花满树，甚是壮观。

鸡树条、皱叶荚蒾等枝条基部或地下隐芽萌芽能力极强的荚蒾，只适合灌木状自然修剪。

自然生长的短序荚蒾

修剪过的短序荚蒾

自然生长的珊瑚树

修剪过的珊瑚树

自然生长的金佛山荚蒾   修剪过的金佛山荚蒾

自然生长的巴东荚蒾   修剪过的巴东荚蒾

2. 修剪时间

　　生长季节若修剪不当，容易造成枝条徒长，不利于花芽分化；修剪的最佳时机是在花后，此时修剪对下一轮花芽分化不会造成影响；应避免于9—10月进行修剪，因为修剪后新萌发的枝条未充分木质化已经进入寒冬，容易遭受冻害。

7.3 常见病虫害

7.3.1 主要虫害

荚蒾属植物虫害较少，仅在同属植物集中成片栽植、植株生长受到逆境胁迫、品种抗性差等情况下才会偶有发生。

据不完全统计，目前国外报道过的荚蒾属植物虫害有蓟马 [花蓟马（*Frankliniella tritici*）最为常见]、蚜虫 [雪球蚜（*Neoceruraphis viburnicola*）和甜菜蚜（*Aphis fabae*）最为常见]、红蜘蛛 [南方红蜘蛛（*Oligonychus illicis*）最为常见]、介壳虫 [榆蛎盾蚧（*Lepidosaphes ulmi*）最为常见]、根象鼻甲 [葡萄黑象甲（*Otiorhynchus sulcatus*）最为常见]、蛀干害虫 [荚蒾蜂透翅蛾（*Synanthedon viburni*）和紫翅透翅蛾（*Synanthedon fatifera*）最为常见，且仅危害荚蒾属植物]、叶甲 [荚蒾叶甲（*Pyrrhalta viburni*）最为常见]（Home & Garden Information Center，2020；Dawn，2018；Weston et al.，2002，2004）。其中以蚜虫、叶甲和蜂透翅蛾较为普遍，且危害严重，受到侵害的植株，一般2～3年内便会被摧毁。

国内荚蒾属植物虫害严重时会影响植株的生长质量和景观效果，但很少会造成植株死亡。目前已观察到的虫害有蚜虫（*Aphidoidea* sp.）、叶甲（*Chrysomelidae* sp.）、红蜘蛛（*Panonychus* sp.）、天牛（*Cerambycidae* sp.）和黄山带钩蛾（*Oreta pulchripes*）等13种，除天牛影响植株长势，严重时导致整株死亡，蚜虫、叶甲、红蜘蛛和黄山带钩蛾严重影响植株外观外，其他几种对该属植株的影响均较小。在此，对在国内荚蒾属植物上观察到的虫害进行描述。

1. 蚜虫 *Aphidoidea* sp.

发生时期：3—5月为高发期，9—10月均会出现。

危害部位：叶片、嫩茎、花蕾、顶芽。

危害树种：在珊瑚树、红蕾荚蒾、短筒荚蒾、珍珠荚蒾、琼花、绣球荚蒾、吕宋荚蒾、广叶荚蒾、蒙古荚蒾、蝴蝶戏珠花、南方荚蒾、茶荚蒾、巴东荚蒾、鸡树条、琉球荚蒾、球核荚蒾、三叶荚蒾、欧洲荚蒾，布克荚蒾（*V. ×burkwoodii*）、'玛丽·弥尔顿'粉团（*V. plicatum* f. *plicatum* 'Mary Milton'）、'切萨'荚蒾（*V.* 'Chesapeake'）等上均有发生。

生活习性：蚜虫俗称腻虫或密虫，为半翅目刺吸式口器的害虫；身体半透明，多为绿色或白色。该类害虫繁殖能力极强，一年可繁殖10～30个世代，世代重叠现象突出。当5d的平均气温稳定在12℃以上时，蚜虫便开始繁殖。在气温较低的早春和晚秋，完成1个世代需10d，在夏季温暖条件下，仅需4～5d。气温为16～22℃时最适宜蚜虫繁殖，干旱或植株密度大也有利于蚜虫为害。初夏无翅雌虫孤雌生殖，胎生出幼蚜，植株上蚜虫过密时，有的长出两对大型膜质翅，寻找新宿主。夏末出现雌蚜虫和雄蚜虫，交配后，雌蚜虫产卵，以卵越冬，春季卵孵化为雌虫，孤雌繁殖2～3代。

危害特点：成、若蚜常群集于叶片、嫩茎、花蕾、顶芽等部位，刺吸汁液，使叶片皱缩、卷曲、畸形，并使花蕾败坏，花期缩短，严重时引起枝叶枯萎甚至整株死亡；蚜虫分泌的蜜糖后期还会诱发煤污病。

防治方法：秋、冬季在树干基部刷白，防止蚜虫产卵；早春少量发生时，可人工保持环境通风良好，光照充足。发生时喷施3.2%阿维菌素1500倍液、2.5%溴氰菊酯乳剂3000倍液、2.5%灭扫利乳剂3000倍液，或40%吡虫啉水溶剂1500～2000倍液进行防治。

受蚜虫危害的绣球荚蒾

受蚜虫危害的布克荚蒾

受蚜虫危害的'切萨'荚蒾

受蚜虫危害的球核荚蒾

受蚜虫危害的桦叶荚蒾

受蚜虫危害的三叶荚蒾

受蚜虫危害的琼花

受蚜虫危害的吕宋荚蒾

受蚜虫危害的粉团'玛丽·弥尔顿'粉团

受蚜虫危害的巴东荚蒾

2. 黄带山钩蛾 Oreta pulchripes

发生时期：3—11月，以5月和9—10月为发生与为害高峰。

危害部位：叶片。

危害树种：该虫能取食日本珊瑚树、荚蒾、天目琼花、长伞梗荚蒾及'玛丽·弥尔顿'粉团，但仅能在日本珊瑚树和荚蒾上正常完成生活史，取食其他3种植物的幼虫生长不良，且不能正常化蛹（黄艳君等，2013）。

生活习性：鳞翅目圆钩蛾科食叶害虫。幼虫一生蜕皮4次，共5龄。幼虫蜕皮前约有1d时间不吃不动，蜕皮后的幼虫体色较浅，后体色逐渐加深。各龄幼虫都不善活动，只要食料充足，一般不会转移危害。高龄幼虫通常独自占据1枚叶片，幼虫老熟后大多爬至新稍上部的嫩叶，将叶片卷起结薄茧化蛹，蛹期5~7d。成虫多于夜间羽化、交尾，当晚或次日晚上开始产卵，白天很少活动。卵多产在叶片背面，每头雌蛾可产卵300~450粒，多的可达500多粒。在苏州地区1年发生约7代，一般以3~4龄幼虫在枝条上越冬，次年3月中旬出蛰。

危害特点：该虫以幼虫为害，1~2龄幼虫喜群居于叶缘，常从叶尖处啃食叶片上表皮和叶肉部分，留下下表皮呈半透明状；3龄幼虫开始分散危害，取食叶片呈缺刻状，5龄幼虫食量骤增，暴食全叶仅留叶柄和大叶脉。幼虫取食后排出黑色粒状粪便，因此在被高龄幼虫危害的叶片附近能看到大量黑色粪便。

防治方法：加强养护，合理施肥和灌溉，提高植物的抗虫能力；冬季及时清理虫害枝及枯枝落叶，减少越冬虫源。6月初第2代开始，田间虫量逐渐增多，此时要加强巡视，一旦在嫩叶上发现卵和低龄群集幼虫，应立即将整叶全部摘除。虫量大时可采用化学防治，幼虫3龄前用48%毒死蜱或20%氯虫苯甲酰胺或20%虫酰肼5000倍液进行喷施，一般用药3d后可有效控制黄带山钩蛾的发生与为害。栽植面积较大时，也可利用成虫趋光性，在成虫羽化期设置黑光灯进行诱杀。

受黄带山钩蛾危害的荚蒾

黄带山钩蛾

3. 毒蛾类 *Porthesia* spp.

发生时期：4月下旬至5月上旬。

危害部位：叶片。

危害树种：茶荚蒾、荚蒾、桦叶荚蒾、蝶花荚蒾、淡黄荚蒾、珍珠荚蒾等均偶有发生。虫量较少，未对植株造成严重影响，球核荚蒾危害较为严重。

生活习性：鳞翅目毒蛾科，中型蛾类；成虫体粗壮，体被厚密鳞毛，色暗；幼虫具毛瘤，毛瘤上有毛簇，毛簇分布不均匀，长短不一致，毛有毒。一年发生多代，以幼虫或蛹越冬。成虫昼伏夜出，具趋光性。低龄幼虫具群集性，常群集在叶背啃食为害，3～4龄后分散为害叶片。有假死性，老熟后多卷叶或在叶背树干缝隙或近地面土缝中结茧化蛹，蛹期7～12d。

危害特点：以幼虫咬食幼嫩叶片。该类幼虫食量大，食性杂，严重时可将全株叶片吃光。

防治方法：幼虫期可选用25%灭幼脲胶悬剂、40%的毒死蜱乳剂1000倍液、1%苦参素1500倍液、2.5%溴氰菊酯乳油2500倍液、20%氰戊菊酯乳油3000倍液或10%吡虫啉可湿性粉剂2500倍液喷雾防治，也可采用生物药剂苏云金杆菌或青虫菌6号500～1000倍液进行防治。

毒蛾幼虫为害珍珠荚蒾

毒蛾幼虫为害桦叶荚蒾

毒蛾幼虫为害淡黄荚蒾

4. 叶甲 *Chrysomelidae* spp.

发生时期：4—5月，8月。

危害部位：叶片及嫩芽。

危害树种：蝶花荚蒾、短序荚蒾、桦叶荚蒾、南方荚蒾和'玫瑰'欧洲荚蒾（*V. opulus* subsp. *opulus* 'Roseum'）等均观察到有发生，以南方荚蒾和短序荚蒾最为严重。在欧美地区，球核荚蒾、布克荚蒾、香荚蒾、绣球荚蒾、荚蒾和欧洲荚蒾也易受此类害虫的侵害。

生活习性：鞘翅目叶甲科，小至中型害虫。一年发生1~6代，江西、福建、浙江、四川1年生1代，河南4~5代，北京5~6代。以成虫越冬，越冬场所因种而异，多为石缝和枯枝落叶层中。次年4月树木发芽时出来活动，并把卵产于叶上，成堆排列，卵期6~7d，幼虫期约10d，老熟幼虫化蛹于叶上，9月中旬可同时见到成虫和幼虫。成虫具有假死性，有些种类具趋光性。

危害特点：以成虫、幼虫咬食叶片，尤以幼虫危害较为严重，造成叶片穿孔或残缺，严重时叶片会被吃光。在叶甲为害植株周围也偶见柳蓝叶甲，但并未对植株造成危害。

防治方法：成虫、幼虫上树危害活动期，尤其是成虫初上树期，喷洒1.2%烟参碱1000倍液或10%吡虫啉可湿性粉剂2000倍液喷雾；在成虫盛发期喷20%氰戊菊酯1500倍液或5.7%甲维盐2000倍液；老熟幼虫下树化蛹越冬期间，可对树冠下土壤进行翻耕、松土，同时施用1%对硫磷粉剂拌土混合，防止成虫产卵；在成虫下树越冬和翌年成虫上树前，用溴氰菊酯制成毒笔或毒绳涂扎于树干基部，以阻杀爬经的成虫。

叶甲幼虫为害南方荚蒾

叶甲成虫为害南方荚蒾

叶甲成虫为害蝶花荚蒾

柳蓝叶甲成虫为害狭叶球核荚蒾

叶甲幼虫为害粉团

叶甲幼虫为害'玫瑰'欧洲荚蒾

5. 双斑长跗萤叶甲 *Monolepta hieroglyphica*

发生时期：6—8月。

危害部位：叶片。

危害树种：荚蒾属植物是其主要寄主之一，国内仅在修枝荚蒾上有报道（张永强等，2013）。

生活习性：鞘翅目，叶甲科，又名双斑萤叶甲。1年发生1代，以卵在表土下越冬，次年4月下旬至5月上旬开始陆续孵化，6月底至7月上旬成虫开始陆续羽化、取食叶片、交尾、产卵，成虫期3个多月；成虫具有群集性、弱趋光性及假死性，在植株上自上而下取食，日光强烈时常隐蔽在下部叶背。8月成虫开始产卵，卵散产或多粒粘在一起。7—8月为成虫的为害盛期和活动盛期，以后成虫数量逐渐减少，为害减轻，10月成虫基本消亡。

危害特点：以成虫取食寄主叶片，导致叶片呈缺刻或孔洞状，严重时叶片布满孔洞，影响美观。

防治方法：注意混栽，避免栽植单一物种；冬季及时清理枯枝落叶，进行翻地，消灭其越冬卵，减少虫口基数；发生期定时观察，虫口数量较少时可人工捕捉；在成虫盛发期喷施0.36%的苦参碱水剂1000倍液、0.5%印楝素乳油600倍液、2.5%的溴氰菊酯乳油2000倍液、50%毒死蜱乳油500倍液、25%灭幼脲3号悬浮剂1500%倍液进行防治。

6. 黑条毛胸萤叶甲 *Pyrrhalta humeralis*

发生时期：4—8月。

危害部位：叶片。

危害树种：荚蒾属植物是其主要寄主之一，南京于1989年首次发现该虫危害荚蒾，该属共有15种植物受害（沈百炎等，1992）。

生活习性：鞘翅目，叶甲科。该类害虫在南京地区1年发生1代，越冬卵3月下旬至4月上旬孵化，幼虫蜕皮2次后于4月下旬入土化蛹，蛹期9~15d，6月上旬始见成虫。中旬为盛期。成虫出土当日即可取食，以次日取食居多，常于早、晚、阴天和夜晚活动，每晚取食3~5次，当气温升到30℃以上时取食量减少，并渐向阴凉处迁移越夏。8月中下旬天气转凉后又开始活动，雌、雄成虫白天交尾，交尾后的雌虫产卵于当年生嫩枝梢部顶芽以下1~3节内，卵期长达1个半月。

危害特点：以成虫取食寄主叶片，将叶片咬成不规则缺刻或孔洞状，严重时叶片布满孔洞，影响景观。刚孵出的幼虫从叶芽基部缝隙钻入未展开的嫩叶背面取食。在珊瑚树上，1龄幼虫群集嫩芽叶丛内危害，叶片被害处呈黑色小点，严重时造成芽心枯死，未枯死的嫩叶展开后叶片两边相似卷曲。幼虫栖于叶面啃去上表皮和叶肉，受害叶布满大小不等的黄色枯斑。2龄以后分散危害，将叶片食成大小不等的孔洞。在落叶植物寄主上常将嫩叶全部食光，无叶可食时啃食嫩枝表皮，在常绿寄主上只取食当年生嫩叶。

防治方法：参照双斑长跗萤叶甲的防治方法。

7. 矢尖蚧 *Unaspis yanonensis*

发生时期：5—6月，一般在5月上旬较为严重。

危害部位：果实或种子。

危害树种：日本珊瑚树最常发生，严重影响植物外观。

生活习性：别名矢坚介、剑头介、白恢，属同翅目盾蚧科。一年发生2~4代，甘肃、陕西1年生2代，湖南、湖北、四川3代，福建3~4代，世代重叠，以受精雌虫越冬为主，少数以若虫越冬。每年4—5月，日平均气温达到19℃时，越冬雌成虫开始产卵，10月份以后，当日平均气温低于17℃停止产卵，每头雌成虫平均产卵70~300粒，产卵量以越冬代最多。1龄若虫分别于5月上旬、7月中旬和9月下旬出现3次高峰。12月下旬至次年4月中旬基本绝迹。温暖湿润有利于矢尖介生存，高温干燥环境下大量死亡。

危害特点：以若虫和雌成虫固着于叶片、果实和嫩稍上吸食汁液，被害处形成黄斑，导致叶片畸形，卷曲，严重时叶片干枯、卷缩、脱落、枝梢死亡，最终使树势削弱，甚至枯死。矢尖介为害严重时还可诱发烟煤病。

防治方法：培养树势，提高植株自身的抗虫性；结合冬剪，在4月份以前及时剪除虫枝、荫蔽枝、干枯枝，减少虫源，改善植株通风透光条件；剪除介虫严重枝条，集中进行烧毁；保护引放瓢虫、小蜂等天敌；4月下旬至5月中旬第1代1~2龄若虫高发期，用1%蚧螨灵500~800倍液、40.7%乐斯本乳油1000倍液或1%蚧螨灵500~800倍液+10%吡虫啉2000倍液喷雾；冬季植株休眠期和早春发芽前，用松脂合剂8~10倍液喷雾。

矢尖介为害日本珊瑚树症状

8. 藤壶介 *Asterococcus muratae*

发生时期：4—5月，一般在5月中上旬为发生高峰。

危害部位：一二年生枝条、叶柄、叶片。

危害树种：日本珊瑚树。

生活习性：别名日本壶介，属同翅目壶蚧科。一年发生1代，以卵在雌成虫蜡壳内越冬，上海、西安地区以受精雌成虫在寄主的枝杆上越冬。次年2月开始少量产卵，4月大量产卵，到4月下旬产卵基本结束，单雌产卵量在189~755粒。若虫始见于4月下旬或5月初，孵化高峰在5月上旬或中旬，历时半月。初孵若虫一般在一二年生枝条上固定寄生，少数在叶柄和叶背寄生。若虫固定危害1周左右，体背侧开始分泌白色蜡丝，半月后蜡丝覆盖整个虫体。6月中旬雌雄虫体开始分化，6月下旬雄成虫化蛹成茧，7月上旬开始羽化，7月中旬为羽化高峰。羽化后很快与雌成虫交尾，不久死亡。此时雄成虫蜡壳由灰白色而渐变红褐色，不断硬化，并以此越冬。

危害特点：以成虫和若虫寄生在小枝、叶柄、叶片上吮吸汁液为害，使植株长势衰弱，叶色淡黄。其排泄物还可诱发烟煤病，全株发黑，严重时会造成大枝和整株枯死。

防治方法：参照矢尖介防治方法。

9. 红蜘蛛 *Panonychus* sp.

发生时期：6—7月、8—9月。

危害部位：叶片。

危害树种：水红木、蝴蝶戏珠花均有发生，造成局部落叶，影响植物外观。

生活习性：又名叶螨，属蛛形纲蜱螨目叶螨科，是靠吸取植物汁液为生的昆虫。个体较小，一般不足1mm，成螨多为红色或暗红色，越冬螨橙红色，幼螨淡黄色，若螨黄褐色，卵橙色至黄白色。主要以卵或受精雌成螨在植物枝干裂缝、落叶及根际周围土层处越冬。次年春季气温回升，越冬雌成螨开始活动危害，蝴蝶戏珠花以6—7月为发生高峰期，水红木以8—9月为发生高峰期。该螨完成一代平均需10～15d，既可进行两性生殖，又可进行孤雌生殖，雌螨一生只交配一次，雄螨可交配多次。越冬代雌成螨出现时间的早晚，与寄主本身的长势有关，长势越弱，越冬螨出现得越早。

危害特点：以成螨、若螨、幼螨群集于叶背，吐丝结网，吮吸汁液，使叶绿素受到破坏，开始时在受害叶片上形成灰白色小点，而后叶片枯黄，似被火烤干，危害严重时造成早期落叶。

防治方法：8—9月，每隔半个月喷一次1000倍1.8%的阿维菌素进行预防。平时注意观察，发现少量受害叶片可人为摘除。发病高峰期，交替喷施1500～2500倍金满枝和2000～3000倍哒螨灵进行治疗。

红蜘蛛为害水红木症状

10. 蓟马 *Thripidae* sp.

发生时期：3—5月、11—12月。

危害部位：嫩芽和幼嫩叶片。

危害树种：金佛山荚蒾、桦叶荚蒾上均有发生。

生活习性：缨翅目蓟马科小型害虫，夜间活动，又名"刺客"，是一种靠吸取植物汁液为生的昆虫，幼虫呈白色、黄色或橘色，成虫则呈棕色或黑色，四季均有发生。雌成虫主要进行孤雌生殖，偶有两性生殖。卵散产于叶肉组织内，每雌成虫产卵22～35粒，雌成虫寿命8～10d，卵期在5—6月，为6～7d。若虫在叶背取食，至高龄末期停止取食，落入表土化蛹。蓟马喜欢温暖、干旱天气，湿度过大不能存活。

危害特点：嫩枝受害后无法生长，顶端枯死。叶片受害后背面畸形，叶片中脉两侧出现灰白色或灰褐色条斑，表皮呈灰褐色，出现变形、卷曲。

防治方法：及时清除周围杂草，保持环境通风良好；用1.8%阿维菌素乳油2000～3000倍液，或15%哒螨灵乳油2000倍液，或73%克螨特乳油2000倍液，或5%噻螨酮乳油1500倍液，或5%氟虫脲乳油2000倍液，每隔7～15d喷施一次进行防治。

蓟马为害桦叶荚蒾

11. 中华稻缘蝽 *Leptocorisa chinensis*

发生时期：7—10月。

危害部位：叶及嫩梢，以嫩梢为主。

危害树种：蝴蝶戏珠花、金佛山荚蒾，直接影响植株外观及生长。

生活习性：又名华稻缘蝽，为半翅目缘蝽科害虫。刺吸式口器，以吸取植物的汁液为生。触角4节，体长17～18mm，腹部宽2.5～2.7mm。体深草黄色，体节第1节末端及外侧黑色，第1节较短，与第2节长度之比小于3：2，第4节短于头及前胸背板之和。腹部背面4～5及5～6腹节节间有臭腺孔，臭腺分泌物有强烈臭味。行动活泼，警觉善飞，以成虫在枯枝落叶或枯草丛中越冬，次年3—4月间开始产卵，卵产于植物表面。

危害特点：若虫、成虫均能为害。荚蒾上以成虫为害为主，吸食荚蒾嫩梢，致使梢部萎缩，严重时所有嫩芽迅速变褐、萎蔫枯萎，丧失生长能力，严重影响植株的正常生长。

防治方法：加强肥水管理，增强树势；冬季清除枯枝落叶和杂草，进行集中处理；大面积栽植时，可在成虫集中发生期，利用黑光等进行诱杀；亦可用3000～4000倍20%灭扫利、1000～1500倍5%吡虫啉或800～1000倍0.5%苦参碱喷雾防治。

中华稻缘蝽

12. 天牛 *Cerambycidae* spp.

发生时期：4—10月。

危害部位：枝干。

危害树种：淡黄荚蒾、珊瑚树、'玫瑰'欧洲荚蒾和红蕾荚蒾常见发生。

生活习性：鞘翅目天牛科害虫。咀嚼式口器，体长15~50mm，触角长，常超过身体长度。一般以幼虫或成虫在树干内越冬，次年5—7月越冬成虫出现，并逐渐进入盛期，在此期间产卵并孵化，当卵孵化出幼虫后，初龄幼虫即蛀入树干，最初在树皮下取食，待龄期增大后，即钻入木质部为害，有的种类仅停留在树皮下生活，不蛀入木质部。幼虫老熟后即筑成较宽的蛹室，两端以纤维和木屑堵塞，而在其中化蛹，蛹期10~20d。生活史的长短依种类而异，有一年完成1~2代的，也有2~3年完成1代的。

危害特点：幼虫在树体内取食韧皮部、木质部和形成层，并蛀食成虫道，破坏树木养分、水分的传输和分生组织，轻则使树势衰弱，重则整株死亡。

防治方法：危害较轻时，人工捕杀成虫，发现虫害枯梢及时剪除，集中烧毁处理；成虫羽化盛期，在树干距地面2m处上均匀涂抹蛀虫净或氧化乐果；每年的4月份开始，发现树干有虫孔时，在树干基部距地面20cm处打孔注射氧化乐果、蛀虫净或杀虫双等；虫害发生前或发生后的任何时期，在植株根部浇灌根灌蛀虫净、一灌树虫净、药肥撒虫胺等根施药剂，药后浇透水淋溶。

天牛为害淡黄荚蒾

天牛为害'玫瑰'欧洲荚蒾

13. 透翅疏广蜡蝉 *Euricanid clara*

该类害虫仅在蝶花荚蒾上偶有发现，仅有几片叶片受害，并未对植株的外观造成影响，因此，在此不做介绍。

透翅疏广蜡蝉

透翅疏广蜡蝉分泌物

7.3.2 主要病害

国内荚蒾属植病害相对较少，目前观察到的仅煤污病、穿孔病、炭疽病、猝倒病、干腐病5种，如果栽植于该属植物旁边的其他植物有冠瘿病、锈病、炭疽病和黄萎病发生，同样会对该属植物造成影响。在国外，干腐病、霜霉病和白粉病在荚蒾属植物上非常普遍，但是国内该属植物上并未观察到霜霉病和白粉病发生。

1. 煤污病

发生时期：5—9月。

危害部位：叶片和枝条。

危害树种：珍珠荚蒾、桦叶荚蒾、蝴蝶戏珠花、金佛山荚蒾等均有发生。

生活习性：又称煤烟病，是一种由蚜虫、介壳虫等引起的次生性真菌类病害，主要依靠蚜虫、介壳虫的分泌物生活。煤污病病菌以菌丝体、分生孢子、子囊孢子在病部及病落叶上越冬，翌年孢子由风雨、昆虫等传播。影响光合作用，高温多湿、通风不良、蚜虫、介壳虫等分泌蜜露的害虫发生多，均加重发病。

危害特点：发病初期，沿叶面主脉产生黑色圆形煤点，并不断扩大形成不规则煤斑，斑块继续扩展并相互连接、增厚，形成一层灰黑色的煤尘状菌苔覆盖整个叶片；严重时，叶片表面、枝条甚至叶柄上均会布满黑色煤粉状物，阻塞叶片气孔，影响正常的光合作用。

防治方法：保持植株通风透光；休眠期喷波美度3～5度石硫合剂；加强对介壳虫和蚜虫的防治；发病少时可用酒精或清水擦洗受害部分；大量发生时可先对煤污部分喷淋清洗，再用70%甲基硫菌灵800倍液喷雾杀菌。

日本珊瑚树煤污病症状

2. 细菌性穿孔病

发生时期：4—5月、7—8月。

危害部位：叶片。

危害树种：三叶荚蒾、短序荚蒾、水红木、皱叶荚蒾均有发生，以皱叶荚蒾最为常见。

生活习性：病原菌在春季溃疡病斑组织或叶片上越冬，春季温度适宜时（24～28℃），病原菌从溃疡中溢出，借风雨和昆虫传播，从叶片气孔侵入。夏季干旱时发病缓慢，秋季再次侵染。温暖、多雨、排水不良和偏施氮肥，均有利于该病发生。树势较弱的情况下，该病的潜育期只需4～5d，若树势强壮，则长达30～40d。

危害特点：初在叶上近叶脉处产生淡褐色水渍状小斑点，最后变成紫褐色或黑褐色病斑，病斑周围有水渍状黄色晕环，病健交界处有裂纹，最后脱落形成圆形或不规则形穿孔，孔的边缘不整齐。

防治方法：结合休眠期修剪，清除枯枝落叶及病枝，集中烧毁。萌芽前可喷波美1～2度石硫合剂或45%晶体石硫合剂30倍液或1∶1∶100倍式波尔多液进行预防，萌芽后喷72%农用链霉素可溶性粉剂3000倍液或65%代森锌500倍液进行防治。

皱叶荚蒾细菌性穿孔病症状

3.炭疽病

发生时期：6—10月。

危害部位：叶片。

危害树种：三叶荚蒾、短序荚蒾、水红木、荚蒾、蝴蝶戏珠花等均有发生，以荚蒾上最为常见。

生活习性：真菌性病害，病菌以菌丝体、分生孢子或分生孢子盘在寄主残体或土壤中越冬，老叶从4月初开始发病，5—6月间迅速发展，新叶则从8月开始发病。分生孢子靠风雨、浇水等传播，多从伤口处侵染。栽植过密、通风不良、室内花卉放置过密、叶子相互交叉易感病。病菌生长适温为26~28℃，分生孢子产生最适温度为28~30℃，适宜pH值为5~6。湿度大、病部湿润、有水滴或水膜是病原菌产生大量分生孢子的重要条件，连阴雨季节发病较重。

危害特点：发病初期在叶片上呈现圆形、椭圆形红褐色小斑点，后期扩展成深褐色圆形病斑，大小为1~4mm，中央则由灰褐色转为灰白色，而边缘则呈紫褐色或暗绿色，有时边缘有黄晕，最后病斑转为黑褐色，并产生轮纹状排列的小黑点，即病菌的分生孢子盘。在潮湿条件下病斑上有粉红色的黏孢子团。严重时一个叶片上有十多个至数十个病斑，后期病斑穿孔，病斑多时融合成片导致叶片干枯。病斑可形成穿孔，病叶易脱落。

防治方法：控制栽植密度，保持栽培环境的通风透光；发病初期剪除病叶，及时清理出园地；发病前，喷施800倍80%代森锰锌、500倍75%百菌清等保护性杀菌剂进行预防；发病期间及时喷施1000倍75%甲基托布津、800倍50%退菌特进行治疗，每7~10d一次，连续3~4次。

荚蒾炭疽病症状

三叶荚蒾炭疽病症状

4. 猝倒病

发生时期：全年均有发生，以4—5月、10—11月最为严重。

危害部位：幼苗茎基部或地下根部。

危害树种：水红木、琼花、南方荚蒾等多种荚蒾属幼苗期均有发生。

生活习性：俗称倒苗，由瓜果腐霉属鞭毛菌亚门真菌引起。病菌以卵孢子或菌丝在土壤中及病残体上越冬，并可在土壤中长期存活。主要靠雨水、喷淋而传播，带菌的农具也能传病。病菌在土温15～16℃时繁殖最快，适宜发病地温为10℃，故早春苗床温度低、湿度大时利于发病。光照不足、播种过密、幼苗徒长时往往发病较重。浇水后积水处或薄膜滴水处，最易发病而成为发病中心。

危害特点：初为椭圆形或不规则暗褐色病斑，病苗早期白天萎蔫，夜间恢复，病部逐渐凹陷、溢缩，有的渐变为黑褐色，当病斑扩大绕茎一周时. 最后干枯死亡，但不倒伏。轻病株仅见褐色凹陷病斑而不枯死。苗床湿度大时，病部可见不甚明显的淡褐色蛛丝状霉。从立枯病不产生絮状白霉、不倒伏且病程进展慢. 可区别于猝倒病。

防治方法：选择排水良好的场地作为育苗圃地；播种或移栽前，可采用1000倍30%恶霉灵细致喷洒苗床，或50%多菌灵、68%甲霜灵锰锌拌土进行消毒；苗期控制光照和湿度，避免阴湿环境；发病初期，立即拔除发病植株，并用500倍90%疫霉灵、600倍72.2%霜霉威或600倍30%恶霉灵进行喷施预防。

5. 芽枯病

发生时期：全年均有发生，以9月至次年1月最为严重。

危害部位：新芽及嫩叶。

危害树种：金佛山荚蒾。

生活习性：真菌性病害。秋季及早春气温较低时发病最盛，夏季病害停止发展，长势弱小的植株较长势旺盛的苗更宜发生。

危害特点：新芽变褐，不能正常萌发；嫩叶叶缘部分变褐干枯，叶片不能正常发育。

防治方法：发病前喷施500倍75%多菌灵或1000倍75%甲基托布津进行防治；修剪发病枝条；适当施用肥料，增强树势。

金佛山荚蒾芽枯病症状

6. 干腐病

发生时期：6—7月。

危害部位：枝干。

危害树种：目前仅在水红木当年定植苗上观察到该病的发生。

生活习性：病菌以菌丝体、分生孢子器及子囊壳在枝干发病部位越冬，次年春季病菌产生孢子进行侵染。病菌孢子随风雨传播，经伤口侵入，也能从死亡的枯芽和皮孔侵入。病菌先在伤口死组织上生长一段时间，再侵染活组织。在干旱季节发病重，雨季来临时病势减轻。肥水不足导致树势衰弱时发病重；土壤板结瘠薄、根系发育不良发病重；伤口较多，愈合不良时发病重。

危害特点：主枝发病较多，病斑多在阴面，初期形成紫褐色至黑褐色病斑，沿枝干逐渐向上（或向下）扩展，使枝干迅速枯死。之后病部失水，凹陷皱缩，表皮呈纸膜状剥离。病部表面亦密生黑色小粒点，散生或轮状排列。严重时可造成植株死亡。

防治方法：新定植苗应浇透水，后期控制水量，切勿积水，雨季注意防涝；及时清除枯死枝；及时检查和刮除病斑，7~10d用多菌灵等杀菌剂进行喷涂；平时和结合其他病害的防治，喷施600~800倍50%多菌灵或50%甲基硫菌灵进行防治。

7.3.3 其他生理性病害

1. 灼伤

发生时期：夏秋季节多发生，6—9月为发生高峰期。

危害部位：叶片及果实。

危害树种：蝴蝶戏珠花、水红木、鸡树条、欧洲荚蒾等均有发生。

危害症状：不同种类抵御高温日灼的能力有较大差异，薄叶片比厚叶片更容易被灼伤。被灼伤的叶片会出现干尖、干边或出现灼伤斑，并不断扩大，导致大部分或整片叶干枯，严重时，造成全株落叶。

防治方法：夏秋光线较强时，注意遮阴；加强修剪与肥水管理，增强树势；移栽多在早春进行。

蝴蝶戏珠花叶片灼伤症状

蝴蝶戏珠花叶片灼伤症状

欧洲荚蒾叶片灼伤症状

鸡树条叶片灼伤症状

2.热害

发生时期：多发生于气温较高的6—9月。

危害部位：叶片。

危害树种：蝴蝶戏珠花、蝶花荚蒾、少花荚蒾、香荚蒾、桦叶荚蒾、荚蒾、锥序荚蒾等均有发生。

危害症状：叶缘失绿或变黑上卷，呈火烧状，严重时，可引起整株落叶。灼伤一般也都会伴随着热害的发生。

防治方法：夏秋季光线较强时，注意遮阴；高温来临时及时灌水，保持适宜的土壤湿度，提高植株抗热性；加强修剪与肥水管理，增强树势；发生高峰期早晚喷雾降温。

蝴蝶戏珠花热害症状

香荚蒾热害症状

短筒荚蒾热害症状

桦叶荚蒾热害症状

少花荚蒾热害症状

蝶花荚蒾热害症状

3. 药害

因使用了不适宜的农药品种、使用药剂的剂量或浓度过大或农药施用和混配不合理等而引起的植物生长发育过程中所表现出各种病态的现象。高温干旱季节及植物对农药敏感的生育期用药更容易发生药害,一旦发现,要及时对危害植株进行喷淋灌水,并剪掉受害严重的部位。

三脉叶荚蒾除草剂药害症状

4. 缺素症

植物在生长过程中因缺乏某种或多种必需营养元素而出现的一些生长异常的症状。荚蒾属植物对土壤肥力的要求并不高，缺素症状很少出现，目前仅观察到蝴蝶戏珠花和三叶荚蒾缺铁或缺镁的症状。

三叶荚蒾缺镁症状

5. 肥害

由于施肥量过大、土壤过干或施肥方法不当而导致的植株受害症状。栽植过程中要依据植物不同时期的生长需求，科学施肥，施肥后及时灌水，并在施肥后3d内注意观察，一旦发现肥害要及时灌水，充分淋洗植株。

蝶花荚蒾尿素施用过量症状

6. 干旱

由于夏季水分供给不及时而导致的植株受害症状。栽植过程中要依据植物不同时期的水分需求，及时浇水，如果发现干旱枯死部分，应及时剪除，避免因雨水过多进一步引发枝干类病害。

蝶花荚蒾干旱症状

7. 顶芽"自剪"

淡黄荚蒾的枝梢有顶芽"自剪"现象，即枝梢长到一定长度，顶芽便自行脱落或枯萎。

淡黄荚蒾顶芽"自剪"症状

参考文献

[1] 包志毅 . 世界园林乔灌木 [M]. 北京：中国林业出版社，2004：25.

[2] 白平，周筑，张学星，等 . 地被植物鳞斑荚蒾温棚扦插繁育技术 [J]. 陕西林业科技，2016.(3):121-122.

[3] 毕显禹，李淑娟 . 鸡树条荚蒾组培再生体系的建立 [J]. 湖南农业科学，2018，391(4):1-4,12.

[4] 毕显禹 .2018. 鸡树条荚蒾繁育技术研究 [D]. 哈尔滨：东北林业大学 .

[5] 北华大学 . 一种暖木条荚蒾的离体快繁方法：中国，201811176671.8[P].2019-07-05.

[6] 陈献志，王宝党，刁硕，等 . 基于叶绿素荧光技术的日本荚蒾最佳扦插条件研究 [J]. 常熟理工学院学报，2017(4):100-103.

[7] 重庆文理学院 . 地中海荚蒾的组培繁殖方法：中国，ZL 201410830457.5[P].2017-07-25

[8] 崔向东，郭国友，史素霞，等 . 几种园林绿化树种嫩枝扦插技术研究 [J]. 北方园艺，2013(5):56-69.

[9] 邓源，曹征宇，顾韵莉 . 地中海荚蒾的组培快繁技术研究 [J]. 上海农业科技，2008(5)：96.

[10] 杜姝睿，顾婷婷，潘林，等 . 香荚蒾组织培养快速繁殖的研究 [J]. 河北林业科技，2011(5)：5-7.

[11] 冯欣欣，余金昌，袁志永，等 . 不同浓度的生长调节剂和育苗基质对蝶花荚蒾扦插效果的影响 [J]. 湖防护林科技，2017，36（3）:83-15.

[12] 高玉艳 . 鸡树条荚蒾种子休眠的试验初报 [J]. 中国林副特产，2010(3)：43-44.

[13] 国家林业局国有林场和林木种苗工作总站 . 中国木本植物种子 [M]. 北京：中国林业出版社，2001：420-425.

[14] 何婷，黄增艳，邹磊，等 . 四种忍冬科植物的组织培养与快速繁殖 [J]. 植物生理学通讯，2010，46(11)：1171-1172.

[15] 黄艳君，毛建萍，浦冠勤 . 黄带山钩蛾生物学特性 [J]. 中国森林病虫，2013，32(5)：16-19.

[16] 黄国学，卜鹏图 . 皱叶荚蒾嫩枝扦插育苗技术 [J]. 防护林科技，2011(4)：112-120.

[17] 黄增艳 . 上海地区荚蒾属植物引种及适应性研究 [D]. 上海：上海交通大学，2011.

[18] 金飚，周武忠，张洁，等 . 琼花硬枝扦插技术研究 [J]. 江苏农业科学，2004(2)：53-55.

[19] 金飚 . 琼花生殖生物学与繁殖技术研究 [D]. 南京：南京林业大学，2006.

[20] 吉林农业大学 . 一种修枝荚蒾离体组培快速繁殖方法：中国，201811272940.0[P].2019-01-08.

[21] 建德锋，高英凯 . 鸡树条荚蒾的组织培养技术初探 [J]. 吉林农业科技学院学报，2015，24(2)：1-3.

[22] 兰发正，严贤正，高洁，等 . 成都地区引种珍珠荚蒾栽培试验研究 [J]. 四川林业科技，2016(2)：87-97.

[23] 雷东林，周武忠，吴淑芳，等 . 琼花种子萌发规律及播种技术研究 [J]. 南京林业大学学报，1991，15(2)：67-70.

[24] 李树丽，石文山 . 欧洲绣球的组织培养和快速繁殖 [J]. 植物生理学通讯 ,2005,(4):498.

[25] 李容辉，藏淑英，张治明 . 黑果绣球胚的离体培养 [J]. 植物学通报，1989，6(2)：104-107.

[26] 李梅春 . 绣球花扦插育苗试验研究 [J]. 湖北林业科技，2004，128(2)：26-28.

[27] 李明文，杜鹏飞 . 不同基质对俄罗斯欧洲荚蒾嫩枝扦插成活率的影响 [J]. 防护林科技，2016(41)：44.

[28] 李长海，郁永英，宋莹莹，等 . 绿化树种荚蒾引种与栽培技术试验 [J]. 防护林科技，2013(8)：20-21，31.

[29] 雷小明 . 秦岭野生荚蒾引种繁殖技术 [J]. 陕西林业科技，2003(3)：94-95.

[30] 罗凤霞，孙健友，尹凤琴，等 . 鸡树条荚蒾与大花荚蒾扦插繁殖技术 [J]. 河北林业科技，2000(3)：6-8.

[31] 毛建萍，黄艳君，浦冠勤 . 黄带山钩蛾食叶量测定及防治指标研究 [J]. 中国森林病虫，2013，32(6)：24-26.

[32] 穆艳娟，刘丹，王磊，等 . 关于青岛市三桠乌药与法国冬青温室育苗发芽时间的研究 [J]. 山东林业科技，2014，44(1)：25-27.

[33] 沈百炎，米全喜.园林害虫黑条毛胸萤叶甲的初步研究 [J].植物保护，1992，18(6)：19-20.

[34] 四川七彩林科股份有限公司.一种欧洲荚蒾的繁殖培育方法：中国，201910902414.6[P].2019-11-19.

[35] 孙文元，芮松青，翟玉柱，等.基质种类和 ABT 对欧洲绣球离体生根的影响 [J].河北农业科学，2007，11(1)：12-14.

[36] 陶文科，夏固成.香荚蒾日光温室嫩枝扦插育苗技术研究 [J].宁夏农林科技，2016，57(12)：15-16.

[37] 武兰义，王学文，张凤杰，等.荚蒾梢小蠹生物学特性及防治的初步研究 [J].东北林业大学学报，1991(S1)：219-212.

[38] 王恩伟.6种荚蒾的繁育特性与园林应用研究 [D].杭州：浙江林学院，2009.

[39] 王勇.五种荚蒾属植物的扦插繁育与生态适应性研究 [D].长沙：中南林业科技大学，2016.

[40] 王大平，李艳.水杨酸对常绿欧洲荚蒾扦插枝条生根的影响 [J].贵州农业科学，2012，40(12)：80-81.

[41] 王大平.常绿欧洲荚蒾试管苗生根培养研究 [J].西部林业科学，2015，44(1)：142-144.

[42] 王大平.常绿欧洲荚蒾离体繁殖的启动和增殖培养研究 [J].西部农业科学，2011，39(5)：67-68.

[43] 王华玺，李永辉，吕鹏飞，等.宁夏六盘山香荚蒾育苗技术 [J].陕西农业科学，2010(4)：231-232.

[44] 王怀智，顾玉云，罗士韦.琼花的离体快速繁殖 [J].植物生理学通讯，1996(4):271-272.

[45] 王欢，杜凤国，吕伟伟.鸡树条荚蒾的组织培养与快速繁殖 [J].植物生理学通讯，2010，46（11）：1187-1188.

[46] 王国芳，阿宾，田国庆.欧洲荚蒾园林价值及繁育技术 [J].林业实用技术，2002(10)：25-26.

[47] 尉倩，王庆，刘安成，等.荚蒾属植物种质资源及繁育技术研究进展 [J].陕西林业科技，2015，(3)：48-52.

[48] 万才淦.桦叶荚蒾种子的休眠和催芽研究 [J].武汉植物研究，1985(30)：197-202.

[49] 温谋德.南方荚蒾扦插繁殖试验 [J].中国林副特产，2016(4)：37-39.

[50] 武井理臣，柴田尚志，藤野裕太，等.ガマズミ（*Viburnum dilatatum* Thunb.）種子の形態生理的の休眠と発芽期間の短縮 [J].日本緑化工学会誌，2019，45(1)：97-102.

[51] 吴鞠，法永乐，朱翠英，等.天目琼花的微体快繁技术 [J].山东林业科技，2012,42(4):91-92.

[52] 夏固成，杨继武，杨杰，等.天目琼花日光温室播种育苗技术 [J].农业科学研究，2007，28(4)：56-60.

[53] 杨轶华，宫伟，李虹，等.4种荚蒾种子萌发特性研究 [J].国土与自然资源研究，2015(1)：88-90.

[54] 杨春玉，吴晓丽，袁茂琴，等.不同温度对金佛山荚蒾种子萌发的影响 [J].种子，2013，32(10)：43-45.

[55] 杨轶华，梁鸣，孙波，等.赤霉素破除鸡树条荚蒾种子双休眠特性技术初探 [J].国土与自然资源研究，2009，(4)：92.

[56] 叶纯子，吴炳懿.不同基质与激素对天目琼花嫩枝扦插生根的影响 [J].湖防护林科技，2017(3)：14-15.

[57] 叶飞，建德锋.木绣球腋芽离体培养技术研究 [J].北方园艺，2012(14)：127-129.

[58] 殷万利，闫双虎.香荚蒾硬枝扦插育苗试验 [J].青海农业科技，2012(1)：48-50.

[59] 易霭琴，童方平，宋安庆，等.不同基质与激素对欧洲荚蒾的扦插成活率的影响 [J].湖南林业科技，2008，35(5)：16-18.

[60] 袁云香.枇杷叶荚蒾的愈伤组织诱导及植株再生 [J].植物生理学报，2012，48(12)：1205-1209.

[61] 袁云香.蝴蝶荚蒾愈伤组织诱导及植株再生体系的建立 [J].植物生理学报，2020，56(4):752-758.

[62] 张林.荚蒾属部分植物种质资源汇集及利用研究 [D].泰安：山东农业大学，2007.

[63] 张永强，严俊鑫，张鑫乾，等.双斑长蹠萤叶甲对园林植物嗜食性及药剂毒力测定 [J].东北林业大学学报，2013，41(5)：139-142.

[64] 张学星，周筑，陈强，等.17种云南乡土树种对不同程度水涝胁迫的忍耐性调查 [J].西北林学院学报，2012，27(1):15-21.

[65] 张谦.天目琼花种子萌发生理生化特性研究 [D].青岛：山东农业大学，2009.

[66] 曾明颖，李秀.绵阳市城区主要绿化树种蚧壳虫危害调查 [J].绵阳经济技术高等专科学校学报，2002，19(2)：21-24.

[67] 甄雪花，胡蕙露，夏姚生.欧洲荚蒾组织培养技术研究 [J].安徽农学通报，2010，16(9)：57-59.

[68] 肖月娥，周翔宇，张宪全，等.荚蒾属（Viburnum）种子休眠与萌发特性研究 [J].安徽农学通报，2007(6)：56-59.

[69] 周德本.东北园林树木栽培 [M].哈尔滨：黑龙江科学技术出版社，1986.

[70]BASKIN C C, BASKIN J M. Classification system for seed dormancy [J]. Seed Science Research, 2004,14:1-16.

[71]BASKIN C C, CHIEN C T, CHEN S Y, et al. Germination of *Viburnum odoratissimum* seeds: A new level of morphophysiological dormancy [J]. Seed Science Research, 2008,18:179-184.

[72]BASKIN C C, CHEN S Y, CHIEN C T, et al. Overview of seed dormancy in *Viburnum* (Caprifoliaceae) [J]. Propagation of Ornamental Plants, 2009,9(3):115-121.

[73]BASKIN C C, BASKIN J M. Seeds: Ecology, biogeography and evolution of dormancy and germination, 2nd ed. [J]. San Diego: Academic Press, 2014.

[74]BEZDECKOVA L, REZNICKOVA J, PROCHAZKOVA V. Germination of stratified seeds and emergence of nonstratified seeds and fruits of *Viburnum lantana*, *Euonymus europaeus* and *Staphylea pinnata* [J]. Zpr á vy Lesn í ckeho Vy　zkumu, 2009, 54:275-285.

[75]CHIEN C T, CHEN S Y, TSAI C C, et al. Deep simple epicotyl morphophysiological dormancy in seeds of two *Viburnum* species, with special reference to shoot growth and development inside the seed [J]. Annals of Botany, 2011, 108:13-22.

[76]CHIEN C T, CHEN S Y. Seed germination and dormancy in the woody plant *Viburnum propinquum* (Caprifoliaceae) from a temperate mountain in Taiwan [J]. Acta horticulturae, 2013, 990(990):451-456.

[77]DAWN D O, *Viburnum* Pests [EB/OL]. (2018-01-08) [2020-07-01].http://branchingout.cornell.edu/Back_Samples/23(3)/23(3)April29Insert.pdf.

[78]DIRR M A. *Vibcurnums*: flowering shrubs for every season [M]. London:Timber Press, 2007.

[79]FEDEC P, KNOWLES R H. After ripening and germination of seeds of America highbush cranberry (*Viburnum trilobum*) [J]. Canadian Journal of Botany, 1973(51):1761-1764.

[80]GIERSBACH J. Germination and seedling production of species of *Viburnum* [J]. Contributions from Boyce Thompson Institute, 1937 (9):79-90.

[81]GISELE S, THOMAS Y. Micropropagation of sweet viburnum (*Viburnum odoratissimum*) [J]. Plant Cell, Tissue and Organ Culture, 2005, 83: 271-277.

[82]HATZILAZAROU S. RIFAKI N, PATSOU M, et al. In vitro Propagation of *Viburnum dentatum* L. var. *lucidum* [J]. Propagation of Ornamental Plants, 2009. 9(1):39-42.

[83]Home & Garden Information Center, VIBURNUM DISEASES & INSECT PESTS [EB/OL]. (2020-01-13)[2020-07-01].https://www.sogou.com/link?url=hedJjaC291NESvPbP3xhr3bPTY07YKVwnLw-G9EKEH1fO5gYt8cdwkC93G3mqiPomyX_f993FPW1Z6cQbozrNHm1Xh7sKwIe.

[84]HIDAYATI S, BASKIN J, BASKIN C. Epicotyl dormancyin *Viburnum acerifolium* (Caprifoliaceae) [J]. Annals of Botany, 2005. 153:323-330.

[85]KARLSSON L M, HIDAYATI S N, WALCK J L, et al. Complex combination of seed dormancy and

seedling development determine emergence of *Viburnum tinus* (Caprifoliaceae) [J]. Annals of Botany, 2005, 95:323-330.

[86]KOLLMANN J, GRUBB P J. Biological flora of the British Isles: *Viburnum lantana* L. and *Viburnum opulus* L. (*V. lobatum* Lam., *Opulus vulgaris* Borkh.) [J]. Journal of Ecology, 2002 (90) :1044-1070.

[87]MOURA M, SILVA L. Seed germination of *Viburnum treleasei* Gand., an Azorean endemic with high ornamental potential [J]. Propagation fo Ornamental Plants, 2010, 10(3) :129-135.

[88]NOBRE J, SANTOS C, ROMANO A. Micropropagation of the Mediterranean species *Viburnum tinus* [J]. Plant Cell, Tissue and Organ Culture, 2000, 60: 75-78.

[89]PHARTYAL S S, KONDO T, FUJI A, et al. A comprehensive view of epicotyl dormancy in *Viburnum furcatum*: Combining field studies with laboratory studies using temperature sequences [J]. Seed Science Research, 2014, 24(4): 281-292.

[90]SANTIAGO A, FERRANDIS P, HERRANZ J. Non-deep simple morphophysiological dormancy in seeds of *Viburnum lantana* (Caprifoliaceae), a new dormancy level in the genus *Viburnum* [J]. Seed Science Research, 2014, 25(1): 45-46.

[91]WALCK J L, KARLSSON L M, MILBERG P, et al. Seed germination and seedling development ecology in world-wide populations of a circumboreal Tertiary relict [J]. AoB plants, 2012(1), pls007.

[92]WESTOBY M. Generalization in functional plant ecology: the species sampling problem, plant ecology strategy schemes, and phylogeny [M]. New York: Marcel Dekker, 1999:847-872.

[93]WESTON P A. *Viburnum* leaf beetle, a formidable new pest in the landscape [J]. Landscape Plant News, 2004, 15(3):1-4.

[94]WESTON P A, BRIAN E, JOEL M B, et al. Evaluation of Insecticides for control of larvae of *Pyrrhalta viburni*, a new pest of *viburnum*s [J]. Journal of Environmental Horticulture, 2002, 20(2):82-85.

THE
EIGHTH
CHAPTER

第 八 章

荚 蒾 属 植 物 研 究 概 况

我国对荚蒾属植物的研究始于 20 世纪 80 年代初，目前对该属植物的研究主要集中在分类、繁殖及药用等方面。该章节系统总结了近年来荚蒾属植物的主要研究方向及研究现状，包括资源调查、适应性机制、生殖生物学及化学成分几个方面，以期为荚蒾属植物的进一步研究、保护和开发利用提供参考。

8.1 基于论文发表数量的荚蒾研究趋势分析

　　笔者分别对 SCOPUS 文摘数据库、Web of Science（WOS）核心数据库、CNKI 中国知网3个主要数据库中收录的荚蒾相关文章进行了检索，截至2017年底，SCOPUS 文摘数据库来源的文章累计有1195篇，WOS核心数据库来源的文章累计有1062篇、CNKI 期刊来源的文章累计有443篇，CNKI 核心期刊来源的文章累计有163篇，平均每年关于荚蒾属植物的报道文章超过13篇（见表8-1）。从文献发表的时间来看，早在1845年就有学者开始关注荚蒾属植物，但1845—1992年间由于从事相关研究的团体或个人较少，每年发表文章的数量基本上不超过10篇。1992年之后，关注团体和个人急剧增加，文章成果数量也逐年剧增，2013年之后虽有降低，但仍维持在一个较高的水平。

表8-1　不同数据库荚蒾属植物相关研究论文发表情况

数据来源	论文数量	平均每年发表文章数量
SCOPUS 文摘数据库	1195	16
WOS 核心数据库	1062	22
CNKI 期刊	443	13
CNKI 核心期刊	163	9

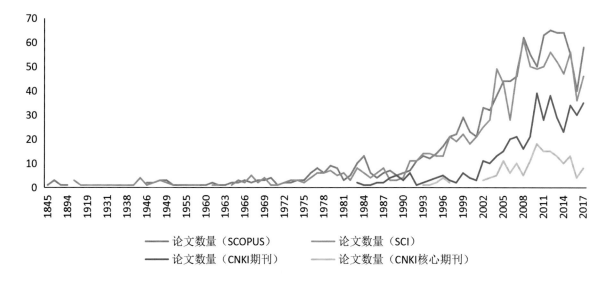

图8-1 荚蒾属植物研究趋势

8.2 主要研究机构

通过对各数据库发文量前十位的机构进行统计，国外荚蒾属植物研究机构主要集中于美国，其次为日本。美国从事荚蒾属植物相关研究的机构以佛罗里达大学、康奈尔大学、耶鲁大学、美国农业部和宾夕法尼亚大学为主，日本从事荚蒾属植物相关研究的机构主要为德岛文理大学。国内从事荚蒾属植物研究的相关机构主要有中国科学院植物研究所、中国科学院昆明植物研究所、扬州大学、东北林业大学、重庆文理学院、西北农林科技大学、广西中医学院和上海植物园。

表8-2　荚蒾属植物主要研究机构及论文发表情况

SCOPUS 发文量前十位机构	论文数量	SCI 发文量前十位机构	论文数量	CNKI 全部期刊发文量前十位机构	论文数量	CNKI 核心期刊发文量前十位机构	论文数量
University of Florida	42	University of Florida	42	扬州大学	13	重庆文理学院	10
Chinese Academy of Sciences	42	Chinese Academy of Sciences	34	东北林业大学	13	东北林业大学	8
Cornell University	27	Tokushima Bunri University	32	重庆文理学院	12	西北农林科技大学	7
Tokushima Bunri University	27	Cornell University	27	中国科学院植物研究所	10	南京林业大学	6
Universita degli Studi di Firenze	22	Yale University	27	西北农林科技大学	8	中国科学院植物研究所	6
Yale University	21	USDA Agricultural Research Service	26	六盘山林业局	8	扬州大学	6
USDA Agricultural Research Service	20	Kyoto university	17	贵州师范大学	7	上海植物园	5
Tohoku Medical and Pharmaceutical University	17	Kagoshima university	16	广西中医学院	6	广西中医学院	5
Pennsylvania State University	16	Pennsylvania State University	16	上海市植物园	6	广西师范大学	5
Kunming Institute of Botany Chinese Academy of Sciences	16	University of Florenc	16	长江大学	6	中国科学院上海植物生理研究所	4

8.3 我国荚蒾属植物主要研究方向及研究进展

8.3.1 资源调查

李先源（2004）根据多年的野外调查和资料统计，重庆地区现有荚蒾属植物24个种、9个变种、1个亚种，主要分布于当地的偏远山区，其中南川、城口、奉节、巫溪、石柱、巫山、武隆等7个县、市的分布种类均超过10种。白长财等人（2005）于2003年先后赴甘肃的陇南、天水、甘南、平凉、庆阳等地对当地的荚蒾属植物资源进行了实地调查，共整理出甘肃荚蒾属植物20个种、6个变种、1个变型。刘雄兰等人（2007）在进行浙江云和县种质资源调查中，发现当地荚蒾属植物资源十分丰富，并做了专门调查，对当地确定有分布的19种荚蒾的分布情况和生物学特性进行了描述。田朝阳等人（2009）通过文献查阅和实地调查，统计出河南荚蒾属植物有16个种、1个亚种、2个变种、1个变型，并对该属植物的果色、花色、生活型和观赏期进行了评价与分析。吴毛山（2012）于2010—2011年间通过标本查询及实地考察，对江西官山资源保护区的荚蒾属植物进行了统计，当地共有荚蒾属植物12种。金雅琴（2006）结合教学和生产实践，概述了南京地区常见的8种荚蒾属植物的分布，并对其栽培繁殖和园林应用进行了探讨。潘天春等人（2013）通过资料查阅、标本查询及野外调查，确定了四川攀西地区分布有荚蒾属植物27个种2个变种，并编制了检索表。吴其超（2016）对山东荚蒾属植物资源进行了调查研究，确定当地共有荚蒾属植物9个种、3个变种、2个变型和2个品种，其中野生种类仅4个种、2个变种。

近几年在各地植物调查过程中，关于荚蒾属植物也有一些新发现。罗凤霞（1999）报道了在辽宁省发现的蒙古荚蒾的新变种绿花蒙古荚蒾（*Viburnum mongolium* var. *viridijlorum*），孙建友（1999）在河北海拔1000m以上的雾灵山发现了鸡树条荚蒾的一个新变型——大花鸡树条荚蒾（*V. sargenti* f. *grandiflorum*），但是这两个新发现的种下单位并未被《中国植物志》及 *Flora of China* 接受。高润清（1994）报道了北京荚蒾属一新分布北方荚蒾（*V. hupehense* supsb. *septentrionale*），目前 *Flora of China* 将该亚种归于桦叶荚蒾，作为一广义的复合种处理。钱宏（1986）在对皖西大别山北坡植物区系的研究过程中，在我国安徽省金寨县首次发现了备中荚蒾（*V. carlesii* var. *bitchiuense*）的分布，并对其形态特征及地理分布进行了论述，湖北师范学院的张鑫鑫在进行大别山本底植物调查的时候在湖北省黄冈市的英山县和河南省信阳市的商城县也均发现了备中荚蒾的新分布。

8.3.2 适应性机制

1. 适应性与植物形态

邢全（2004）对蒙古荚蒾和皱叶荚蒾的叶片表皮形态及解剖结构特征进行了观察，结果显示，二者的叶片形态和解剖结构与其生态适应性有很强的相关性，较小的气孔、较高的气孔密度和气孔指数有利于降低水分蒸腾，提高机体的抗寒性和抗旱性，发达的微管组织被认为是机体具有较强的水分供给能力。

2. 适应性与原生环境

在植物迁地保育过程中，引种地区的海拔、温度、光照，以及降水等自然环境因素是影响植物生长和繁育的主要因子。

陈莉（2012）通过对中科院植物研究所引种多年的9种荚蒾的花期及其中2种荚蒾的生长动态的观测，探讨了花期对冬春两季异常低温的响应及营养与生殖生长的关联机制，结果表明，2009—2010年冬春异常低温后，荚蒾属植物始花期的整体延迟是由春季环境热量供应不及时所致，种间延迟的差异则与原产地的气候有紧密联系：分布于寒温带地区的欧洲荚蒾和修枝荚蒾延迟天数最少，分别为10d和12d，分布于亚热带地区的琼花和桦叶荚蒾延迟天数最多，分别为21d和26d。

许聪聪（2017）对中科院植物研究所引种的5种荚蒾属植物在北京2009—2016年春季的2次气象事件及正常年份的开花物候进行了多年观测，发现春季异常暖旱时荚蒾属植物的花期整体提前，但花期长短均未缩短；海拔跨度小的琼花和欧洲荚蒾的始花期、花前积温和花期长短年际变化幅度较大，而海拔跨度较大的李叶荚蒾、绵毛荚蒾和红蕾荚蒾无论春季冷湿或暖旱，其始花期、花前积温和花期长短均表现出较小的可塑性，且这3种的始花期也相对固定。

3. 适应性与内在生理因子

黄增艳（2017）以上海植物园引种的6种荚蒾为材料，研究了热激对荚蒾品种部分生理指标的影响，结果表明，叶片相对电导率、相对含水率和可溶性总蛋白含量的变化与荚蒾品种的耐热性显著相关，可作为荚蒾属植物耐热性筛选的指标。

尹珊珊（2010）研究了水涝胁迫对常绿欧洲荚蒾生理指标的影响，结果发现，常绿欧洲荚蒾在水涝胁迫下，通过积累脯氨酸和可溶性蛋白含量来适应逆境，通过积累可溶性糖来提供抵御胁迫时所消耗的能力，以减少水涝对自身造成的伤害。

杨捷（2015）对鸡树条的抗寒生理进行了研究，结果表明，人工低温处理过程中，相对电导率、MDA含量与其抗寒性呈负相关，保护酶活性、渗透调节物质含量与其抗寒性呈正相关。

李瑞姣（2018）探讨了日本荚蒾幼苗对干旱胁迫的适应能力和对策，结果表明，随着土壤含水量的减少，日本荚蒾幼苗受胁迫的程度逐渐增加，但在轻中度干旱环境中植物具有较强的抗氧化活性和渗透调节能力，叶片含水量下降缓慢，同时保持较高的叶生物量比，维持植物的光合能力，增强对干旱逆境的耐受性和适应性。

8.3.3 生殖生物学

1. 种子休眠及萌发

荚蒾属种子具有复杂的休眠特性，不同种类休眠类型不一，已知的有深度简单上胚轴休眠、非深简单上胚轴休眠和物理休眠3种类型，不同休眠类型休眠的播种处理方式也不一致，目前许多荚蒾种类的休眠特性还未可知，这也是限制其杂交育种和播种育苗的最大障碍。因此无论国内外，荚蒾属植物种子的休眠与萌发一直是研究热点之一。

金飚（2005）研究发现琼花种仁中存在导致休眠的抑制物质，胚的抑制物质含量最高，种子必须先经4℃低温层积60d，再经25℃暖温处理90d，而后在15℃条件下才能够解除休眠而萌发。杨轶华（2009）报道，鸡树条荚蒾种子为深度休眠，具有胚根和胚轴双休眠特性，不经处理当年根本不能出苗，利用赤霉素浸泡24h后可打破种子休眠，使种子播种当年出苗。王恩伟（2009）研究发现茶荚蒾、吕宋荚蒾、黑果荚蒾、具毛常绿荚蒾、球核荚蒾和荚蒾的种胚形态和结构尚未发育完全，种胚极小，不具备发芽能力，属于胚的形态后熟型休眠，先高温再低温的变温处理可打破种子休眠。杨春玉（2013）研究了不同温度对金佛山荚蒾种子萌发的影响，结果发现金佛山荚蒾种皮具有吸水性，休眠非因种皮的不透水造成，先低温后高温和暖温20℃条件下均可以打破金佛山种子的休眠。杨轶华（2015）研究发现，鸡树条、朝鲜荚蒾、蒙古荚蒾和修枝荚蒾的种子水和甲醇提取液对小白菜种子萌发和胚根生长都有抑制作用，说明内源抑制物的存在是限制这4种荚蒾种子萌发的一项重要因素。

2. 扦插生根

扦插繁殖是目前荚蒾属植物生产中应用最为普遍的繁殖方法。金飚（2006）通过扦插实验，将琼花硬枝生根分为愈伤部位生根型、皮部生根型和中间生根型3种类型，这3种类型在荚蒾属植物的扦插生根过程中均较为常见，该研究还表明枝条长度、枝条粗度、节间长短、枝条插入基质深度、剪口位置、留叶数量、枝条是否留顶芽、枝条木质化程度、扦插季节以及激素种类、处理时间和处理浓度均是影响琼花扦插成活率的重要因素。

枝条状态及扦插环境会与激素作用形成复合影响，共同影响扦插结果。例如，许宏刚等（2017）7月中旬将鸡树条枝条剪成长12～30cm的插穗进行扦插实验，结果表明IAA和IBA对生根影响较大，在浓度100mg/L处理30min时促进作用最为显著，NAA对生根的促进作用不显著，而杨捷（2015）5月将鸡树条枝条剪成8～12cm的插穗进行扦插实验，结果表明NAA和IBA对天目琼花扦插生根均有促进作用，且NAA作用优于IBA，以50mg/L处理3h效果最佳。蝴蝶戏珠花用IAA50mg/L+NAA50mg/L处理12h后扦插于椰糠中的生根率最高，用IAA100mg/L处理12h后扦插于泥炭土＋珍珠岩中侧根数量最多，用IAA50mg/L处理12h后扦插于泥炭土＋珍珠岩中平均不定根长最长（王勇，2016）。

同种激素处理不同种类效果也有差异。布克荚蒾（*V. ×burkwoodii*）经100mg/kgIBA处理21h对生根率、不定根长、不定根数量均有显著的促进作用，而红蕾雪球荚蒾（*V. ×carlcephalum*）用150mg/kgIBA处理21h时各项生根指标效果最佳（黄增艳，2008）。吕宋荚蒾以50mg/LABT1处理3h生根率高达95.56%，而荚蒾在相同处理下成活率最高为86.67%；球核荚蒾用100mg/LABT1处理3h成活率最高，具毛常绿荚蒾和茶荚蒾用100mg/LABT1处理6h成活率最高，黑果荚蒾用200mg/LABT1处理6h成活率最高（王恩伟，2009）。

基质的选择也是影响扦插生根的一个重要因素，腐叶土和咖啡渣可促进蝶花荚蒾生根，而黄泥不利于生根（冯欣欣等，2017）。

3. 组织培养

荚蒾属植物的组织培养技术目前主要还是集中于实验室研究阶段，研究种类主要集中在观赏价值较高且园林绿化中已经广泛应用的香荚蒾、鸡树条、欧洲荚蒾、琼花、地中海荚蒾、皱叶荚蒾、珊瑚树、绣球荚蒾和蝴蝶戏珠花9种，对于那些具有开发潜力和保护价值的原生种类并未涉及。例如，琼花外植体消毒是组培成功的关键，腋芽组培成功率显著高于顶芽、叶片、种子和胚，茎尖启动培养的最佳初始培养基为 MS+BA1.0mg/L+ZT8.0mg/L+NAA0.2mg/L；继代增殖培养基为 MS+BA1.0mg/L+ZT15mg/L；叶片愈伤组织诱导的最佳培养基为 MS+BA0.5mg/L+NAA2.0mg/L+2,4-D0.5~1.0mg/L；生根诱导培养基为 MS+NAA8.0mg/L（金飚，2006）。皱叶荚蒾幼叶作为外植体的最佳灭菌条件为75%酒精预处理20s，再用0.1%HgCl2浸泡12min；最佳愈伤组织诱导培养基为 MS+6-BA1.0mg/L+NAA0.25mg/L+2,4-D1.0mg/L，诱导率最高达92%；最适合芽分化培养基为 MS+6-BA1.5mg/L+NAA0.2mg/L，分化率达87.25%，适宜的生根培养基为1/2MS+NAA1.0mg/L，生根率达85%（王欢，2010）。甄雪花（2010）以欧洲荚蒾的茎尖和带芽茎段为外植体对其组培技术进行了研究，MS+6-BA2.0mg/L+IBA0.1mg/L+ 蔗糖20g/L 是诱导丛生芽最适宜的培养基，诱导率可高达95%，且在一定范围内有外植体越长，芽萌发率越高的趋势，外植体竖插于培养基的效果优于横放于培养基；MS+6-BA0.5mg/L+NAA0.3mg/L 为丛生芽增殖的理想培养基；1/2MS+NAA0.2mg/L+ 蔗糖15g/L 生根效果最佳。杜姝睿（2011）研究表明 MS+6-BA0.5mg/L+2,4-D2.0mg/L 是香荚蒾茎段愈伤组织诱导培养的理想培养基；1/2MS+6-BA0.4mg/L+NAA0.1mg/L 是愈伤组织分化培养的理想培养基；将不定芽和试管苗的茎段下部切口在5mg/L 的 NAA 溶液中处理5min 后，接种到1/2MS+IAA0.2mg/L 培养基上是不定芽生根培养和试管苗生根继代培养的理想方法。天目琼花芽诱导的最佳培养基为 MS+6-BA1.0mg/L+IBA0.1mg/L，增殖培养基为 MS+6-BA2.0mg/L，增殖系数可达6倍；生根培养基为1/2MS+IBA2.0mg/L，20d 开始生根，30d 可产生3~8条粗壮的不定根，根长平均为2cm，生根率达到90%（吴鞠等，2012）。

4. 传粉生物学

扬州大学的金飚（2006）对琼花的传粉生物学进行了较为系统的研究，发现琼花的花粉胚珠比 P/O 值为12800~18700，属专性异交型；繁育系统为异株异花授粉，属虫媒传粉植物，访花昆虫以蝶类和蜂类为主，11:00—15:00为访花高峰时段；可孕花大量散粉时间为9:00—16:00，单花花粉活力在散粉后2d 内都保持在82%以上，第3d 开始下降，7~8d 后完全失去活力；柱头为干型柱头，花粉粒的固定是通过柱头表面粗糙的乳突西部与花粉粒表面凸凹的网状雕纹先产生物理接触吸附，再以花粉壁和柱头表明的脂类物质作为胞外信号介导；花粉授粉1h 后花粉粒萌发，沿花柱中央引导组织生长，18h 左右进入子房，20h 后进入胚囊。

程甜甜（2014）对'泰山'木绣球（*V. macrocephalum* 'Taishan'）与'蒂娜'红蕾荚蒾（*V. carlesii* 'Dina'）杂交的生殖生物学进行了研究，结果发现，'泰山'木绣球的花杂性，有雌花和两性花两种花型，两性花所占的比例从零到26.32%不等；'蒂娜'红蕾荚蒾的花粉在10% 蔗糖 +0.02% 硼酸培养基中萌发率最高；二者杂交授粉后6h 花粉开始在柱头上萌发，授粉后24h，花粉管伸入花柱的3/4处，96h 后，花粉管穿过花柱基部进入子房室。

5. 染色体核型

早在1968年，台湾的许建昌（1968），报道了我国有分布的吕宋荚蒾体细胞染色体数目 n=16。在此之后，吴一民（1987）对木绣球和琼花的染色体核型进行研究，得出绣球荚蒾和琼花的的染色体数目（2n）为18，核型模式为 K（2n）=12m+6sm，属2B 型。1988—1989年间，黄少甫相继对合轴荚蒾、绣球荚蒾、直角荚蒾、荚蒾、宜昌荚蒾和茶荚蒾的染色体核型进行了分析，结果表明，合轴荚蒾染色体的绝对长度范围为2.89~5.83μm，相对长度范围为8.13%~16.42%，核型模式应为 K（2n）=18=16m+2sm；绣球荚蒾染色体的绝对长度范围为2.13~5.65μm，相对长度范围7.17%~19.00%，核型模式与合轴荚蒾相同，按照核型分类标准，二者核型均属2A 型；直角荚蒾、荚蒾、宜昌荚蒾和茶荚蒾的染色体核型的绝对长度分别为1.90~4.76μm、

1.82～4.05μm、2.18～4.71μm、2.12～4.95μm，四者的相对长度极为相近，相对长度范围在7.18%～17.98%，且核型模式均为 K（2n）=4M+2SM+10m+2sm（t），核型属2B 型（黄少甫等，1989，1989）。黄少甫（1988）关于绣球荚蒾染色体核型的研究结果与吴一民（1987）的研究结果并不完全一致。金飚（2007）以琼花根尖为材料，再次对琼花的染色体核型进行研究，结果表明，琼花根尖染色体数目（2n）=18，核型模式为 K（2n）=16m+2sm，核型不对称系数为64.4%，属2B 型，这与吴一民（1987）的研究结果一致，并对黄少甫（1988）关于绣球荚蒾的研究原始数据进行了重新分析，最终确定木绣球的核型应属2B 型，从而证实黄少甫（1988）得出的绣球荚蒾的核型为2A 型的结论是错误的。

8.3.4 生物化学

荚蒾属植物化学成分及药理活性研究一直是该属植物研究的热点之一。我国对该属植物化学成分研究始于21世纪，至2017年，先后对香荚蒾、臭荚蒾、宜昌荚蒾等24种荚蒾属植物的化学成分进行了分离鉴定（表8-3），包括萜类、黄酮类、酚类、木脂素类等化学成分，其中以萜类化学成分最为丰富。对直角荚蒾、陕西荚蒾、日本珊瑚树等11种荚蒾属植物化学成分的药理活性进行了进一步研究，发现部分化学成分在抑菌、抗氧化、抗炎、促进神经突因子分化、抑制巨噬细胞迁移和抑制肿瘤细胞生长方面表现出较好的活性。

我国荚蒾属植物的化学成分研究虽然得到较高的关注，但是研究团体分散且研究内容并不持续，目前国内仅昆明植物研究所天然药物新药研发团队将荚蒾属植物的化学成分研究作为其团队的主要研究方向之一，先后对水红木、漾濞荚蒾、珊瑚树、云南珊瑚树、珍珠荚蒾、臭荚蒾、桦叶荚蒾、鳞斑荚蒾、荚蒾、'花叶'地中海荚蒾和榛叶荚蒾11种荚蒾属植物的化学成分进行了分离鉴定，并对萜类化学成分及其药理活性进行重点分析。

表8-3 我国荚蒾属植物化学成分研究情况

中文名	拉丁名	分布	研究部位	分离化合物（鉴定化合物）	药理活性	研究单位	参考文献
臭荚蒾	V. foetidum var. foetidum	中国有分布	枝叶	31 (31)	对人和小鼠11β-HSD1具有显著选择性抑制作用	昆明植物研究所	Chen et al., 2009；陈宣钦，2010
珍珠荚蒾	V. foetidum var. ceanothoides	特有	枝叶	14(14)、15(15)、47 (47)	/	上海交通大学、昆明植物研究所	汪筱雨，2009；何隽，2010；李薇薇，2011
直角荚蒾	V. foetidum var. rectangulatum	特有	枝叶	12(12)	抗氧化	浙江工商大学	韩金旦，2011
三叶荚蒾	V. ternatum	特有	枝叶	12(12)	/	曲靖师范学院	胡疆，2017
陕西荚蒾	V. schensianum	特有	根、叶	21(15)、8(8)、54(45)	抑菌	广西师范大学、广西植物研究所、广西师范大学	唐茂通，2013；何瑞杰等，2013；李晨曦，2013
水红木	V. cylindricum	中国有分布	枝叶、叶	13 (13)、10(10)、2种材料来源：27 (27)、37 (37)	对人和小鼠11β-HSD1具有较强抑制作用	河南大学、昆明植物研究所	涂琳，2008；陈宣钦，2010；杨军，2010
琼花	V. macrocephalum f. keteleeri	特有	枝叶	23(23)	抗氧化	扬州大学	徐晓庆，2017
漾鼻荚蒾	V. chingii	特有	叶	28 (29)、44 (44)	对HL-60（人早幼粒白血病细胞）、SMMC-7721（人肝癌细胞）、A-549（人肺癌细胞）、SK-BR-3（人乳腺癌细胞）和PANC-1（胰腺癌细胞）具有较好的细胞毒活性；对人和小鼠11β-HSD1有较强抑制作用	昆明植物研究所	Chen et al., 2008；涂琳，2008；陈宣钦，2010
茶荚蒾	V. setigerum	特有	根	9(9)	/	广西中医学院	卢汝梅等，2011
光萼荚蒾	V. formosanum subsp. leiogynum	特有	叶子	2(2)	/	复旦大学药学院	杨国勋等，2015
南方荚蒾	V. fordiae	特有	根、枝叶	32(32)、2种提取方法：77(40)、67(42)	抗炎、抗氧化	扬州大学、广西中医学院	陈佳，2017；朱小勇等，2011
鸡树条	V. opulus subsp. calvescens	中国有分布	果、叶	7(7)+32(23)+56(48)	止咳、抑菌	吉林大学、黑龙江中医药大学、山东大学、牡丹江师范学院	张琳，2003；张崇禧等，2010；弥春霞等，2010；宋杨，2015
荚蒾	V. dilatatum	中国有分布	枝叶、茎、果实	3(3)、11(11)、9(9)	/	浙江大学、南京林业大学、昆明植物研究所	Wu et al., 2008；卢丹，2010；金晓曦等，2014

中文名	学名	分布	部位	编号	活性	机构	参考文献
球核荚蒾	V. propinquum	中国有分布	枝叶	15(15), 14(14)	抗氧化	上海交通大学、昆明植物研究所	汪筱雨, 2009；Wang et al., 2009
宜昌荚蒾	V. erosum	中国有分布	枝叶	3(8), 8(8)	/	上海交通大学	汪筱雨, 2009；李薇薇, 2011
桦叶荚蒾	V. betulifolium	特有	枝叶	15(15), 18（18）	对人和小鼠11β-HSD1具有显著选择性抑制作用	曲靖师范学院、昆明植物研究所	陈宣钦, 2010；胡疆等, 2016
密花荚蒾	V. congestum	特有	枝叶	15(15)	/	昆明医科大学	杨惠等, 2017
香荚蒾	V. farreri	特有	花	25(25)	/	淮阳师范学院	吕金顺, 2005
珊瑚树	V. odoratissimum var. odoratissimum	中国有分布	叶、花、枝叶	4(4), 14(14), 34（34）, 50（50）	促进神经突因子分化；抑制巨噬细胞迁移；对人体结肠癌、NUGC（人胃癌细胞）、HL-60（人早幼粒白血病细胞）、SMMC-7721（人肝癌细胞）、A-549（人肺癌细胞）、SK-BR-3（人乳腺癌细胞）和PANC-1（胰腺癌细胞）具有较好细胞毒活性	台湾林业研究所、云南师范大学、昆明植物研究所	Shen et al., 2002；何隽, 2010；高秀, 2014；薛妍, 2017
日本珊瑚树	V. odoratissimum var. awabuki	中国有分布	全株、枝叶	14(14), 5(5), 28（28）	对SMMC-7721（人肝癌细胞）、Hela（人宫颈癌西部）及K562（人慢性髓原白血病细胞）具有较好细胞毒活性	浙江工商大学、上海交通大学、昆明植物研究所	雷金秀, 2014；李薇薇, 2011；高秀, 2014
台湾珊瑚树	V. odoratissimus var. arboricalaa	特有	叶	6（6）	抑制雄激素非依赖性人前列腺癌细胞（PC03）	台湾国立大学	Ku et al., 2003
'花叶'地中海荚蒾	V. tinus 'Variegatum'	国外品种	枝叶	29（29）	促进神经突因子分化；对HL-60（人早幼粒白血病细胞）、SMMC-7721（人肝癌细胞）、A-549（人肺癌细胞）、SK-BR-3（人乳腺癌细胞）和PANC-1（胰腺癌细胞）具有较好细胞毒活性	昆明植物研究所	Gao et al., 2014；高秀, 2014
鳞斑荚蒾	V. punctatum	中国有分布	枝叶	23（23）	/	昆明植物研究所	高秀, 2014
榛叶荚蒾	V. corylifolium	中国有分布	枝叶	10(10)	抗炎	昆明植物研究所	范敏, 2015

参考文献

[1] 白长财，马志刚.甘肃荚蒾属观赏植物资源的调查研究 [J].园艺学报，2005，32(1)：155-158.

[2] 陈莉，石雷，崔洪霞，等.荚蒾属植物花期物候及生长对引种地年际气候波动的响应 [J].植物学报，2012，47(6)：645-653.

[3] 程甜甜.木绣球与荚蒾杂交的生殖生物学研究 [D].青岛：山东农业大学，2014.

[4] 陈佳.南方荚蒾石油醚部位化学成分及其生物活性研究 [D].扬州：扬州大学，2017.

[5] 陈宣钦.六种植物的化学成分研究 [D].昆明：中国科学院昆明植物研究所，2010.

[6] 代庆慧，于然，陈亮，等.欧洲荚蒾果实挥发性成分及其生物活性研究 [J].食品工业，2018(12)：177-180.

[7] 杜姝睿，顾婷婷，潘林，等.香荚蒾组织培养快速繁殖的研究 [J].河北林业科技，2011(5)：5-7.

[8] 田朝阳，王列富，郑晓军，等.甘肃荚蒾属观赏植物资源的调查研究 [J].园艺学报，2009，43(2)：201-203.

[9] 范敏.灯盏细辛等三种植物的化学成分及 erigoster B 和 hydroxysafflor yellow A 的制备方法研究 [D].昆明：中国科学院昆明植物研究所，2015.

[10] 冯欣欣，余金昌，袁志永，等.不同浓度的生长调节剂和育苗基质对蝶花荚蒾扦插效果的影响 [J].中国野生植物资源，2017，36(3)：83-85.

[11] 高润清，路端正，王九中.北京荚蒾属一新分布 [J].北京农学院学报，1994，9(1)：76.

[12] 高秀.四种植物的化学成分及其活性研究 [D].昆明：中国科学院昆明植物研究所，2014.

[13] 高原.白花蛇舌草与茶荚蒾根的活性成分鉴定与评价 [D].杭州：中国计量大学，2018.

[14] 韩金旦.直角荚蒾的化学成分及其活性研究 [D].杭州：浙江工商大学，2011.

[15] 韩璐，白长财，高晓娟，等.我国荚蒾属药用植物资源及其综合利用 [C]// 中国植物学会民族植物学分会.第六届中国民族植物学学术研讨会暨第五届亚太民族植物学论坛论文集.昆明：中国植物学会民族植物学分会编辑委员会，2012：325-330.

[16] 何隽.五种植物的化学成分及其活性研究 [D].昆明：中国科学院昆明植物研究所，2010.

[17] 何瑞杰，陆泰良，李晨，等.陕西荚蒾叶化学成分的研究 [J].广西植物，2013，33(6)：883-886.

[18] 胡疆，刘雁，黄晓云，等.桦叶荚蒾三萜成分的研究 [J].中成药，2016，38(12)：2615-2620

[19] 胡疆，卯霞，景年华，等.三叶荚蒾中萜类化学成分的研究 [J].中国中药杂志，2017，42(12)：2311-2317.

[20] 黄增艳，冷寒冰，蒋昌华.热激对荚蒾品种部分生理指标的影响研究 [J].西北林学院学报，2017，32(2)：97-100.

[21] 黄增艳.上海地区荚蒾属植物引种及适应性研究 [D].上海：上海交通大学，2008.

[22] 黄少甫，王雅琴，邱金兴.四种荚蒾属植物的核型 [J].林业科学研究，1988，1(3)：320-323.

[23] 黄少甫，赵治芬，漆青原.合轴荚蒾和木绣球的核型分析 [J].南京林业大学学报，1989，13(4)：16-19.

[24] 金晓曦，何培，姜艳，等.庐山荚蒾茎的化学成分研究 [J].林产化工与工业，2014，34(1)：97-100.

[25] 金飚，房荣春，汪琼，等.琼花染色体核型分析 [J].扬州大学学报（农业与生命科学版），2007，28(1)：92-94.

[26] 金飚.琼花生殖生物学与繁殖技术研究 [D].南京：南京林业大学，2006.

[27] 金飚，陈宇，王莉，等.影响琼花种子休眠的因素 [J].植物生理学通讯，2005，41(5)：610-612.

[28] 金雅琴，李冬林，王海亮.南京地区荚蒾属植物资源与栽培利用研究 [J].金陵科技学院学报，2006，22(2)：90-94.

[29] 李先源，余蓉，曹伟．重庆荚蒾属园林植物物质资源及其应用 [J].西南园艺，2004，32(2)：32-34.

[30] 李瑞姣，岳春雷，李贺鹏，等．干旱胁迫对日本荚蒾幼苗生理生化特性的影响 [J].西北林学院学报，2018，33(2)：56-61.

[31] 刘雄兰，刘建灵，刘传达．云和县荚蒾属植物资源调查和利用探讨 [J].安徽农学通报，2007，13(8)：63.

[32] 罗凤霞，崔文山，何常国．中国忍冬科荚蒾属蒙古荚蒾—新变种 [J].沈阳农业大学学报，1999，30(2)：176.

[33] 雷金秀．荚蒾属日本珊瑚树化学成分及生物活性研究 [D].杭州：浙江工商大学，2014.

[34] 李晨，黄纪国，陆泰良，等．陕西荚蒾叶挥发油化学成分 GC-MS 分析及抗菌活性研究 [J].中药材，2013，36(12)：1962-1966.

[35] 李薇薇．珍珠荚蒾和日本珊瑚树的化学成分研究 [D].上海：上海交通大学，2011.

[36] 吕金顺．香荚蒾花挥发性化学成分分析 [J].食品科学，2005，26(8)：310-312.

[37] 卢丹．若干药用植物有效成分的反相高效液相色谱分离分析的方法研究 [D].杭州：浙江大学，2010.

[38] 卢汝梅，蓼彭梅，陆桂枝，等．茶荚蒾化学成分研究 [J].时珍国医国药，2011，17(18)：104-106.

[39] 弥春霞，陈欢，任玉兰，等．鸡树条荚蒾果实提取物抑菌作用研究 [J].安徽农业科学，2010，38(22)：11767-11768，11782.

[40] 潘天春，李佩华，梁剑，等．攀西地区荚蒾属植物资源 [J].南方农业，2012，7(3)：1-5.

[41] 宋杨．鸡树条荚蒾果实中酚类成分的研究 [D].长春：吉林大学，2015.

[42] 钱宏．备中荚蒾在我国的新发现 [J].安徽农学院学报，1986(2)：93-96.

[43] 孙建友，罗凤霞，伊凤琴．大花鸡树条荚蒾—忍冬科鸡树条荚蒾的一个新变型 [J].沈阳农业大学学报，1999，30(5)：557-558.

[44] 覃济桓．6α-hydroxy-lup-20(29)-en-3-on-28-oic acid 对前脂肪细胞成脂分化和胰岛素抵抗细胞葡萄糖消耗的影响 [D].广州：广州中医药大学，2015.

[45] 唐茂通．陕西荚蒾根75% 乙醇提取物乙酸乙酯萃取部分化学成分研究 [D].南宁：广西师范大学，2013.

[46] 涂琳．五种药用植物的化学成分研究 [D].昆明：中国科学院昆明植物研究所，2008.

[47] 王恩伟．6种荚蒾的繁育特性与园林应用研究 [D].杭州：浙江林学院，2009.

[48] 王勇．五种荚蒾属植物的扦插繁殖与生态适应性研究 [D].长沙：中南林业科技大学，2016.

[49] 吴鞠，法永乐，朱翠英，等．天目琼花的微体快繁技术 [J].山东林业科技，2012，(4)：91-92.

[50] 吴毛山，黎杰俊，钱萍，等．江西官山荚蒾属植物资源研究 [J].江西林业科技，2012，(2)：29-30.

[51] 吴其超，刘丹，仝伯强，等．山东荚蒾属植物资源调查研究 [J].山东农业科学，2016，48(6)：15-19.

[52] 许聪聪，崔洪霞，石雷，等．荚蒾属植物花期物候对春季异常事件的响应 [J].植物学报，2017，52(3)：297-306.

[53] 邢全，石雷，刘保东，等．枇杷叶荚蒾叶片解剖结构及其生态学意义 [J].园艺学报，2004，31(4)：526-528.

[54] 邢全，石雷，刘保东，等．蒙古荚蒾叶片解剖结构及其在城市景观和环境保护中的生态学意义 [J].植物学通讯，2004，21(2)：195-200.

[55] 肖月娥，周翔宇，张宪权，等．荚蒾属种子休眠与萌发特性研究进展 [J].种子，2007，26(6)：56-59.

[56] 许宏刚，黄蓉，汉梅兰，等．植物生长调节剂对忍冬科植物生根的影响 [J].甘肃农业大学学报，

2017.2017，2(52)：71-77.

[57] 杨捷.天目琼花和花叶锦带抗寒生理研究 [D].河北：河北农业大学，2015.

[58] 杨春玉，吴晓丽，袁茂琴，等.不同温度对金佛山荚蒾种子萌发的影响 [J].种子，2013，32(10)：43-45.

[59] 杨轶华，梁鸣，孙波，等.4种荚蒾属植物种子内源抑制物存在特征初探 [J].中国农学通报，2015，32(22)：142-147.

[60] 杨国勋，叶淼，胡长玲，等.光萼台中荚蒾叶中新二氧杂三环癸烷骨架环烯醚萜类化学成分的研究 [J].有机化学，2015(35)：428-431.

[61] 杨军，李振杰，宋娜丽.傣药水红木化学成分研究 [J].云南中医中药杂志，2016，37(10)：72-74.

[62] 杨军.水红木及威灵仙的化学成分研究 [D].开封：河南大学，2010.

[63] 杨惠，丁林芬，涂文超，等.密花荚蒾中两个新的环烯醚萜 [J].天然产物研究与开放，2017(4)：543-548.

[64] 王丽霞.中药甘松和水红木化学成分研究 [D].昆明：云南大学，2018.

[65] 汪筱雨.球核荚蒾和宜昌荚蒾活性成分研究 [D].上海：上海交通大学，2009.

[66] 汪智，靳开颜，热孜万·阿巴斯.欧洲荚蒾果实营养成分测定 [J].安徽农业科学，2015，43(21)：172-173.

[67] 吴云秋.台东荚蒾乙酸乙酯部位化学成分及体外抗炎和抗肿瘤活性初步研究 [D].南宁：广西医科大学，2019.

[68] 薛妍.勐海石栎和云南珊瑚树两种植物化学成分的研究 [D].昆明：云南师范大学，2017.

[69] 徐晓庆.琼花乙酸乙酯部位化学成分及抗氧化活性研究 [D].扬州：扬州大学，2017.

[70] 尹珊珊，王大平，姚彩红.水涝胁迫对常绿欧洲荚蒾生理指标的影响 [J].北方园艺，2010(21)：81-83.

[71] 袁云香.枇杷叶荚蒾的愈伤组织诱导及植株再生 [J].植物生理学报，2012，48(12)：1205-1209.

[72] 张琳.鸡树条荚蒾果实的药用研究 [D].哈尔滨：黑龙江中医药大学，2003.

[73] 张崇禧，李攀登，丛登立，等.GC-MS 分析鸡树条荚蒾叶化学成分 [J].资源开发与市场，2010(6)：485-487.

[74] 赵越.5种不同来源的欧荚蒾果实中有效成分的含量测定 [D].长春：吉林农业大学，2013.

[75] 郑慧，张璐，全丽秋，等.水红木的化学成分及抗氧化活性研究 [J].昆明理工大学学报（自然科学版），2018，43(2)：79-87.

[76] 甄雪花.欧洲荚蒾组织培养技术及其品质测定研究 [D].安徽：安徽农业大学，2010.

[77] 朱小勇，卢汝梅，陆桂枝，等.南方荚蒾挥发油化学成分的气相色谱－质谱联用分析 [J].时珍国医国药，2011，22(2)：2101-2102.

[78]CHEN X Q, LI Y, HE J, et al. Four new lignans from *Viburnum foetidum* var. *foetidum* [J]. Chemical & pharmaceutical bulletin, 2009, 57(10):29-31.

[79]Wu B, Wu S, Qu H, et al. New antioxidant phenolic glucosides from *Viburnum dilatatum* [J]. Helvetica Chimica Acta, 2011, 59(4):496-498.

[80]GAO X, SHAO L D, DONG L B, et al. Vibsatins A and B, two new tetranorvibsane-type diterpenoids from *Viburnum tinus* cv. variegatus [J]. Organic Letters, 2014, 16(3):980-983.

[81]HSU C C. Preliminary chromosome studies on the vascular plants of Taiwan(II) [J]. Taiwania, 1968, 14:11-27.

[82]KU Y L, RAO V, CHEN C H, et al. A novel Swcobetulinic Acid 3,4-Lactone from Viburnum aboricolum [J].Helvetic Chimica Acta, 2003,86 ; 697-702.

[83]HU J, LIU Y, HUANG X Y, et al. Triterpenoids from *Viburnum betulifolium* [J]. Journal of Asian Natural Products Reasearch, 2016, 13(2):105-110.

[84]SHEN Y C, PRAKASH C V S, WANG L T, et al. New vibsanediterpenes and lupane triterpenes from *Viburnum odoratissimum* [J]. Journal of Natural Products, 2002, 65(7):1052.

[85]WANG X Y, SHI H M, ZHANG L, et al. A new chalcone glycoside, a new tetrahydrofuranoidlignan, and antioxidative constituents from the stem and leaves of *Viburnum propinquum* [J]. Planta Medica, 2009, 75(11):1262.

[86]WEI J F, YIN Z H, KANG W Y. Volatiles in flowers of *Viburnum odoratissimum* [J]. Chemistry of Natural Compounds, 2013, 49(1):154-155.

[87]WU B, WU S, QU H, et al. New antioxidant phenolic glucosides from *Viburnum dilatatum* [J]. Helvetica Chimica Acta, 2008, 91(10):1863.

THE NINTH CHAPTER

第 九 章

荚 蒾 属 植 物 的
应 用 价 值

荚蒾属植物全身是宝，兼具药用、食用、观赏、生态等多种经济价值，尤其是在观赏和药用方面，极具开发潜力。该章节系统总结了荚蒾属植物的应用价值，为后续该属植物的发掘利用提供参考。

9.1 观赏价值

荚蒾属是一类非常重要的观赏植物资源，其果实色彩艳丽，花、叶及植株形态变化多样，适应性极强，备受世界园艺界的青睐，被誉为"万能"绿化灌木（Ladman，2017；Eck，1997）。美国园艺学家 Michael A. Dirr 曾这样评价该属植物："一个花园里没有了荚蒾属植物就像生活中没有了音乐和艺术一样"（Dirr，2007）。2011年，一项针对美国4000多名景观从业人员的调查显示，荚蒾属、黄杨属和绣球属是目前美国花园中应用最多的三大灌木植物属（Dirr，2011），在美国苗木产业中占有重要地位。据统计，1998年美国荚蒾属植物苗木总销售额高达1950万美元，2007年增加至2464.7万美元（Dean,2011）。

9.1.1观赏类型

根据观赏部位及功能的不同以可将荚蒾属植物分为观花类、观果类、观枝叶类、"招蜂引蝶"类和芳香类5种类型。由于荚蒾属植物中姿态优美的种类，花、叶、果中的任意一项的观赏特点往往比较突出，因此这里不再单独细分。

1. 观花类

具有以下特征中的1项或多项的荚蒾属植物大多具有较高的观花价值。

1）花序周围具大型不孕边花

琼花、蝴蝶戏珠花、合轴荚蒾、欧洲荚蒾和鸡树条的花型奇特，花序周围具有白色大型不孕边花，远眺酷似群蝶戏珠，惟妙惟肖，是非常难得的观花类灌木。目前，除合轴荚蒾还未被应用外，其余4种在园林绿化中均广泛应用。琼花早在北宋时期就已有栽培，刘敞曾赞它"天下无双独此花"，欧阳修为其建"无双亭"，现在琼花已经成为扬州市花；蝴蝶戏珠花是美国庭院和公园绿化中的主要花灌木之一，我国南方部分庭院和公园绿地也有应用；欧洲荚蒾和鸡树条是我国北方城市难得的耐寒类观花灌木。

2）花序全部为不孕花

绣球荚蒾和粉团的花序全部由白色大型不孕花组成，且花序硕大，花朵初开时浅绿色，慢慢变为白色，白色的不孕花聚成一个个花球，犹如一团团雪球，因此二者又名"雪球荚蒾"或"木本绣球"。绣球荚蒾适应性极强，北至北京，南至云南均有栽培，是目前国内应用较为普遍的庭院和公园绿地灌木；粉团耐寒性稍差，多用于南方庭院绿化。

3）花序球状或半球状无不孕花

有些荚蒾属植物虽然无大型不孕花，但是单个花序花量非常大，且排列紧凑，外观呈现球形或半球形，同样具有较高的观花价值。其中最具代表性的为烟管荚蒾和红蕾荚蒾的杂交种布克荚蒾（*Viburnum* × *burkwoodii*），以及红蕾荚蒾和琼花的杂交种红蕾雪球荚蒾（*V.* × *carlcephalum*），这些都是目前保存下来的比较经典的种类。

4）花朵粉色或淡红色

大花荚蒾、红蕾荚蒾、香荚蒾和台东荚蒾花朵为粉色或淡红色，且花期早、花量大、花序紧凑，是该荚蒾属植物中难得的彩色观花种类，也是非常常用的红花类荚蒾品种的育种材料。

2. 观果类

荚蒾属植物果实颜色丰富，红色、黑色、黄色、紫色、蓝色均有，其中以红色、黄色和蓝色的果实最具观赏价值。

1）红果类

这种类型的荚蒾属植物果实或始终为红色，且挂果时间长，常可持续至冬季，霜冻后的果实在阳光照射下晶莹剔透；或果实开始变为红色，且红色期长，成熟后很快变为黑色，后即脱落。前者的典型代表为鸡树条和欧洲荚蒾，短序荚蒾、荚蒾和茶荚蒾也属于这种类型；后者常见的有蝴蝶戏珠花、皱叶荚蒾、琼花和日本珊瑚树。

2）黄果类

这部分荚蒾属植物的果实为始终为黄色、橙色或者金黄色，且挂果时间长，霜冻后的果实在阳光照射下晶莹剔透。属于这种类型的荚蒾属植物有'黄果'茶荚蒾（ *V. setigerum* 'Aurantiacum'）、'阿尔弗雷多'三裂叶荚蒾（ *V. trilobum* 'Alfredo'）、'黄果'荚蒾（ *V. dilatatum* 'Xanthocarpum'）和'迈克尔·道奇'荚蒾（ *V. dilatatum* 'Michael Dodge'）。

3）蓝果类

这种类型的荚蒾属植物果实开始变为蓝色或蓝紫色，且色泽持续时间长，这段时间是其最佳观赏时期，成熟后变为蓝黑色、紫黑色或者黑色，后即脱落。其中最具观赏价值且应用较多的有地中海荚蒾、球核荚蒾、齿叶荚蒾和川西荚蒾。

3. 观叶类

根据叶片观赏特征的不同，我们将荚蒾属观叶类植物分为花叶类、常色叶类、新叶色叶类、秋色叶类和常绿叶类五种类型。

1）花叶类

这类荚蒾属植物的正常叶片上具有除绿色外的其他颜色的斑点、斑块或花纹。如'斑锦'日本珊瑚树（ *V. odoratissimum* var. *awabuki* 'Variegata'）叶片上具有不规则的奶白色和绿色斑块；'真理正义之神的选择'红蕾雪球荚蒾（ *V. × carlcephalum* 'Maat's Select'）的叶片上呈现由金黄色、奶油色和绿色组成的不规则斑块和斑点；'斑叶'日本荚蒾（ *V. japonicum* 'Variegatum'）的叶片由奶油色和黄色构成的大理石状花纹镶嵌于背景为铜绿色的叶片上；'斑叶'绵毛荚蒾（ *V. lantana* 'Variegatum'）的叶片由绿色和深浅不同的黄色斑驳相间；'变叶'绵毛荚蒾（ *V. lantana* 'Variifolium'）深绿色叶片上有白色、奶油色和黄色的不规则斑块；'斑叶'皱叶荚蒾（ *V. rhytidophyllum* 'Variegatum'）叶片由奶白色和黑绿色不规则相间；*V. tinus* 'Bewley's Variegated'叶片外围奶黄色至嫩黄色；'亮花叶'地中海荚蒾（ *V. tinus* 'Lucidum Variegatum'）的叶片由白色和绿色旋涡状排列，犹如大理石纹理；'花叶'地中海荚蒾（ *V. tinus* 'Variegatum'）的叶片边缘奶黄色。

2）常色叶类

有些荚蒾属植物的叶片常年均呈非绿色的单一色调，统称为常色叶类。属于这种类型的荚蒾属植物有'金叶'绵毛荚蒾（ *V. lantana* 'Aureum'）、'金叶'欧洲荚蒾（ *V. opulus* 'Aureum'）和'路易斯的阳光'绒毛荚蒾（ *V. rafinesquianum* 'Louise's Sunbeam'）、'黄金'荚蒾（ *V. dilatatum* 'Ogon'），它们的叶片常年呈现迷人的金黄色。

3）新叶色叶类

凡生长季节新发出的新叶有显著不同叶色的，统称为新叶色叶类。如'庄园丰收'欧洲荚蒾（ *V. opulus* 'Park Harvest'），春季新萌发的叶片金黄色；狭叶球核荚蒾和短序荚蒾的新芽红色至红绿色；蝴蝶戏珠花在阳光充足的位置，新萌发的叶片呈现橙红色至红色。

4）秋色叶类

秋季叶片色彩有显著变化的荚蒾属植物均称为秋色叶类。荚蒾属中具有秋色叶的种类十分丰富。宜昌荚蒾叶片秋季呈现深红色，鸡树条叶片秋季变为橙黄色，荚蒾的叶片秋季呈现紫红色、黄色或橙红色，珍珠荚蒾的叶片秋季变为橙黄色或红色，这些都是非常优秀的秋色叶植物。

5）常绿叶类

大部分常绿叶类荚蒾叶片均具有一定的观赏价值，尤其以那些叶片表面具有特殊的纹理、明显光泽或金属色泽的种类。如川西荚蒾和皱叶荚蒾叶表深绿，因小脉深凹陷而呈明显的皱纹状；珊瑚树和法国冬青叶片表面光泽感强；台东荚蒾叶片表面具金属光泽。

4. "招蜂引蝶"类

据观察，桦叶荚蒾、三叶荚蒾和美国红荚蒾花朵虽不具备直接的观赏价值，但是花朵盛开时散发出浓郁的特殊气味，且花药大，花粉丰富，花丝长，开花时吸引了大量的蜂类和蝶类等访花昆虫，可作为"招蜂引蝶"类植物在专类花园中进行配置。

5. 芳香类

香荚蒾和桦叶荚蒾花朵盛开时散发出淡雅的芳香气味，且香味扩散性强，是非常具有开发潜力的小型芳香类灌木。

9.1.2 应用类型

根据荚蒾属植物在绿化中应用绿地类型和配置方式的不同，将荚蒾属植物分为行道树、孤散植、片植、绿篱和地被5种类型。

1. 行道树

用作行道树的植物干形挺拔、枝叶繁茂、树冠浓密扩展，可形成较大面积的绿荫。由于荚蒾属植物多为小乔木或灌木，用作行道树的种类并不多，目前已知的仅日本珊瑚树一种。据观察，该属的鳞斑荚蒾和三叶荚蒾四季常绿、主干明显、速生，若作行道树，是很好的材料。

2. 孤散植

应用于孤散植类的荚蒾属植物大多姿态优美，花量或果量丰富，且对光照的适应范围广，可以独立成景以供观赏。目前应用的有日本珊瑚树、琼花、蝴蝶戏珠花、蝶花荚蒾、粉团、绣球荚蒾、皱叶荚蒾和香荚蒾等，常布置于花坛、广场、草地中央，道路交叉点，水池岸边，河流曲线转折处外侧，缓坡山岗，假山、登山道及园林建筑处起主景、局部点缀或遮阴作用。

3. 片植

荚蒾属植物中生长整齐一致，能形成整体景观效果的种类，可进行成片种植。如荚蒾、鸡树条和欧洲荚蒾果实成熟时，亮红色的果实充满整个株丛，极为艳丽；琼花、蝶花荚蒾和蝴蝶戏珠花株型优美，花序周围具大型不孕边花，开花时节，犹如群蝶翩翩起舞；珊瑚树、日本珊瑚树和皱叶荚蒾叶片四季常绿，适应性强，常片植于林下或丛植于草坪上；此外，短序荚蒾、台东荚蒾和珍珠荚蒾都可以用于片植。

4. 绿篱

荚蒾属植物中茎干丛生密集，且耐修剪、萌生性强的常绿灌木均可作为绿篱。该属的珊瑚树、法国冬青、地中海荚蒾、琉球荚蒾都是目前世界上应用广泛的优秀绿篱植物。短序荚蒾、台东荚蒾和金佛山荚蒾十分耐修剪，且抽枝能力强，修剪成为绿篱球、绿篱条、绿篱柱均表现良好，可作为绿篱新秀进行应用。

5. 地被

一些低矮的荚蒾属植物可以栽植于林下或在林缘作为地被，也可单独成片栽植，组成色块覆盖地表，这类荚蒾一般生长速度较慢，且耐修剪。目前，荚蒾属植物作为地被植物应用最为普遍的为地中海荚蒾。此外，川西荚蒾的生长缓慢，5年高度不超过70cm，以后可通过修剪把高度控制在1 m以下，也是一种非常具有应用潜力的地被新秀。

6. 盆栽

荚蒾属中体型较小，花、叶、果或姿态中的某一方面的观赏价值较为突出，且对光照要求不严格的种类可用于盆栽。目前已用于盆栽的荚蒾属植物有'玛丽·弥尔顿'粉团 (*V. plicatum* f. *plicatum* 'Mary Milton')、'渡边'蝴蝶戏珠花 (*V. plicatum* f. *tomentosum* 'Watanabei')、'粉丽'蝴蝶戏珠花 (*V. plicatum* f. *tomentosum* 'Pink Beauty') 和'玫瑰'欧洲荚蒾 (*V. opulus* subsp. *opulus* 'Roseum')。

9.1.3 应用种类

大部分荚蒾属植物本身就具有较高的观赏价值，通过人工引种驯化后可直接用于园艺栽培。

1. 国外原生种的应用

国外植物学家和园艺学家很早就注意到荚蒾属植物的观赏价值，尤其是英国和美国，在其园林绿化中随处可见荚蒾属植物的身影。截至2017年，已被直接用于园艺栽培的荚蒾属植物原生种约有62种（表9-1），其中珊瑚树和日本珊瑚树是世界园林绿化应用较多的常绿篱灌木；欧洲荚蒾和鸡树条是欧美国家常见的色叶观果灌木；粉团和蝴蝶戏珠花在日本及欧美的庭院和公园绿地中广泛栽培；地中海荚蒾是欧洲地中海国家冬季和早春观花观果植物中不可多得的常绿灌木；皱叶荚蒾和绵毛荚蒾是寒温带地区和暖温带地区难得的极耐寒常绿观果灌木；荚蒾是欧美国家较为常见的秋冬春三季观果灌木（Clement and Donoghue，2012；Dirr，2007）。

表9-1 国外用于园林绿化的荚蒾属植物原生种

组（sect.）	拉丁名	中文名	备注
Opulus	V. edule	可食荚蒾	
	V. koreanum	朝鲜荚蒾	
	V. trilobum	三裂叶荚蒾	
	V. opulus subsp. opulus	欧洲荚蒾	
	V. opulus subsp. calvescens	鸡树条	
Megalotinus	V. cylindricum	水红木	
	V. mullaha	西域荚蒾	
Odontotinus	V. corylifolium	榛叶荚蒾	
	V. dilatatum	荚蒾	
	V. wrightii	浙皖荚蒾	
	V. betulifolium	桦叶荚蒾	中国特有
	V. erosum	宜昌荚蒾	
	V. japonicum	日本荚蒾	
	V. luzonicum	吕宋荚蒾	
	V. setigerum	茶荚蒾	中国特有
	V. sempervirens	常绿荚蒾	中国特有
	V. kansuense	甘肃荚蒾	
	V. rafinesqueanum	绒毛荚蒾	
	V. molle	肯塔基荚蒾	
	V. bracteatum	具苞荚蒾	
	V. ellipticum	椭圆叶荚蒾	
	V. scabrellum	糙叶荚蒾	
	V. dentatum	齿叶荚蒾	
	V. acerifolium	枫叶荚蒾	
Pseudotinus	V. nervosum	显脉荚蒾	
	V. lantanoides	桤叶荚蒾	
Lentago	V. obovatum	倒卵叶荚蒾	
	V. nudum var. nudum	美国红荚蒾	
	V. nudum var. cassinoides	卫矛叶荚蒾	
	V. rufidulum	绣荚蒾	
	V. lentago	梨叶荚蒾	
	V. prunifolium	李叶荚蒾	
Viburnum	V. cotinifolium	黄栌叶荚蒾	
	V. carlesii var. bitchiuense	备中荚蒾	
	V. glomeratum	聚花荚蒾	
	V. burejaeticum	修枝荚蒾	
	V. buddleifolium	醉鱼草状荚蒾	中国特有
	V. macrocephalum f. macrocephalum	绣球荚蒾	中国特有
	V. macrocephalum f. keteleeri	琼花	中国特有

续表

组（sect.）	拉丁名	中文名	备注
Viburnum	V. utile	烟管荚蒾	中国特有
	V. carlesii	红蕾荚蒾	
	V. schensianum	陕西荚蒾	中国特有
	V. lantana	绵毛荚蒾	
	V. mongolicum	蒙古荚蒾	
	V. rhytidophyllum	皱叶荚蒾	中国特有
	V. urceolatum	壶花荚蒾	
Tomentosa	V. plicatum f. plicatum	粉团	
	V. plicatum f. tomentasum	蝴蝶戏珠花	
Solenotinus	V. erubescens	红荚蒾	
	V. chingii	漾濞荚蒾	中国特有
	V. suspensum	琉球荚蒾	
	V. farreri	香荚蒾	中国特有
	V. odoratissimum var. odoratissimum	珊瑚树	
	V. odoratissimum var. awabuki	日本珊瑚树	
	V. sieboldii	樱叶荚蒾	
	V. grandiflorum	大花荚蒾	
	V. henryi	巴东荚蒾	中国特有
Tinus	V. propinquum	球核荚蒾	中国特有
	V. cinnamomifolium	樟叶荚蒾	中国特有
	V. atrocyaneum	蓝黑果荚蒾	
	V. tinus	地中海荚蒾	
	V. davidii	川西荚蒾	中国特有

2. 我国原生种的应用

我国作为亚洲荚蒾属植物的分布中心，具有直接观赏价值的种类极其丰富，其中常绿种类最多（约有37种），开花芳香的种类也主要分布于我国（约有18种），具有大型不孕花的种类最为丰富（9种）。如此丰富的荚蒾属资源，从16世纪开始就激起了西方园艺学家的强烈兴趣。目前已被用于园艺栽培的62种荚蒾原生种中，就有15种为我国特有。

荚蒾属植物在我国栽培历史悠久，琼花早在北宋时期就已有栽培，是中国传统名花、扬州市花，深受文人墨客喜爱，刘敞曾赞它"天下无双独此花"，韩琦赞它"维扬一枝花，四海无同类"，欧阳修为其建'无双亭'。目前我国有应用的荚蒾属植物原生种共52种（表9-2），但真正用于城市园林绿化的仅欧洲荚蒾、鸡树条、香荚蒾、蝴蝶戏珠花、粉团、木绣球、琼花、皱叶荚蒾、珊瑚树、日本珊瑚树和地中海荚蒾11种，其余41种仅在国内各大植物园内有少量栽培展示。

表9-2 我国用于园艺栽培的荚蒾属植物原生种

组（sect.）	拉丁名	中文名	备注
Opulus	V. opulus subsp. opulus	欧洲荚蒾	
	V. opulus subsp. calvescens	鸡树条	
	V. koreanum	朝鲜荚蒾	

组（sect.）	拉丁名	中文名	备注
Megalotinus	V. cylindricum	水红木	
	V. pyramidatum	锥序荚蒾	
	V. lutescens	淡黄荚蒾	
	V. inopinatum	厚绒荚蒾	
	V. ternatum	三叶荚蒾	中国特有
	V. punctatum	鳞斑荚蒾	
Odontotinus	V. foetidum var. ceanothoides	珍珠荚蒾	中国特有
	V. foetidum var. rectangulatum	直角荚蒾	中国特有
	V. dilatatum	荚蒾	
	V. betulifolium	桦叶荚蒾	中国特有
	V. erosum	宜昌荚蒾	
	V. setigerum	茶荚蒾	中国特有
	V. fordiae	南方荚蒾	中国特有
	V. melanocarpum	黑果荚蒾	中国特有
	V. hainanense	海南荚蒾	
	V. sempervirens var. semperyirens	常绿荚蒾	中国特有
	V. longiradiatum	长伞梗荚蒾	中国特有
	V. chunii	金腺荚蒾	中国特有
	V. dalzielii	粤赣荚蒾	中国特有
	V. dentatum	齿叶荚蒾	
Lentago	V. lentago	梨叶荚蒾	
	V. obovatum	倒卵叶荚蒾	
Viburnum	V. glomeratum subsp. glomeratum	聚花荚蒾	
	V. glomeratum subsp. magnificum	壮大荚蒾	
	V. burejaeticum	修枝荚蒾	
	V. mongolicum	蒙古荚蒾	
	V. macrocephalum f. macrocephalum	绣球荚蒾	中国特有
	V. macrocephalum f. keteleeri	琼花	中国特有
	V. utile	烟管荚蒾	中国特有
	V. carlesii	红蕾荚蒾	
	V. schensianum	陕西荚蒾	中国特有种
	V. lantana	绵毛荚蒾	
	V. rhytidophyllum	皱叶荚蒾	中国特有
	V. chinshanense	金佛山荚蒾	中国特有
Tomentosa	V. hanceanum	蝶花荚蒾	中国特有
	V. plicatum f. plicatum	粉团	
	V. plicatum f. tomentasum	蝴蝶戏珠花	
Solenotinus	V. suspensum	琉球荚蒾	
	V. farreri	香荚蒾	中国特有
	V. odoratissimum var. odoratissimum	珊瑚树	
	V. odoratissimum var. awabuki	日本珊瑚树	
	V. henryi	巴东荚蒾	中国特有
	V. brachybotryum	短序荚蒾	中国特有

续表

组（sect.）	拉丁名	中文名	备注
Solenotinus	*V. brevitubum*	短筒荚蒾	中国特有
	V. oliganthum	少花荚蒾	中国特有
	V. taitoense	台东荚蒾	中国特有
Tinus	*V. propinquum* var. *propinquum*	球核荚蒾	
	V. propinquum var. *mairei*	狭叶球核荚蒾	中国特有
	V. tinus	地中海荚蒾	

9.2 药用价值

9.2.1 药用植物资源

　　荚蒾属植物是一个药用植物大属，其根、茎、叶、花以及成熟果实均可入药，具有清热解毒、祛风除湿、健胃消食、镇咳祛痰、抗衰老、驱虫等功效。欧美各国早年曾以其所产的欧洲荚蒾和李叶荚蒾制剂作为子宫镇静剂，可治月经不调、子宫出血、产前疼痛等症状，并收载于欧美一些国家的药典中。我国荚蒾作为药用植物始载于唐《新修本草》，目前，已有药用记载的有45种（中国药材公司，1994；祝之友，1999；国家中医药管理局，1999；韩璐等，2012；叶华谷等，2014；艾铁民，2014），约占全国该属物种总数量的46%，详见表9-3。

表9-3 我国荚蒾属药用植物资源

中文名	拉丁名	入药部位	功能	主治
荚蒾	*V. dilatatum*	根、枝、叶、果实	疏风解毒、清热解毒、活血、祛瘀消肿	小儿疳积、淋巴结核、小儿发育不良、老年人食欲减退、神经衰弱、风热感冒、疔疮发热、产后伤风、跌打骨折、除蛇毒
绣球荚蒾	*V. macrocephalum* f. *macrocephalum*	枝	燥湿止痒、清热消炎、止血	疥鲜、湿烂痒痛、跌打损伤
琼花	*V. macrocephalum* f. *keteleeri*	枝、叶、果实	燥湿止痒、清热消炎、止血	疥鲜、湿烂痒痛、跌打损伤
鸡树条	*V. opulus* subsp. *calvescens*	根、枝、叶、果实	祛风通络、活血消肿、镇痛止痒、止咳	腿疼痛、闪腰岔气、疮疖、疥癣、皮肤瘙痒、跌打损伤、收缩子宫、慢性支气管炎、咳嗽痰喘、风湿性关节炎
吕宋荚蒾	*V. luzonicum*	枝叶	祛风除湿，疗疮止痛	跌打损伤
厚绒荚蒾	*V. inopinatum*	枝叶	祛风除湿	风湿骨痛、风寒湿痹阻关节、风湿性关节炎
三叶荚蒾	*V. ternatum*	枝叶	祛风通络	腰腿疼
陕西荚蒾	*V. schensianum*	果实、全株	清热解毒、祛风消淤、下气、消食、活血	跌打损伤、淤血红肿、风湿筋骨痛
台东荚蒾	*V. taitoense*	枝叶	散瘀止痛、通便	跌打损伤、便秘
显脉荚蒾	*V. nervosum*	根、叶	祛风除湿、活血利气、清热解毒	风湿麻木、筋骨疼痛、跌损瘀凝、腰肋气胀、毒疮
粉团	*V. plicatum* f. *plicatum*	根、枝	清热解毒、健脾消积	小儿疳积、淋巴结核
蝴蝶戏珠花	*V. plicatum* f. *tomentosum*	根茎、花	清热解毒、健脾消积	小儿疳积、淋巴结核、月经不调

中文名	拉丁名	入药部位	功能	主治
蝶花荚蒾	*V. hanceanum*	根茎	舒肝气、化淤利湿、消热解毒、健脾消积	风热感冒、淋巴腺炎、小儿疳积、腰胁气胀、筋骨疼痛、风湿麻木、跌打淤肿
南方荚蒾	*V. fordiae*	根茎	清热解表、消肿止痛、祛风清热、消淤活血	感冒、发热、月经不调
合轴荚蒾	*V. sympodiale*	根茎	消热解毒、消积	疮毒、感冒、风湿、淋巴结炎
巴东荚蒾	*V. henryi*	根、枝叶	消热解毒	小儿鹅口疮
皱叶荚蒾	*V. rhytidophyllum*	根、枝叶	清热解毒、祛风除湿、活血止痛	跌打损伤
烟管荚蒾	*V. utile*	根、全株	消热利暑、祛风活络、凉血止血	跌打损伤、淤血红肿、风湿筋骨痛
伞房荚蒾	*V. corymbiflorum*	根茎	清热解毒	痈肿疮毒、无名肿痛
红荚蒾	*V. erubescens*	根、茎、叶	消热解毒、凉血止血、止咳化痰	/
云南荚蒾	*V. yunnanense*	根皮、枝皮	祛风除湿	风湿关节疼痛、风寒湿痹阻关节、关节红肿
茶荚蒾	*V. setigerum*	根、果实	破血痛经、止血、健脾	痢疾、下血、痔疮脱肛、风湿痹痛、白带、跌打损伤、脾胃虚弱
宜昌荚蒾	*V. erosum*	根、叶、果实	祛风除湿、解毒、祛湿、止痒、补血	风湿痹痛、脚湿痒、口腔炎
珊瑚树	*V. odoratissimum* var. *odoratissimum*	根、树皮、叶	去热除湿、通经活络	感冒、风湿、跌打肿痛、骨折
日本珊瑚树	*V. odoratissimum* var. *awabuki*	根、树皮、叶	去热除湿、通经活络	感冒、风湿、跌打肿痛、骨折
常绿荚蒾	*V. sempervirens* var. *sempervirens*	枝、叶	消肿止痛、活血散瘀	跌打损伤、瘀血肿痛
具毛常绿荚蒾	*V. sempervirens* var. *trichophorum*	根、茎、叶	止血、止痛	腰痛、血尿、脱肛
海南荚蒾	*V. hainanense*	根、叶	清热解毒、祛风除湿	风湿痹痛、跌打损伤、痢疾、尿路感染、蛇咬伤、蛔虫病
聚花荚蒾	*V. glomeratum*	根	祛风除湿、散瘀活血	跌打损伤
蒙古荚蒾	*V. mongolicum*	根、叶、果实	祛风活血、清热解毒、破淤通经、健脾	跌打损伤、感冒
披针形荚蒾	*V. lancifolium*	根	发表散寒	疮疡肿毒、蛇虫伤
水红木	*V. cylindricum*	根、叶、花	祛风除湿、活血通络、利湿解毒、清肺止咳	风湿麻痹痛、胃痛、肝炎、小儿肺炎、支气管炎、尿路感染、跌打损伤、白痢疾、泄泻、疝气、痛经、痈肿疮毒、皮癣、口腔炎、烫火伤、肺燥咳嗽
臭荚蒾	*V. foetidum* var. *foetidum*	叶、果	清热解毒、止咳、接骨	头疼、咳嗽、肺炎、跌打损伤、走马牙疳、荨麻疹
珍珠荚蒾	*V. foetidum* var. *ceanothoides*	根、茎、叶、果实	消热解毒、疏风止咳、消炎、接骨、止痛止泻、除湿、止血	头痛、风热咳嗽、白口疮、火眼、跌打损伤、周身疼痛、刀伤出血
直角荚蒾	*V. foetidum* var. *rectangulatum*	枝叶、果实	清热解毒、利湿生津、止咳、接骨	疔疮发热、风热感冒、跌打损伤
桦叶荚蒾	*V. betulifolium*	根	调经、利湿	月经不调、梦遗、虚滑、肺热口臭及虫浊、带下
球核荚蒾	*V. propingnum* var. *propingnum*	根、叶、全株	止血、消肿止痛、接骨续筋	骨折、跌打损伤、外伤出血
狭叶球核荚蒾	*V. propinquum* var. *mairei*	根、叶	止血、消肿止痛、接骨续筋	骨折、跌打损伤、外伤出血
欧洲荚蒾	*V. opulus* subsp. *opulus*	树皮、嫩枝、果实	清热凉血、消肿止痛、镇咳止泻、降血糖、清热凉血、健胃消食、消肿止痛	风湿性关节炎、腰酸腿痛、跌打损伤、疮疖、癣、皮肤瘙痒、消化不良
短序荚蒾	*V. brachybotryum*	根、叶、花	清热止痒、祛风除湿	风湿关节痛、跌打损伤、皮肤瘙痒、风热咳喘

续表

种	拉丁名	入药部位	功能	主治
金佛山荚蒾	*V. chinshanase*	全株	消肿止痛	痢疾、痔疮出血、风湿骨折、跌打损伤等
鳞斑荚蒾	*V. punctatum*	根、叶	活血	跌打损伤、瘀血肿痛
黑果荚蒾	*V. melanocarpum*	果实	消肿、止血	无名肿毒、外伤出血
朝鲜荚蒾	*V. koreanum*	树皮	止血	外伤出血
淡黄荚蒾	*V. lutescens*	叶	祛瘀消肿	风湿关节痛

9.2.2 药用成分及功能

中药中常含有多种有效成分，特别是复方中药制剂中的多种有效成分之间往往具有协同、增效、拮抗和减毒等作用，因此明确中药材或中药制剂的有效成分，揭示其作用机理，显得尤为必要。与此同时随着人们生活水平的提高，对于中药已不仅仅满足于直接利用植物的根、茎、叶、花、果等制成的中药制剂，而要求用化学与生物方法合成植物有效成分，并利用其有效成分或有效部位制成制剂。这些都需要对植物的化学成分有较深入的了解。

1. 药用成分

荚蒾属植物在民间一直被作为药物使用，但直到20世纪70年代才开始对其化学成分进行研究，到2017年为止，该属已有约60种（详见表9-4）该属植物的化学成分得到研究，且多由国外报道。国内对荚蒾属植物的药用成分研究始于21世纪，仅限于对其成分含量的测定，目前已对24种我国有分布的该属植物的化学成分进行了研究，14种为我国特有。

该属植物化学成分复杂，以萜类化合物最为丰富，包含三萜类、二萜类、环烯醚萜类、单萜类和倍半萜类5大类，其中 Vibsanine 型二萜类化合物为本属植物特征化合物，仅在荚蒾属植物中发现过，是非常罕见的天然产物，目前为止，仅从该属的珊瑚树、日本珊瑚树和琉球荚蒾3种植物中分离得到过这种类型的二萜类化合物（Yoshiyasu et al., 2002; Miwa et al., 2001; Kawazu, 1980）。除此之外，荚蒾属植物中还含有酚类、黄酮类、木质素类、酚苷、香豆素类及内酯类化合物（Huo et al., 2010）。

表9-4 已进行化学成分研究的荚蒾属植物

中文名	拉丁名	研究团体	中文名	拉丁名	研究团体
巴东荚蒾	*V. henryi*	国外	绵毛荚蒾	*V. lantana* var. *lantana*	国外
臭荚蒾	*V. foetidum* var. *foetidum*	国内、国外	变色绵毛荚蒾	*V. lantana* var. *discolor*	国外
珍珠荚蒾	*V. foetidum* var. *ceanothoides*	国内	鸡树条	*V. opulus* subsp. *calvescens*	国内、国外
直角荚蒾	*V. foetidum* var. *rectangulatum*	国内	欧洲荚蒾	*V. opulus* subsp. *opulus*	国外
川西荚蒾	*V. davidi*	国外	披针叶荚蒾	*V. lancifolium*	国外
大花荚蒾	*V. grandifolium*	国外	球核荚蒾	*V. propinquum*	国内
地中海荚蒾	*V. tinus*	国内、国外	日本荚蒾	*V. japonicum*	国外
粉团	*V. plicatum* f. *plicatum*	国外	珊瑚树	*V. odoratissimum* var. *odoratissimum*	国内、国外
蝴蝶戏珠花	*V. plicatum* f. *tomentosum*	国外	日本珊瑚树	*V. odoratissimum* var. *awabuki*	国内、国外

中文名	拉丁名	研究团体	中文名	拉丁名	研究团体
红荚蒾	V. erubescens	国外	台湾珊瑚树	V. odoratissimum var. arboricola	国内
壶花荚蒾	V. urceolatum	国外	三叶荚蒾	V. ternatum	国内
海南荚蒾	V. hainanense	国外	陕西荚蒾	V. schensianum	国内
桦叶荚蒾	V. betulifolium	国内、国外	水红木	V. cylindricum	国内、国外
黄栌叶家	V. cotinifolium	国外	显脉荚蒾	V. nervosum	国外
南方荚蒾	V. fordiae	国外	绣球荚蒾	V. macrocephalum f. macrocephalum	国外
荚蒾	V. dilatatum	国内、国外	琼花	V. macrocephalum f. keteleeri	国内
密花荚蒾	V. congestum	国内	漾濞荚蒾	V. chingii	国内
李叶荚蒾	V. prunifolium	国外	宜昌荚蒾	V. erosum	国内、国外
鳞斑荚蒾	V. punctatum	国内、国外	浙皖荚蒾	V. wrightii	国外
琉球荚蒾	V. suspensum	国外	皱叶荚蒾	V. rhytidophyllum	国外
毛枝台中荚蒾	V. formosanum subsp. leiogynum	国内	蒙古荚蒾	V. mongolicum	国外
榛叶荚蒾	V. corylifolium	国内	梨叶荚蒾	V. lentago	国外
香荚蒾	V. farreri	国内	东方荚蒾	V. orientale	国外
三裂叶荚蒾	V. trilobum	国外	毛脉荚蒾	V. phlebotrichum	国外
萸叶荚蒾	V. cornifolium	国外	皮钦查荚蒾	V. pichinchense	国外
蓝黑果荚蒾	V. ayavacense	国外	接骨木荚蒾	V. sambucinum	国外
卫矛叶荚蒾	V. nudum var. cassinoides	国外	樱叶荚蒾	V. sieboldii	国外
愉悦荚蒾	V. jucundum	国外	多伦多荚蒾	V. toronis	国外
桤叶荚蒾	V. lantanoides	国外	聚花荚蒾	V. glomeratum	国外
茶荚蒾	V. setigerum	国内	吕宋荚蒾	V. luzonicum	国外

2.药理活性

现代药理学研究表明荚蒾属植物具有广泛的生物活性，能够治疗多种疾病，具有广阔的应用前景，特别值得关注的是其在抗肿瘤、抗氧化和消炎方面的显著作用。

1）抗肿瘤活性

荚蒾属植物具有明显的抗肿瘤活性，具备开发抗癌药物的潜力。李叶荚蒾的提取物对人子宫肌瘤细胞具有一定的细胞毒性（Baldini et al.，1964）。愉悦荚蒾的己烷、丙酮和甲醇提取物对人鼻咽癌细胞（KB）、结肠癌细胞（HCT-15COLADCAR）、多鳞子宫癌细胞（UISO-SQC-1）和卵巢癌细胞（OVCAR-5）均表现出一定的细胞毒性（Rios，2001）。从珊瑚树提取的 Vibsanol A 具有抗人胃癌细胞（NUGC）的活性（Shen et al.，2002）。吕宋荚蒾70%的丙酮提取物，可以抑制人鼻咽癌细胞（KB）的生长，从该种植物中分离到的 Luzonoside A、luzonoside B 以及它们的苷元 luzonoid A-E 对人体上皮细胞癌细胞（HeLa S3）有一定的抑制作用（Fukuyama，2005）。日本珊瑚树的树叶和小枝的甲醇提取物对人肺腺癌细胞（A-549）、人结肠癌细胞（HT-29）、老鼠淋巴细胞性白血病细胞（P-388）表现出明显的细胞毒性（El-Gamal et al.，2004,2008）。鸡树条茎干甲醇提取物对人乳腺癌细胞（MCF-7）和人肺腺癌细胞（A-549）具有明显的促凋亡作用，呈剂量依赖性（Bae et al.,2010）。

2）抗氧化作用

Altum 等人（2008）用 DPPH 和超氧阴离子模型对欧洲荚蒾和绵毛荚蒾不同部位水提取物的抗氧化活性进行了研究，结果表明绵毛荚蒾的叶和枝提取物具有一定的超氧阴离子清除能力；欧洲荚蒾的果和枝、以及绵毛荚蒾的枝、叶和果提取物表现出较强的DPPH自由基清除活性。从荚蒾果实中分离得到的花色素苷类化合物cyanidin3-sambubioside和kuromanin具有清除超氧阴离子的活性，它们清除羟自由基的活性IC50分别为4.3mm和53.2mM（Kimet al.,2003）。从荚蒾果实中分离得到的酚苷类成分jiamiziosidesA-D具有不同程度的抗氧化活性，其中jiamiziosidesC表现出很强的DPPH和超氧阴离子清除能力，IC50分别为16.8μM和17.8μM（Wu,2008）。从直角荚蒾全株分离得到的有机酸类化合物2-hydroxybenzoicacid、多酚类化合物Trans-3,5,4'-trihydroxystilbene、查耳酮类化合物4-methoxy-2′和醇苷类化合物4'-dihydroxychalcone对DPPH自由基具有较强的清除能力（韩金旦，2011）。从琼花地上部分分离得到的黄酮类化合物（S）-prunin和（R）-prunin表现出明显的DPPH自由基清除活性，IC50值分别为34.06μM、30.76μM；化合物astragalin、kaempferol3-O-（6"-O-crotonoyl）-β-D-Glucopyranoside、kaempferol3-O-（6"-O-acetyl）-β-D-Glucopyranoside、afzelin、kaempferol4'-O-α-L-rhamnopyranoside表现出较强的ABTS自由基清除活性，IC50值分别为13.69μM、10.80μM、12.10μM、10.08μM、12.54μM（徐晓庆，2017）。从球核荚蒾茎和叶片中分离出的多个黄酮类成分同样具有抗氧化活性（Wang et al.,2009）。

3）抗炎活性

有研究表明，三裂叶荚蒾的根提取物，对脂多糖诱导小鼠巨噬细胞RAW264.7具有一定的抗炎作用（Van et al.,2009）。李敏等（2012）通过二甲苯致小鼠耳肿胀模型和毛细血管透性实验，对鸡树条荚蒾抗炎活性的药理作用进行了研究，结果表明鸡树条茎枝剂量为15g/kg和20g/kg时，对二甲苯诱发的小鼠急性炎症模型有效，其作用效果优于地塞米松磷酸钠，且抗炎效果与剂量呈量效关系。利用欧洲荚蒾果实提取的多酚类化合物合成的银纳米颗粒（AgNPs），在体内和体外抗炎实验中均表现出较强的抗炎活性，可作为抗炎药物使用（Moldovan et al.,2017）。广西壮医常用茶荚蒾治疗乙型肝炎，是壮药复方"乙肝达颗粒"的君药。

4）抗菌活性

荚蒾的煎剂在试管内对黄金色葡萄球菌、炭疽杆菌、白喉杆菌、乙型链球菌、朋场杆菌、伤寒杆菌和痢疾杆菌有不同程度的抑制作用（Iwai et al.,2004）。鸡树条荚蒾果实的水提取物和70%乙醇提取物对金黄色葡萄球菌、枯草杆菌、普通变形杆菌和大肠杆菌都具有较好的抑菌效果，且二者抑菌效果差别不大（弥春霞等,2010）。陕西荚蒾的叶挥发油对金黄色葡萄球菌具有较强的抑菌活性，其最小抑菌浓度MIC值为0.032mg/mL（李晨等，2013）。

5）降血糖活性

Iwai（2006）报道了荚蒾果实汁液的冻干粉可使小鼠血浆中葡萄糖的水平明显低于未给药组，表明其果实中含有抑制α-糖苷酶活性的物质。

6）神经营养活性

最近，有学者研究发现樱叶荚蒾中提取的neovibsanins A and B能促进NGF-介导的PC12细胞神经突生长，这对于攻克老年痴呆症提供了新的物质基础（Kubo et al.，2010）。从植物V. tinus中分离得到的新骨架化合物vibsatin A也在NGF介导的PC12神经细胞实验中表现出较强的促进生长的作用（Gao et al.,2014）。从宜昌荚蒾茎中提取的木脂素类成分(+)-syringaresinol和(+)-pinoresinol，以及新木质素类成分herpetol对谷氨酸盐诱导HT22细胞死亡具有神经保护作用，而它们的半抑制浓度分别为（IC50）6.33μM、1.22μM和6.96μM（In et al.,2015）。

7）舒张和解痉活性

Cometa等人（2009）采用体外舒张和解痉活性模型对李叶荚蒾甲醇提取物的乙酸乙酯部位和正丁醇部位及从中分离到的几个环烯醚萜类化合物和败酱甙类化合物进行研究，指出乙酸乙酯部位中的环烯醚萜类化合物是主要的舒张和解痉活性成分。

9.3 食用价值

荚蒾属植物还具有很高食用价值，在色素提取、酿酒、水果食用和饮料制作方面具有一定的开发潜力。

南方荚蒾果实中维生素 C 含量高达58.46mg/100g，是苹果的十几倍，甚至高于蓝莓；总糖含量高于苹果，且糖与酸的比例良好，果肉酸甜可口，是一种具有开发潜力的功能性水果（张文晶等，2017）。欧洲荚蒾果实中富含绿原酸、维生素 C 和原花青素等功能保健型营养物质，同时还含有糖、有机酸、15种氨基酸、蛋白质等多种营养物质，是荚蒾属植物中应用较为广泛的果树资源（汪智军等，2015；Česonienė et al.，2012）。在斯堪的纳维亚半岛，欧洲荚蒾的果实常用于制作蜜饯，在欧洲及亚洲部分地区，常用来酿酒，或制作果汁和果酱，其果实制作的果汁还是土耳其的传统饮品（Akbulut et al.，2008）。俄罗斯在欧洲荚蒾食用型品种的筛选和培育方面开展了大量的研究工作，已培育出6个能用于果品加工性的栽培品种。

荚蒾属植物果实成熟时大多数呈现鲜红色，亦可作为天然植物色素资源加以开发利用。研究表明，从鸡树条果实中提取红色素安全性高、操作简便、产品获得率高，它是一种具有广阔开发利用前景的天然色素（刘玉芬等，2014）。陈炳华等人（2004）从吕宋荚蒾果实提取的色素色价高，其成熟鲜果中的花色苷总量高达33.65 mg/100g，主要组分属芍药型花色苷类。黎彧等（2002）研究确定了利用 YC 有机提取剂提取南方荚蒾红色素的最佳工艺条件。

9.4 生态价值

琼花花粉对部分城市污染物兼有吸附降解作用和及时警示作用，通过 X 射线能谱分析可以做城市污染的标志植物（周卫东等，2006）。荚蒾具有很强的吸附空气中 TSP（总悬浮颗粒物）和PM10（可吸入颗粒物）的能力，对空气颗粒物具有调节作用（郑铭浩，2017）。部分荚蒾属植物还是很好的重金属污染修复植物，鳞斑荚蒾对铅、砷、锌、铁具有较好的富集能力（毕波等，2012），皱叶荚蒾吸存镉、铜的能力很强，同时还具有很好的滞尘效果（桂炳中，2016；管圣烨，2015），珊瑚树对镉胁迫具有很强的耐受性（杜晓，2010）。

9.5 香料价值

吕金顺（2005）采用水蒸气蒸馏法对香荚蒾花挥发成分进行了研究，香荚蒾花挥发油的主要成分为苯乙醇，占挥发油总量的87.80%，其次为苯甲醇3.34%。苯乙醇是香料工业大宗产品，可配置玫瑰香型香精和食用香精，而且是各种高档香水香精的最主要香料之一，天然品大量存在于玫瑰油、丁香油、香叶油、橙花油中。香荚蒾花是这名贵香料的又一天然资源，且含量很大，具有很好的开发价值。魏金凤等人（2013）对珊瑚树花朵的香气成分进行了分析，壬醛、芳樟醇和水杨酸甲酯3种化合物是主要的香气成分，其中芳樟醇广泛应用于香水、香精、古龙香水和香皂中，是非常重要的单体香料，被誉为"香料之王"。

参考文献

[1] 艾铁民.中国药用植物志（第十卷）[M].北京：北京大学医学出版社，2014.

[2] 毕波，刘云彩，陈强，等.10个常绿树种对砷汞铅镉铬的富积能力研究[J].西部林业科学，2012，41(4)：79-83.

[3] 毕波，刘云彩，陈超，等.10个常绿树种叶片中铁锌铜锰的含量特征[J].西北林学院学报，2012,27(4)：88-92.

[4] 杜晓.镉胁迫对珊瑚树和地中海荚蒾生理生化的影响及富集特征[D].上海：上海交通大学,2010.

[5] 陈炳华，陈前火，刘剑秋，等.吕宋荚蒾果红色素的提取、纯化及其性质分析[J].福建师范大学学报（自然科学版），2004，20(4)：85-89.

[6] 陈又生，崔洪霞，张会金，等.荚蒾属植物的引种栽培[C]//中国植物学会植物园分会.中国植物园（第三期）.北京：中国林业出版社，2000：50-56.

[7] 程甜甜.木绣球与荚蒾杂交的生殖生物学研究[D].山东：山东农业大学，2014.

[8] 杜晓.镉胁迫对珊瑚树和地中海荚蒾生理生化的影响及富集特征[D].上海：上海交通大学，2010.

[9] 管圣烨.六种忍冬科植物的生态效应研究[D].河北：河北科技师范学院，2015.

[10] 桂炳中，杨红卫，王谊玲，等.任丘矿区皱叶荚蒾的引种试验初报[J].园林绿化，2016(4)：55-56.

[11] 韩金旦.直角荚蒾的化学成分及其活性研究[D].杭州：浙江工商大学，2011.

[12] 韩璐，白长财，高晓娟，等.我国荚蒾属药用植物资源及其综合利用[C]//中国植物学会民族植物学分会.第六届中国民族植物学学术研讨会暨第五届亚太民族植物学论坛论文集.昆明：中国植物学会民族植物学分会编辑委员会，2012：325-330.

[13] 何晓燕，包志毅.英国引种家威尔逊引种中国园林植物种质资源及其影响[J].浙江林业科技，2005，25(3)：56-61.

[14] 黄增艳.上海地区荚蒾属植物引种及适应性研究[D].上海：上海交通大学，2008.

[15] 雷金秀.荚蒾属日本珊瑚树化学成分及生物活性研究[D].杭州：浙江工商大学，2014.

[16] 黎彧，李晓东.南方荚蒾红色素提取工艺的研究[J].中国资源综合利用，2002(5)：20-21.

[17] 李晨，黄纪国，陆泰良，等.陕西荚蒾叶挥发油化学成分GC-MS分析及抗菌活性研究[J].中药材，2013，36(12)：1962-1965.

[18] 李常伟，李兵，卢汝梅，等.复方依山红组方药材的化学成分研究进展[J].广西中医药，2014，37(5)：5-8.

[19] 李方文，蒋清.荚蒾属植物的栽培技术和应用初探[C]//中国植物学会植物园分会.中国植物园（第十五期）.北京：中国林业出版社，2012：114-124.

[20] 刘玉芬，夏海涛，姜延春.野生鸡树条荚蒾果皮红色素的提取及稳定性研究[J].湖北农业科学，2013，52(13)：3124-3127.

[21] 吕金顺.香荚蒾花挥发性化学成分分析[J].食品科学，2005，26(8)：310-312.

[22] 弥春霞，陈欢，任玉兰，等.鸡树条荚蒾果实提取物抑菌作用研究[J].安徽农业科学，2010，38(22)：11767-11768，11782.

[23] 汪智，靳开颜，热孜万·阿巴斯.欧洲荚蒾果实营养成分测定[J].安徽农业科学，2015，43(21)：172-173.

[24] 王娜.荚蒾属植物在中国的引种调查与观赏性状评价[D].昆明：中科院昆明植物研究所，2013.

[25] 谢宗万，范崔生，朱兆仪，等.全国中草药汇编[M].北京：人民卫生出版社，1975.

[26] 徐晓庆 . 琼花乙酸乙酯部位化学成分及抗氧化活性研究 [D]. 扬州：上扬州大学，2017.

[27] 叶华谷，邹滨，曾飞燕等 . 中国药用植物 [M]. 北京：化学工业出版社，2014，364-366.

[28] 张林 . 荚蒾属部分植物资源汇集及利用研究 [D]. 山东：山东农业大学，2007.

[29] 郑铭浩 . 重庆主城区常见树种及植物群落对空气颗粒物的调控作用研究 [D]. 重庆：西南大学，2017.

[30] 周卫东，凌裕平，高红胜，等 . 运用 X 射线能谱分析方法研究城市污染物在琼花花粉内的富集 [J]. 电子显微学报，2006，25(5)：431-434.

[31] 中国药材公司 . 中国中药资源志要 [M]. 北京：科学出版社，1994：1198-1214.

[32] 祝之友 . 荚蒾属药用植物资源调查及开发利用 [J]. 基层重要杂志，1999，13(1)：24-25.

[33] 国家中医药管理局 . 中华本草（第七册）[M]. 上海：上海科学技术出版社 ,1999：549-552.

[34]AKBULUT M, CALISIR S, MARAKOGLU T, et al. Chemical analysis of fruit juice of European cranberrybush (*Viburnum opulus*) from Kayseri-Turkey [J]. Asian Journal of Chemistry, 2008, 20(3):1875-1885.

[35]ALTUM M L, CITOGLU G S, YILMAZ B S, et al. Antioxidant properties of *Viburnum opulus* and *Viburnum lantana* growing in Turkey Int [J]. International Journal of Food Sciences and Nutrition, 2008, 59(3):175-177.

[36]BAE K E, CHONG H S, KIM D S, et al. Compounds from *Viburnum sargentii* Koehne and Evaluation of Their Cytotoxic Effects on Human Cancer Cell Lines [J]. Molecules, 2010(15):4599-4609.

[37]BALDINI L, BRAMBIL G, PARODI S. Research on the uterine action of *Viburnum prunifolium* [J]. Archivio Italiano Di Scienze Farmacologiche, 1964, 14(1):55-63.

[38]ČESONIENÉ L, DAUBARAS R, VIŠKELIS P. Determination of the total phenolic and anthocyanin contents and antimicrobial activity of *Viburnum opulus* fruit juice [J]. Plant Foods for Human Nutrition, 2012, 67(3):256-261.

[39]CLEMENT W J, DONOGHUE M J. Barcoding success as a function of phylogenetic relatedness in *Viburnum*, a clade of woody angiosperms [J]. BMC Evolutionary Biology, 2012, 12:1-3.

[40]COMETA M F, PARISI L, PALMERY M, et al. In vitro relaxant and spasmolytic effects of constituents from *Viburnum prunifolium* and HPLC quantification of the bioactive isolated iridoids [J]. Journal of Ethnopharmacology, 2009, 123(2):201.

[41]DIRR M A. *Vibcurnums*: flowering shrubs for every season [M]. London:Timber Press, 2007..

[42]DIRR M A. *Viburnums* for American gardens: Abbreviated Discussion [EB/OL]. [2012-04-15]. http://www.dirrplants.com/viburnum-for-american-gardens.html.

[43]ECK J. Versatile *Vibumums* [J]. Horticulture, 1997, 94(9):54-59.

[44]EL-GAMAL A H, WANG S K, DUH C Y. New diterpenoids from *Viburnum awabuki* [J]. Journal of Natural Products, 2004, 67(3):333.

[45]EL-GAMAL A H. Cytotoxic lupane-, secolupane-, and oleanane-type triterpenes from *Viburnum awabuki* [J]. Natural Product Research, 2008, 22(3):191.

[46]FUKUYAMA Y, MINOSHIMA Y, KISHIMOTO Y, et al. Cytotoxic iridoid aldehydes from Taiwanese *Viburnum luzonicum* [J]. Chemical and Pharmaceutical Bulletin, 2005, 53(1):125.

[47]GAO X, SHAO L D, DONG L B, et al. Vibsatins A and B, two new tetranorvibsane-type diterpenoids from *Viburnum tinus* cv. Variegatus [J]. Organic Letters, 2014, 16(3):980-983.

[48]HILLIER J, ALLEN C. The Hillier nanual of trees and shrubs [M]. Newton Abbot: David & Charles, 2002.

[49]HUO Y, SHI H, LI W W, et al. HPLC determination and NMR structural elucidation of sesquiterpene lactones in Inulahelenium [J]. Journal of Pharmaceutical and Biomedical Analysis, 2010, 51(4):942-946.

[50]IN S J, SEO K H, SONG N Y, et al. Lee DS.Lignans and neolignans from the stems of *Vibrunum erosum* and their neuroprotective and anti-inflammatory activity [J]. Archives of Pharmacal Research, 2015, 38(1):26- 34.

[51]IWAI K, ONODERA K, MATSUE H. Inhibitory of *Viburnum dilatatum* Thunb. (gamazumi) on oxidation and hyperglycemia in ratswith strep tozotocin induced diabetes [J]. Journal of Agricultural & Food Chemistry, 2004, 52:1002-1007.

[52]IWAI K, KIM M Y, ONODERA K, et al. α-Glucosidase inhibitory and antihyperglycemic Effects of polyphenols in the fruit of *Viburnum dilatatum* Thunb. [J]. Journal of Agricultural & Food Chemistry, 2006, 54(13):4588.

[53]KAWAZU K. Isolation of vibsanines A,B,C,D,E and F form *Viburnum odoratissimum* [J]. Agricultural & Biological Chemistry, 1980, 44:1367-1372.

[54]KIM M Y, IWAI K., ONODERA K, et al. Identification and antiradical properties of anthocyanins in fruits of *Viburnum dilatatum* Thunb. [J]. Journal of Agricultural & Food Chemistry, 2003. 51(21):6173-6175.

[55]KUBO M, KISHIMOTO Y, HARADA K, et al. NGF-potentiating vibsane-type diterpenoids from *Viburnum sieboldii* [J]. Bioorganic and Medicinal Chemistry Letters, 2010, 20(8):2566.

[56]LADMAN G, LADMAN S. Classic *Viburnums*: a Plant for all Seasons [EB/OL].[2017-02-09].http://www.classicviburnums.com/.html.

[57]LU S Y. New cultivars from native plants of Taiwan (VIII) [J]. Taiwan Journal of Forest Science, 2004, 19(3): 259-262.

[58]MIWA K, CHEN I S, YOSHIYASU F. Vibsane-type diterpenes from Taiwanese *Viburnum odoratissimum* [J]. Chemical & Pharmaceutical Bulletin, 2001, 49:242-245.

[59]MOLDOVAN B, DAVID L, VULCU A, et al. In vitro and in vivo anti-inflammatory properties of green synthesized silver nanoparticles using *Viburnum opulus* L. fruits extract [J]. Materials Science & engineering. C, Materials for Biological Applications, 2017, 79:720-727.

[60]POOLER M R. 'Cree' and 'Nantucker' *Viburnums* [J]. HortScience, 2010, 45(9):1384-1385.

[61]RIOS M Y, GONZALEZ-MORALES A, VILLARREAL M L. Sterols, triterpenes and biflavonoids of *Viburnum jucundum* and cytotoxic activity of ursolic acid [J]. Planta Medica, 2001, 67(7):683.

[62]SHEN Y C, PRAKASH C V S, WANG L T, et al. New vibsanediterpenes and lupane triterpenes from *Viburnum odoratissimum* [J]. Journal of Natural Products, 2002, 65(7):1052.

[63]VAN Q, NAYAK B N, REIMER M. Anti-inflammatory effect of Inonotus obliquus, Polygala senega L., and *Viburnum trilobum* in a cell screening assay [J]. Journal of ethnopharmacology, 2009, 125(3):487-493.

[64]WANG X Y, SHI H M, ZHANG L, et al. A new chalcone glycoside, a new tetrahydrofuranoidlignan, and antioxidative constituents from the stem and leaves of *Viburnum propinquum* [J]. Planta Medica, 2 0 0 9, 75(11):1262.

[65]WEI J F, YIN Z H, KANG W Y. Volatiles in flowers of *Viburnum odoratissimum* [J]. Chemistry of Natural Compounds, 2013, 49(1):154-155.

[66]WU B, WU S, QU H, et al. New antioxidant phenolic glucosides from *Viburnum dilatatum* [J]. Helvetica Chimica Acta, 2008, 91(10):1863.

[67]YOSHIYASU F, HIROYUKI M, ASAMI M, et al. Seven membered vibsane type diterpeneswith a 5,10-cis relationship from *Viburnum awabuki* [J]. Chemical & Pharmaceutical Bulletin, 1999, 40:6261-6265.

中文名索引

拉丁名索引